建筑力学

主　编　王　新　焦欣欣
副主编　沈新福　曾宪群
　　　　侯昌猛　许　玮
参　编　田小风　魏　炜

北京理工大学出版社
BEIJING INSTITUTE OF TECHNOLOGY PRESS

内 容 提 要

本书按照高等院校人才培养目标以及专业教学改革的需要，依据最新建工程施工标准规范进行编写。全书共分为14个模块，主要内容包括绪论、静力学基础、平面汇交力系、力矩与平面力偶系、平面一般力系、轴向拉伸与压缩、平面图形的几何性能、剪切与扭转、梁的计算、平面体系的几何组成分析、静定梁的内力及内力分析、静定结构的位移计算、超静定结构的内力计算、影响线及其应用等。

本书可作为高等院校土木工程类相关专业的教材，也可作为函授和自考辅导用书，还可供建筑工程施工现场相关技术和管理人员工作时参考使用。

图书在版编目(CIP)数据

建筑力学 / 王新，焦欣欣主编. —北京：北京理工大学出版社，2017.9

ISBN 978-7-5682-4304-9

Ⅰ.①建… Ⅱ.①王… ②焦… Ⅲ.①建筑科学－力学 Ⅳ.①TU311

中国版本图书馆CIP数据核字(2017)第140312号

出版发行 / 北京理工大学出版社有限责任公司
社　　址 / 北京市海淀区中关村南大街5号
邮　　编 / 100081
电　　话 / (010)68914775(总编室)
(010)82562903(教材售后服务热线)
(010)68948351(其他图书服务热线)
网　　址 / http://www.bitpress.com.cn
经　　销 / 全国各地新华书店
印　　刷 / 北京紫瑞利印刷有限公司
开　　本 / 787毫米×1092毫米 1/16
印　　张 / 16.5
字　　数 / 391千字
版　　次 / 2017年9月第1版 2017年9月第1次印刷
定　　价 / 65.00元

责任编辑 / 李玉昌
文案编辑 / 瞿义勇
责任校对 / 周瑞红
责任印制 / 边心超

前 言 PREFACE

随着人类社会的进步和发展，人类逐渐从建筑建构和实践中总结经验，发展成现代的力学理论与方法。这些理论和方法几乎被应用到了所用领域。建筑的发展和力学是分不开的，可以说，没有可靠的力学与结构分析就没有安全而又实用的优秀建筑。尤其是对于现代建筑的意义更为重要，每一座好的建筑建造前都要通过很多次的实验验证。

“建筑力学”是为建筑学专业的学生开设的一门理论性、实践性较强的技术基础课，旨在培养学生应用力学的基本原理，分析和研究建筑结构和构件在各种条件下的强度、刚度、稳定性等方面问题的能力。通过学习本课程，使学生了解结构受力分析的基础知识；熟练掌握静力学的基本知识；掌握静定结构的内力和位移计算；掌握基本杆件的强度、刚度、稳定性计算；基本掌握简单超静定结构的内力的计算；通过观察，了解力学实验的基本过程。

本书编写时力求做到理论联系实际，注重科学性、实用性和针对性，突出学生应用能力的培养。本书内容新颖、层次明确、结构有序，注重理论与实际相结合，加大了实践运用力度。其基础内容具有系统性、全面性，具体内容具有针对性、实用性，满足专业特点要求。

为更加适合教学使用，除绪论外，本书各模块前均设置了

【学习目标】与【学习任务】，为学生学习和教师教学做了引导；各模块后设置了【本章小结】，以学习重点为框架，对各任务知识进行归纳总结，【复习思考题】及【习题】以简答题和计算题的形式，从更深的层次给学生以思考、复习的切入点，从而构建一个“引导-学习-总结-练习”的教学全过程。

本书由王新、焦欣欣担任主编，沈新福、曾宪群、侯昌猛、许玮担任副主编，田小风、魏炜参与了本书部分章节的编写工作。具体编写分工为：王新编写绪论、模块5、模块8和附录；焦欣欣编写模块2、模块6和模块12；沈新福编写模块1和模块4；曾宪群编写模块3和模块11；侯昌猛编写模块13；许玮编写模块10；田小风编写模块7；魏炜编写模块9。

本书在编写过程中参阅了大量的文献，在此向这些文献的作者致以诚挚的谢意！由于编写时间仓促，编者的经验和水平有限，书中难免有不妥和错误之处，恳请读者和专家批评指正。

编　者

目录 CONTENTS

绪　论

0.0.1　建筑力学研究的对象

建筑力学主要研究建筑工程结构的力学性能。建筑工程结构中的各类建筑物，都是由许多构件组合而成的。在建造之前，都要由设计人员对组成它们的构件进行受力分析，构件材料的选择、尺寸大小、排列位置等都要通过计算来确定。

建筑物在建造和使用过程中都会受到各种外部作用，可能出现的外部作用包括荷载作用(恒载、活载、风载、水压力、土压力等)、变形作用(地基不均匀沉降、材料胀缩变形、温度变化引起的变形、地震引起的地面变形等)、环境作用(阳光、风化、环境污染引起的腐蚀、火灾等)。在建筑物中，承受并传递外部作用的骨架部分称为结构，建筑结构中的每一个基本组成部分称为构件。在实际工程中，结构一般是由多个构件通过各种方式连接起来所组成的。例如，板、梁、柱等构件组成了常见的混凝土或钢框架结构，如图 0-1 所示；屋面板、屋架、柱、基础等构件组成了单层厂房排架结构，如图 0-2 所示。

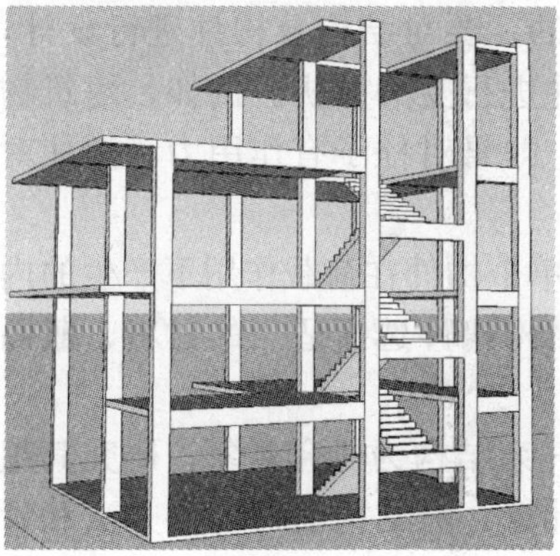

图 0-1

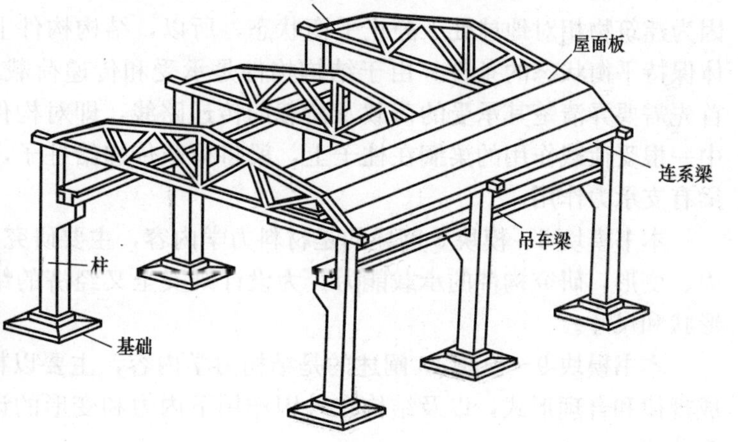

图 0-2

在建筑结构中，构件是组成结构的基本部件，构件的形状多种多样，按照几何特征，构件可分为杆件、板、壳和实体，如图 0-3 所示。杆件的几何特征为长条形，长度远大于其他两个方向的尺寸(5 倍以上)。板壳的厚度远小于其他两个尺寸(长度和宽度)，板的几何特征为平面形，壳的几何特征为曲面形，实体的几何特征为块状，长、宽、高三个尺度大体相近，内部大多为实体。

按照组成结构构件的形状和几何尺寸，结构可分为杆系结构、薄壁结构和实体结构三类。全部构件均由杆件组成的建筑结构称为杆系结构，如由梁、柱等主要构件组成的混凝土或钢框架结构；薄壁结构如楼板、薄壳屋面等；实体结构如挡土墙、水坝、承台基础等。

建筑力学的研究对象主要是杆件及杆系结构。

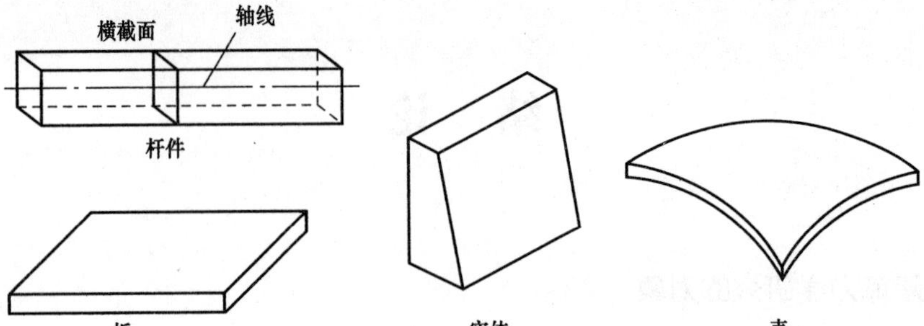

图 0-3

0.0.2 建筑力学研究的内容

建筑力学是一门技术基础课程。它主要分析材料的力学性能和变形特点以及建筑结构或构件的受力情况，包括结构或构件的强度、刚度和稳定性，为建筑结构设计及解决施工中的受力问题提供基本的力学知识和计算方法。

建筑力学涉及的内容很多，本书将所研究的内容分为静力学、材料力学与结构力学三个部分。

本书模块 1～模块 4 阐述的是静力学内容，主要研究结构构件的受力问题和平衡问题。因为建筑物相对地球处于静止平衡状态，所以，结构构件上所受到的各种力都要符合使物体保持平衡状态的条件。由于结构构件是承受和传递荷载的，要对结构及构件进行设计，首先需要弄清楚其承受的荷载及荷载的传递路线，即对构件进行受力分析。例如，建筑物中一根受荷载作用的梁搁在柱子上，梁将荷载传递给柱子，即梁对柱子有作用力，而柱对梁有支承力作用。

本书模块 5～模块 8 阐述的是材料力学内容，主要研究单个构件在荷载作用下产生的内力、变形，研究构件的承载能力，为设计既安全又经济的结构构件选择适当的材料、截面形状和尺寸。

本书模块 9～模块 13 阐述的是结构力学内容，主要以杆系结构为研究对象，研究其组成规律和合理形式，以及结构在外因作用下内力和变形的计算，为结构设计提供方法和计算公式。

值得注意的是，在结构设计中，要想完全严格地按照结构的实际情况进行力学分析是很难做到的，也是不必要的，因此，对实际结构进行力学分析时必须做一些必要的简化，略去一些次要因素，抓住其主要特点，即采用一个图形来表示简化了的实际结构，这种图形叫作结构的计算简图。确定结构的计算简图，是对实际结构进行力学分析的重要步骤。

0.0.3 建筑力学研究的任务

在施工和使用过程中，建筑结构和构件要承受及传递各种荷载作用，构件本身会因荷载作用而产生变形，存在损坏、失稳的可能。建筑力学的任务是研究建筑结构的几何组成规律，以及在荷载作用下结构和构件的强度、刚度和稳定性问题。其目的是保证建筑结构按设计要求正常工作，并充分发挥材料的性能，使设计的结构既安全可靠又经济合理。

(1)强度。构件本身具有一定的承载能力，在荷载的作用下，其抵抗破坏或不产生塑性变形的能力通常称为强度。构件在过大的荷载作用下可能被破坏。例如，当起重机的起重量超过一定限度时，吊杆可能断裂。

(2)刚度。在荷载作用下，构件不产生超过工程允许的弹性变形的能力称为刚度。在正常情况下，构件会发生变形，但变形不能超出一定的限值，否则将会影响正常使用。例如，如果起重机梁的变形过大，起重机就不能正常行驶。因此，设计时必须保证构件有足够刚度使变形不超过规范允许的范围。

(3)稳定性。在荷载作用下，构件保持其原有平衡状态的能力称为稳定性。结构中受压的细长杆件，如桁架中的压杆，在压力较小时能保持直线平衡状态，当压力超过某一临界值时，就可能变为非直线平衡并发生破坏，称为失稳破坏。工程结构中的失稳破坏往往比强度破坏损失更惨重，因为这种破坏具有突然性，没有先兆的特点。

结构的强度、刚度、稳定性反映了它的承载能力，其高低与构件的材料性质、截面的几何形状及尺寸、受力性质、工作条件及构造情况等因素有关。在结构设计中，如果把构件截面设计得过小，构件会因刚度不足导致变形过大而影响正常使用，或因强度不足而迅速破坏；如果构件截面设计得过大，其能承受的荷载过分大于所受的荷载，则又会不经济，造成人力、物力上的浪费。因此，结构和构件的安全性与经济性是矛盾的。建筑力学的任务就在于力求合理地解决这种矛盾，即研究和分析作用在结构(或构件)上的力与平衡的关系，结构(或构件)的内力、应力、变形的计算方法以及构件的强度、刚度和稳定条件，为保证结构(或构件)既安全可靠又经济合理提供计算理论依据。

0.0.4 建筑力学与其他课程的关系和学习方法

1. 建筑力学与其他课程的关系

建筑力学是研究建筑结构的力学计算理论和方法的一门科学，它是建筑结构、建筑施工技术、地基与基础等课程的基础，为学习者打开了进入结构设计和解决施工现场许多受力问题的大门。显然，作为结构设计人员必须掌握建筑力学知识，只有这样才能正确地对结构进行受力分析和力学计算，保证所设计的结构既安全可靠又经济合理。

作为施工技术及施工管理人员，也要掌握建筑力学知识，了解构件的受力情况、力的传递途径，以及构件在力的作用下所发生的破坏情况等。这样，在施工中才能理解设计的意图与要求，保证工程质量，避免工程事故发生，更好地采取安全的施工措施。

2. 建筑力学的学习方法

(1)通过观察生活和工程实践的各种现象，经过抽象化建立力学模型，从而进行分析和归纳，进一步总结力学的基本规律。

(2)针对建筑力学抽象、计算类型比较多的特点，要多比较、多练习才能掌握基本知识。

模块 1　静力学基础

学习目标

(1)了解力、力系、平衡、平衡力系的概念；掌握静力学的基本公理。

(2)了解约束与约束反力的概念；熟悉柔索约束、光滑接触面约束、圆柱铰链约束、链杆约束、支座的简化和支座的反力；掌握物体受力图的画图步骤。

学习任务

(1)具有应用静力学基本公理分析力学简单问题的能力。

(2)能正确分析工程结构中的约束反力。

(3)能正确绘制单个物体及物体系统的受力图。

任务 1-1　力与平衡的概念

1.1.1　力的概念

1.1.1.1　力的定义

力是物体之间的相互作用，这种作用使物体的运动状态或形状发生改变。物体相互间的作用形式多种多样，可以归纳为两类：一类是两物体相互接触时，它们之间相互产生的拉力或压力；另一类是地球与物体之间相互产生的吸引力，对于物体来说，这种吸引力就是重力。

力不能脱离物体而单独存在，它总是成对出现的，有作用力必有反作用力。物体在受到力的作用后，产生的效应可以分为两种：一是使物体的运动状态发生改变(称为外效应，也称为运动效应)；二是使物体的形状发生变化(称为内效应，也称为变形效应)。

1.1.1.2　力的三要素

力对物体的效应取决于力的大小、力的方向和力的作用点三个要素。

1. 力的大小

力的大小表明物体之间相互作用的强弱程度。

2. 力的方向

力不但有大小，而且还有方向。力的方向包括力的作用线在空间的方位以及力的指向。

3. 力的作用点

力的作用点表示力对物体的作用位置。力的作用位置实际上是有一定范围的，只是当作用范围与物体相比很小时，可近似地将其看作是一个点，一般情况下，这个点都是指物体在接触处的几何中心。

在描述一个力时，必须全面表明这个力的三个要素。在力的三要素中，任一要素的改变都会对物体产生不同的效果。

1.1.1.3 力的表示

力是矢量，是既有大小又有方向的量。通常，力可以用一个带箭头的线段来表示，如图 1-1 所示。线段的长度表示力的大小；线段与某参照直线(通常为 x 轴)的夹角表示力的方位角，箭头表示力的指向；带箭头线段的起点和终点都可以是力的作用点。当用图解法根据已知力求解未知力时，必须如实地在图中反映已知力的方向和大小。在图 1-1 中，按比例可以量得力 F 的大小是 20 kN，与水平线成 45°角，指向右上方且作用在物体的 A 点上。

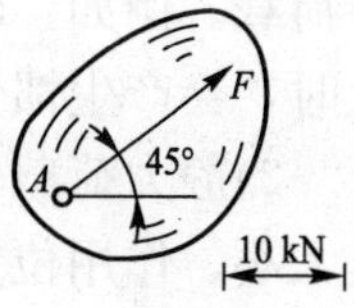

图 1-1

力矢量常用黑体字表示，如 $\boldsymbol{F}$、$\boldsymbol{Q}$ 等。而 $\boldsymbol{F}$ 只表示力矢量的大小，例如，图 1-1 中力 F 的大小就写作 $\boldsymbol{F}=20$ kN。

1.1.1.4 荷载

1. 荷载的概念

通常，我们把作用在结构上的主动力称为荷载，如结构自重、水压力、土压力、风压力以及人群及货物的重力、起重机轮压等；而把约束力称为反力。荷载和反力是相互独立且相互依存的一个矛盾的两个方面。它们都是其他物体作用在结构上的力，又统称为外力。在外力作用下，结构内各部分之间将产生相互作用的力，称为内力。另外，还有其他因素可以使结构产生内力和变形，如温度变化、地基沉陷、构件制造误差、材料收缩等。从广义上说，这些因素也可视为荷载。

2. 荷载的分类

在实际工程中，作用在结构上的荷载是多种多样的。为了便于力学分析，需要从不同的角度，对它们进行分类。

(1)按作用时间长短，荷载可分为永久荷载(恒载)、可变荷载(活载)和偶然荷载。

1)永久荷载。永久荷载是指在使用期间，其值不随时间变化，或其变化与平均值相比可以忽略不计，或其变化是单调的并能趋于限制的荷载。如结构自重、土压力、预应力等。

2)可变荷载。可变荷载是指在使用期间，其值随时间变化，且其变化与平均值相比不可忽略不计的荷载。如楼面可变荷载、屋面可变荷载和积灰荷载、吊车荷载、风荷载、雪荷载、吊车荷载、温度作用等。

3)偶然荷载。偶然荷载是指在结构设计使用年限内不一定出现，而一旦出现其量值很大，且持续时间很短的荷载。如爆炸力、撞击力等。

(2)按作用范围不同，荷载可分为集中荷载和分布荷载。

1)集中荷载。集中荷载是指分布面积远小于结构尺寸的荷载，如起重机的轮压。由于这种荷载的分布面积较集中，因此，在计算图上可把这种荷载作用于结构上的某一点处。

2)分布荷载。分布荷载是指连续分部在结构上的荷载。分布荷载又可分为均布荷载和非均布荷载。若荷载连续作用，各处大小相同，这种荷载称为均布荷载。当荷载连续分布在结构内部各点上时叫作体均布荷载；当荷载连续分布在结构表面上时叫作面均布荷载；当荷载沿着某条线连续分布时叫作线均布荷载。当荷载连续作用，但各处大小不相同时，则称为非均布荷载。

(3)按荷载的作用性质分类，荷载可分为动力荷载和静力荷载。

1)动力荷载。如果荷载的大小、作用位置、方向随时间而急剧变化，这种荷载称为动力荷载。例如，动力机械产生的荷载、地震力等。这种荷载的特点是，该荷载作用在结构上时，会产生惯性力，从而引起结构显著振动或冲击。

2)静力荷载。当荷载从零开始，逐渐缓慢地、连续均匀地增加到最后的确定数值后，其大小、作用位置以及方向都不再随时而变化，这种荷载称为静力荷载。例如，结构的自重，一般的活荷载等。静力荷载的特点是，该荷载作用在结构上时，不会引起结构振动。

1.1.2　力系与平衡力系

1. 力系

一般情况下，一个物体总是同时受到若干个力的作用。我们将同时作用于一个物体上的一群力称为力系。

2. 平衡

平衡是指物体相对于地球保持静止或匀速直线运动的状态。例如，房屋、水坝、桥梁相对于地球保持静止；沿直线匀速起吊的构件相对于地球是做匀速直线运动等。它们的共同特点就是运动状态没有发生变化。建筑力学研究的平衡主要是物体处于静止状态。

3. 平衡力系

使物体处于平衡状态的力系称为平衡力系。物体在力系作用下处于平衡时，力系所应该满足的条件，称为力系的平衡条件。

4. 力系的分解与合成

在不改变物体作用效应的前提下，用一个简单力系代替一个复杂力系的过程，称为力系的简化或力系的合成。对物体作用效应相同的力系，称为等效力系。

如果一个力与一个力系等效，则该力称为此力系的合力，而力系中的各个力则称为这个合力的分力。

任务 1-2　静力学基本公理

在生产实践中，人们对物体的受力进行了长期观察和试验，对力的性质进行了概括和总结，得出了一些经过实践检验是正确的、大家都承认的、无须证明的正确理论，这就是静力学公理。

公理一：二力平衡公理

作用在同一刚体上的两个力，使该刚体处于平衡状态的必要和充分条件是：这两个力大小相等、方向相反，且作用在同一条直线上。二力平衡公理的要素为“等值、反向、共线、同一物体”，如图 1-2 所示。

对于刚体来说，这个条件是既必要又充分的；但对于变形体，这个条件必要但并不充分。例如，柔绳受两个等值反向的拉力作用可以平衡，而受两个等值反向的压力作用时就不能平衡了。

只受两个力的作用而处于平衡状态的构件称为二力构件(当二力构件的轴线为一条直线段时也称二力杆)。二力构件所受到的两个力必定是沿着此二力作用点的连线，且大小相等、方向相反。当已知结构中某刚体仅在两个接触点处受两个力时，就可以知道它所受到的这两个力的关系。

如图 1-3 所示的结构中，构件 AB 只在点 A 和点 B 受力。因此就有：$\boldsymbol{F}_A=\boldsymbol{F}_B$。

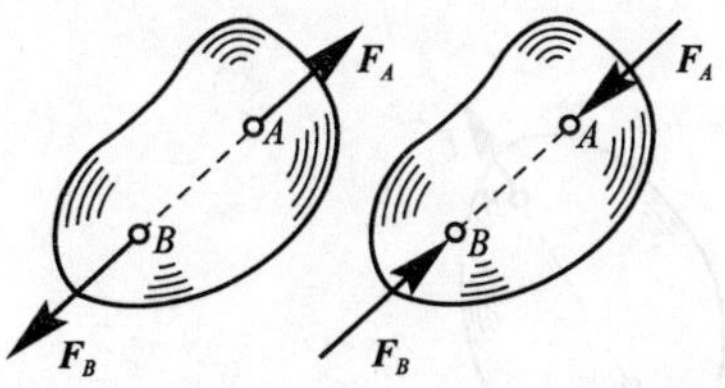

图 1-2

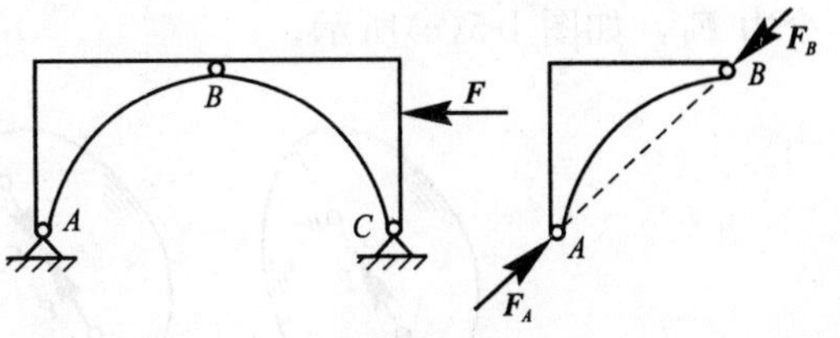

图 1-3

公理二：作用力与反作用力公理

作用力和反作用力总是同时存在、同时消失，并且大小相等、方向相反、沿着同一直线，分别作用在相互接触的两个物体上。

如图 1-4(a)所示，放置在光滑水平面上的物块受重力 $\boldsymbol{F}_p$ 和支撑平面给它的约束反力 $\boldsymbol{F}_N$ 的作用而平衡。如图 1-4(b)所示，其中：$\boldsymbol{F}_N=\boldsymbol{F}_N'$，互为作用力与反作用力，分别作用在物体和支撑面上。而 $\boldsymbol{F}_N$ 和 $\boldsymbol{F}_p$是作用于同一物体上的一对平衡力，且满足二力平衡公理。

注意：不能把作用力与反作用力的关系与二力平衡问题混淆。二力平衡公理中的两个力是作用在同一物体上的；作用力与反作用力却分别作用在两个物体上。尽管它们也大小相等、方向相反、作用在同一直线上，但不能使物体平衡。

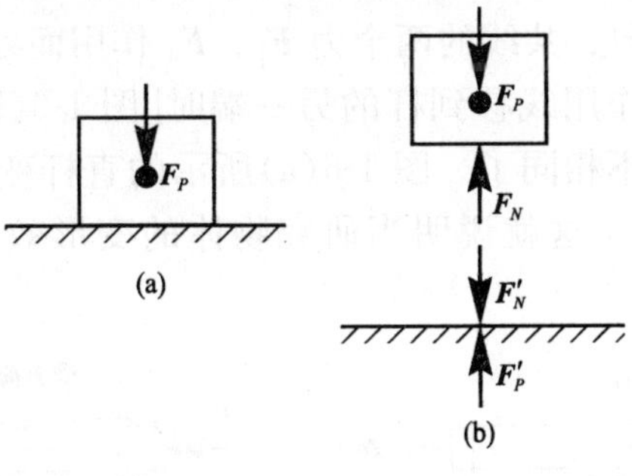

图 1-4

公理三：加减平衡力系公理

在作用于刚体的已知力系中，加上或减去任意的平衡力系，并不改变原力系对刚体的作用效应。也就是说，如果两个力系只相差一个或几个平衡力系，则它们对刚体产生的作用效果是相同的，因此，也是可以等效替换的。

这个公理对于研究力系的简化问题很重要。根据上述公理可以导出下述推论。

推理一：力的可传递性原理

作用于刚体上某点的力，可以沿着自身的作用线移动到刚体内的任意一点，而不改变该力对刚体的作用效应。

证明：

(1)已知：力 $\boldsymbol{F}$ 作用在刚体上的 A 点，如图 1-5(a)所示。

(2)根据加减平衡力系公理，可以在刚体内力的作用线上任取一点 B，在 B 点加上一个平衡力系 $\boldsymbol{F}_1$ 和 $\boldsymbol{F}_2$，并使 $F_1=F_2=F$，如图 1-5(b)所示。

(3)由于力 $\boldsymbol{F}$ 和 $\boldsymbol{F}_2$ 也是一个平衡力系，根据加减平衡力系公理可以将其去掉，这样只剩下一个力 $\boldsymbol{F}_1$，如图 1-5(c)所示。

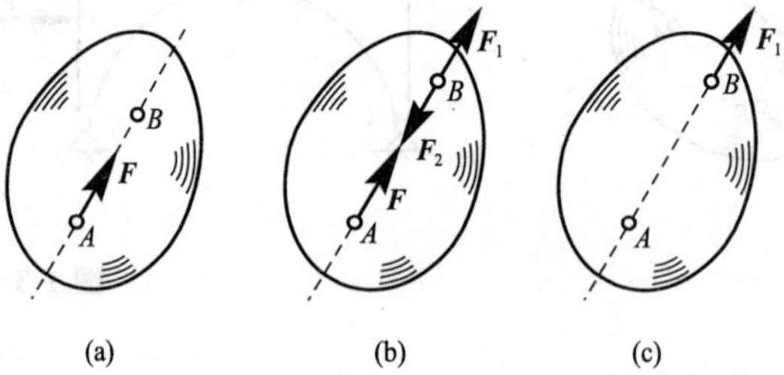

图 1-5

(4)作用在刚体上 B 点的力 $\boldsymbol{F}_1$ 和原力 $\boldsymbol{F}$ 等效，就相当于把作用在刚体上 A 点的力 $\boldsymbol{F}$ 沿其作用线移动到了 B 点。

由此可见，对于刚体来说，力的作用点已不再是决定力的作用效果的要素，它已被作用线所代替。因此，作用于刚体上的力的三个要素是：力的大小、方向和作用线。作用于刚体上的力不是定位矢量，而是滑移矢量。

应当指出，加减平衡力系公理和力的可传性原理只适用于刚体而不适用于变形体，即只适用于研究力的外效应(运动效果)，而不适用于研究力的内效应(变形效果)。例如，直杆 AB 的两端受到等值、反向、共线的两个力 $\boldsymbol{F}_1$、$\boldsymbol{F}_2$ 作用而处于平衡状态，如图 1-6(a)所示。如果将这两个力各沿其作用线移到杆的另一端时[图 1-6(b)]，直杆 AB 仍然处于平衡状态，但是直杆的变形就大不相同了。图 1-6(a)所示的直杆变形是轴向拉伸，而图 1-6(b)所示的直杆变形是轴向压缩，这就说明当研究物体的变形效应时，不能使用力的可传性原理。

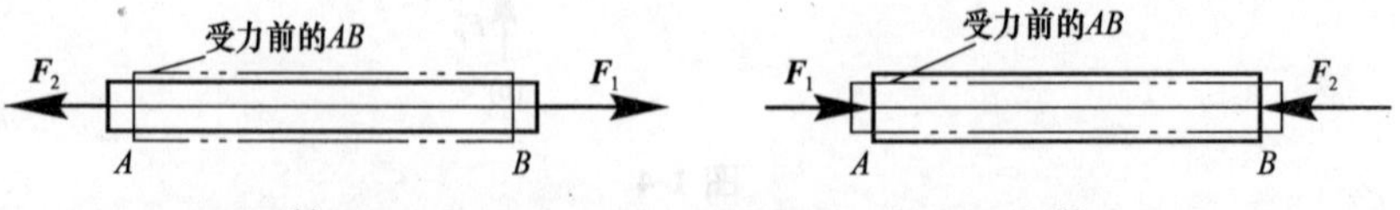

图 1-6

公理四：力的平行四边形法则

作用在物体上同一点的两个力，可以合成为一个合力，合力的作用点也在该点，合力的大小和方向，由以这两个力为邻边构成的平行四边形的对角线确定，如图 1-7 所示。

这个公理说明力的合成必须遵循矢量加法，即

$$\boldsymbol{F}_R=\boldsymbol{F}_1+\boldsymbol{F}_2$$

$\boldsymbol{F}_R$ 称为 $\boldsymbol{F}_1$、$\boldsymbol{F}_2$ 的合力，$\boldsymbol{F}_1$、$\boldsymbol{F}_2$ 是合力 $\boldsymbol{F}_R$ 的分力。这个公理是我们用几何法求平面共点力系或平面汇交力系合力的基础，是使复杂力系简化的基础。

在解决工程实际问题时，常把一个力 $\boldsymbol{F}$ 沿平面直角坐标系中坐标轴的方向分解成两个互相垂直的分力 $\boldsymbol{F}_x$ 和 $\boldsymbol{F}_y$，如图 1-8 所示。$\boldsymbol{F}_x$ 和 $\boldsymbol{F}_y$ 的大小可由三角公式求得

$$\begin{aligned}F_x&=F\cos\alpha\\F_y&=F\sin\alpha\end{aligned}\tag{1-1}$$

式中　α——力 $\boldsymbol{F}$ 与 x 轴所夹的锐角。

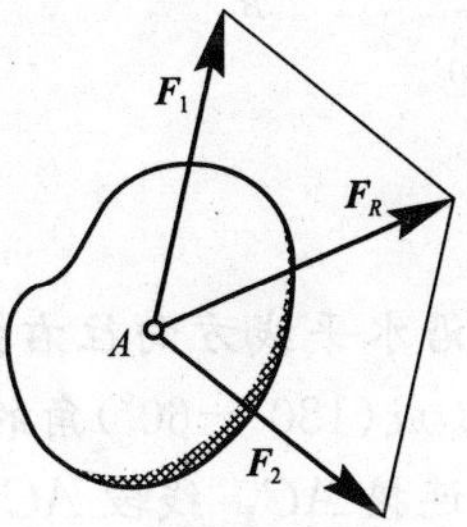

图 1-7

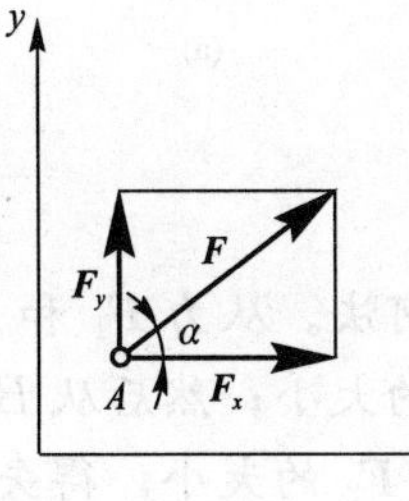

图 1-8

推理二：三力平衡汇交定理

若刚体受共面不平行的三个力作用并保持平衡，则此三个力的作用线必定汇交于同一点。

证明：

(1)设有共面不平行的三个力 $\boldsymbol{F}_1$、$\boldsymbol{F}_2$、$\boldsymbol{F}_3$，分别作用在刚体上的 $\boldsymbol{F}_1$、$\boldsymbol{F}_2$、$\boldsymbol{F}_3$ 三点而处于平衡状态，如图 1-9(a)所示。

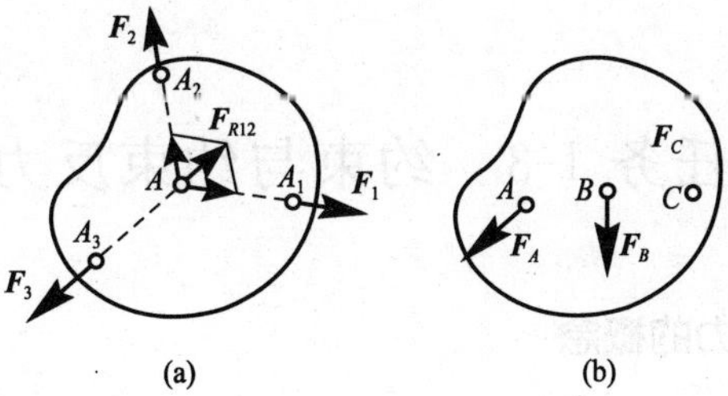

图 1-9

(2)根据力的可传性原理，力 $\boldsymbol{F}_1$、$\boldsymbol{F}_2$ 可沿各自的作用线滑移到此两力作用线的交点 A，并按力的平行四边形公理合成为合力 $\boldsymbol{F}_{R12}$，合力 $\boldsymbol{F}_{R12}$也作用在 A 点。

(3)因为 $\boldsymbol{F}_1$、$\boldsymbol{F}_2$、$\boldsymbol{F}_3$ 三力成平衡状态，所以力 $\boldsymbol{F}_{R12}$应与力 $\boldsymbol{F}_3$ 平衡。由二力平衡公理可知，力 $\boldsymbol{F}_3$ 和 $\boldsymbol{F}_{R12}$一定是大小相等、方向相反且作用在同一直线上。也就是说，力 $\boldsymbol{F}_3$ 的作用线必通过力 $\boldsymbol{F}_1$ 和 $\boldsymbol{F}_2$ 的交点 A，即 $\boldsymbol{F}_1$、$\boldsymbol{F}_2$、$\boldsymbol{F}_3$ 三力的作用线必汇交于一点。于是定理得以证明。

刚体受共面不平行的三个力作用而平衡时，若已知其中的一个力矢和另一个力的方向，利用该定理就可以确定第三个力的方向。如图 1-9(b)所示，已知力矢 $\boldsymbol{F}_A$ 和 $\boldsymbol{F}_B$ 的方向就可确定出 $\boldsymbol{F}_C$ 的方向。

【例 1-1】 已知两力 $\boldsymbol{F}_1$ 和 $\boldsymbol{F}_2$ 相交于 A 点，力 $\boldsymbol{F}_1=600$ N，方向水平向右，力 $\boldsymbol{F}_2=500$ N 与水平线成 $\alpha=60°$[图 1-10(b)]，试求其合力 R。

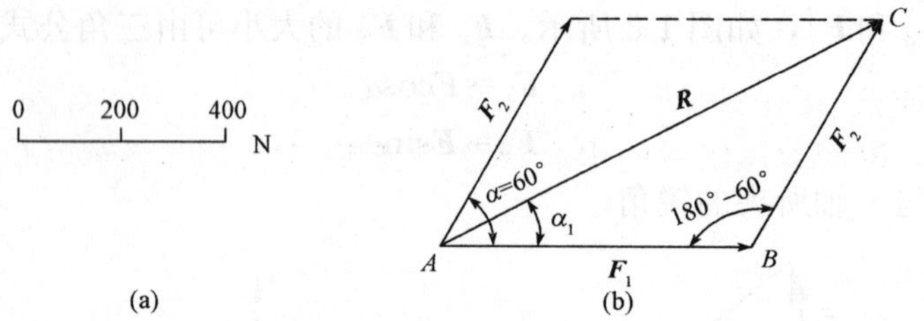

图 1-10

【解】 (1)几何法。从力 $\boldsymbol{F}_1$ 和 $\boldsymbol{F}_2$ 的交点 A 出发，沿水平线方向往右按图 1-10(a)所示的比例，画出 $\boldsymbol{F}_1$ 的大小；然后从 B 点出发画一与线 AB 成(180°−60°)角的直线，并在该直线上用同一比例画 $\boldsymbol{F}_2$ 的大小，得矢量 $\boldsymbol{F}_2$ 的箭头点 C，连接 AC，线段 AC 即表示合力 R 的大小与方向。用图 1-10(a)所示的比例量取，得 $R=950$ N，合力与水平线的夹角 $\alpha_1=27°$。

(2)解析法。

$$R=\sqrt{F_1^2+F_1^2+2F_1F_2\cos\alpha}$$
$$=\sqrt{600^2+500^2+2\times600\times500\times\cos60°}$$
$$=953.94(\text{N})$$

$$\sin\alpha_1=\frac{F_2}{R}\sin\alpha=\frac{500}{953.94}\times\sin60°=0.453\ 9$$

$$\alpha_1=27°$$

任务 1-3　约束与约束反力

1.3.1　约束与约束反力的概念

力学中通常将物体分为两类，即自由体和非自由体。自由体可以自由移动，不受任何其他物体的限制，飞行的飞机是自由体，它可以任意地移动和旋转；非自由体不能自由移动，其某些移动受其他物体的限制不能发生；结构和结构的各构件是非自由体。

限制物体运动的周围物体称为约束体，简称为约束。例如，梁是板的约束体，墙是梁的约束体，基础是墙的约束体等。

约束体在限制其他物体运动时，所施加的力称为约束反力。约束反力总是与它所限制物体的运动或运动趋势的方向相反。例如，墙阻碍梁向下落时，就必须对梁施加向上的反作用力等。约束反力的作用点就是约束与被约束物体的接触点。

与约束反力相对应，凡能主动引起物体运动或使物体有运动趋势的力，称为主动力。

如物体的重力、水压力、土压力等。作用在工程结构上的主动力称为荷载。通常情况下，主动力是已知的，而约束反力是未知的。静力分析的任务之一就是确定未知的约束反力。

1.3.2 柔索约束

由柔绳、胶带、链条等形成的约束称为柔索约束。由于柔索只能够在受拉状态下工作，只能牵拉物体。所以，在忽略绳子伸长量时的柔索约束只能限制物体沿着柔索约束的中心线并使柔索约束伸长方向的运动，而不能限制物体沿其他方向的运动。该力作用在柔索与物体的连接点处，沿着柔体约束的中心线背离物体(柔索和物体都受拉力作用)，常用符号 $\boldsymbol{F}_T$ 表示，如图 1-11 所示。

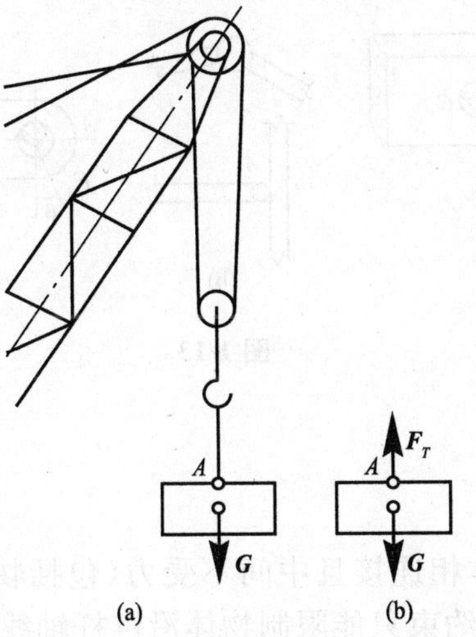

图 1-11

1.3.3 光滑接触面约束

当两物体直接接触且接触面光滑无摩擦时，约束只能限制物体在接触点沿接触面公法线方向的运动，不能限制物体沿接触面切线方向的运动。因此，光滑面约束反力通过接触点，沿着接触面的法向而指向被约束物体，即为压力，也称为法向反力，用 $\boldsymbol{F}_N$ 表示。

图 1-12(a)、(b)中的 $\boldsymbol{F}_N$，图 1-12(c)中的 $\boldsymbol{F}_{NA}$、$\boldsymbol{F}_{NB}$、$\boldsymbol{F}_{NC}$ 等，均为光滑面约束反力，都是通过接触点，沿着接触面的法向而指向被约束物体。

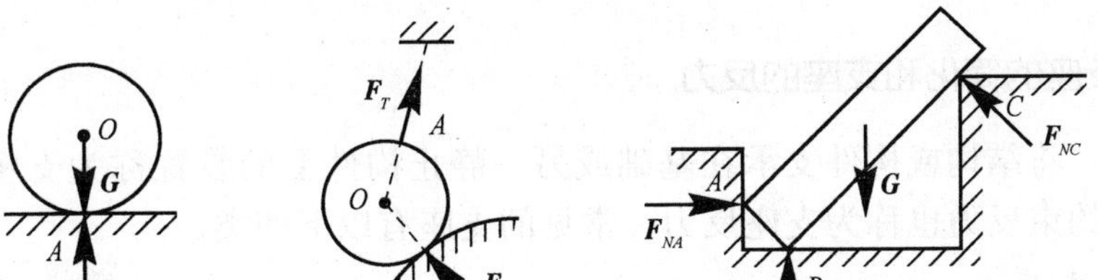

图 1-12

1.3.4 圆柱铰链约束

两个物体分别被钻上直径相同的圆孔并用销钉连接起来，如果不计销钉与销钉孔壁之间的摩擦，则这种约束被称为光滑圆柱铰链约束，简称铰链约束，如图 1-13(a)所示。这种约束可以用 1-13(b)所示的力学简图表示，其特点是只限制两物体在垂直于销钉轴线的平面内沿任意方向的相对移动，而不能限制物体绕销钉轴线的相对转动和沿其轴线方向的相对滑动。因此，铰链的约束反力作用在与销钉轴线垂直的平面内，并通过销钉中心，但方向待定，如图 1-13(c)所示的 $\boldsymbol{F}_A$。在工程中，常用通过铰链中心的相互垂直的两个分力 X_A、Y_A 表示，如图 1-13(d)所示。

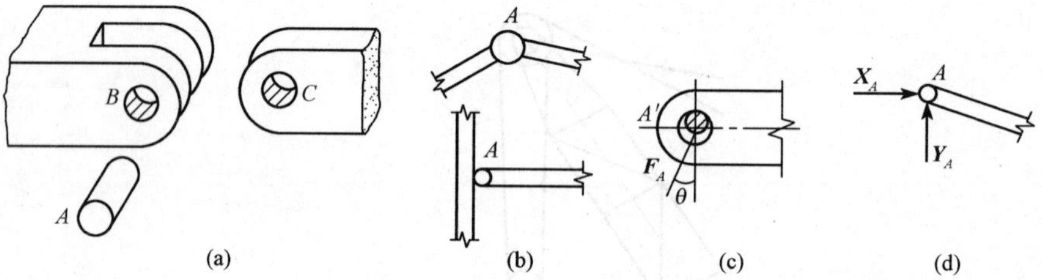

图 1-13

1.3.5 链杆约束

两端各以铰链与其他物体相连接且中间不受力(包括物体本身的自重)的直杆称为链杆，如图 1-14(a)所示。这种约束只能限制物体沿链杆轴线方向的运动，而不能限制其他方向的运动。因此，链杆的约束反力沿着链杆的轴线方向，指向不定，常用符号 $\boldsymbol{R}$ 表示，如图 1-14(c)、(d)所示。图 1-14(b)中的杆 AB 即为链杆的力学简图。

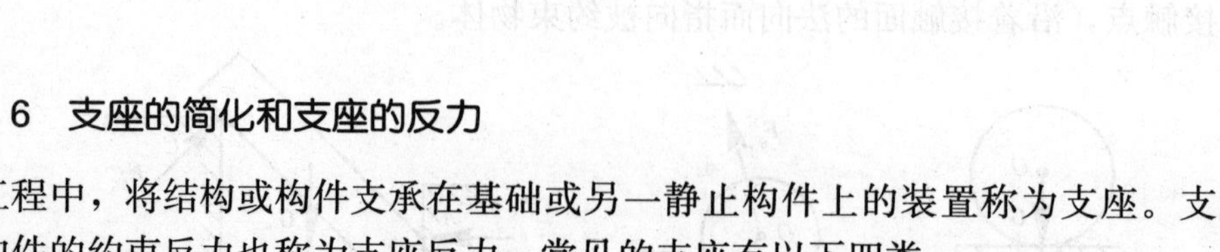

图 1-14

1.3.6 支座的简化和支座的反力

在工程中，将结构或构件支承在基础或另一静止构件上的装置称为支座。支座对它所支承的构件的约束反力也称为支座反力。常见的支座有以下四类。

1. 固定铰支座

在圆柱形铰链约束所连接的两个构件中，如果有一个被固定在基础上，便构成了固定铰支座，如图 1-15(a)所示。这种支座不能限制构件绕销钉轴线的转动，只能限制构件在垂直于销钉轴线的平面内向任意方向的移动。可见固定铰支座的约束性能与圆柱铰链约束相同。所以，固定铰支座的支座反力在垂直于销钉轴线的平面内，通过铰链中心，且方向未定。

固定铰支座的简图如图 1-15(b)所示。反力的表示如图 1-15(c)所示(指向为假设)，为方便起见，工程中常用相互垂直的两个分力 $\boldsymbol{R}_{Ax}$、$\boldsymbol{R}_{Ay}$ 表示。

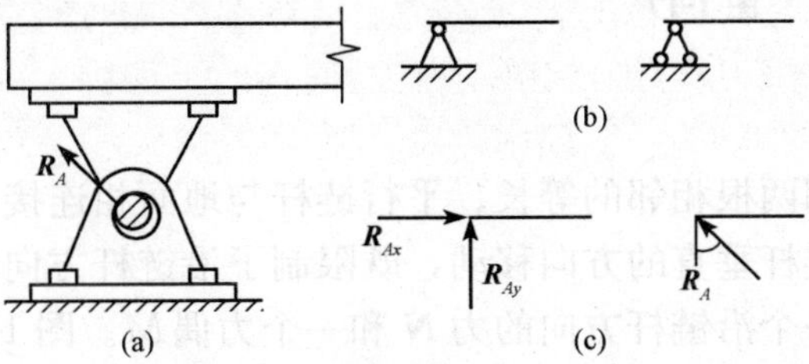

图 1-15

2. 可动铰支座

在固定铰支座下面加几个滚轴支承于平面上，但支座的连接使它不能离开支承面，就构成了可动铰支座，如图 1-16(a)所示。这种支座只能限制构件在垂直于支承面方向上的移动，而不能限制构件绕销钉轴线的转动和沿支承面方向的移动。所以，可动铰支座的支座反力通过销钉中心，并垂直于支承面，但指向未定。可动铰支座的简图如图 1-16(b)所示，反力的表示如图 1-16(c)所示(指向为假设)。

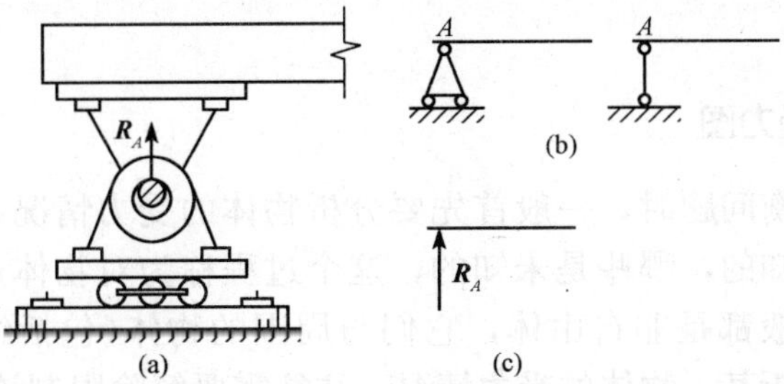

图 1-16

由于可动铰支座允许被约束体在一个方向发生移动，因此，桥梁、屋架等工程结构一端用固定铰支座，另一端用可动铰支座，以适应温度变化引起的伸缩变形。

3. 固定端支座

图 1-17(a)中，杆件 AB 的 A 端被牢固地固定，使杆件既不能发生移动也不能发生转动，这种约束称为固定端约束或固定端支座。固定端约束的简化图如图 1-17(b)所示。固定端的约束反力是两个垂直的分力 X_A、Y_A 和一个力偶 m_A，它们在图 1-17(b)中的指向是假定的。约束反力 X_A、Y_A 对应于约束限制移动的位移；约束反力偶 m_A 对应于约束限制转动的位移。例如，房屋建筑中的挑梁，钢筋混凝土柱插入基础部分四周用混凝土与基础浇筑在一起，因此，柱的下部被嵌固得很牢，不能移动和转动，可视为固定端支座，如图 1-18 所示。

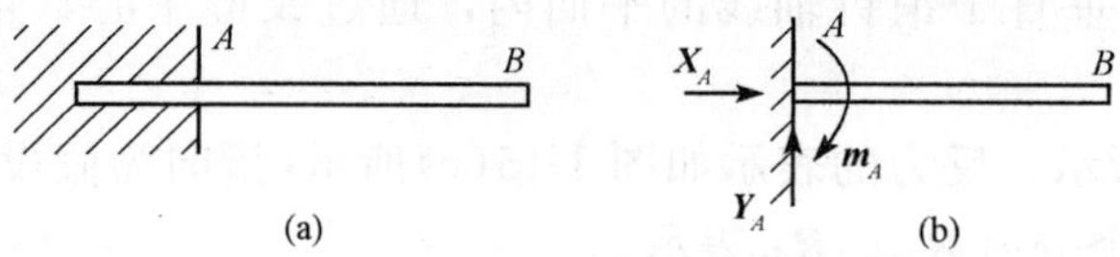

图 1-17

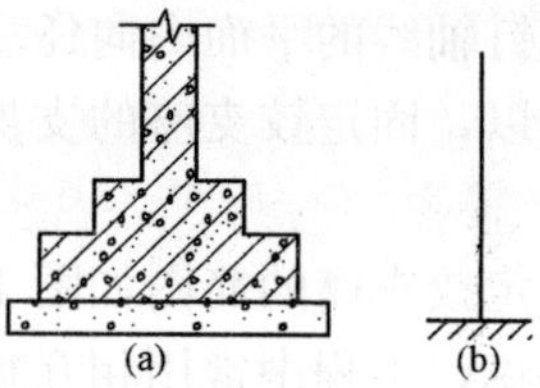

图 1-18

4. 定向支座约束

定向支座是将构件用两根相邻的等长、平行链杆与地面相连接，如图 1-19(a)所示。这种支座只允许杆端沿与链杆垂直的方向移动，既限制了沿链杆方向的移动，也限制了转动。定向支座的约束反力是一个沿链杆方向的力 $\boldsymbol{N}$ 和一个力偶 M。图 1-19(b)中反力 N_A 和反力 m_A 的指向都是假定的。

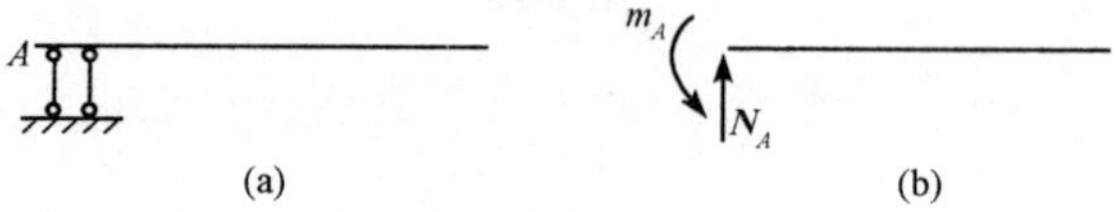

图 1-19

任务 1-4　物体的受力分析和受力图

1.4.1　脱离体与受力图

在力学求解静力平衡问题时，一般首先要分析物体的受力情况，了解物体受到哪些力的作用，其中哪些是已知的，哪些是未知的，这个过程称为对物体进行受力分析。工程结构中的构件或杆件，一般都是非自由体，它们与周围的物体(包括约束)相互连接在一起，用来承担荷载。为了分析某一物体的受力情况，往往需要解除限制该物体运动的全部约束，将该物体从与它相联系的周围物体中分离出来，单独画出这个物体的图形，称之为脱离体(或研究对象)。然后，再将周围各物体对该物体的各个作用力(包括主动力与约束反力)全部用矢量线表示在脱离体上。这种画有脱离体及其所受的全部作用力的简图，称为物体的受力图。

对物体进行受力分析并画出其受力图，是求解静力学问题的重要步骤。因此，必须掌握熟练选取脱离体并能正确地分析其受力情况的方法。

1.4.2　物体受力图的画图步骤

(1)将研究对象从其联系的周围物体中分离出来，即取脱离体。

(2)根据已知条件，画出作用在研究对象上的全部主动力。

(3)根据脱离体原来受到的约束类型，画出相应的约束反力。应注意两个物体之间相互作用的约束力应符合作用力与反作用力公理。

(4)要熟练地使用常用的字母和符号标注各个约束反力。注意要按照原结构图上每一个构件或杆件的尺寸和几何特征作图，以免引起错误或误差。

(5)受力图上只画脱离体的简图及其所受的全部外力，不画已被解除的约束。

(6)当以系统为研究对象时，受力图上只画该系统(研究对象)所受的主动力和约束反力，而不画系统内各物体之间的相互作用力(称为内力)。

(7)正确判断二力杆，二力杆中的两个力的作用线沿力作用点的连线，且等值、反向。

下面举例说明如何画物体的受力图。

【例 1-2】 重量为 G 的小球，放置方式如图 1-20(a)所示，试画出小球的受力图。

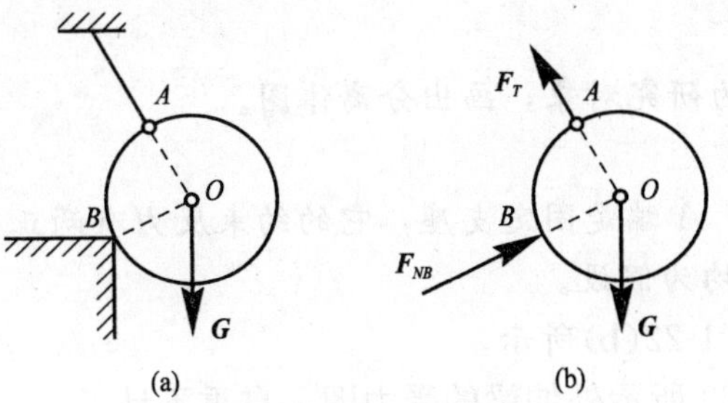

图 1-20

【解】 (1)根据题意取小球为研究对象。

(2)画小球受到的主动力：重力 G，G 作用于球心、竖直向下。

(3)画小球受到的约束反力：绳子的约束反力 $\boldsymbol{F}_T$，作用于接触点 A，沿绳子的方向，背离小球；光滑面的约束反力 $\boldsymbol{F}_{NB}$，作用于球面和支撑面的接触点 B，沿着接触点的公法线(沿半径、过球)指向小球。

把 $\boldsymbol{G}$、$\boldsymbol{F}_T$、$\boldsymbol{F}_{NB}$ 全部画在小球的相应位置处(三力汇交)，就得到小球的受力图，如图 1-20(b)所示。其中，$\boldsymbol{F}_T$、$\boldsymbol{F}_{NB}$ 的大小是未知的。

【例 1-3】 画出简支梁 AB 的受力图，梁自重不计，如图 1-21(a)所示。

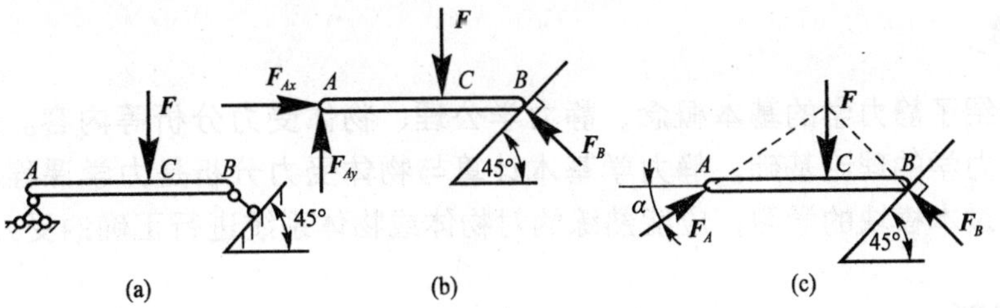

图 1-21

【解】 (1)取梁 AB 为研究对象，画出分离体图。

(2)画梁受到的主动力 $\boldsymbol{F}$。

(3)画梁受到的约束反力：A 处是铰支座，约束反力可用两正交分力 $\boldsymbol{F}_{Ax}$、$\boldsymbol{F}_{Ay}$ 表示；B 为滚轴支座，约束反力 $\boldsymbol{F}_B$ 垂直于支承面，其中，$\boldsymbol{F}_{Ax}$、$\boldsymbol{F}_{Ay}$、$\boldsymbol{F}_B$ 指向均为假设。

此时，我们已经得到了梁 AB 的受力图，如图 1-21(b)所示。梁的自重不计时，不能随意添加。另外，不计重力时该简支梁在 A 处约束反力的方向也可用三力平衡汇交定理来确定，有重力就不能确定了，如图 1-21(c)所示。

【例 1-4】 试画出如图 1-22(a)所示的悬臂梁 AB 的受力图，梁的自重不计。

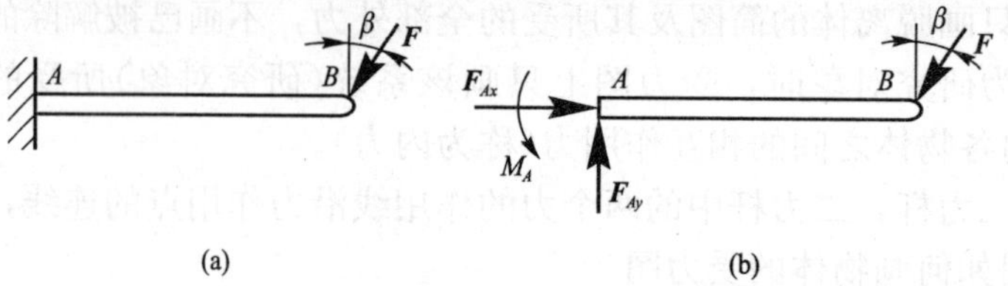

图 1-22

【解】 (1)取梁 AB 为研究对象，画出分离体图。

(2)画出其主动力 $\boldsymbol{F}$。

(3)画出其约束反力：A 端是固定支座，它的约束反力有两正交分力 $\boldsymbol{F}_{Ax}$、$\boldsymbol{F}_{Ay}$及未知反力偶M_A，且它们的指向均为假设。

梁 AB 的受力图如图 1-22(b)所示。

【例 1-5】 画出图 1-23 所示外伸梁的受力图，自重不计。

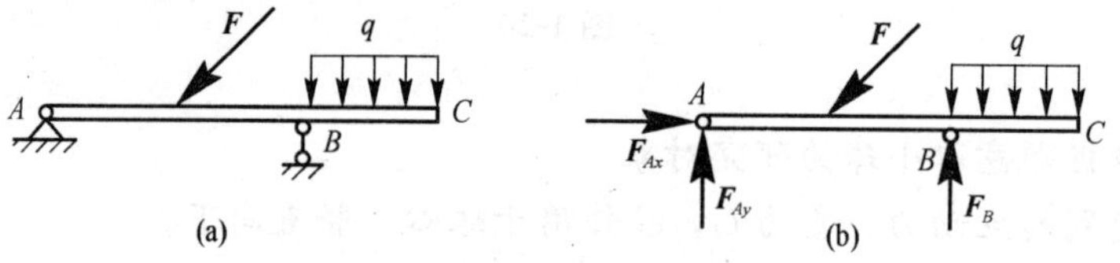

图 1-23

【解】 取梁 ABC 为研究对象，将其单独画出。梁上的主动力为 $\boldsymbol{F}$ 和均布荷载 q；B 处为可动铰支座，约束反力 $\boldsymbol{F}_B$ 通过 B，垂直于支承面，方向假设；A 处为固定铰支座，约束反力用两个互相垂直的分力 $\boldsymbol{F}_{Ax}$、$\boldsymbol{F}_{Ay}$ 表示，方向假设。

本章小结

本模块介绍了静力学的基本概念、静力学公理、物体受力分析等内容。静力学基本概念与公理是静力学的理论基础，静力学基本计算与物体受力分析是力学课程中非常重要的基本训练。通过本模块的学习，应能熟练的对物体或物体系统进行正确的受力分析。

复习思考题

1. 物体在受到力的作用后，产生的效应有哪两种?
2. 力对物体的效应取决于哪三个要素?
3. 按作用时间长短荷载分为哪几类?
4. 静力学的四个基本公理分别是什么?
5. 常见的支座有哪几类?
6. 简述物体受力图的画图步骤。

复习思考题参考答案

习　题

1. 重量为 G 的梯子 AB，放置在光滑的水平地面上并靠在铅直墙上，在 D 点用一根水平绳索与墙相连，如图 1-24 所示，试画出梯子的受力图。

习题参考答案

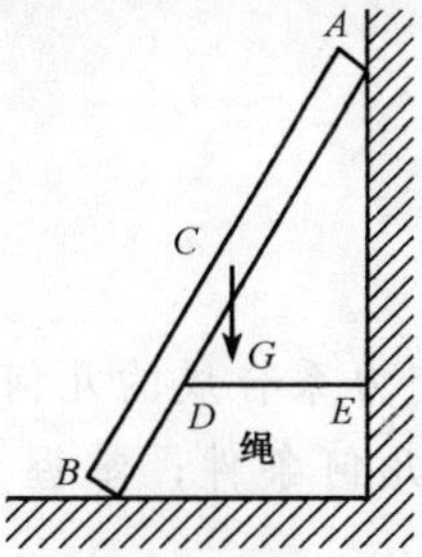

图 1-24

2. 如图 1-25 所示，简支梁 AB，跨中 C 处受到集中力 F 作用，A 端为固定铰支座约束，B 端为可动铰支座约束。试画出梁的受力图。

3. 如图 1-26 所示，球的重力为 G，试画出球的受力图。

4. 如图 1-27 所示支架中，各杆自重不计。试分别画出斜杆 CD、横梁 AB 及整体的受力图。

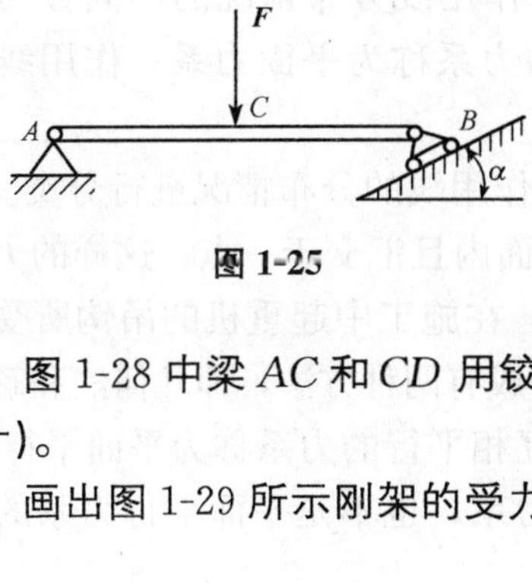

图 1-25

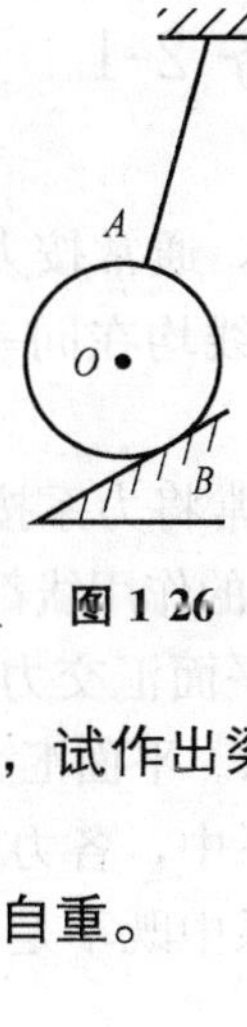

图 1-26

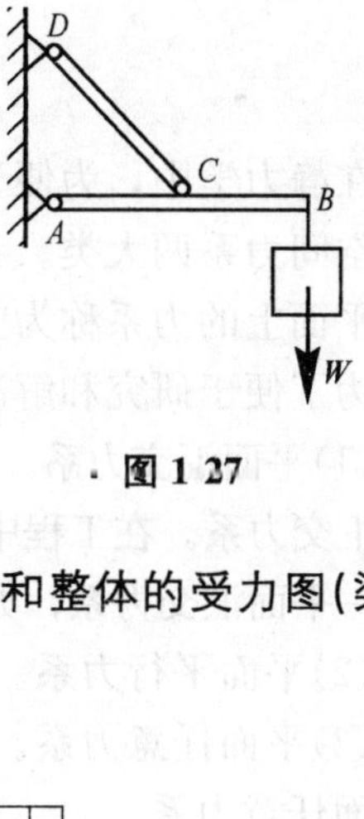

图 1-27

5. 图 1-28 中梁 AC 和 CD 用铰链 C 连接，试作出梁 AC、CD 和整体的受力图(梁的自重不计)。

6. 画出图 1-29 所示刚架的受力图，不计自重。

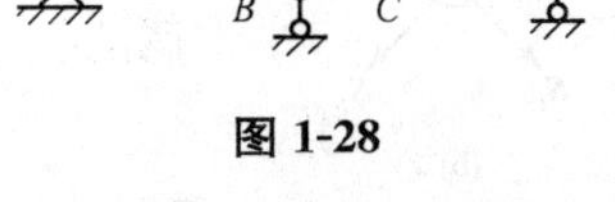

图 1-28

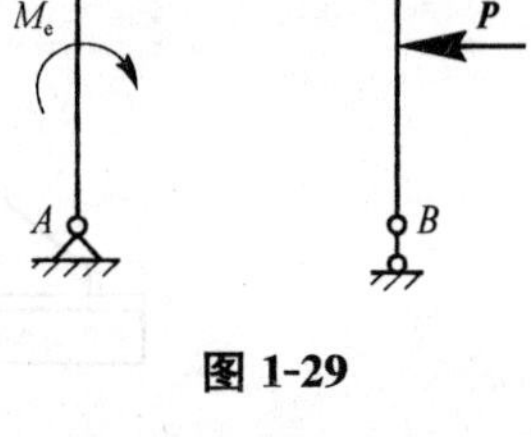

图 1-29

模块 2　平面汇交力系

学习目标

了解力系的分类；熟悉平面汇交力系合成的几何法中两个汇交力系的合成、多个汇交力系的合成、多个汇交力系平衡的几何条件；掌握力在直角坐标系上的投影、合力投影定理。

学习任务

(1)能用解析法求平面汇交力系的合力。

(2)能熟练地应用平面汇交力系的平衡方程求解物体的平衡问题。

任务 2-1　力系的分类

在静力学中，为便于研究问题，通常按力系中各力作用线分布情况的不同分为平面力系和空间力系两大类。各力的作用线均在同一平面上的力系称为平面力系；作用线不全在同一平面上的力系称为空间力系。

为了便于研究和解决问题，通常将力系按照其各力作用线的分布情况进行分类。

(1)平面汇交力系。力系中各力的作用线都在同一平面内且汇交于一点，这样的力系称为平面汇交力系。在工程中经常遇到平面汇交力系。例如，在施工中起重机的吊钩所受各力就构成一平面汇交力系，如图 2-1 所示。平面汇交力系的合成有两种方法，即几何法和解析法。

(2)平面平行力系。在平面力系中，各力的作用线互相平行的力系称为平面平行力系。

(3)平面任意力系。在平面力系中既不是平面汇交力系，也不是平面平行力系的力系称为平面任意力系。

(4)空间汇交力系。各力的作用线汇交于一点的空间力系称为空间汇交力系。

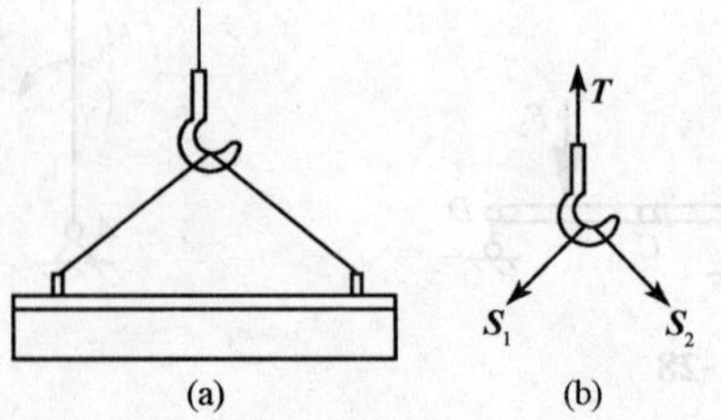

图 2-1

任务 2-2　平面汇交力系合成与平衡

2.2.1　平面汇交力系合成的几何法

1. 两个汇交力系的合成

如图 2-2(a)所示，设在物体上作用有汇交于 O 点的两个力 $\boldsymbol{F}_1$ 和 $\boldsymbol{F}_2$，根据力的平行四边形法则或力的三角形法则求合力，如图 2-2(b)所示。

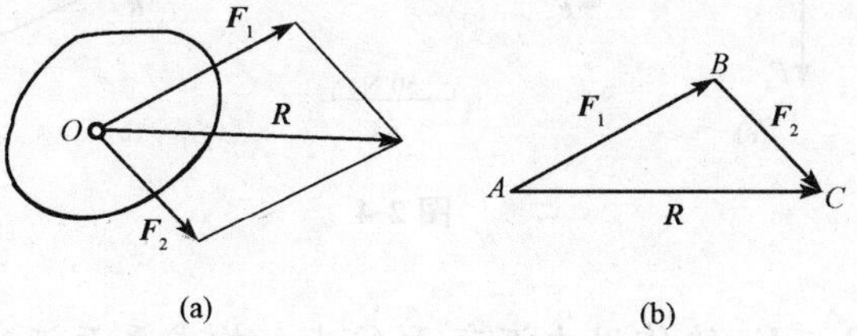

图 2-2

2. 多个汇交力系的合成

设作用于物体上 A 点的力 $\boldsymbol{F}_1$、$\boldsymbol{F}_2$、$\boldsymbol{F}_3$、$\boldsymbol{F}_4$ 组成平面汇交力系，现求其合力，如图 2-3(a)所示。应用力的三角形法则，首先将 $\boldsymbol{F}_1$、$\boldsymbol{F}_2$ 合成得 $\boldsymbol{R}_1$，然后把 $\boldsymbol{R}_1$ 与 $\boldsymbol{F}_3$ 合成得 $\boldsymbol{R}_2$，最后将 $\boldsymbol{R}_2$ 与 $\boldsymbol{F}_4$ 合成得 $\boldsymbol{R}$，力 $\boldsymbol{R}$ 就是原汇交力系 $\boldsymbol{F}_1$、$\boldsymbol{F}_2$、$\boldsymbol{F}_3$、$\boldsymbol{F}_4$ 的合力，图 2-3(b)所示即是此汇交力系合成的几何示意图，矢量关系的数学表达式为

$$R=F_1+F_2+F_3+F_4 \tag{2-1}$$

实际作图时，可以不必画出图中虚线所示的中间合力 $\boldsymbol{R}_1$ 和 $\boldsymbol{R}_2$，只要按照一定的比例尺将表达各力矢量的有向线段首尾相接，就形成一个不封闭的多边形，如图 2-3(c)所示。然后再画一条从起点指向终点的矢量 $\boldsymbol{R}$，即为原汇交力系的合力，如图 2-3(d)所示。这种由各分力和合力构成的多边形 $abcde$ 称为力多边形。按照与各分力同样的比例，封闭边的长度表示合力的大小，合力的方向与封闭边的方向一致，指向则由力多边形的起点至终点，合力的作用线通过汇交点。这种求合力矢的几何作图法被称为力多边形法。

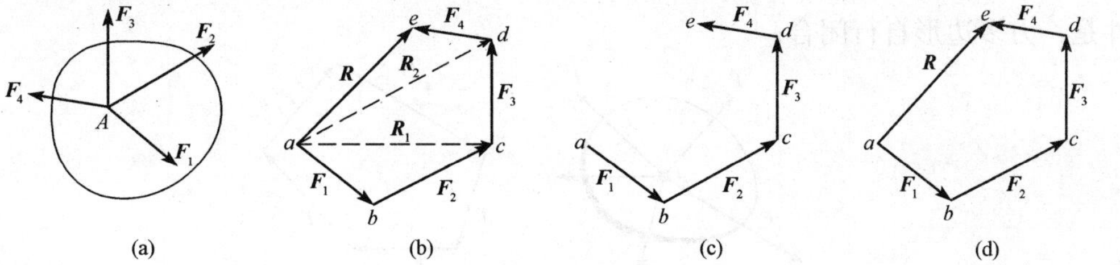

图 2-3

上述方法可以推广到包含 n 个力的平面汇交力系中，得出结论如下：平面汇交力系的合力矢量等于力系中各力的矢量和，即

$$R = F_1 + F_2 + F_3 + F_4 + \cdots + F_n = \sum_{i=1}^{n} F_i \tag{2-2}$$

由此可见，合力的作用线通过各力的汇交点。

值得注意的是，作力多边形时，改变各力的顺序，可得不同形状的力多边形，但合力矢的大小和方向并不改变。

【例 2-1】 在拉环上套有在同一平面上的三根绳索，各绳的拉力分别为 $\boldsymbol{F}_1=100$ N、$\boldsymbol{F}_2=150$ N、$\boldsymbol{F}_3=75$ N，各力的方向如图 2-4(a)所示，试用几何法求三个力的合力。

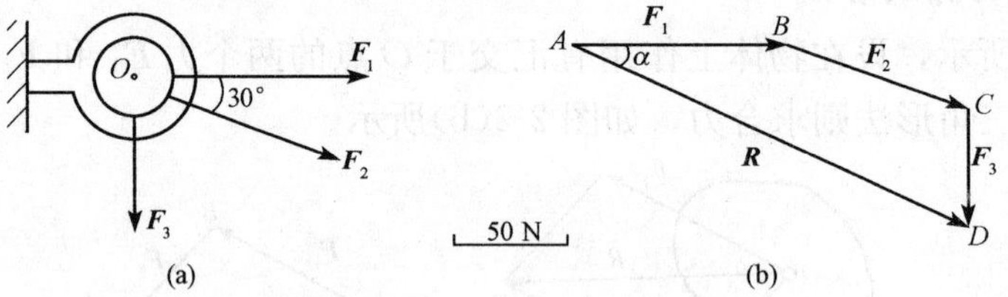

图 2-4

【解】 拉力 $\boldsymbol{F}_1$、$\boldsymbol{F}_2$、$\boldsymbol{F}_3$ 的作用力汇交于 O 点，构成平面汇交力系。选定比例，按力多边形法则依次画出 $\boldsymbol{F}_1$、$\boldsymbol{F}_2$、$\boldsymbol{F}_3$，如图 2-4(b)所示，连接 AD，则矢量$\overrightarrow{AD}$代表合力 $\boldsymbol{R}$，依比例尺量得：

$$R = 267 \text{ N}$$
$$\alpha = 34^\circ$$

3. 多个汇交力系平衡的几何条件

平面汇交力系合成的结果是一个合力。物体在平面汇交力系的作用下保持平衡，则该力系的合力应等于零；反之，如果该力系的合力等于零，则物体在该力系的作用下，必然处于平衡。所以，平面汇交力系平衡的充分必要条件是该力系的合力等于零，即力系中各力的矢量和为零。

$$R = \sum_{i=1}^{n} F_i = 0 \tag{2-3}$$

设有平面汇交力系 $\boldsymbol{F}_1$，$\boldsymbol{F}_2$，$\boldsymbol{F}_3$，…，$\boldsymbol{F}_n$，如图 2-5 所示，当用几何法求合力，其最后一个力的终点与第一个力的起点相重合时，则表示该力系的力多边形的封闭边变为一点，即合力等于零。此时构成一个封闭的力多边形。因此，平面汇交力系平衡的充分必要几何条件是：力多边形自行闭合。

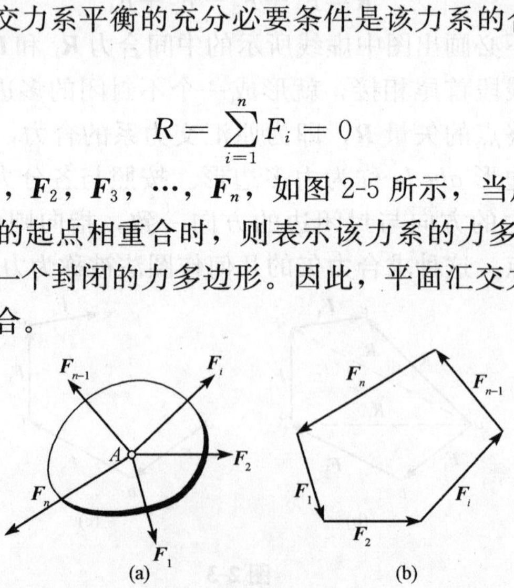

图 2-5

利用平面汇交力系平衡的几何条件，可以解决以下两类问题：

(1)检验刚体在平面汇交力系作用下是否平衡。

(2)当刚体处于平衡状态时，利用平衡条件，通过作用于物体上的已知力，求解未知力(未知力的个数不能超过两个)。

2.2.2 平面汇交力系合成的解析法

求解平面汇交力系合成的另一种常用方法是解析法。这种方法是以力在坐标轴上的投影为基础建立方程的。

1. 力在直角坐标系上的投影

设力 $\boldsymbol{F}$ 用矢量$\overrightarrow{AB}$表示，如图 2-6 所示。取直角坐标系 O_{xy}，使力 $\boldsymbol{F}$ 在 O_{xy} 平面内。过力矢$\overrightarrow{AB}$的两端点 A 和 B 分别向 x、y 轴作垂线，得垂足 a、b 及 a'、b'，带有正负号的线段 ab 与 $a'b'$ 分别称为力 $\boldsymbol{F}$ 在 x、y 轴上的投影，记作 F_x、F_y。并规定：当力的始端的投影到终端的投影的方向与投影轴的正向一致时，力的投影取正值；反之，当力的始端的投影到终端的投影的方向与投影轴的正向相反时，力的投影取负值。

力的投影的值与力的大小及方向有关，设力 $\boldsymbol{F}$ 与 x 轴的夹角为 α，则从图 2-6 可知

$$\left.\begin{aligned} F_x &= F\cos\alpha \\ F_y &= -F\sin\alpha \end{aligned}\right\} \tag{2-4}$$

一般情况下，若已知力 $\boldsymbol{F}$ 与 x 和 y 轴所夹的锐角分别为 α、β，则该力在 x、y 轴上的投影分别为

$$\left.\begin{aligned} F_x &= \pm F\cos\alpha \\ F_y &= \pm F\sin\beta \end{aligned}\right\} \tag{2-5}$$

即力在坐标轴上的投影，等于力的大小与力和该轴所夹锐角余弦的乘积。当力与轴垂直时，投影为零；而力与轴平行时，投影大小的绝对值等于该力的大小。反过来，若已知力 F 在坐标轴上的投影 F_x、F_y，也可求出该力的大小和方向角：

$$\left.\begin{aligned} F &= \sqrt{F_x^2+F_y^2} \\ \tan\alpha &= \left|\frac{F_y}{F_x}\right| \end{aligned}\right\} \tag{2-6}$$

式中，α 为力 $\boldsymbol{F}$ 与 x 轴所夹的锐角，其所在的象限由 F_x、F_y 的正负号来确定。

在图 2-6 中，若将力沿 x、y 轴进行分解，可得分力 $\boldsymbol{F}_x$ 和 $\boldsymbol{F}_y$。应当注意，力的投影和分力是两个不同的概念：力的投影是标量，它只有大小和正负；而力的分力是矢量，有大小和方向。它们与原力的关系各自遵循自己的规则。在直角坐标系中，分力的大小和投影的绝对值是相同的。同时，力的矢量也可以转化为力的标量进行计算，即

$$F = F_x + F_y = F_x i + F_y j \tag{2-7}$$

式中，i、j 为沿直角坐标轴 x、y 轴正向的单位矢量。

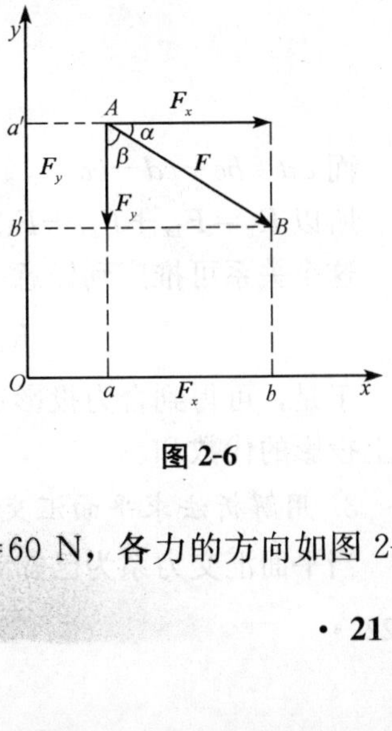

图 2-6

力在平面直角坐标轴上的投影计算，在力学计算中应用非常普遍，必须熟练掌握。

【例 2-2】 已知力 $\boldsymbol{F}_1=100$ N，$\boldsymbol{F}_2=50$ N，$\boldsymbol{F}_3=80$ N，$\boldsymbol{F}_4=60$ N，各力的方向如图 2-7

所示，试求各力在 x 轴和 y 轴上的投影。

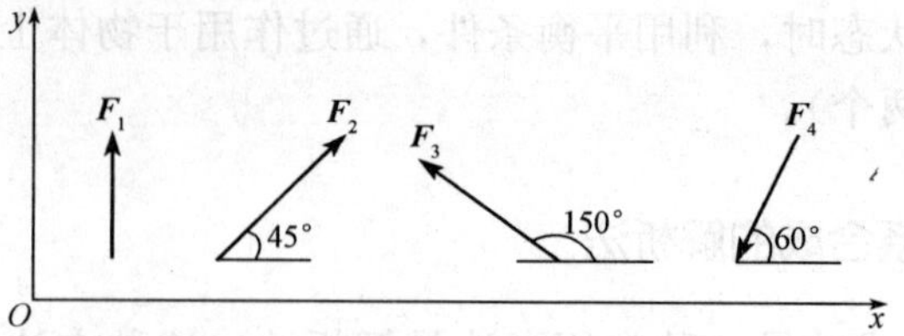

图 2-7

$F_{1x}=0 \quad F_{1y}=100\ \text{N}$

$F_{2x}=50\times\cos45°=35.36(\text{N}) \quad F_{2y}=50\times\sin45°=35.36(\text{N})$

$F_{3x}=-80\times\cos30°=-69.28(\text{N}) \quad F_{3y}=80\times\sin30°=40(\text{N})$

$F_{4x}=-60\times\cos60°=-30(\text{N}) \quad F_{4y}=-60\times\sin60°=-51.96(\text{N})$

2. 合力投影定理

合力投影定理建立了合力在轴上的投影与各分力在同一轴上的投影之间的关系。

设有一平面汇交力系 $\boldsymbol{F}_1$、$\boldsymbol{F}_2$、$\boldsymbol{F}_3$ 作用于物体的 O 点，如图 2-8 所示。利用力多边形法则求其合力 R，则得力多边形 $ABCD$，在其平面内任取一坐标轴 x，求各分力及合力在 x 轴上的投影 F_{1x}、F_{2x}、F_{3x}、R_x。

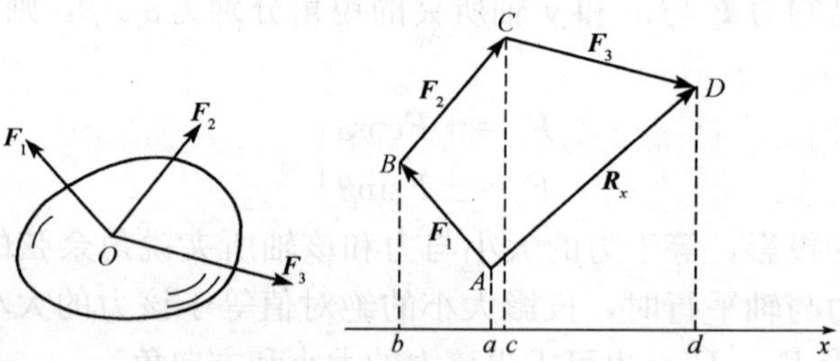

图 2-8

可见

$$F_{1x}=-ba$$
$$F_{2x}=bc$$
$$F_{3x}=cd$$
$$R_x=ad$$

而 $ad=bc+cd-ba$

所以 $R_x=F_{1x}+F_{2x}+F_{3x}$

这个关系可推广到任意一个汇交力系的情形，即

$$R_x=\boldsymbol{F}_{1x}+\boldsymbol{F}_{2x}+\boldsymbol{F}_{3x}+\cdots+\boldsymbol{F}_{nx}=\sum \boldsymbol{F}_{ix} \tag{2-8}$$

于是，可得到合力投影定理：力系的合力在任一轴上的投影，等于力系中各力在同一轴上投影的代数和。

3. 用解析法求平面汇交力系的合力

当平面汇交力系为已知时，可选定直角坐标系求得力系中各力在 x 轴、y 轴上的投影，再根据合力投影定理求得合力 $\boldsymbol{R}$ 在 x 轴、y 轴上的投影 R_x、R_y（注意：力的投影是标量）。则合力的大小及方向（合力 $\boldsymbol{R}$ 与 x 轴所夹的锐角为 α）由下式确定：

$$\left.\begin{aligned} R &= \sqrt{R_x^2+R_y^2}=\sqrt{\left(\sum \boldsymbol{F}_{ix}\right)^2+\left(\sum \boldsymbol{F}_{iy}\right)^2} \\ \tan\alpha &= \left|\frac{R_y}{R_x}\right| = \left|\frac{\sum \boldsymbol{F}_{iy}}{\sum \boldsymbol{F}_{ix}}\right| \end{aligned}\right\} \tag{2-9}$$

合力 $\boldsymbol{R}$ 的指向由 R_x、R_y 的正负号确定。合力的作用线通过原力系的汇交点。

【例 2-3】 如图 2-9 所示，$\boldsymbol{F}_1$、$\boldsymbol{F}_2$、$\boldsymbol{F}_3$ 三个力组成平面汇交力系。已知 $F_1=20$ kN，$F_2=0$ kN，$F_3=25$ kN，求该力系的合力。

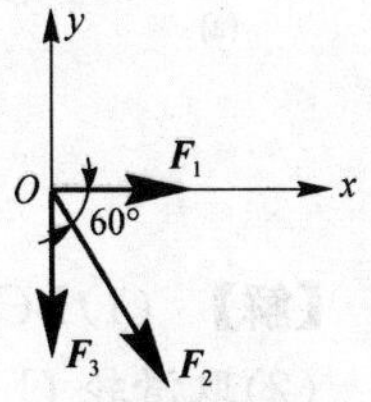

图 2-9

【解】 (1)求合力在 x、y 轴上的投影。

合力在 x 轴上的投影：

$$\begin{aligned} F_{Rx} &= F_{1x}+F_{2x}+F_{3x}=F_1+F_2\cdot\cos60°+0 \\ &= 20+30\times\frac{1}{2}=35(\text{kN}) \end{aligned}$$

合力在 y 轴上的投影：

$$\begin{aligned} F_{Ry} &= F_{1y}+F_{2y}+F_{3y}=0-F_2\cdot\sin60°-F_3 \\ &= -30\times\frac{\sqrt{3}}{2}-25=-50.98(\text{kN}) \end{aligned}$$

(2)求该力系的合力。

合力的大小 $F_R=\sqrt{F_{Rx}^2+F_{Ry}^2}=\sqrt{35^2+(-50.98)^2}=61.84(\text{kN})$

合力的方向 $\tan\alpha=\left|\frac{F_{Ry}}{F_{Rx}}\right|=\left|\frac{-50.98}{35}\right|=1.46$（$\alpha$ 在第四象限）

4. 平面汇交力系平衡的解析条件

几何法求解平面汇交力系的合力具有直观、明了、简捷的优点，但其精确度较差，在力学计算时多用解析法。

物体在平面汇交力系作用下处于平衡的充分必要条件是：合力 $\boldsymbol{R}$ 的大小等于零。即

$$R=\sqrt{R_x^2+R_y^2}=\sqrt{\left(\sum \boldsymbol{F}_{ix}\right)^2+\left(\sum \boldsymbol{F}_{iy}\right)^2}=0 \tag{2-10}$$

要使上式成立，则

$$\left.\begin{aligned} \sum F_{ix} &= R_x = 0 \\ \sum F_{iy} &= R_y = 0 \end{aligned}\right\} \tag{2-11}$$

式(2-11)表明平面汇交力系平衡的解析条件是：力系中各分力在任意两个坐标轴上投影的代数和分别等于零。式(2-11)称为平面汇交力系的平衡方程。它们相互独立，应用这两个独立的平衡方程可求解两个未知量。

解题时未知力指向有时可以预先假设，若计算结果为正值，表示假设力的指向就是实际的指向；若计算结果为负值，表示假设力的指向与实际指向相反。在实际计算中，适当地选取投影轴，可使计算简化。

【例 2-4】 如图 2-10 所示为三脚架，滑轮 C 连接在三脚架上。绳索绕过滑轮，一端悬挂重 $W=100$ kN 的重物，另一端绕在绞车 D 上。不计杆件自重和滑轮的尺寸，求杆 AC 和

杆 BC 所受的力。

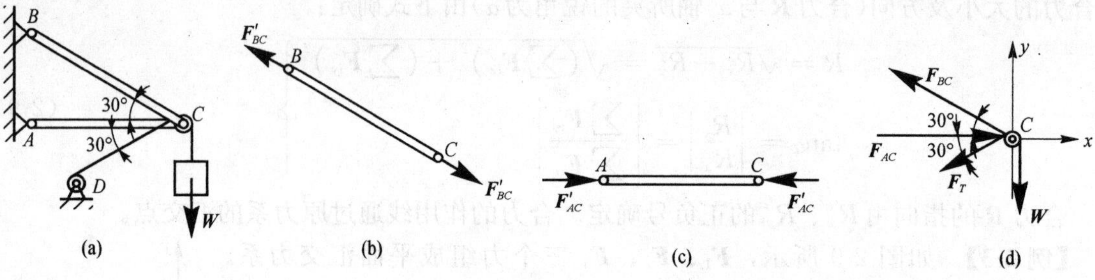

图 2-10

【解】 (1)BC 杆、AC 杆均为二力杆，受力分别如图 2-10(b)、(c)所示。

(2)取滑轮 C 为研究对象，画出其受力图。滑轮 C 受到重物的重力 $W=100$ kN，绳索的拉力 $\boldsymbol{F}_T=W=100$ kN，BC 杆的作用力 $\boldsymbol{F}_{BC}$ 和 AC 杆的作用力 $\boldsymbol{F}_{AC}$。

(3)建立如图 2-10(d)所示的直角坐标系，列平衡方程求解。

$$\sum \boldsymbol{F}_y=0 \quad \boldsymbol{F}_{BC}\cdot\sin30°-\boldsymbol{F}_T\cdot\sin30°-W=0$$

得
$$\boldsymbol{F}_{BC}=\frac{\boldsymbol{F}_T\cdot\sin30°+W}{\sin30°}=\frac{100\times0.5+100}{0.5}=300(\text{kN})$$

(解得正值说明 $\boldsymbol{F}_{BC}$ 实际指向与图示假设方向一致，即为拉力)

$$\sum F_x=0 \quad F_{AC}-F_{BC}\cdot\cos30°-F_T\cdot\cos30°=0$$

得
$$\boldsymbol{F}_{AC}=(\boldsymbol{F}_{BC}+\boldsymbol{F}_T)\cdot\cos30°=(300+100)\times\frac{\sqrt{3}}{2}=346.4(\text{kN})$$

(解得正值说明 $\boldsymbol{F}_{AC}$ 实际指向与图示假设方向一致，即为压力)

本章小结

本模块介绍了平面汇交力系的合成方法可分为几何法和解析法。其中，几何法是以力的平行四边形法则为基础，用几何作图的方法，求出力系的合力；而解析法则是用解析的方法，求出力系的合力。通过本模块的学习，应能熟练掌握用解析法求解平面汇交力系的合成与平衡问题。

复习思考题

1. 为了便于研究和解决问题，通常将力系按照其各力作用线的分布情况分为哪几类？
2. 两个汇交力系的合成如何求合力？
3. 多个汇交力系的合成如何求合力？
4. 多个汇交力系平衡的几何条件是什么？
5. 简述合力投影定理。

复习思考题参考答案

习 题

1. 某平面汇交力系如图 2-11 所示。已知 $F_1=50$ kN，$F_2=30$ kN，$F_3=60$ kN，$F_4=100$ kN，试分别用几何法和解析法计算其合力。

习题参考答案

2. 某平面汇交力系如图 2-12 所示。其中 $F_1=20$ kN，$F_2=10$ kN，$F_3=18$ kN，$F_4=15$ kN，试求该力系的合力。

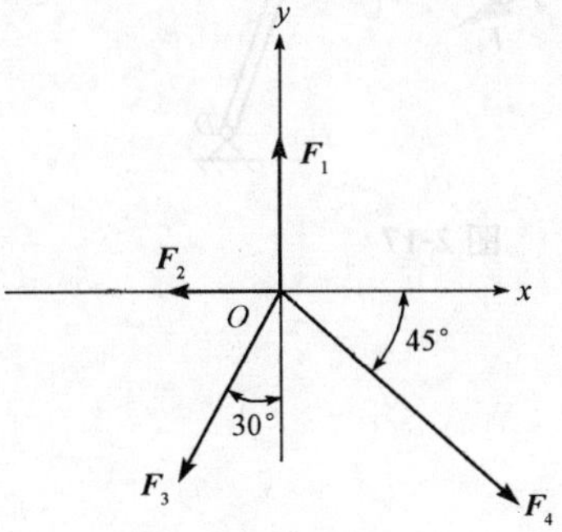

图 2-11

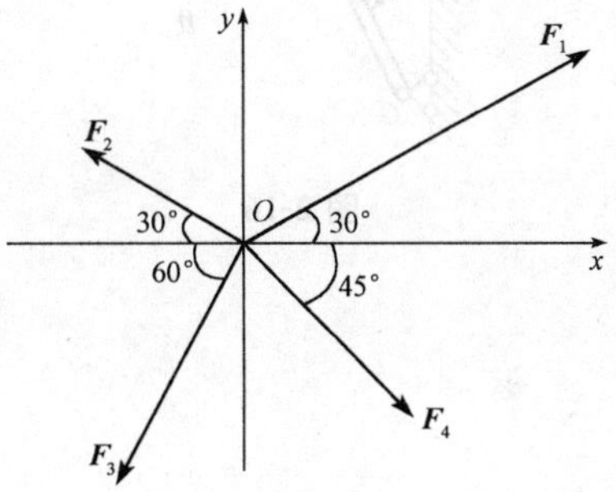

图 2-12

3. 如图 2-13 所示的结构，已知 $p=2$ kN，求 CD 杆所受的力及支座 B 的约束力。

4. 如图 2-14 所示的电动机重 $p=5$ kN，放在水平梁 AC 中点处。不计各杆自重，求 BC 杆所受的力及支座 A 处的约束力。

5. 压榨机的结构如图 2-15 所示。在铰 A 处加水平力 p，使压块 C 压紧物体 D，试计算物体 D 所受的压力。摩擦力不计。

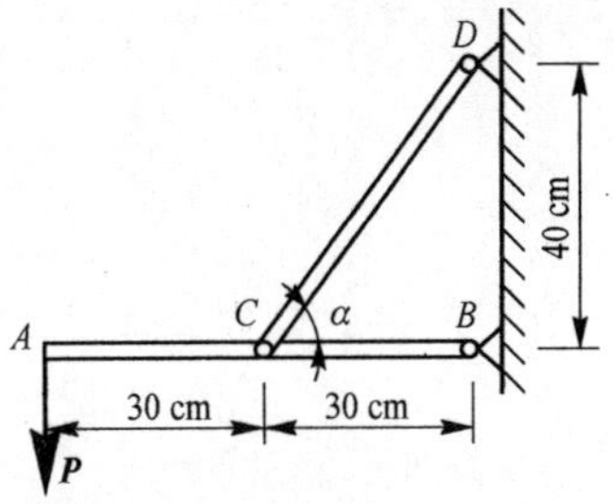

图 2-13

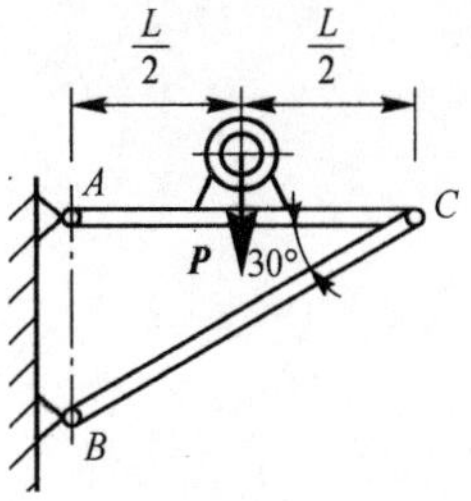

图 2-14

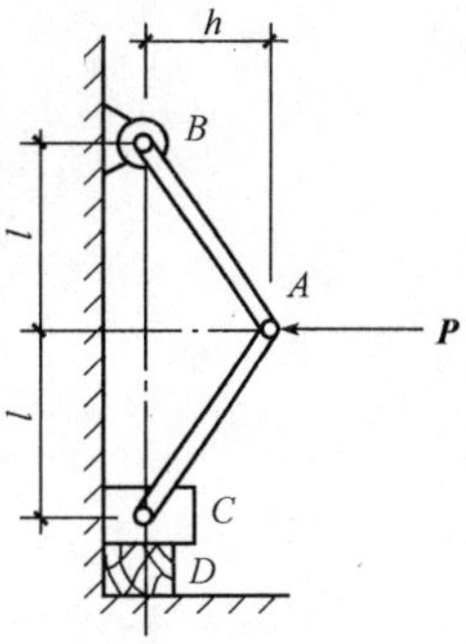

图 2-15

6. 某简易起重机如图 2-16 所示。已知重物 $W=100$ kN，设各杆、滑轮、钢丝绳自重不计，摩擦力不计，A、B、C 三处均为铰链连接。试计算杆 AC、AB 所受的力。

7. 图 2-17 所示的机构，各杆自重不计，$\boldsymbol{F}$ 作用在铰链 C 上，$\boldsymbol{F}_2$ 作用在铰链 B 上。当机构在图示位置平衡时，试问力 $\boldsymbol{F}_1$、力 $\boldsymbol{F}_2$ 应满足什么关系?

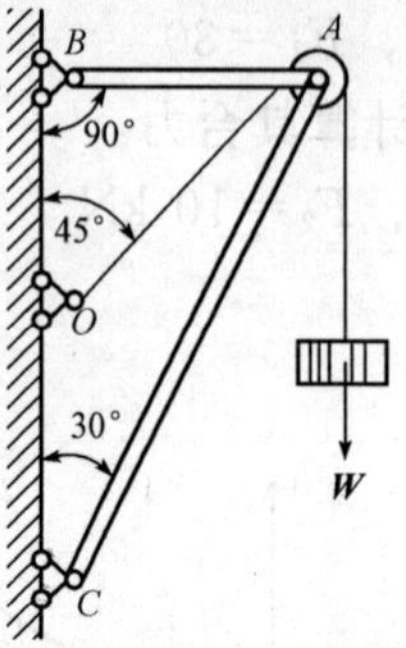

图 2-16

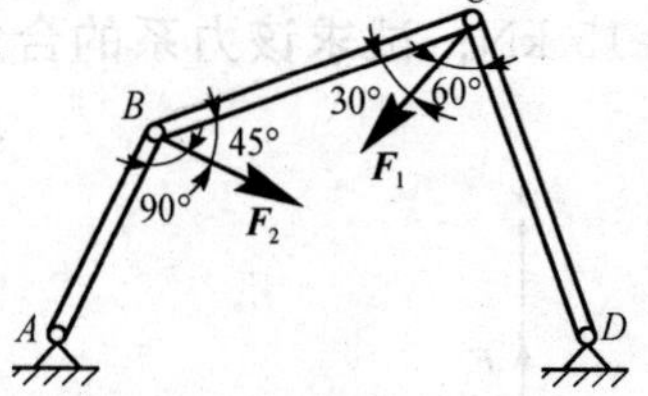

图 2-17

模块3　力矩与平面力偶系

学习目标

(1)了解力矩的概念；熟悉力矩的性质；掌握合力矩的定理。

(2)了解力偶、力偶矩的概念；熟悉力偶的基本性质；掌握平面力偶系的合成、平面力偶系的平衡条件。

学习任务

(1)能熟练计算力对力系作用面内任意点的矩。

(2)能正确判断定力和力偶的不同性质及作用效果。

任务3-1　力　　矩

3.1.1　力对点之矩

力对物体的作用效果除能使物体移动外，还能使物体转动，力矩就是力使物体转动效果的度量。现以扳手拧螺帽为例，如图3-1所示。手加在扳手上的力 $\boldsymbol{F}$，使扳手带动螺帽绕中心 O 转动。力 $\boldsymbol{F}$ 越大，转动越快；力的作用线离转动中心越远，转动也越快；如果力的作用线与力的作用点到转动中心 O 点的连线不垂直，则转动的效果就差；当力的作用线通过转动中心 O 时，无论力 $\boldsymbol{F}$ 多大也不能扳动螺帽，只有当力的作用线垂直于转动中心与力的作用点的连线时，转动效果才最好。另外，当力的大小和作用线不变而指向相反时，将使物体向相反的方向转动。

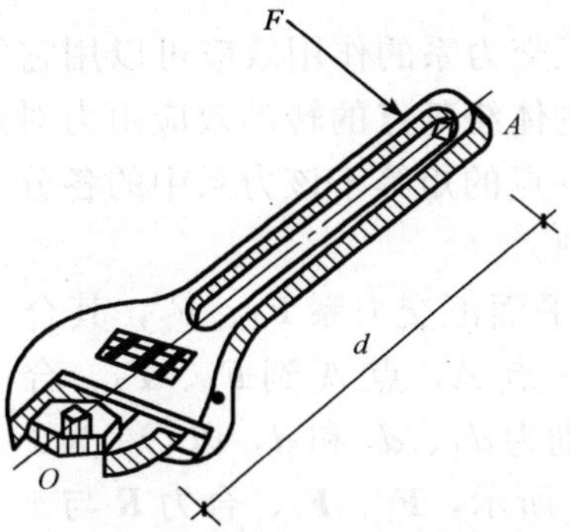

图3-1

通过实践总结出以下的规律：力使物体绕某点转动的效果，与力的大小成正比，与转动中心到力的作用线的垂直距离 d 也成正比。这个垂直距离称为力臂，转动中心称为矩心。力的大小与力臂的乘积称为力 $\boldsymbol{F}$ 对点 O 之矩(简称力矩)，记作 $M_O(\boldsymbol{F})$。其计算公式可写为

$$M_O(\boldsymbol{F})=\pm F\cdot d \tag{3-1}$$

O 点称为转动中心，简称矩心。矩心 O 到力作用线的垂直距离 d 称为力臂。

式中的正负号表示力矩的转向。通常规定：力使物体绕矩心作逆时针方向转动时，力矩为正；反之为负。在平面力系中，力矩或为正值，或为负值，因此，力矩可视为代数量。

【例 3-1】 分别计算图 3-2 所示的 $\boldsymbol{F}_1$、$\boldsymbol{F}_2$ 对 O 点的力矩。

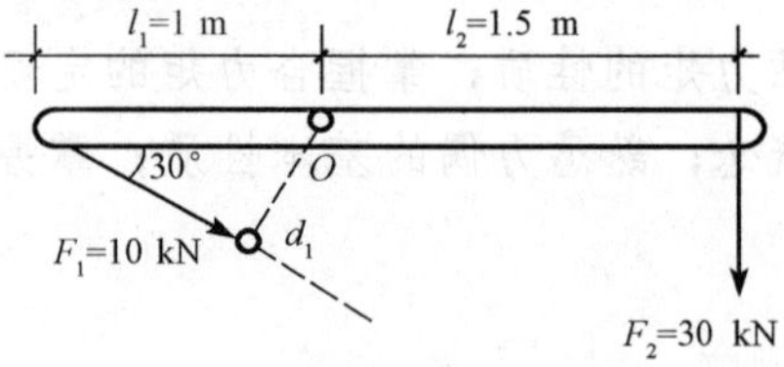

图 3-2

【解】 由式(3-1)，有

$M_O(F_1)=F_1\cdot d_1=10\times1\times\sin30^\circ$

$=5(\text{kN}\cdot\text{m})$

$M_O(F_2)=-F_2\cdot d_2=-30\times1.5$

$=-45(\text{kN}\cdot\text{m})$

3.1.2 力矩的性质

由力矩的定义可以得到如下性质：

(1)力 $\boldsymbol{F}$ 对点 O 的矩，不仅取决于力的大小，同时与矩心的位置有关。

(2)当力的大小为零或力臂为零时，力矩为零。

(3)力沿其作用线移动时，因为力的大小、方向和力臂均没有改变，故力矩不变。

(4)相互平衡的两个力对同一点的矩的代数和等于零。

3.1.3 合力矩定理

由前面的内容可知，平面汇交力系的作用效应可以用它的合力来代替，作用效应包括移动效应和转动效应，而力使物体绕某点的转动效应由力对点的矩来度量，由此可得：平面汇交力系的合力对平面内任一点的矩等于该力系中的各分力对同一点之矩的代数和。这就是平面汇交力系的合力矩定理。

证明：设物体 O 点作用有平面汇交力系 $\boldsymbol{F}_1$、$\boldsymbol{F}_2$，其合力为 $\boldsymbol{R}$。在力系的作用面内取一点 A，点 A 到 $\boldsymbol{F}_1$、$\boldsymbol{F}_2$、合力 $\boldsymbol{R}$ 三力作用线的垂直距离分别为 d_1、d_2 和 d，以 OA 为 x 轴，建立直角坐标系，如图 3-3 所示，$\boldsymbol{F}_1$、$\boldsymbol{F}_2$、合力 $\boldsymbol{R}$ 与 x 轴的夹角分别 α_1、α_{12}、α，则：

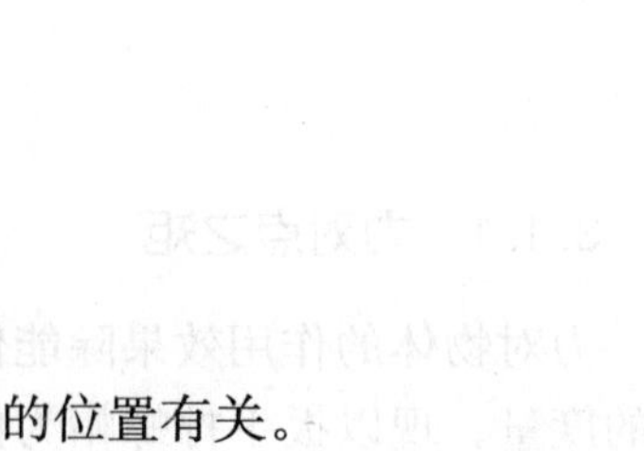

图 3-3

$$m_A(\boldsymbol{F})=-Fd=-F\cdot OA\sin\alpha$$

$$m_A(\boldsymbol{F}_1) = -F_1 d_1 = -F_1 \cdot OA\sin\alpha_1$$

$$m_A(\boldsymbol{F}_2) = -F_2 d_2 = -F_2 \cdot OA\sin\alpha_2$$

因 $$F_y = F_{1y} + F_{2y}$$

即 $$F\sin\alpha = F_1\sin\alpha_1 + F_2\sin\alpha_2$$

等式两边同时乘以长度 OA 得：

$$F \cdot OA\sin\alpha = F_1 \cdot OA\sin\alpha_1 + F_2 \cdot OA\sin\alpha_2$$

所以有 $$m_A(\boldsymbol{F}) = m_A(\boldsymbol{F}_1) + m_A(\boldsymbol{F}_2)$$

上式表明：汇交于某点的两个分力对 A 点的力矩的代数和等于其合力对 A 点的力矩。

上述证明可推广到 n 个力组成的平面汇交力系，即：

$$m_A(\boldsymbol{F}) = m_A(\boldsymbol{F}_1) + m_A(\boldsymbol{F}_2) + \cdots + m_A(\boldsymbol{F}_n) = \sum m_A(\boldsymbol{F}_i) \tag{3-2}$$

式(3-2)就是平面汇交力系的合力矩定理的表达式。利用合力矩定理可以简化力矩的计算。

【例 3-2】 图 3-4 所示每 1 m 长挡土墙所受土压力的合力为 $\boldsymbol{F}$，其大小 $F=200$ kN，求土压力 $\boldsymbol{F}$ 使墙倾覆的力矩。

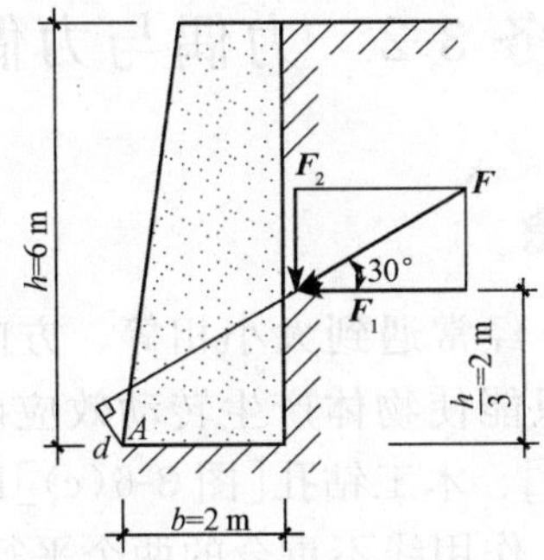

图 3-4

【解】 土压力 $\boldsymbol{F}$ 可使挡土墙绕 A 点倾覆，求 $\boldsymbol{F}$ 使墙倾覆的力矩，就是求它对 A 点的力矩。由于 $\boldsymbol{F}$ 的力臂求解较麻烦，但如果将 $\boldsymbol{F}$ 分解为两个分力 $\boldsymbol{F}_1$ 和 $\boldsymbol{F}_2$，而两分力的力臂是已知的。因此，根据合力矩定理，合力 $\boldsymbol{F}$ 对 A 点的矩等于 $\boldsymbol{F}_1$、$\boldsymbol{F}_2$ 对 A 点的矩的代数和。则

$$\begin{aligned} m_A(\boldsymbol{F}) &= m_A(\boldsymbol{F}_1) + m_A(\boldsymbol{F}_2) = F_1 \cdot \frac{h}{3} - F_2 \cdot b \\ &= 200 \times \cos30° \times 2 - 300 \times \sin30° \times 2 \\ &= 146.4(\text{kN} \cdot \text{m}) \end{aligned}$$

【例 3-3】 求图 3-5 所示各分布荷载对 A 点的力矩。

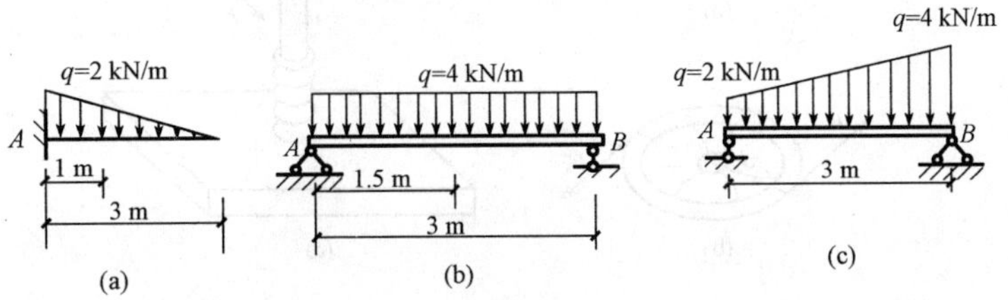

图 3-5

【解】 沿直线平行分布的线荷载可以合成为一个合力。合力的方向与分布荷载的方向相同，合力作用线通过荷载图的重心，其合力的大小等于荷载图的面积。

根据合力矩定理可知，分布荷载对某点的矩就等于其合力对该点之矩。

(1)计算图 3-5(a)所示三角形分布荷载对 A 点的力矩为

$$M_A(q)=-\frac{1}{2}\times2\times3\times1=-3(\mathrm{kN\cdot m})$$

(2)计算图 3-5(b)所示均布荷载对 A 点的力矩为

$$M_A(q)=-4\times3\times1.5=-18(\mathrm{kN\cdot m})$$

(3)计算图 3-5(c)所示梯形分布荷载对 A 点的力矩。此时为避免求梯形形心，可将梯形分布荷载分解为均布荷载和三角形分布荷载，其合力分别为 R_1 和 R_2，则有

$$M_A(q)=-2\times3\times1.5-\frac{1}{2}\times2\times3\times2=-15(\mathrm{kN\cdot m})$$

任务 3-2　力偶与力偶矩

3.2.1　力偶与力偶矩的概念

在生产实践和日常生活中，经常遇到大小相等、方向相反、作用线不重合的两个平行力所组成的力系。这种力系只能使物体产生转动效应而不能使物体产生移动效应。例如，司机操纵方向盘[图 3-6(b)]、木工钻孔[图 3-6(c)]以及开关自来水龙头或拧钢笔套等。这种大小相等、方向相反、作用线不重合的两个平行力称为力偶，用符号($\boldsymbol{F}$，$\boldsymbol{F}'$)表示。力偶的两个力作用线间的垂直距离 d 称为力偶臂，力偶的两个力所构成的平面称为力偶作用面。

实践表明，当组成力偶的力 $\boldsymbol{F}$ 越大，或力偶臂 d 越大，则力偶使物体的转动效应就越强；反之就越弱。因此，与力矩类似，我们用 $\boldsymbol{F}$ 与 d 的乘积来度量力偶对物体的转动效应，并把这一乘积冠以适当的正负号称为力偶矩，用 m 表示，即

$$m=\pm Fd \tag{3-3}$$

式中，正负号表示力偶矩的转向。通常规定：若力偶使物体作逆时针方向转动时，力偶矩为正；反之为负。在平面力系中，力偶矩是代数量。力偶矩的单位与力矩相同。

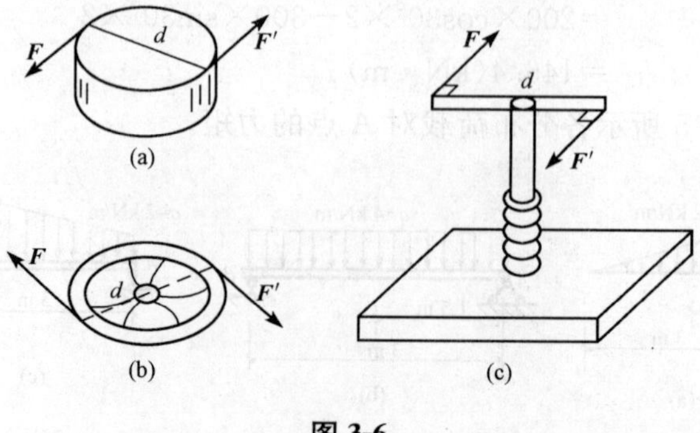

图 3-6

3.2.2 力偶的基本性质

力偶不同于力，它具有一些特殊的性质，现分述如下：

性质一：力偶没有合力，不能用一个力来代替。

由于力偶中的两个力大小相等、方向相反、作用线平行，如果求它们在任一轴 x 上的投影，如图 3-7 所示。设力与轴 x 的夹角为 α，由图 3-7 可得

$$\sum F_x = F\cos\alpha - F'\cos\alpha = 0$$

这说明，力偶在任一轴上的投影都等于零。

因为力偶在轴上的投影为零，所以力偶对物体只能产生转动效应，而一个力在一般情况下，对物体可产生移动和转动两种效应。

力偶和力对物体的作用效应不同，说明力偶不能用一个力来代替，即力偶不能简化为一个力，因而力偶也不能和一个力平衡，力偶只能与力偶平衡。

性质二：力偶对其作用面内任一点之矩都等于力偶矩，而与矩心位置无关。

由于力偶的作用是使物体产生转动效应，所以力偶对物体的转动效应可以用力偶的两个力对其作用面某一点的力矩的代数和来度量。图 3-8 所示的力偶($\boldsymbol{F}$，$\boldsymbol{F}'$)，力偶臂为 d，逆时针转向，其力偶矩为 $m=Fd$，在该力偶作用面内任选一点 O 为矩心，设矩心与 $\boldsymbol{F}'$ 的垂直距离为 x。显然力偶对 O 点的力矩为

$$M_O(F, F')=F(d+x)-F'\cdot X=Fd=m$$

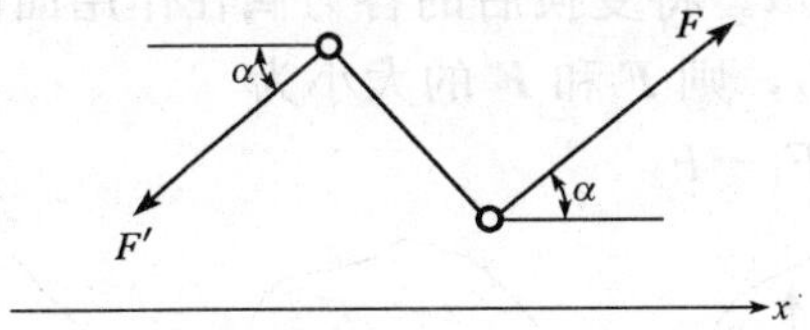

图 3-7

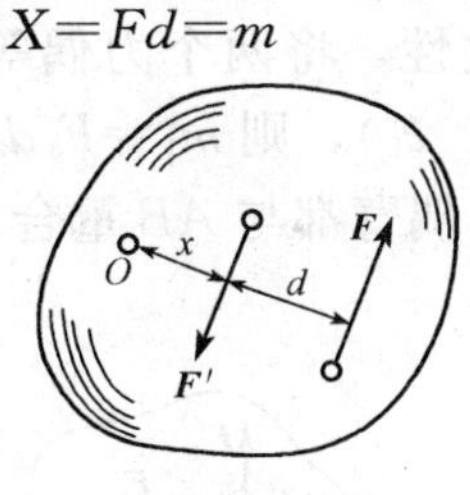

图 3-8

这说明力偶对其作用面内任一点的矩恒等于力偶矩，而与矩心的位置无关。

性质三：同一平面内的两个力偶，如果它们的力偶矩大小相等、转向相同，则这两个力偶等效，称为力偶的等效性(其证明从略)。

从以上性质还可以得出两个推论：

推论一：在保持力偶矩的大小和转向不变的条件下，力偶可在其作用面内任意移动。而不会改变力偶对物体的转动效应。如图 3-9(a)作用在方向盘上的两个力偶(p_1，p_1')与(p_2，p_2')只要它们的力偶矩大小相等，转向相同，作用位置虽不同，但转动效应是相同的。

推论二：在保持力偶矩的大小和转向不变的条件下，可以任意改变力偶中力的大小和力偶臂的长短，而不改变力偶对物体的转动效应。如图 3-9(b)所示，在攻螺纹时，作用在纹杆上的($\boldsymbol{F}_1$，$\boldsymbol{F}_1'$)或($\boldsymbol{F}_2$，$\boldsymbol{F}_2'$)虽然 d_1 和 d_2 不相等，但只要调整力的大小，使力偶矩 $F_1d_1=F_2d_2$。则两力偶的作用效果是相同的。

由以上分析可知，力偶对于物体的转动效应完全取决于力偶矩的大小、力偶的转向和力偶作用面，即力偶的三要素。因此，在力学计算中，有时也用一带箭头的弧线表示力偶，如图 3-10 所示，其中箭头表示力偶的转向，m 表示力偶矩的大小。

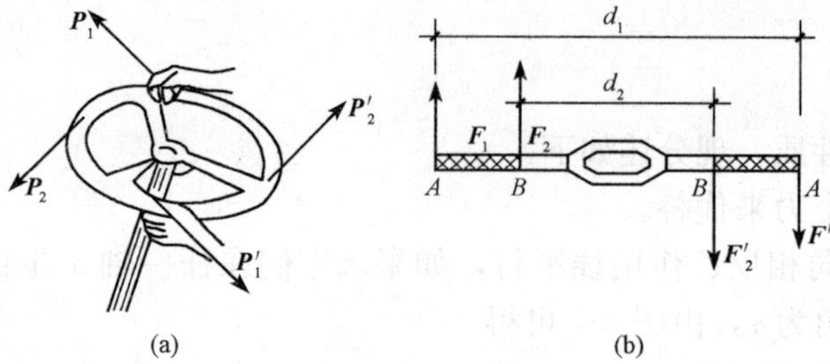

图 3-9

图 3-10

任务 3-3 平面力偶系的合成与平衡条件

3.3.1 平面力偶系的合成

作用在物体上同一平面内的两个或两个以上的力偶，称为平面力偶系。

平面力偶系合成可以根据力偶的等效性来进行。

设有两个力偶作用在物体的同一平面内，其力偶矩分别为 m_1、m_2，如图 3-11 所示。根据力偶的等效性，将两个力偶等效变换，使它们成为具有相同力偶臂 d 的两个力偶 ($\boldsymbol{F}_1$，$\boldsymbol{F}_1'$)、($\boldsymbol{F}_2$，$\boldsymbol{F}_2'$)，则 $m_1=F_1d$，$m_2=-F_2d$。将变换后的各力偶在作用面内移动和转动，使它们的力偶臂都与 AB 重合。设 $\boldsymbol{F}_1>\boldsymbol{F}_2$，则 $\boldsymbol{F}$ 和 $\boldsymbol{F}'$ 的大小为

$$F=F'=F_1-F_2$$

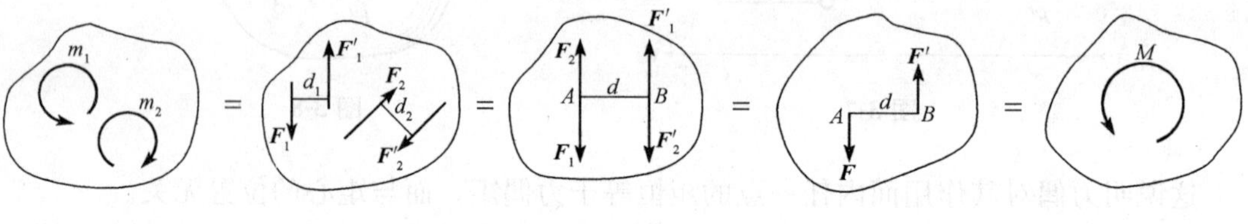

图 3-11

$\boldsymbol{F}$ 和 $\boldsymbol{F}'$ 组成一个合力偶($\boldsymbol{F}$，$\boldsymbol{F}'$)，这个力偶与原来的两个力偶等效，称为原平面力偶系的合力偶。其力偶矩为

$$M=F\cdot d=(F_1-F_2)\times d=F_1\cdot d-F_2\cdot d=m_1+m_2$$

上述结论可以推广到任意多个力偶合成的情形，即平面力偶系可以合成为一个合力偶，合力偶矩等于力偶系中各分力偶矩的代数和。可写为

$$M_1=m_1+m_2+\cdots+m_n=\sum m \tag{3-4}$$

【例 3-4】 如图 3-12 所示，在物体同一平面内受到三个力偶的作用，设 $F_1=F_1'=200$ N，$F_2=F_2'=200$ N$=400$ N，$m=150$ N·m，求其合成的结果。

【解】 三个共面力偶合成的结果是一个合力偶，各分力偶矩为

$$m_1=F_1d_1=200\times1=200(\text{N}\cdot\text{m})$$

$$m_2=F_2d_2=400\times\frac{0.25}{\sin30°}=200(\mathrm{N\cdot m})$$

$$m_3=-m=-150\ \mathrm{N\cdot m}$$

由式(3-4)得合力偶为

$$M=\sum m=m_1+m_2+m_3$$
$$=200+200-150$$
$$=250(\mathrm{N\cdot m})$$

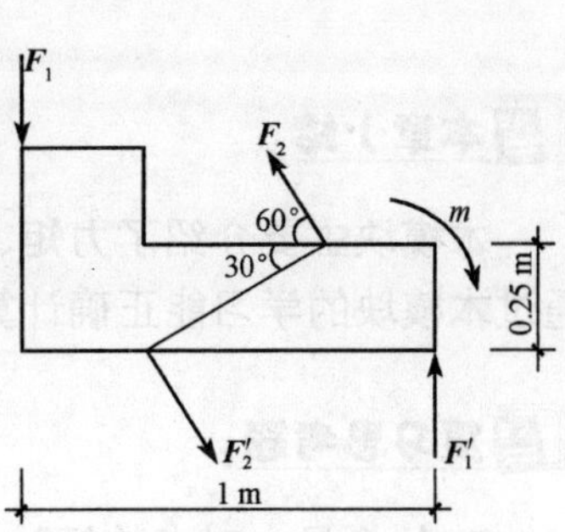

图 3-12

因此，合力偶矩的大小等于 250 N·m，转向为逆时针方向，作用在原力偶系的平面内。

3.3.2 平面力偶系的平衡条件

平面力偶系可合成为一个合力偶，当合力偶矩等于零时，则力偶系中各力偶对物体的转动效应互相抵消，物体处于平衡状态；反之，若物体在平面力偶系的作用下处于平衡状态，则原平面力偶系的合力偶矩必为零。所以，平面力偶系平衡的充分必要条件是：力偶系中各力偶矩的代数和为零，即

$$M=\sum m=0 \tag{3-5}$$

式(3-5)为平面力偶系的平衡方程。

【例 3-5】 三铰刚架如图 3-13 所示，求在力偶矩为 m_1 的力偶作用下，支座 A 和 B 的反力。

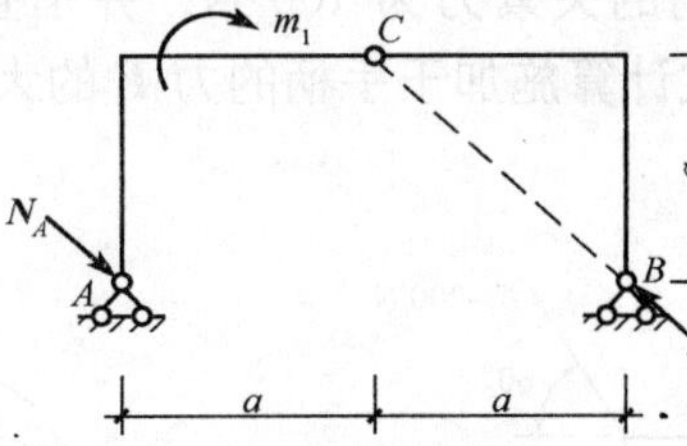

图 3-13

【解】 (1)取分离体，作受力图。取三铰刚架为分离体，其上受到力偶及支座 A 和 B 的约束反力的作用。由于 BC 是二力杆，支座 B 的反力 $\boldsymbol{N}_B$ 的作用线应在铰 B 和 C 的连线上。支座 A 的约束反力 $\boldsymbol{N}_A$ 的作用线是未知的。考虑到力偶只能用力偶来与之平衡，由此断定 $\boldsymbol{N}_A$ 与 $\boldsymbol{N}_B$ 必定组成一力偶。即 $\boldsymbol{N}_A$ 与 $\boldsymbol{N}_B$ 平行，且大小相等方向相反，如图 3-13 所示。

(2)列平衡方程，求解未知量。分离体在两个力偶作用下处于平衡，由力偶系的平衡条件，有：

$$\sum m=0 \qquad -m_1+\sqrt{2}aN_A=0$$

解得

$$N_A=N_B=m_1/(\sqrt{2}a)$$

本章小结

本模块主要介绍了力矩、力偶、力偶矩的基本概念及计算，平面力偶系的合成与分解，通过本模块的学习能正确计算力矩、力偶及平面力偶系的合成。

复习思考题

1. 什么是力对点的矩？力矩的符号如何确定？

2. 力矩的性质有哪些？

3. 平面汇交力系的合力矩定理的内容是什么？

4. 力偶和力偶的关系是什么？

5.“力偶对其作用面内任一点之矩都等于力偶矩，而与矩心位置无关”，此说法对吗？

6. 根据力偶的等效性可得出哪两个推论？

7. 平面力偶系平衡的充分必要条件是什么？

复习思考题参考答案

习　题

1. 图 3-14 所示为某梁自由端受作用力 $\boldsymbol{F}_1$ 和 $\boldsymbol{F}_2$ 作用，试分别计算此两力对梁上 O 点的力矩。

2. 图 3-15 所示螺栓 B 受到的夹紧力为 100 N，并垂直于手钳的夹爪，为了提供上述的夹紧力，试计算施加于手柄的力 $\boldsymbol{F}$ 的大小。

习题参考答案

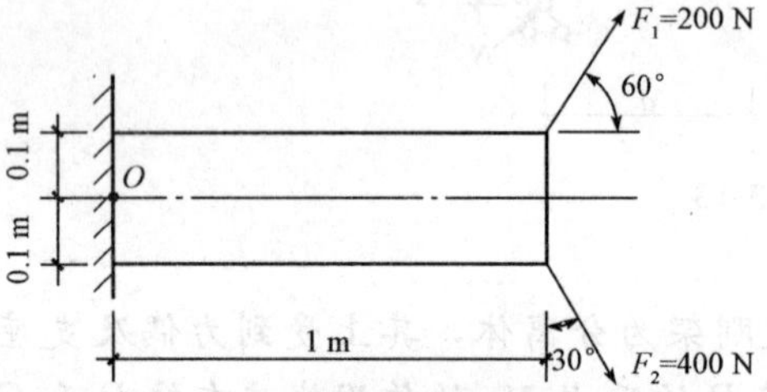

图 3-14

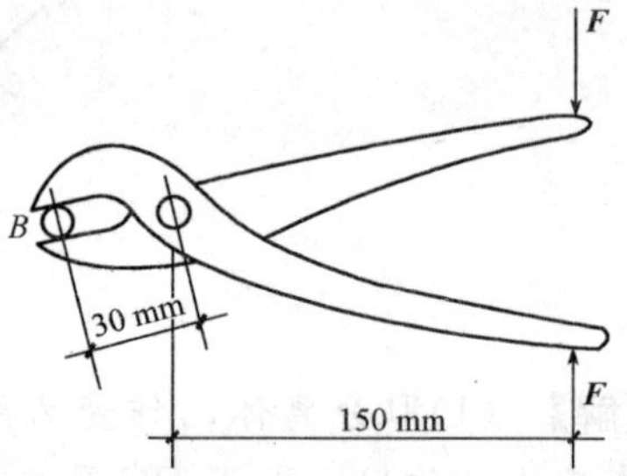

图 3-15

3. 如图 3-16 所示，横梁 AB 上作用一个力偶，其力偶矩 $m=200$ N·m。不计各杆自重，试求 A、D 处的支座反力。

4. 图 3-17 所示的组合梁，已知力偶矩 $m=4$ kN·m，试求 A、D 处的约束反力。

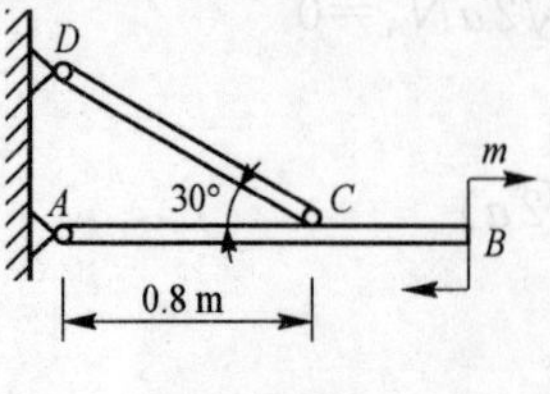

图 3-16

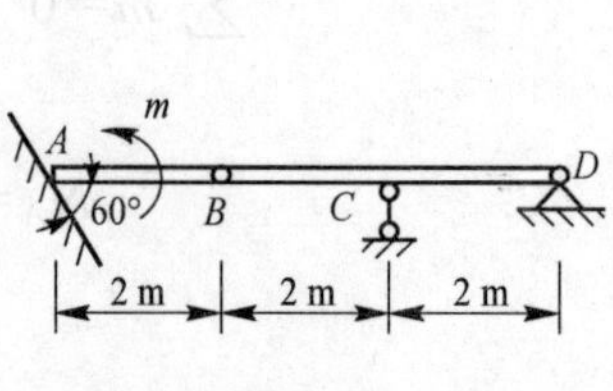

图 3-17

5. 一钢筋混凝土带雨篷的门顶过梁的尺寸如图 3-18 所示，过梁和雨篷板的长度(垂直纸平面)均为 4 m。设在此过梁上砌砖至 3 m 高时，便要将雨篷下的木支撑拆除，请验算在此情况下雨篷会不会绕 A 点倾覆。已知钢筋混凝土的密度 $\rho_1=2\ 600\ \mathrm{kg/m^3}$，砖砌体密度 $\rho_2=1\ 900\ \mathrm{kg/m^3}$。验算时需考虑有一检修荷载 $F=1$ kN 作用在雨篷边缘上(检修荷载即人和工具重力)。

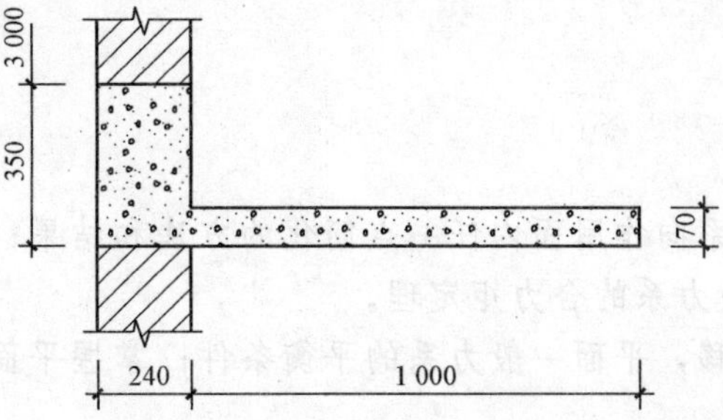

图 3-18

6. 如图 3-19 所示，已知挡土墙重 $G_1=90$ kN，垂直土压力 $G_2=140$ kN，水平压力 $P=100$ kN，试验算此挡土墙是否会倾覆。

7. 某结构自重不计。如图 3-20 所示，圆轮上的销子 A 放在摇杆 BC 上的光滑导槽内，圆轮上作用力偶矩为 $M_1=2\ \mathrm{kN\cdot m}$ 的力偶。已知 $OA=R=0.5$ m，图示位置时 OA 与 OB 垂直，$\alpha=30°$，且系统平衡。试计算作用于摇杆 BC 上的力偶及铰链 O、B 的约束反力的大小。

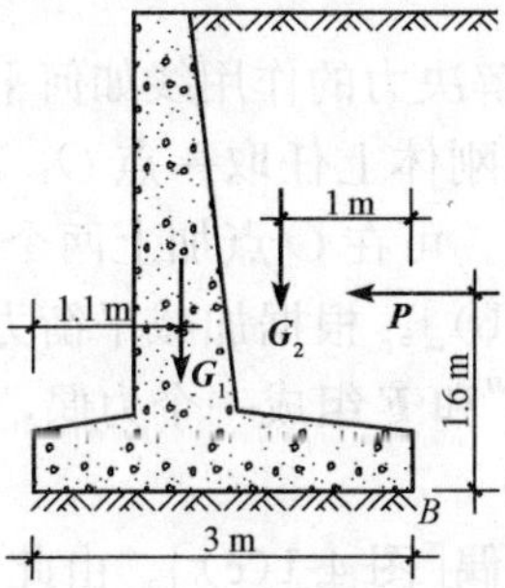

图 3-19

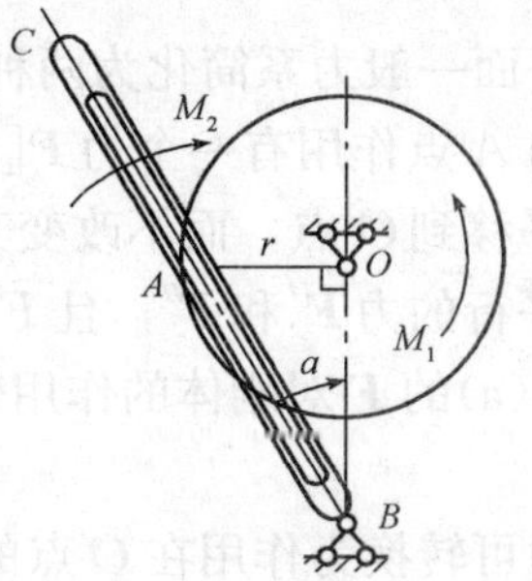

图 3-20

模块 4　平面一般力系

学习目标

(1)了解平面一般力系向作用面内任一点简化的方法和结果；熟悉平面一般力系简化结果的讨论；掌握平面一般力系的合力矩定理。

(2)熟悉力的等效平移，平面一般力系的平衡条件；掌握平面一般力系的平衡方程、平面平行力系的平衡方程。

学习任务

能够对平面一般力系进行简化。

任务 4-1　力的等效平移

为了将平面一般力系简化为两种力系，首先必须解决力的作用线如何平行移动的问题。

设刚体的 A 点作用有一个力 $\boldsymbol{F}$[图 4-1(a)]，在此刚体上任取一点 O，现在来讨论怎样才能把力 $\boldsymbol{F}$ 平移到 O 点，而不改变其原来的作用效应。可在 O 点加上两个大小相等、方向相反，与 $\boldsymbol{F}$ 平行的力 $\boldsymbol{F}'$ 和 $\boldsymbol{F}''$，且 $F'=F''=F$[图 4-1(b)]。根据加减平衡力系公理，$\boldsymbol{F}$、$\boldsymbol{F}'$ 和 $\boldsymbol{F}''$ 与图 4-1(a)的 $\boldsymbol{F}$ 对刚体的作用效应相同。显然 $\boldsymbol{F}''$ 和 $\boldsymbol{F}$ 组成一个力偶，其力偶矩为

$$M=Fd=M_O(\boldsymbol{F}) \tag{4-1}$$

这三个力可转换为作用在 O 点的一个力和一个力偶[图 4-1(c)]。由此可得力的平移定理：作用在刚体上的力 $\boldsymbol{F}$，可以平移到同一刚体上的任一点 O，但必须附加一个力偶，其力偶矩等于力 $\boldsymbol{F}$ 对新作用点点 O 之矩。

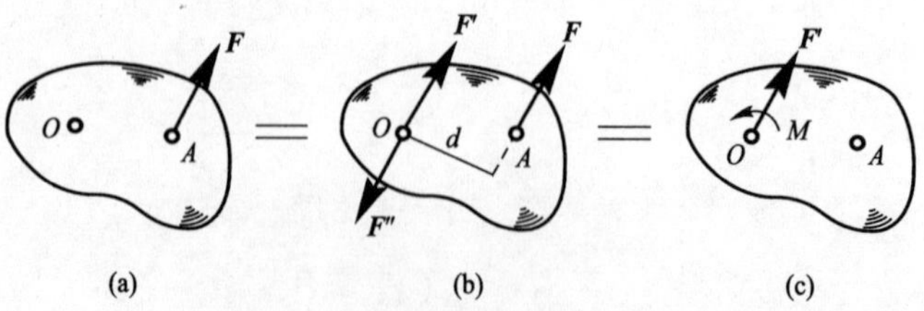

图 4-1

根据上述力的平移的逆过程，共面的一个力和一个力偶总可以合成为一个力，该力的大小和方向与原力相同，其作用线之间的垂直距离为

$$d=\frac{|M|}{F'} \tag{4-2}$$

力的平移定理是平面一般力系向任一点简化的理论依据，也是分析力对物体作用效应的一个重要方法。例如，如图 4-2(a)所示的厂房柱子受到吊车梁传来的荷载 $\boldsymbol{F}$ 的作用，为分析 $\boldsymbol{F}$ 的作用效应，可将力 $\boldsymbol{F}$ 平移到柱子的轴线上的 O 点处，根据力的平移定理得到一个力 $\boldsymbol{F}'$，同时，还必须附加一个力偶[图 4-2(b)]。力 $\boldsymbol{F}$ 经平移后，它对柱子的变形效果就可以很明显地看出，力 $\boldsymbol{F}'$ 使柱子轴向受压，力偶使柱弯曲。

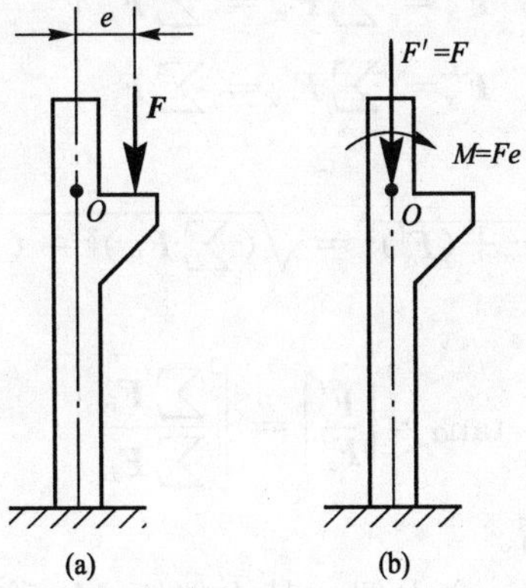

图 4-2

任务 4-2　平面一般力系向作用面内任一点简化

4.2.1　简化方法和结果

设刚体上作用有平面一般力系 $\boldsymbol{F}_1$，$\boldsymbol{F}_2$，…，$\boldsymbol{F}_n$，各力的作用点分别为 A_1，A_2，…，A_n，如图 4-3 所示。在力系的作用面内任选一点 O，称为简化中心。根据力的平移定理，将各力平移到 O 点，其结果得到一个作用于 O 点的平面汇交力系 $\boldsymbol{F}_1'$，$\boldsymbol{F}_2'$，…，$\boldsymbol{F}_n'$和一个附加的平面力偶系，其力偶矩分别为 m_1，m_2，…，m_n。

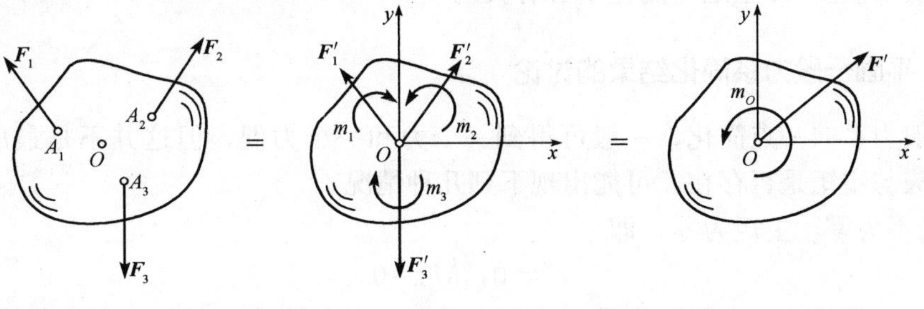

图 4-3

其中平面汇交力系中各力的大小和方向分别与原力系中对应的各力相同，即

$$F_1'=F_1，F_2'=F_2，…，F_n'=F_n$$

各附加的力偶矩分别等于原力系中各力对简化中心 O 点之矩，即

$$m_1=m_O(\boldsymbol{F}_1),\ m_2=m_O(\boldsymbol{F}_2),\ \cdots,\ m_n=m_O(\boldsymbol{F}_n)$$

由平面汇交力系合成的理论可知，$\boldsymbol{F}_1'$，$\boldsymbol{F}_2'$，…，$\boldsymbol{F}_n'$可合成为一个作用于 O 点的力，这个力的矢量 $\boldsymbol{F}'$称为原力系的主矢。则有：

$$F'=F_1'+F_2'+\cdots+F_n'=\sum F_i'=\sum F_i \tag{4-3}$$

在计算主矢 $\boldsymbol{F}'$时，引进参考直角坐标系 xOy，据合力投影定理

$$\left.\begin{aligned}\boldsymbol{F}_x'&=\sum \boldsymbol{F}_{ix}'=\sum \boldsymbol{F}_{ix}\\ \boldsymbol{F}_y'&=\sum \boldsymbol{F}_{iy}'=\sum \boldsymbol{F}_{iy}\end{aligned}\right\}$$

主矢的大小：

$$\boldsymbol{F}'=\sqrt{(\boldsymbol{F}_x')^2+(\boldsymbol{F}_y')^2}=\sqrt{(\sum \boldsymbol{F}_{ix})^2+(\sum \boldsymbol{F}_{iy})^2}$$

主矢与 x 轴所夹的锐角：

$$\tan\alpha=\left|\frac{\boldsymbol{F}_y'}{\boldsymbol{F}_x'}\right|=\left|\frac{\sum \boldsymbol{F}_{iy}}{\sum \boldsymbol{F}_{ix}}\right| \tag{4-4}$$

指向由 $\boldsymbol{F}_x'$、$\boldsymbol{F}_y'$的正负号判断。

附加的平面力偶系可以合成一合力偶，其力偶矩 M_O 称为原力系向 O 点简化的主矩。显然

$$M_O=\sum m_i=\sum m_O(\boldsymbol{F}_i) \tag{4-5}$$

所以，对平面任意力系向任一点简化的结果可以总结如下：平面一般力系向作用面内任一点简化的结果，是一个力和一个力偶。这个力作用在简化中心，它的矢量称为原力系的主矢，并等于原力系中各力的矢量和；这个力偶的力偶矩称为原力系对简化中心的主矩，并等于原力系中各力对简化中心之矩的代数和。

应当注意的是，作用于简化中心的力 $\boldsymbol{F}'$一般并不是原力系的合力，力偶矩为 M_O 的力偶也不是原力系的合力偶，只有 $\boldsymbol{F}'$与 M_O 两者相结合才与原力系等效。

由于主矢等于原力系中各力的矢量和，因此，主矢 $\boldsymbol{F}$ 的大小和方向与简化中心的位置无关。而主矩等于原力系中各力对简化中心之矩的代数和，取不同的点作为简化中心，各力的力臂都要发生变化，则各力对简化中心的力矩也会改变。因此，主矩一般随着简化中心的位置改变而改变(即主矩与简化中心有关)。

4.2.2 平面一般力系简化结果的讨论

平面一般力系向一点简化，一般可得到一个力和一个力偶，但这并不是最后的简化结果。根据主矢与主矩是否存在，可能出现下列几种情况。

(1)主矢不为零，主矩为零，即

$$F'\neq 0,\ M_O=0$$

由于附加力偶系的合力偶矩为零，原力系只与一个力等效，因此，在这种特殊情况下，力系简化为一合力，此合力的矢量即为力系的主矢 $\boldsymbol{F}'$，合力作用线通过简化中心 O 点。

(2)主矢、主矩均不为零，即

$$F'\neq 0,\ M_O\neq 0$$

在这种情况下，力系等效于一作用于简化中心 O 的力 $\boldsymbol{F}'$ 和一力偶矩为 M_O 的力偶。由力的平移定理知，一个力可以等效地变换成为一个力和一个力偶，那么，反过来也可将一个力和一个力偶等效地变换成为一个力，如图 4-4 所示。

将力偶矩为 M_O 的力偶用两个反向平行力 $\boldsymbol{F}'$、$\boldsymbol{F}''$ 表示，并使 $\boldsymbol{F}'$ 和 $\boldsymbol{F}''$ 等值、共线，使它们构成一平衡力，如图 4-4(b)所示，为保持 M_O 不变，取力臂 d 为

$$d=\frac{|M_O|}{F'}=\frac{|M_O|}{F} \tag{4-6}$$

将 $\boldsymbol{F}''$ 和 $\boldsymbol{F}'$ 这一平衡力系去掉，这样就只剩下 $\boldsymbol{F}$ 力与原力系等效[图 4-4(c)]。合力 $\boldsymbol{F}$ 在 O 点的哪一侧，由 $\boldsymbol{F}$ 对 O 点的力矩的转向与主矩 M_O 的转向相一致来确定。

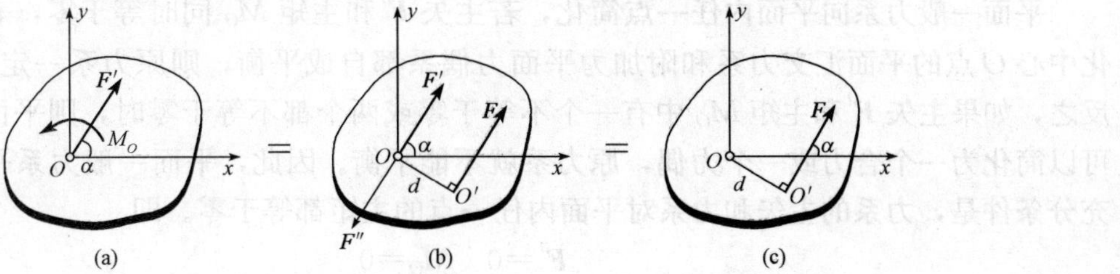

图 4-4

(3)主矢为零，主矩不为零，即

$$F'=0,\ M_O\neq 0$$

在这种情况下，平面任意力系中各力向简化中心等效平移后，所得到的汇交力系是平衡力系，原力系与附加力偶系等效。原力系简化为一合力偶，该力偶的矩就是原力系相对于简化中心 O 的主矩 M_O。由于原力系等效于一力偶，而力偶对平面内任意一点的矩都相同，因此，当力系简化为一力偶时，主矩与简化中心的位置无关，向不同点简化，所得主矩相同。

(4)主矢与主矩均为零，即

$$F'=0,\ M_O=0$$

在这种情况下，平面任意力系是一个平衡力系。

总之，对不同的平面任意力系进行简化，其最后结果只有三种可能性：①合力；②合力偶；③平衡。

4.2.3 平面一般力系的合力矩定理

由上面分析可知，当 $F'\neq 0$，$M_O\neq 0$ 时，还可进一步简化为一合力 $\boldsymbol{F}$，如图 4-4 所示，合力对 O 点的力矩是：

$$m_O(F)=F\cdot d=M_O$$

而 M_O 是力系中各力(分力)对 O 点的力矩的代数和：

$$M_O=\sum M_O(\boldsymbol{F}_i)$$

所以

$$M_O(\boldsymbol{F})=\sum M_O(\boldsymbol{F}_i)$$

由于简化中心 O 是任意选取的，故上式有普遍的意义。于是可得到平面力系的合力矩定理：平面一般力系的合力对其作用面内任一点之矩等于力系中各力对同一点之矩的代数和。

任务 4-3 平面一般力系的平衡条件及其应用

4.3.1 平面一般力系的平衡条件

平面一般力系向平面内任一点简化，若主矢 $\boldsymbol{F}'$ 和主矩 M_O 同时等于零，表明作用于简化中心 O 点的平面汇交力系和附加力平面力偶系都自成平衡，则原力系一定是平衡力系；反之，如果主矢 $\boldsymbol{F}'$ 和主矩 M_O 中有一个不等于零或两个都不等于零时，则平面一般力系就可以简化为一个合力或一个力偶，原力系就不能平衡。因此，平面一般力系平衡的必要与充分条件是，力系的主矢和力系对平面内任一点的主矩都等于零。即

$$\boldsymbol{F}'=0 \quad M_O=0$$

4.3.2 平面一般力系的平衡方程

1. 平面一般力系平衡的基本形式

由于

$$\boldsymbol{F}' = \sqrt{(\sum \boldsymbol{F}_x)^2 + (\sum \boldsymbol{F}_y)^2} = 0$$

$$M_O = \sum m_O(\boldsymbol{F}_i) = 0$$

于是平面一般力系的平衡条件为

$$\left.\begin{aligned} \sum \boldsymbol{F}_x &= 0 \\ \sum \boldsymbol{F}_y &= 0 \\ \sum m_O(\boldsymbol{F}_i) &= 0 \end{aligned}\right\} \tag{4-7}$$

式(4-7)表明，平面一般力系处于平衡的充分必要条件是：力系中所有各力在 x 坐标轴上投影的代数和等于零；力系中所有各力在 y 轴上的投影的代数和为零；力系中各力对作用面内任一点的力矩的代数和等于零。

式(4-7)为平面一般力系的平衡方程的基本形式(一矩式平衡方程)。其中前两式称为投影方程，后一式称为力矩方程。平面一般力系有三个独立的平衡方程，可以求解三个未知量。

【例 4-1】 图 4-5(a)所示的刚架 AB 受均匀分布风荷载的作用，单位长度上承受的风压为 q(N/m)，q 为均布荷载集度。给定 q 和刚架尺寸，求支座 A 和 B 的约束反力。

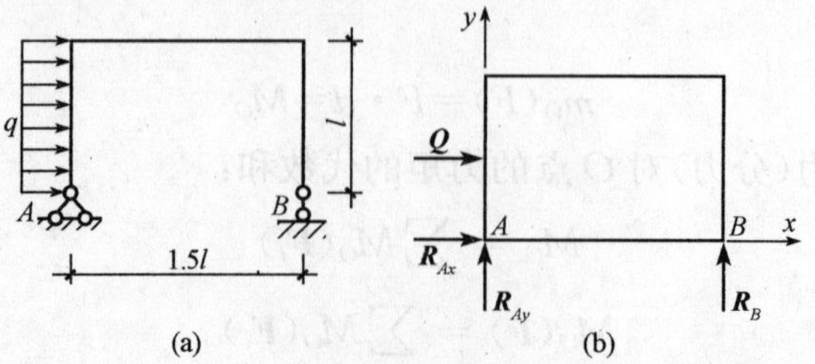

图 4-5

【解】 (1)取分离体，作受力图。取刚架 AB 为分离体。它所受的分布荷载用其合力 Q 代替，合力 Q 的大小等于荷载集度 q 与荷载作用长度之积。

$$Q=ql \tag{a}$$

合力 Q 作用在均布荷载作用线的中点，如图 4-5(b)所示。

(2)列平衡方程，求解未知力。刚架受平面任意力系的作用，三个支座反力是未知量，可由平衡方程求出。取坐标轴如图 4-5(b)所示。列平衡方程

$$\sum F_x=0 \qquad Q+R_{Ax}=0 \tag{b}$$

$$\sum F_y=0 \qquad R_B+R_{Ay}=0 \tag{c}$$

$$\sum m_A(\boldsymbol{F}_i)=0 \qquad 1.5lR_B-0.5lQ=0 \tag{d}$$

由式(b)解得

$$R_{Ax}=-Q=-ql$$

由式(d)解得

$$R_B=\frac{1}{3}ql$$

将 R_B 的值代入式(c)得

$$R_{Ay}=-R_B=-\frac{1}{3}ql$$

负号说明约束反力 R_{Ay} 的实际方向与图中假设的方向相反。

2. 平面一般力系平衡方程的其他形式

除上述基本形式外，还可将平面一般力系平衡方程表示为二矩矢及三矩矢。

(1)二矩矢的平衡方程。在力系作用面内任取两点 A、B 及 x 轴，如图 4-6 所示，可以证明平面一般力系的平衡方程可改写成两个力矩方程和一个投影方程的形式，即

$$\left.\begin{aligned}&\sum F_x=0\\&\sum m_A(\boldsymbol{F})=0\\&\sum m_B(\boldsymbol{F})=0\end{aligned}\right\} \tag{4-8}$$

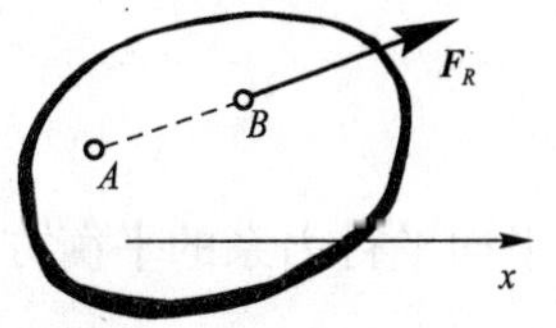

图 4-6

式中，x 轴不与 A、B 两点的连线垂直。

证明：首先将平面一般力系向 A 点简化，一般可得到过 A 点的一个力和一个力偶。若 $M_A=0$ 成立，则力系只能简化为通过 A 点的合力 $\boldsymbol{R}$ 或成平衡状态。如果 $\sum M_B=0$ 又成立，说明 $\boldsymbol{F}_R$ 必通过 B。可见，合力 $\boldsymbol{F}_R$ 的作用线必为 AB 连线。又因 $\sum F_x=0$ 成立，则 $F_{Rx}=\sum F_x=0$，即合力 $\boldsymbol{F}_R$ 在 x 轴上的投影为零，因 AB 连线不垂直于 x 轴，合力 $\boldsymbol{F}_R$ 也不垂直于 x 轴，由 $F_{Rx}=0$ 可推得 $F_R=0$。可见，满足式(4-8)的平面一般力系，若将其向 A 点简化，其主矩和主矢都等于零，所以，力系必为平衡力系。

(2)三矩式的平衡方程。在力系作用面内任意取三个不在同一直线上的点 A、B、C，如图 4-7 所示，则力系的平衡方程可写为三个力矩方程形式，即

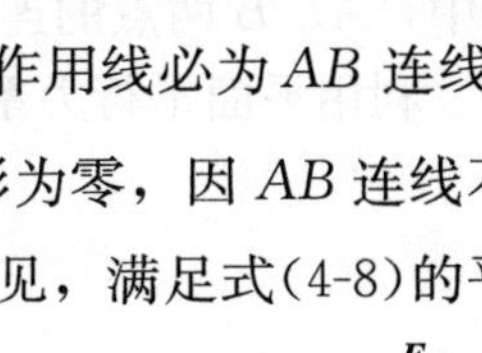

图 4-7

$$\left.\begin{aligned}\sum m_{\mathrm{A}}(\boldsymbol{F})=0\\\sum m_{\mathrm{B}}(\boldsymbol{F})=0\\\sum m_{\mathrm{C}}(\boldsymbol{F})=0\end{aligned}\right\}\tag{4-9}$$

同上面讨论一样，若 $\sum M_A(\boldsymbol{F})=0$ 和 $\sum M_B(\boldsymbol{F})=0$ 成立，则力系合成结果只能是通过 A、B 两点的一个力(图 4-7)或者平衡。如果 $\sum M_C(\boldsymbol{F})=0$ 也成立，则合力必然通过 C 点，而一个力不可能同时通过不在同一直线上的三点，除非合力为零，$\sum M_C=0$ 才能成立。因此，力系必然是平衡力系。

综上所述，平面一般力系共有三种不同形式的平衡方程，即式(4-7)、式(4-8)、式(4-9)，在解题时可以根据具体情况选取某一种形式。无论采用哪种形式，都最多只能写出三个独立的平衡方程，求解三个未知数。任何第四个方程都不是独立的，但可以利用这个方程来校核计算的结果。

4.3.3 平面力系平衡方程

如前所述，力系中各力的作用线在同一平面内且相互平行，这样的力系称为平面平行力系。平面汇交力系、平面力偶系、平面平行力系都是平面任意力系的特殊情况。这三种力系的平衡方程都可以作为平面任意力系平衡方程的特例而导出。下面导出平面平行力系的平衡方程。

如图 4-8 所示，设物体受平面平行力系 $\boldsymbol{F}_1$，$\boldsymbol{F}_2$，…，$\boldsymbol{F}_n$ 的作用。如选取 x 轴与各力垂直，则无论力系是否平衡，每一个力在 x 轴上的投影恒等于零，即 $\sum F_x\equiv0$。于是，平面平行力系只有两个独立的平衡方程，即

$$\left.\begin{aligned}\sum F_y=0\\\sum m_O(\boldsymbol{F}_i)=0\end{aligned}\right\}\tag{4-10}$$

平面平行力系的平衡方程，也可以写成二力矩式的形式，即

$$\left.\begin{aligned}\sum m_A(\boldsymbol{F}_i)=0\\\sum m_B(\boldsymbol{F}_i)=0\end{aligned}\right\}\tag{4-11}$$

式中，A、B 两点的连线不与力线平行。

利用平面平行力系的平衡方程，可求解两个未知量。

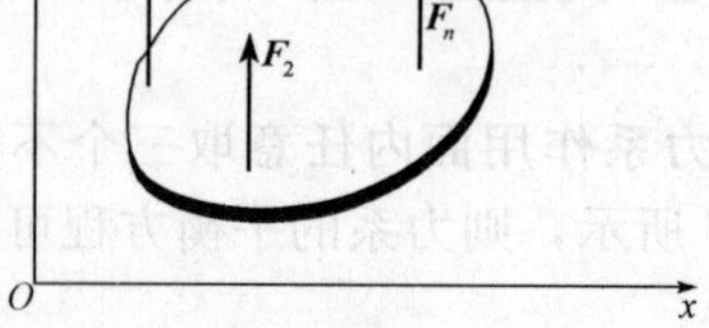

图 4-8

【例 4-2】 某房屋的外伸梁尺寸如图 4-9 所示。该梁的 AB 段受均匀荷载 $q_1=20$ kN/m，BC 段受均布荷载 $q_2=25$ kN/m，求支座 A、B 的反力。

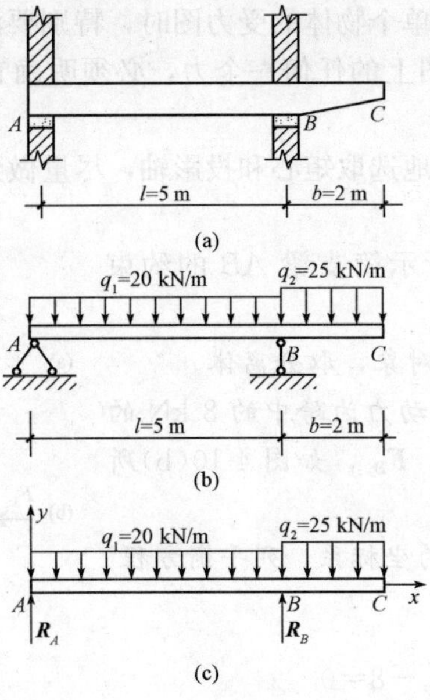

图 4-9

【解】 (1)选取 AC 梁为研究对象，画其受力图。

外伸梁 AC 在 A、B 处的约束一般可以简化为固定铰支座和可动铰支座，由于在水平方向没有荷载，所以，没有水平方向的反力。在竖向荷载 q_1 和 q_2 作用下，支座反力 R_A、R_B 沿铅垂方向，它们组成平面平行力系。

(2)建立直角坐标系，列平衡方程。

$\sum \boldsymbol{F}_y=0 \qquad R_A+R_B-q_1\times5-q_2\times2=0$

$\sum m_A(\boldsymbol{F}_i)=0 \quad -q_1\times5\times2.5-q_2\times2\times6+5\times R_B=0$

解得　$R_A=40$ kN(↑)，$R_B=110$ kN(↑)

(3)校核。利用不独立方程 $\sum m_B(\boldsymbol{F}_i)=0$ 进行校核。

$\sum m_B(\boldsymbol{F}_i)=-40\times5+20\times5\times2.5-25\times2\times1=0$

所以，计算结果无误。

4.3.4　平面力系平衡方程的应用

在实际工程结构中，既存在单个物体的平衡问题，又存在物体系统的平衡问题。物体系统是由若干个物体通过适当的连接方式(约束)组成的，简称物体系。工程中的结构或构件，如多跨梁、三铰拱、组合构架等，都可看作物体系统。在研究物体系统的平衡问题时，必须注意以下几点：

(1)恰当地选取研究对象，是对问题求解过程的繁简起决定性作用的一步。

(2)综合考查整体与局部的平衡。当物体系统平衡时，组成该系统的任何一个局部系统或任何一个物体也必然处于平衡状态。不仅要研究整个系统的平衡，而且要研究系统内某个局部或单个物体的平衡。

(3)在画物体系统、局部、单个物体的受力图时，特别要注意施力体与受力体、作用力与反作用力的关系，对于受力图上的任何一个力，必须明确它是哪个物体所施加的，决不能凭空臆造。

(4)在列平衡方程时，适当地选取矩心和投影轴，尽量做到一个平衡方程中只有一个未知量，以避免求解联立方程。

【例 4-3】 求图 4-10(a)所示简支梁 AB 的约束反力。

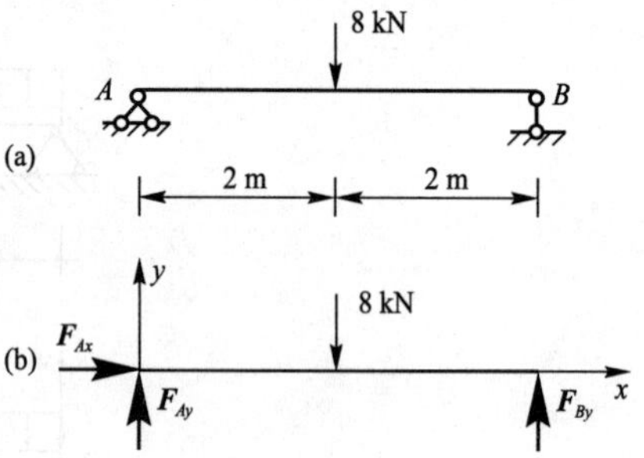

图 4-10

【解】 (1)选梁 AB 为研究对象，取分离体。

(2)画受力图，梁所受的主动力为跨中的 8 kN 的集中力，约束反力有 $\boldsymbol{F}_{Ax}$、$\boldsymbol{F}_{Ay}$、$\boldsymbol{F}_{By}$，如图 4-10(b)所示，未知力的指向均为假定。

(3)建立如图 4-10(b)所示的坐标系，列平衡方程

$\sum F_x = 0 \qquad F_{Ax} = 0$

$\sum F_y = 0 \qquad F_{Ay} + F_{By} - 8 = 0$

$\sum M_A(\boldsymbol{F}) = 0 \qquad -8 \times 2 + F_{By} \times 4 = 0$

联立方程解得：$F_{Ax} = 0 \quad F_{Ay} = 4\ \text{kN} \quad F_{By} = 4\ \text{kN}$

(4)校核。$\sum M_B(\boldsymbol{F}) = 0 \qquad -F_{Ay} \times 4 + 8 \times 2 = -4 \times 4 + 8 \times 2 = 0$

说明计算结果无误。

【例 4-4】 求图 4-11(a)所示刚架的约束反力。

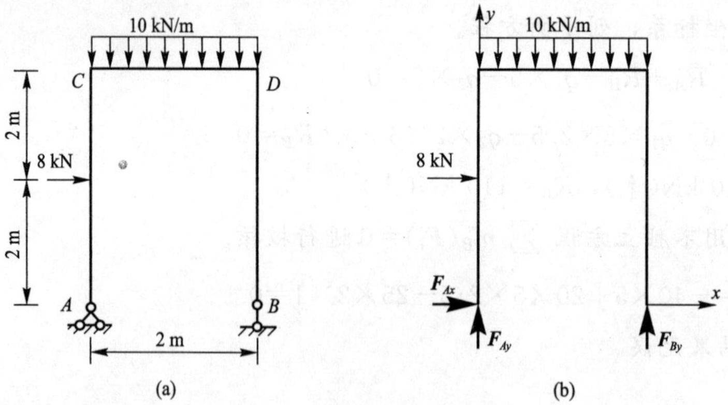

图 4-11

【解】 (1)选刚架 AB 为研究对象，取分离体。

(2)画受力图，梁所受的主动力为 8 kN 的集中力、10 kN/m 的均布荷载，约束反力有 $\boldsymbol{F}_{Ax}$、$\boldsymbol{F}_{Ay}$、$\boldsymbol{F}_{By}$，如图 4-11(b)所示，未知力的指向均为假定。

(3)建立如图 4-11(b)所示的坐标系，列平衡方程

$\sum F_x = 0 \qquad F_{Ax} + 8 = 0$

$\sum F_y=0 \qquad F_{Ay}+F_{By}-10\times 2=0$

$\sum M_A(\boldsymbol{F})=0 \qquad -8\times 2-10\times 2\times 1+F_{By}\times 2=0$

联立方程解得：$F_{Ax}=-8$ kN　$F_{Ay}=2$ kN　$F_{By}=18$ kN

(4)校核。$\sum M_B(\boldsymbol{F})=0 \qquad -F_{Ay}\times 2-8\times 2+10\times 2\times 1=0$

说明计算结果无误。

【例 4-5】 求图 4-12(a)所示悬臂梁 AB 的约束反力。

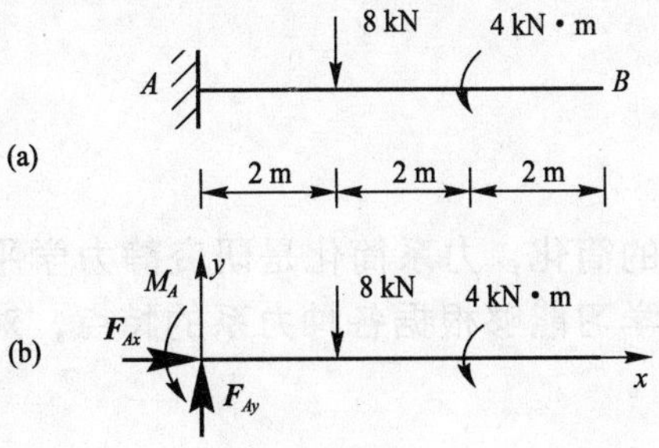

图 4-12

【解】 (1)选梁 AB 为研究对象，取分离体。

(2)画受力图，梁所受的主动力为 8 kN 的集中力和 4 kN · m 的集中力偶，约束反力有 $\boldsymbol{F}_{Ax}$、$\boldsymbol{F}_{Ay}$、M_A，如图 4-12(b)所示，未知力的指向均为假定。

(3)建立如图 4-12(b)所示的坐标系，列平衡方程

$\sum F_x=0 \qquad F_{Ax}=0$

$\sum F_y=0 \qquad F_{Ay}-8=0$

$\sum M_A(\boldsymbol{F})=0 \qquad M_A-8\times 2+4=0$

联立方程解得：$F_{Ax}=0$　$F_{Ay}=8$ kN　$M_A=12$ kN · m

(4)校核。$\sum M_O(\boldsymbol{F})=0 \qquad -F_{Ay}\times 6+12+4+8\times 4=0$

说明计算结果无误。

【例 4-6】 求图 4-13(a)所示外伸梁 AB 的约束反力。

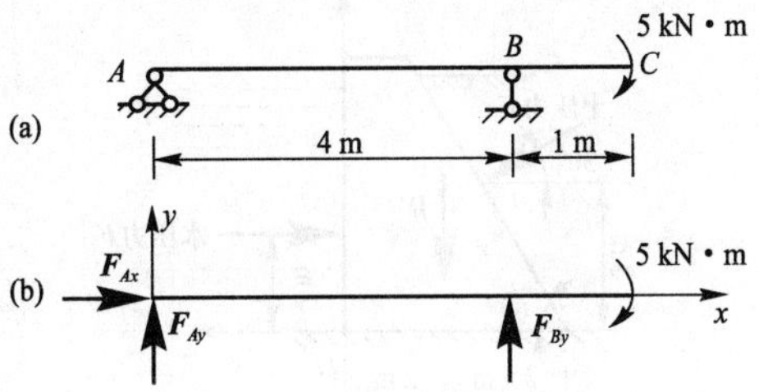

图 4-13

【解】 (1)选梁 AC 为研究对象，取分离体。

(2)画受力图，梁所受的主动力为 C 端的 5 kN · m 的集中力偶，约束反力有 $\boldsymbol{F}_{Ax}$、$\boldsymbol{F}_{Ay}$、$\boldsymbol{F}_{By}$，如图 4-13(b)所示，未知力的指向均为假定。

(3)建立如图 4-13(b)所示的坐标系，列平衡方程

$\sum F_x=0 \qquad F_{Ax}=0$

$\sum F_y=0 \qquad F_{Ay}+F_{By}=0$

$\sum M_A(\boldsymbol{F})=0 \qquad -5+F_{By}\times 4=0$

联立方程解得：$F_{Ax}=0 \quad F_{Ay}=-1.25\ \text{kN} \quad F_{By}=1.25\ \text{kN}$

(4)校核。$\sum M_B(\boldsymbol{F})=0 \qquad -F_{Ay}\times 4-5=1.25\times 4-5=0$

说明计算结果无误。

本章小结

本模块主要介绍了力系的简化，力系简化是研究静力学平衡问题的基础，它是静力学的重要内容。通过本模块的学习能够根据各种力系的特点，对平面一般力系进行简化，并讨论各力系的简化结果。

复习思考题

1. 力的平移定理的实质是什么?

2. 作用于简化中心的力 $\boldsymbol{F}'$ 一般并不是原力系的合力，力偶矩为 M_O 的力偶也不是原力系的合力偶，那么在什么情况下才与原力系等效。

3. 平面一般力系向简化中心简化时，可能产生几种结果?

4. 平面一般力系平衡的必要与充分条件是什么?

5. 平面一般力系平衡方程的形式有哪几种?

6. 在研究物体系统的平衡问题时，必须注意哪几点?

复习思考题参考答案

习　题

1. 图 4-14 所示的挡土墙，墙身重 $W=300$ kN，土压力 $F_1=200$ kN，水压力 $F_2=120$ kN。试求这些力向 O 点简化的结果。

习题参考答案

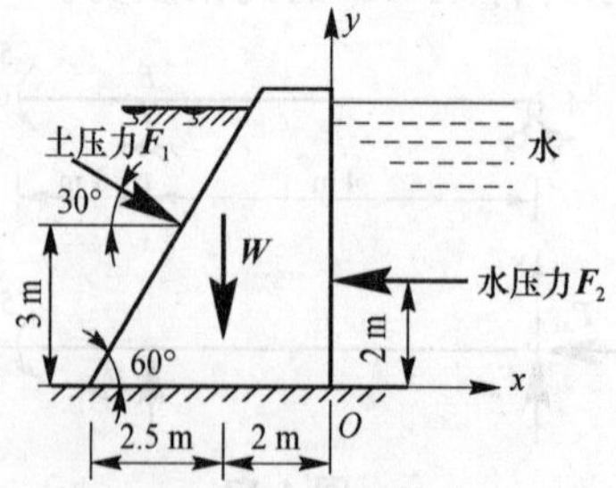

图 4-14

2. 如图 4-15 所示，某桥墩顶部受到桥梁的压力 $F_1=2\ 040$ kN，力偶 $m=450$ kN·m，水平力 $F_2=203$ kN，风压力的合力 $F_3=140$ kN，桥墩重量 $W=5\ 680$ kN。试求这些力向基

底中心 O 的简化结果。

3. 某桥墩所受的力如图 4-16 所示。$p=2\ 740$ kN，$W=5\ 280$ kN，$T=140$ kN，$T=193$ kN，$m=5\ 125$ kN·m。求力系向 O 点简化的结果，并求合力作用线的位置。

4. 已知 $p=20$ kN，试计算图 4-17 所示的简支梁支座 A 和 B 的反力。

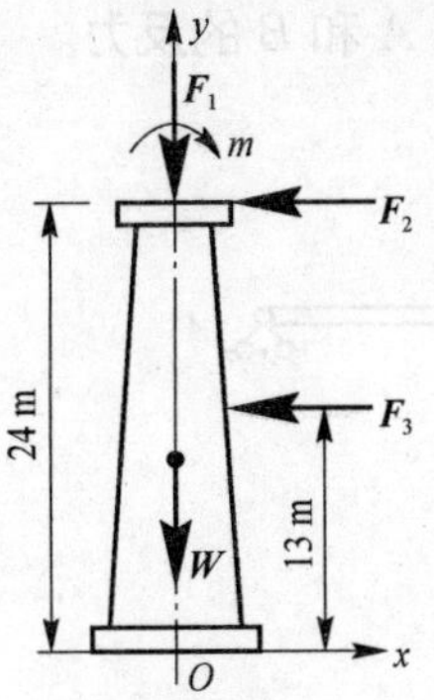

图 4-15

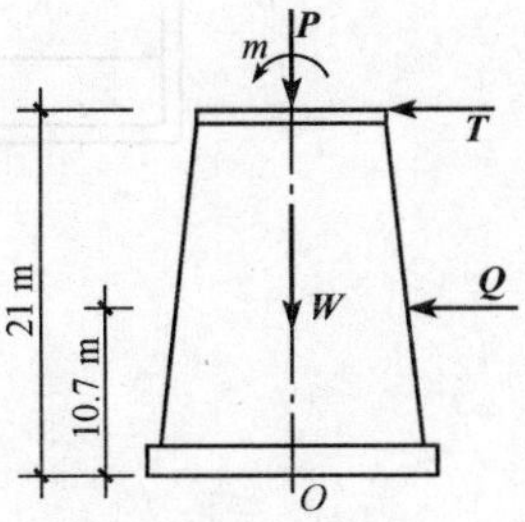

图 4-16

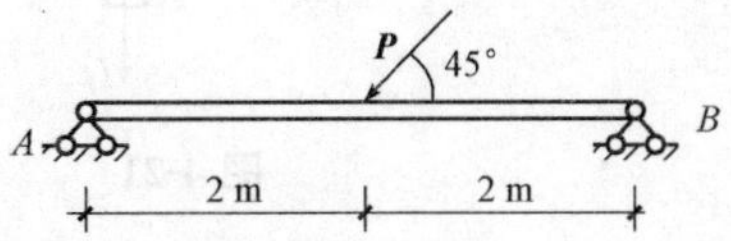

图 4-17

5. 试求图 4-18 所示作用在图示折杆上力系的合力，并在图上表示。

6. 由钢杆 AB 与钢绳 BC 组成的 ABC 直角构架，A、B、C 三处均为铰接连接。已知 AB 钢杆上承重物 $W=500$ N，试求图 4-19 所示 A、C 两处的约束反力。

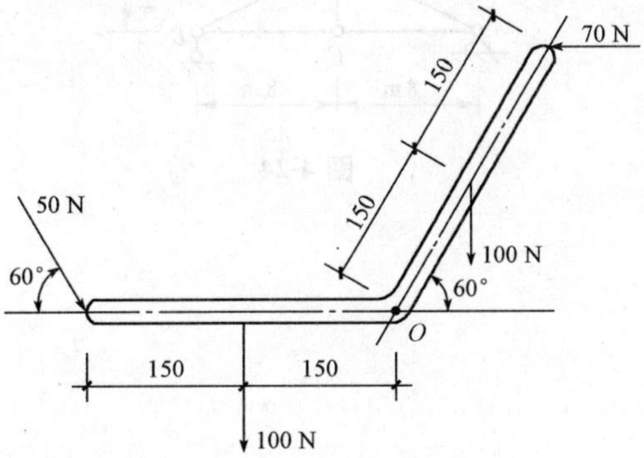

图 4-18

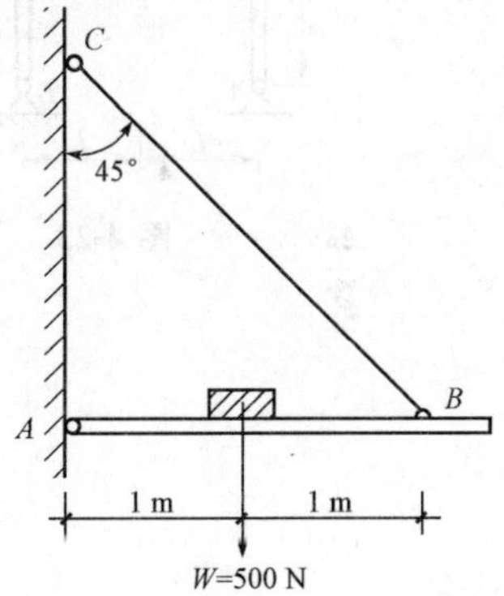

图 4-19

7. 求图 4-20 所示刚架的支座反力。

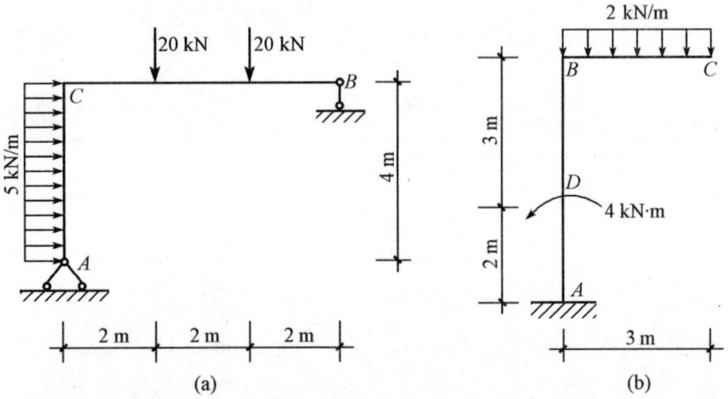

图 4-20

8. 梁 AB 用支座 A 和杆件 BC 固定。轮 D 铰接在梁上，绳绕过轮 D，一端系在墙上，另一端挂重物 Q，如图 4-21 所示。已知 $R=10$ cm，$AD=20$ cm，$BD=40$ cm，$\alpha=45°$，$Q=1\ 800$ N，试计算支座 A 的反力。

9. 杆 ACB 上铰接一圆轮，绳索绕过圆轮，一端连在杆上，另一端挂重物 Q，如图 4-22 所示。已知 $R=10$ cm，$AD=CD=CB=40$ cm，$Q=10$ kN，试计算支座 A 和 B 的反力。

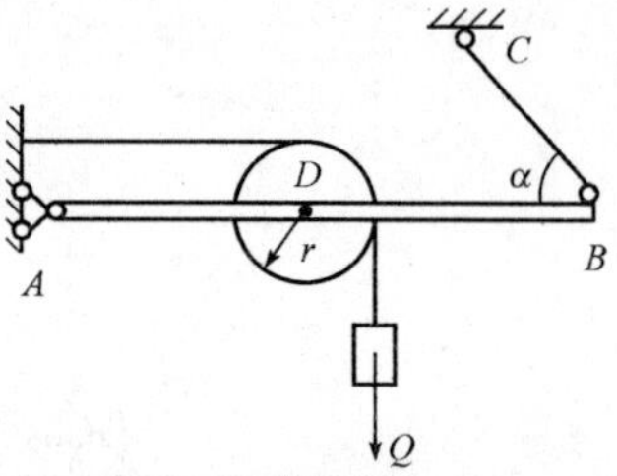

图 4-21

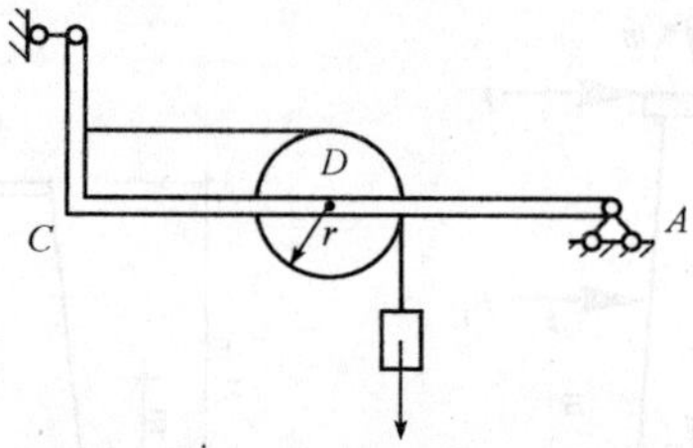

图 4-22

10. 如图 4-23 所示为二层三铰拱结构，试求 A、B 处的约束力。

11. 如图 4-24 所示组合屋架中杆 AC、CB、DC 所受的力(各杆自重不计)。

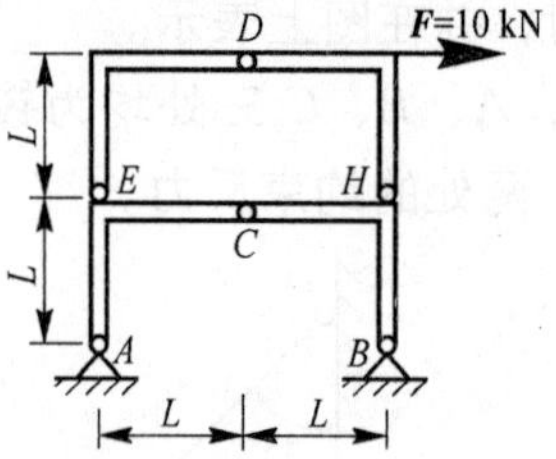

图 4-23

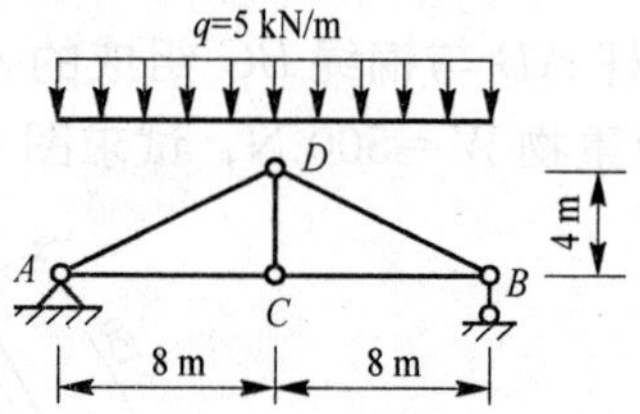

图 4-24

模块5　轴向拉伸与压缩

学习目标

(1)了解变形固体的基本假设，了解内力、应力、位移、应变的概念；熟悉杆件的变形的基本形式。

(2)了解轴力的概念；掌握截面法求轴力及轴力图的绘制。

(3)熟悉轴向拉压杆的变形、胡克定律；掌握轴向拉应力或压缩杆件横截面正应力的计算，轴向拉应力或压缩杆件斜截面上应力的计算。

(4)熟悉材料在拉伸和压缩的力学性能，压杆稳定性概念失稳破坏；掌握细长压杆临界力的计算。

学习任务

(1)能够熟练应用截面法求指定截面轴力及绘制轴力图。

(2)能够熟练计算指定截面应力及进行校核拉压强度、设计截面尺寸、计算承载能力。

(3)能够熟练计算杆件的伸长量。

任务5-1　变形固体的基本概念

5.1.1　变形固体及其基本假设

5.1.1.1　变形固体

工程中构件和零件都是由固体材料制成，如铸铁、钢、木材、混凝土等。这些固体材料在外力作用下都会或多或少的产生变形，我们将这些固体材料称为变形固体。

变形固体在外力作用上会产生两种不同性质的变形：一种是当外力消除时，变形也随着消失，这种变形称为弹性变形；另一种是外力消除后，变形不能全部消失而留有残余，这种不能消失的残余变形称为塑性变形。一般情况下，物体受力后，既有弹性变形，又有塑性变形。但工程中常用的材料，在所受外力不超过一定范围时，塑性变形很小，可忽略不计，认为材料只产生弹性变形而不产生塑性变形。这种只有弹性变形的物体称为理想弹性体。只产生弹性变形的外力范围称为弹性范围。本书将只限于给出材料在弹性范围内的变形、内力及应力等计算方法和计算公式。

工程中大多数构件在外力作用下产生变形后，其几何尺寸的改变量与构件原始尺寸相比，常是极其微小的，我们称这类变形为小变形。材料力学研究的内容将限于小变形范围。

由于变形很微小，我们在研究构件的平衡问题时，就可采用构件变形前的原始尺寸进行计算。

5.1.1.2　变形固体的基本假设

为了使计算简便，在材料力学的研究中，对变形固体作了如下的基本假设：

(1)均匀连续假设即假设变形固体在其整个体积内毫无空隙地充满了物质。而且其各点处材料的力学性能完全相同。

(2)各向同性假设即假设材料在各个方向具有相同的力学性能。

常用的工程材料如钢材、玻璃等都可认为是各向同性材料。如果材料沿各个方向具有不同的力学性能，则称为各向异性材料。

综上所述，材料力学的研究对象，是由均匀连续、各向同性的变形固体材料制成的构件，目前仅限于小变形范围。

5.1.2　杆件变形

5.1.2.1　杆件

材料力学中的主要研究对象是杆件。杆件是指长度远大于其他两个方向尺寸的构件。杆件的几何特点可由横截面和轴线来描述。横截面是与杆长方向垂直的截面，而轴线是各截面形心的连线(图 5-1)。各截面相同且轴线为直线的杆称为等截面直杆。

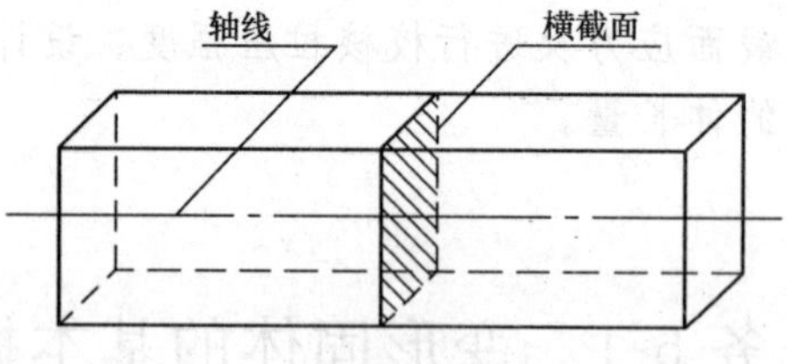

图 5-1

5.1.2.2　杆件变形的基本形式

杆件在不同形式的外力作用下，将发生不同形式的变形。但杆件变形的基本形式有以下四种：

(1)轴向拉伸和压缩[图 5-2(a)、(b)]在一对大小相等、方向相反、作用线与杆轴线相重合的外力作用下，杆件将发生长度的改变(伸长或缩短)。

(2)剪切[图 5-2(c)]在一对相距很近、大小相等、方向相反的横向外力作用下，杆件的横截面将沿外力方向发生错动。

(3)扭转[图 5-2(d)]在一对大小相等、方向相反、位于垂直于杆轴线的两平面内的力偶作用下，杆的任意两横截面将绕轴线发生相对转动。

(4)弯曲[图 5-2(e)]在一对大小相等、方向相反、位于杆的纵向平面内的力偶作用下，杆件的轴线由直线弯成曲线。

工程实际中的杆件，可能同时承受不同形式的外力而发生复杂的变形，但都可以看作是上述基本变形的组合。由两种或两种以上基本变形组成的复杂变形称为组合变形。

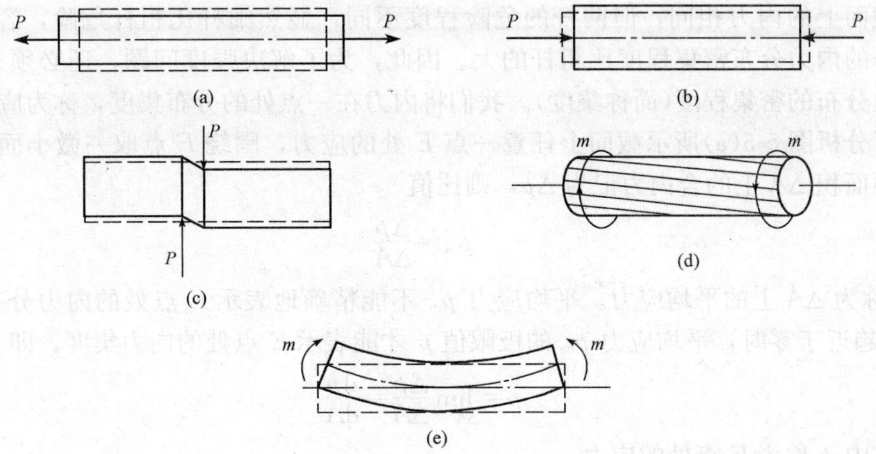

图 5-2

5.1.3 内力与应力

5.1.3.1 内力的概念

物体在外力作用下，内部质点与质点之间的相互作用力叫作内力。内力是由外力引起的，并随着外力的增大而增大。但对构架来说，内力的增大是有限度的，当内力超过限度时，构件就会发生破坏。所以，研究构件的承载能力必须先分析内力。

5.1.3.2 截面法

要确定构件某一截面的内力，可以假想将其沿待求内力的截面截开，将构件分为两部分，取其中一部分为研究对象。此时，截面上的内力被显示出来，并成为研究对象上的一个外力，再由平面力系的平衡方程求出内力，这种求内力的方法叫作截面法。截面法可归纳为以下 3 个步骤：

(1)假想截开。沿欲求内力的截面，假想将杆件截成左、右两部分分离体，如图 5-3(a)所示。

(2)任意留取。任取截面左或右侧为研究对象，将弃去部分对研究对象的作用以内力代替，如图 5-3(b)、(c)所示。

(3)平衡求解。按平衡条件，确定内力的大小和方向。

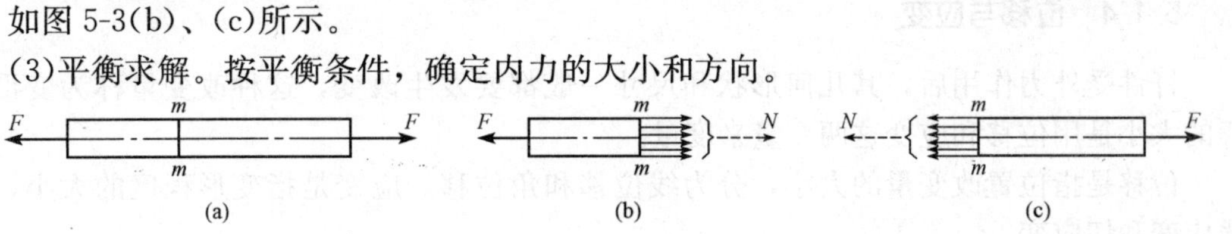

图 5-3

5.1.3.3 应力

由于杆件是假设由均匀连续材料制成的，所以内力连续分布在整个截面上。由截面法求得的内力是截面上分布内力的合内力。只知道合内力，还不能判断杆件是否会因强度不足而破坏。如图 5-4 所示，两根材料相同而截面不同的受拉杆，在相同的拉力 F 作用下，两杆横截面上的内力相同，但两杆的危险程度不同，显然细杆比粗杆危险，容易被拉断，因为细杆的内力分布密集程度比粗杆的大。因此，为了解决强度问题，还必须知道内力在横截面上分布的密集程度(简称集度)。我们将内力在一点处的分布集度，称为应力。

为了分析图 5-5(a)所示截面上任意一点 E 处的应力，围绕 E 点取一微小面积 ΔA，作用在微小面积 ΔA 上的合内力记为 Δp，则比值

$$p_m=\frac{\Delta p}{\Delta A}$$

p_m 称为 ΔA 上的平均应力。平均应力 p_m 不能精确地表示 E 点处的内力分布集度。当 ΔA 无限趋近于零时，平均应力 p_m 的极限值 p 才能表示 E 点处的内力集度，即

$$p=\lim_{\Delta A\to 0}\frac{\Delta p}{\Delta A}=\frac{\mathrm{d}p}{\mathrm{d}A}$$

上式中 p 称为 E 点处的应力。

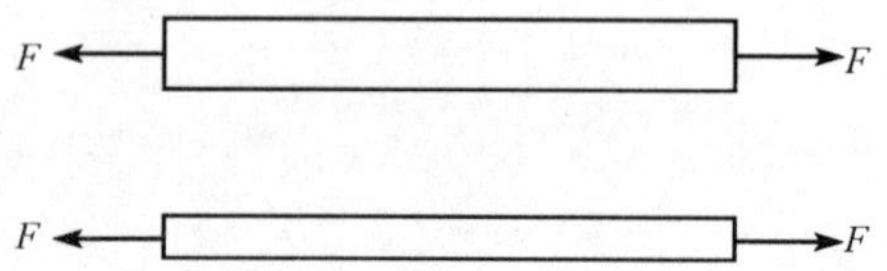

图 5-4

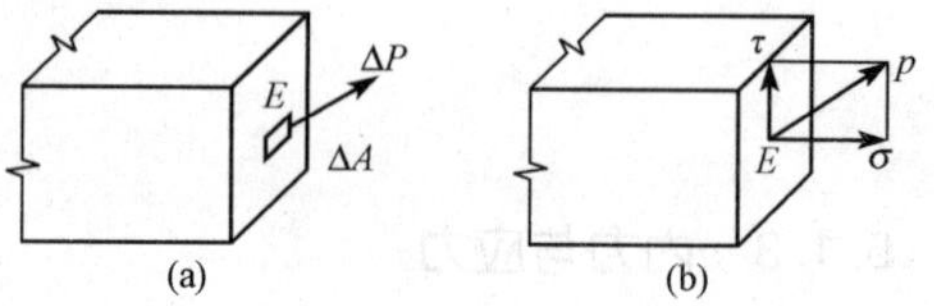

图 5-5

一般情况下，应力 p 的方向与截面既不垂直也不相切。通常将应力 p 分解为与截面垂直的法向分量 σ 和与截面相切的切向分量 τ[图 5-5(b)]。将垂直于截面的应力分量 σ 称为正应力或法向应力；将相切于截面的应力分量 τ 称为切应力或切向应力(剪应力)。

应力的单位为 Pa，常用单位是 MPa 或 GPa。

1 Pa＝1 $\mathrm{N/m^2}$

1 kPa＝10^3 Pa

1 MPa＝10^6 Pa＝1 $\mathrm{N/mm^2}$

1 GPa＝10^9 Pa

工程图纸上，常用“mm”作为长度单位，则

1 $\mathrm{N/mm^2}$＝10^6 $\mathrm{N/m^2}$＝10^6 Pa＝1 MPa

5.1.4 位移与应变

杆件受外力作用后，其几何形状和尺寸一般都要发生改变，这种改变量称为变形。变形的大小是用位移和应变这两个量来度量。

位移是指位置改变量的大小，分为线位移和角位移。应变是指变形程度的大小，分为线应变和切应变。

如图 5-6(a)所示微小正六面体，棱边边长的改变量 $\Delta\mu$ 称为线变形[图 5-6(b)]，$\Delta\mu$ 与 Δx 的比值 ε 称为线应变。线应变是无量纲。

$$\varepsilon=\frac{\Delta\mu}{\Delta x} \tag{5-1}$$

上述微小正六面体的各边缩小为无穷小时，通常称为单元体。单元体中相互垂直棱边夹角的改变量 γ[图 5-6(c)]，称为切应变或角应变(剪应变)。角应变用弧度来度量，它也是

无量纲的。

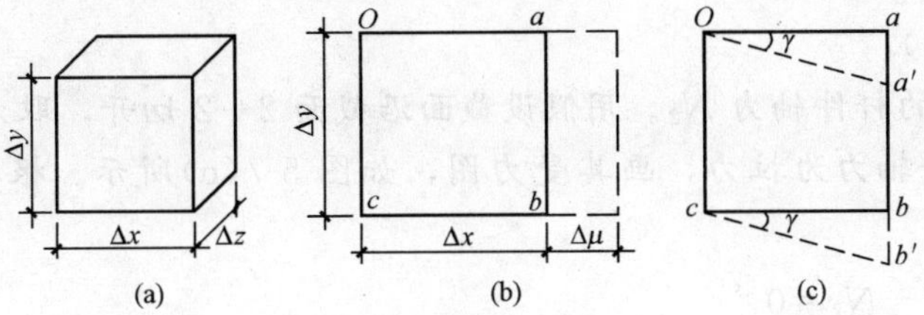

图 5-6

任务 5-2　轴向受力构件的内力与内力图

5.2.1　轴力的概念

轴向拉伸和压缩变形是结构的基本变形之一。轴向拉伸时构件所受外力为拉力；轴向压缩时构件所受外力的压力。

轴向拉伸、压缩时的内力沿杆的轴线方向，称为轴力，用 N 表示。轴力的正负规定：使分离体拉伸的轴力为正，使分离体受压缩的轴力为负，即“拉正、压负”。

5.2.2　截面法求轴力

轴向拉压杆件的轴力采用截面法计算。如图 5-3(a)所示，设一直杆受力 F 作用，求横截面上的内力。

(1)假想将杆沿任一截面 $m-m$ 截开，杆被分为左右两部分，取左边为分离体，如图 5-3(b)所示。

(2)设右边部分对左边部分的作用力即截面 $m-m$ 的内力用 N 来表示，并假设使分离体受拉，即为正。

(3)列平衡方程：

$$\sum F_{ix}=0\text{，即 } N-F=0\text{，所以 } N=F$$

同理，若取右边为分离体，列平衡方程，同样可得 $N=F$。

当杆件受到多个轴向外力作用时，在杆件不同部分的横截面上有不同的轴力。对等直拉杆或压杆作强度计算时，都要以杆的最大轴力作为依据，为此需要知道杆的各个横截面上的轴力变化情况，以确定出最大轴力所在位置。

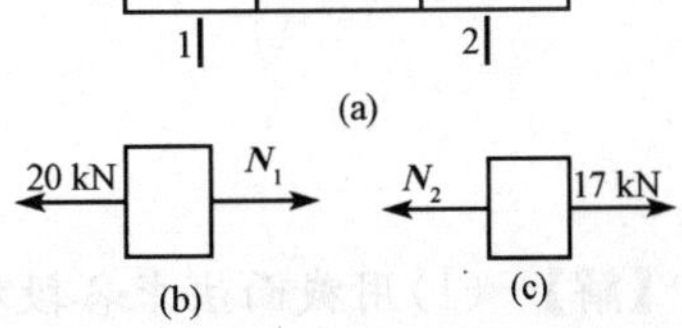

图 5-7

【例 5-1】　如图 5-7 所示，直杆在各力作用下处于平衡状态。求指定截面 1－1、2－2 处杆件的内力。

【解】　(1)截面 1－1 处的杆件轴力 N_1。

用假设截面沿截面 1－1 截开，取左部分为研究对象，设截面 1－1 处的杆件轴力为拉力，画出受力图，如图 5-7(b)所示。根据平衡条件列平衡方程：

$\sum F_x=0 \qquad N_1-20=0$

$N_1=20$ kN(拉力)

(2)截面2—2处的杆件轴力N_2。用假设截面沿截面2—2切开，取右部分为研究对象，设截面2—2处的杆件轴力为拉力，画其受力图，如图5-7(c)所示。根据平衡条件列平衡方程：

$\sum F_x=0 \qquad 17-N_2=0$

$N_2=17$ kN(拉力)

计算结果为正值，说明假设方向与实际方向相同。

5.2.3 轴力图

当杆件受到多于两个轴向外力的作用时，在杆件的不同横截面上轴力不尽相同。我们将描述沿杆长各个横截面上轴力变化规律的图形称为轴力图。以平行于杆轴线的横坐标轴x表示各横截面位置，以垂直于杆轴线的纵坐标N表示各横截面上轴力的大小，将各截面上的轴力按一定比例画在坐标系中并连线，就得到轴力图。

轴力图可以形象地表示轴力沿杆长的变化情况，明显地找到最大轴力所在的位置和数值。画轴力图时，将正的轴力画在轴线上方，负的轴力画在轴线下方。

【例5-2】 一直杆受轴向外力作用如图5-8(a)所示，试用截面法求各段杆的轴力，并画出轴力图。

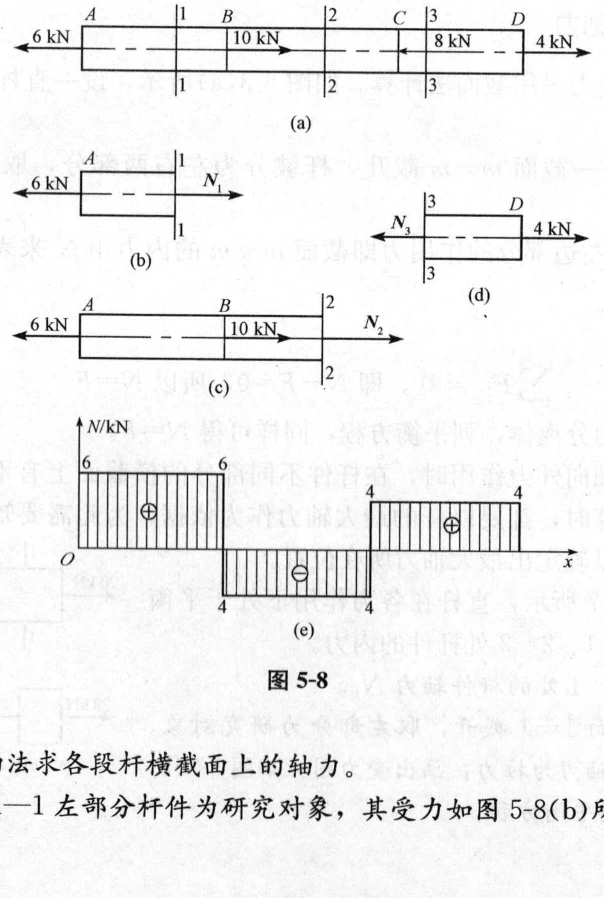

图5-8

【解】 (1)用截面法求各段杆横截面上的轴力。

AB段：取截面1—1左部分杆件为研究对象，其受力如图5-8(b)所示，由平衡条件

$$\sum F_x=0 \qquad N_1-6=0$$

得

$$N_1=6\ \text{kN}(拉)$$

BC 段：取截面 2—2 左部分杆件为研究对象，其受力如图 5-8(c)所示，由平衡条件

$$\sum F_x=0 \qquad N_2+10-6=0$$

得

$$N_2=-4\ \text{kN}(压)$$

CD 段：取截面 3—3 右部分杆为研究对象，其受力如图 5-8(d)所示，由平衡条件

$$\sum F_x=0 \qquad 4-N_3=0$$

得

$$N_3=4\ \text{kN}(拉)$$

(2)画轴力图。根据上面求出的各段杆轴力的大小及其正负号画出轴力图，如图 5-8(e)所示。

画轴力图时应注意以下几点：

(1)轴力图要与计算简图对齐。

(2)图中的竖标(纵坐标)表示相应位置截面轴力的大小，一定要与表示轴力的坐标轴平行，或与表示横截面位置的坐标轴垂直。

(3)标明正负号和数值。在画轴力图时，也可用一条基线表示横截面位置。将正的轴力画在基线一面，负的轴力画在基线的另一面。

任务 5-3　轴向受力构件的应力及强度计算

5.3.1　轴向拉伸或压缩杆件横截面正应力

5.3.1.1　轴向拉伸或压缩变形的概念

轴向拉伸与压缩是杆件受力的一种最简单、最基本的变形形式。在工程结构中，承受轴向拉伸或压缩的杆件很多。如图 5-9(a)所示的桁架中，除图示两根零杆外，其余杆件均为拉(压)杆。如图 5-9(b)所示的支架中，*AB* 杆为拉杆，*BC* 杆为压杆。

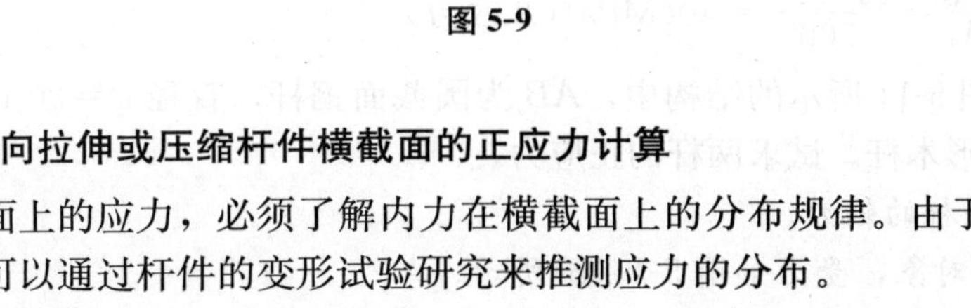

图 5-9

5.3.1.2　轴向拉伸或压缩杆件横截面的正应力计算

要确定横截面上的应力，必须了解内力在横截面上的分布规律。由于应力的分布与变形有关，因此，可以通过杆件的变形试验研究来推测应力的分布。

根据观察到的轴向拉压时的变形现象，可作出平面假设：变形前为平面的横截面，变形后仍为平面，只是沿轴线发生了平移。根据平面假设，任意两横截面间的各纵向线的伸长或缩短都相同，即杆件横截面上各点处的变形都相同。由于前面有材料的均匀连续性假设，而应力的分布与变形有关，因此，通过推理可知，横截面上的内力是均匀分布的。由于轴向拉压杆的内力是轴力，轴力是垂直于横截面的，故相应的内力分布即应力必然垂直于横截面。垂直于横截面的应力称为正应力，用符号 σ 表示。

结论：轴向拉压时，杆件横截面上只产生正应力，且各点处的正应力相等。其计算公式如下：

$$\sigma=\frac{F_N}{A} \tag{5-2}$$

式中，F_N 为轴力，A 为杆件的横截面面积。

由式(4-1)可知，σ 的正负号与轴力 F_N 相同，即拉应力为正，压应力为负。

【例 5-3】 如图 5-10 所示的杆件，已知 $A_1=500\ \text{mm}^2$，$A_2=300\ \text{mm}^2$，受轴向力作用。试求杆中各段轴力和应力。

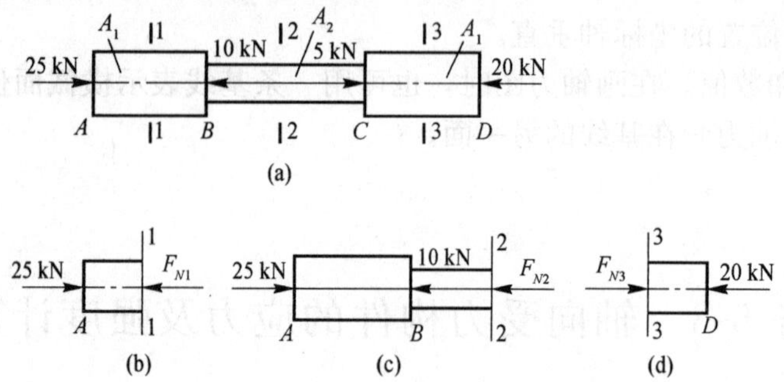

图 5-10

【解】 (1)用截面法计算各段轴力。

AB 段(截面 1—1)：$\sum F_x=0$　$25-F_{N1}=0$，得 $F_{N1}=25\ \text{kN}$(压力)

BC 段(截面 2—2)：$\sum F_x=0$　$25-10-F_{N2}=0$，得 $F_{N2}=15\ \text{kN}$(压力)

CD 段(截面 3—3)：$\sum F_x=0$　$F_{N3}-20=0$，得 $F_{N3}=20\ \text{kN}$(压力)

(2)计算各段应力。

AB 段：$\sigma_1=\frac{F_{N1}}{A_1}=\frac{25\times10^3}{500}=50(\text{MPa})$(压应力)

BC 段：$\sigma_2=\frac{F_{N2}}{A_2}=\frac{15\times10^3}{300}=50(\text{MPa})$(压应力)

CD 段：$\sigma_3=\frac{F_{N3}}{A_3}=\frac{20\times10^3}{500}=40(\text{MPa})$(压应力)

【例 5-4】 如图 5-11 所示的结构中，AB 为圆截面钢杆，直径 $d=20\ \text{mm}$，AC 为边长为 100 mm 的正方形木杆。试求两杆的正应力。

【解】 (1)求两杆的轴力。

取铰 A 为研究对象，受力如图 5-11(b)所示。

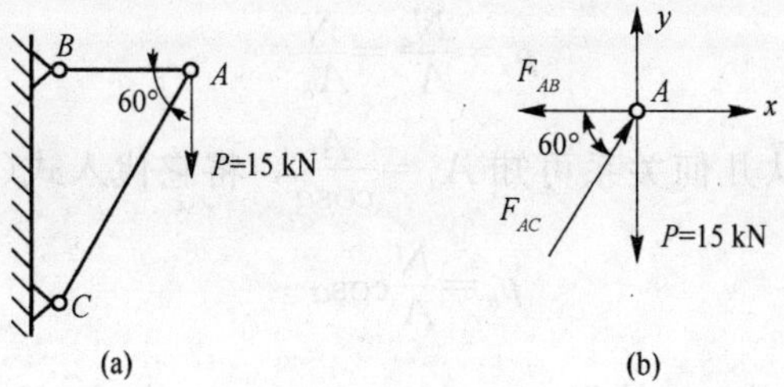

图 5-11

列平衡方程(平面汇交力系)

$\sum F_y=0 \quad F_{AC}\times\sin60°-p=0 \quad F_{AC}\times0.866-15=0 \quad F_{AC}=17.32\ \text{kN}$

$\sum F_x=0 \quad F_{AC}\times\cos60°-F_{AB}=17.32\times0.5-F_{AB}=0 \quad F_{AB}=8.66\ \text{kN}$

(2)求各杆的正应力。

$$\sigma_{AB}=\frac{F_{AB}}{A_{AB}}=\frac{8.66\times10^3}{\frac{\pi}{4}\times20^2}=27.58(\text{MPa})(\text{拉应力})$$

$$\sigma_{AC}=\frac{F_{AC}}{A_{AC}}=\frac{17.32\times10^3}{100\times100}=1.732(\text{MPa})(\text{压应力})$$

5.3.2 轴向拉伸或压缩杆件斜截面上的应力

设有一等直杆，在两端分别受到一个大小相等的轴向外力 p 的作用[图 5-12(a)]，现分析任意斜截面 m—n 上的应力，截面 m—n 的方位用它的外法线 On 与 x 轴的夹角 α 表示，并规定 α 从 x 轴算起，逆时针转向为正。

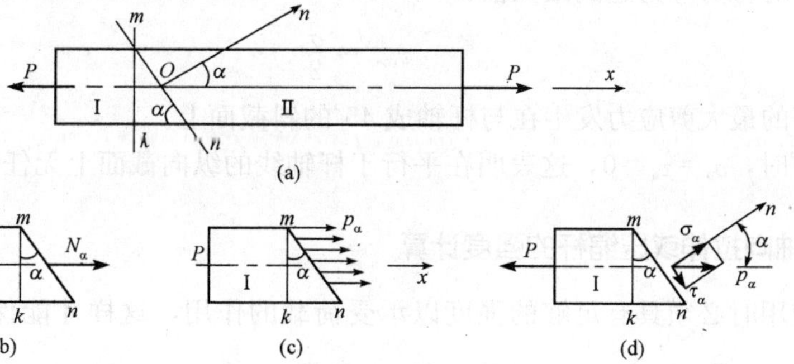

图 5-12

将杆件在截面 m—n 处截开，取左段为研究对象[图 5-12(b)]，由静力平衡方程 $\sum F_x=0$，可求得 α 截面上的内力：

$$N_\alpha=p=N \tag{5-3}$$

式中，N 为横截面 m—k 上的轴力。

若以 p_α 表示 α 截面上任意一点的总应力，按照上面所述横截面上正应力变化规律的分析过程，同样可得到斜截面上各点处的总应力相等的结论[图 5-12(c)]，于是可得：

$$p_{\alpha}=\frac{N_{\alpha}}{A_{\alpha}}=\frac{N}{A_{\alpha}} \tag{5-4}$$

式中，A_{α} 为斜截面面积，从几何关系可知 $A_{d}=\frac{A}{\cos\alpha}$，将它代入式(5-4)可得：

$$p_{\alpha}=\frac{N}{A}\cos\alpha \tag{5-5}$$

式中，$\frac{N}{A}$为横截面上的正应力σ，故得

$$p_{\alpha}=\sigma\cos\alpha \tag{5-6}$$

p_{α} 是斜截面任一点处的总应力，为研究方便，通常将 p_{α} 分解为垂直于斜截面的正应力 σ_{α} 和相切于斜截面的剪应力 τ_{α}[图 5-12(d)]，则：

$$\sigma_{\alpha}=p_{\alpha}\cdot\cos\alpha=\sigma\cos^{2}\alpha \tag{5-7}$$

$$\tau_{\alpha}=p_{\alpha}\sin\alpha=\sigma\cos\alpha\sin\alpha=\frac{1}{2}\sigma\sin2\alpha \tag{5-8}$$

式(5-7)、式(5-8)表示出轴向受拉杆斜截面上任意一点的 σ_{α} 和 τ_{α} 的数值随斜截面位置 α 角变化而变化的规律。同样它们也适用于轴向受压杆。

σ_{α} 和 τ_{α} 的正负号规定如下：正应力 σ_{α} 以拉应力为正，压应力为负；剪应力 τ_{α} 以它使研究对象绕其中任意一点顺时针转动趋势时为正，反之为负。

由式(5-7)、式(5-8)可知，轴向拉压杆在斜截面上有正应力和剪应力，它们的大小随截面的方位 α 角的变化而变化。

当 $\alpha=0°$时，正应力达到最大值：

$$\sigma_{\max}=\sigma$$

由此可见，拉压杆的最大正应力发生在横截面上。

当 $\alpha=45°$时，剪应力达到最大值：

$$\tau_{\max}=\frac{\sigma}{2}$$

即拉压杆的最大剪应力发生在与杆轴成 45°的斜截面上。

当 $\alpha=90°$时，$\sigma_{\alpha}=\tau_{\alpha}=0$，这表明在平行于杆轴线的纵向截面上无任何应力。

5.3.3 轴向拉伸或压缩杆的强度计算

杆件在使用时必须具有足够的强度以承受荷载的作用，这样才能保证杆件安全、可靠地工作。

5.3.3.1 许用应力

由于各种原因使结构丧失其正常工作能力的现象，称为失效。工程材料失效有以下两种形式：

(1)塑性屈服。塑性屈服是指材料失效时产生明显的塑性变形，并伴有屈服现象，如低碳钢、铝合金等塑性材料。

(2)脆性断裂。脆性断裂是指材料失效时几乎不产生塑性变形而突然断裂的现象，如铸铁、混凝土等脆性材料。

材料丧失工作能力时的应力值，称为材料的极限应力，用 σ_0 表示。极限应力一般由试

验确定。对于塑性材料，进入塑性屈服时的极限应力取屈服极限 σ_s，则 $\sigma_0=\sigma_s$；对于脆性材料，其断裂时的极限应力取强度极限 σ_b，则 $\sigma_0=\sigma_b$。

理论上，只要杆件最大工作应力不大于极限应力 $\sigma_{max}\leqslant\sigma_0$，杆件就能安全工作。

实际上，轴向拉压杆件在工作时，其横截面上的正应力绝不允许达到材料的极限应力。不仅如此，工程上还必须考虑使材料具有一定的安全储备，因此，将材料的极限应力 σ_0 除以大于 1 的安全系数 K 作为材料的许用应力，用符号[σ]表示。即

$$[\sigma]=\frac{\sigma_0}{K} \tag{5-9}$$

5.3.3.2 强度计算

1. 强度条件

为了保证杆件能够正常工作，并且具有足够的强度，就必须要求杆件实际工作时的最大应力 σ_{max} 不能超过材料的许用应力[σ]，即拉压杆件的强度条件为

$$\sigma_{max}=\frac{F_N}{A}\leqslant[\sigma] \tag{5-10a}$$

式中 σ_{max}——荷载作用下杆件横截面上产生的最大应力；

F_N——杆件危险截面上的轴力；

A——杆件危险截面的横截面面积；

[σ]——材料的许用应力。

对于等直杆来说，轴力最大的截面是危险截面；对轴力不变而截面变化的杆件来说，截面面积最小的截面是危险截面。

若材料的许用拉应力[σ_l]和许用压应力[σ_y]大小不同，则杆件必须同时满足下列两个强度条件：

$$\sigma_{l\max}=\frac{F_{N_{l\max}}}{A}\leqslant[\sigma_l] \tag{5-10b}$$

$$\sigma_{y\max}=\frac{F_{N_{y\max}}}{A}\leqslant[\sigma_y] \tag{5-10c}$$

式(5-10a)、式(5-10b)、式(5-10c)称为拉压杆的强度条件。

2. 强度计算

强度计算一般可分为下列三种：

(1)强度校核。在已知荷载、杆件几何尺寸和材料许用应力的情况下，验算杆件是否满足强度条件，即式(5-10a)是否成立。如果强度条件不等式成立，则满足强度要求；反之，则强度不足。

(2)截面设计。在已知荷载和材料许用应力的情况下，在满足强度条件的前提下，将式(5-10a)变化为

$$A\geqslant\frac{F_N}{[\sigma]}$$

根据上式确定杆件的最小横截面面积，再根据截面形状，设计出具体的截面几何尺寸。

(3)确定允许荷载。在已知杆件的横截面面积和材料许用应力的情况下，在满足强度条件的前提下，将式(5-10a)变化为

$$F_N \leqslant A[\sigma]$$

根据上式确定构件的最大允许荷载，在已知每个构件的允许荷载的情况下，根据整个结构的受力情况，即可确定出整个结构的允许荷载。常用材料的许用应力值见表 5-1。

表 5-1　几种常用材料的许用应力值

材料名称	应力种类		
	$[\sigma_l]$	$[\sigma_y]$	$[\tau]$
低碳钢	152～167	152～167	93～98
合金钢	211～238	211～238	127～142
铸铁	28～78	118～147	—
混凝土	0.098～0.69	0.98～8.8	—
木材	6.9～9.8	8.8～12	0.98～1.27
注：$[\sigma_l]$为许用拉应力，$[\sigma_y]$为许用压应力，$[\tau]$为许用剪应力。			

【例 5-5】 如图 5-13(a)所示的杆件，已知截面面积 $A=400\ \text{mm}^2$，材料的许用应力 $[\sigma]=150$ MPa，试校核杆件的强度。

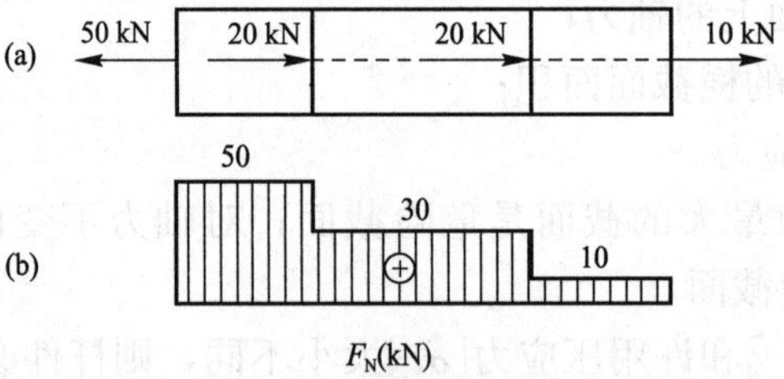

图 5-13

【解】 画出杆件的轴力图，如图 5-13(b)所示。因其是等直杆，轴力最大的截面就是危险截面，则其最大正应力为

$$\sigma_{\max}=\frac{F_{N\max}}{A}=\frac{50}{A}=\frac{5\times10\times10^3}{400}$$
$$=125(\text{MPa})\leqslant[\sigma]=150\ \text{MPa}$$

则杆件满足强度要求。

任务 5-4　轴向拉压杆件的变形及胡克定律

5.4.1　轴向拉压杆件的变形

杆件在轴向拉伸或压缩时，产生的主要变形是沿轴线方向伸长或缩短，同时，杆的横向尺寸缩小或增大。下面结合轴向受拉杆件的变形情况，介绍一些有关的基本概念。

1. 纵向变形

如图 5-14 所示，设有一原长为 l 的杆件，受到一对轴向拉力 p 的作用后，其长度为 l_1，

则杆的纵向变形为

$$\Delta l = l_1 - l$$

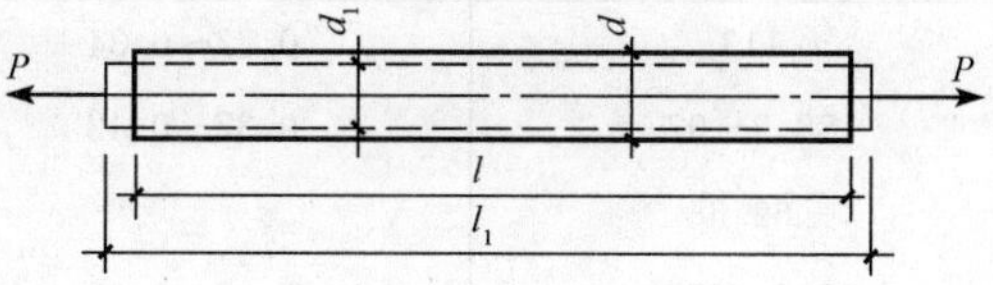

图 5-14

它只反映杆件的总变形量，而无法说明变形程度。由于杆的各段是均匀伸长的，所以，可用单位长度的变形量来反映杆件的变形程度。单位长度的纵向变形量称为纵向线应变，用 ε 表示，即

$$\varepsilon = \frac{\Delta l}{l}$$

2. 横向变形

设拉杆原横向尺寸为 d，受力后缩小到 d_1(图 5-14)，则其横向变形为

$$\Delta d = d_1 - d$$

与之相应的横向线应变 ε' 为

$$\varepsilon' = \frac{\Delta d}{d} \tag{5-11}$$

以上的一些概念同样适用于压杆。

显然，ε 和 ε' 都是无单位的量，其正负号分别与 Δl 和 Δd 的正负号一致。在拉伸时，ε 为正，ε' 为负；在压缩时，ε 为负，ε' 为正。

3. 横向变形系数或泊松比 μ

实验结果表明，当杆件应力不超过比例极限时，横向线应变 ε' 与纵向线应变 ε 的绝对值之比为常数，此比值称为横向变形系数或泊松比，用 μ 表示，即

$$\mu = \left| \frac{\varepsilon'}{\varepsilon} \right|$$

μ 为无单位的量，其数值随材料而异，可通过试验测定。考虑到应变 ε' 和 ε 的正负号总是相反，故有：

$$\varepsilon' = -\mu\varepsilon \tag{5-12}$$

弹性模量 E 和泊松比 μ 都是反映材料弹性性能的物理量。表 5-2 列出了几种材料的 E 和 μ 值。

表 5-2　几种材料的 E 和 μ 值

材料名称	$E/(\text{MPa}\times10^3)$	μ	$G/(\text{MPa}\times10^3)$
碳　钢	196～206	0.24～0.28	78.5～79.4
合金钢	194～206	0.25～0.30	78.5～79.4
灰口铸铁	113～157	0.23～0.27	44.1
白口铸铁	113～157	0.23～0.27	44.1
纯　铜	108～127	0.31～0.34	39.2～48.0

续表

材料名称	$E/(\mathrm{MPa}\times10^3)$	μ	$G/(\mathrm{MPa}\times10^3)$
青　铜	113	0.32～0.34	41.2
冷拔黄铜	88.2～97	0.32～0.42	34.4～36.3
硬铝合金	69.6		26.5
轧制铝	65.7～67.6	0.26～0.36	25.5～26.5
混凝土	15.2～35.8	0.16～0.18	
橡　胶	0.00 785	0.461	
木材(顺纹)	9.8～11.8	0.539	
木材(横纹)	0.49～0.98		

5.4.2 胡克定律

试验结果表明，当杆件应力不超过比例极限时，横向线应变ε'与纵向线应变ε 的绝对值之比为一常数，此比值称为横向变形系数或泊松比，用μ表示，即

$$\mu=\left|\frac{\varepsilon'}{\varepsilon}\right| \tag{5-13}$$

μ的量纲为1，其数值随材料而异，可通过试验测定。考虑到应变ε'和ε 的正负号总是相反，故有：

$$\varepsilon'=-\mu\varepsilon \tag{5-14}$$

对于工程上常用的材料，如低碳钢、合金钢等制成的轴向拉(压)杆，由试验证明，当其受力不超过一定范围时，都处于弹性变形阶段。在此范围内，轴向拉(压)杆的伸长或缩短Δl与轴力N和杆长l成正比，与横截面面积A成反比，即

$$\Delta l=\propto\frac{Nl}{A}$$

引入比例常数E，则有：

$$\Delta l=\frac{Nl}{EA} \tag{5-15}$$

这一比例关系，称为胡克定律。式中，比例常数E称为弹性模量，它反映了材料抵抗拉(压)变形的能力。EA称为杆件的抗拉(压)刚度，对于长度相同、受力相同的杆件，EA值越大，则杆的变形Δl越小；EA值越小，则杆的变形Δl越大。因此，抗拉(压)刚度EA，反映了杆件抵抗拉(压)变形的能力。

若将式(5-15)改写为

$$\frac{\Delta l}{l}=\frac{1}{E}\cdot\frac{N}{A} \tag{5-16}$$

并将正应力$\sigma=\dfrac{N}{A}$及线应变$\varepsilon=\dfrac{\Delta l}{l}$代入，则可得出胡克定律的另一表达式

$$\varepsilon=\frac{\sigma}{E} \tag{5-17}$$

式(5-15)和式(5-17)是胡克定律的两种表达形式，表明了材料在弹性范围内，力与变形

或应力与应变之间的物理关系(当杆件应力不超过某一极限时，应力与应变成正比)。

【例 5-6】 梯形杆如图 5-15 所示，已知 AB 段面积为 $A_1=10\ cm^2$，BC 段面积为 $A_2=20\ cm^2$，材料的弹性模量 $E=2\times10^5$ MPa，试求杆的总变形量。

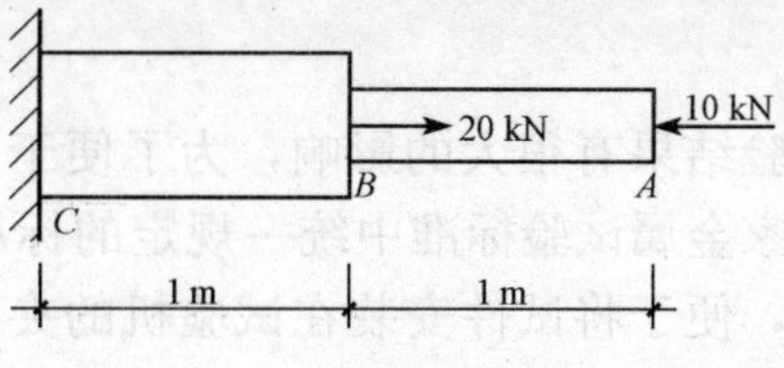

图 5-15

【解】 AB、BC 段内力分别为

$$N_{AB}=-10\ \text{kN}$$

$$N_{BC}=10\ \text{kN}$$

根据式(5-15)，分别计算各段的变形为

$$\Delta l_{AB}=\frac{N_{AB}\cdot l_{AB}}{EA_1}=\frac{-10\times10^3\times1}{2\times10^5\times10^6\times10\times10^{-4}}=-0.05(\text{mm})$$

$$\Delta l_{BC}=\frac{N_{BC}\cdot l_{BC}}{EA_2}=\frac{10\times10^3\times1}{2\times10^5\times10^6\times20\times10^{-4}}=0.025(\text{mm})$$

总变形量为

$$\Delta l_{AC}=\Delta l_{AB}+\Delta l_{BC}=-0.05+0.025=-0.025(\text{mm})(\text{缩短})$$

【例 5-7】 一等截面杆在轴向拉力 P 作用下，测得杆件某处的横向线应变 $\varepsilon'=0.000\ 03$ (图 5-16)，已知杆件的横截面面积 $A=300\ mm^2$，材料的弹性模量 $E=2\times10^5$ MPa，泊松比 $\mu=0.28$，试计算轴向拉力 P 的大小。

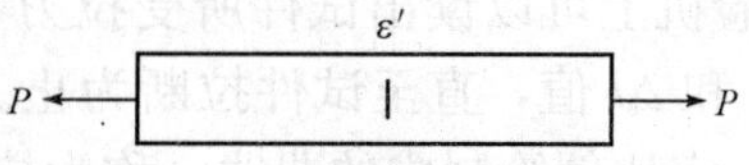

图 5-16

【解】 (1)计算轴向线应变。

$$\varepsilon=-\frac{\varepsilon'}{\mu}=-\frac{0.000\ 03}{0.28}=-0.000\ 107\ 1$$

(2)计算杆件横截面上的正应力。由胡克定律可得：

$$\sigma=E\varepsilon=2\times10^5\times(-0.000\ 107\ 1)=-21.42(\text{MPa})$$

(3)计算轴向拉力 p 的大小。

$$p=A\cdot\sigma=300\times(-21.42)=-6\ 426(\text{N})$$

任务 5-5　材料在拉伸和压缩时的力学性能

构件的强度、刚度与稳定性与购进的形状、尺寸及所受外力有关，也与材料的力学性能有关，材料的力学性能由试验测定。

5.5.1 拉伸时材料的力学性能

5.5.1.1 低碳钢(塑性材料)的拉伸试验

1. 试件要求

试件的尺寸和形状对试验结果有很大的影响，为了便于比较不同材料的试验结果，在做试验时，应将材料做成国家金属试验标准中统一规定的标准试件，如图 5-17 所示。试件的中间部分较细，两端加粗，便于将试件安装在试验机的夹具中。在中间等值部分上标出一段作为工作段，用来测量变形，其长度称为标距 l。为了便于比较不同粗细试件工作段的变形程度，通常对圆截面标准试件的标距 l 与横截面直径的比例加以规定：$l=10d$ 或 $l=5d$；矩形截面试件标距和截面面积 A 之间的关系规定为 $l=11.3\sqrt{A}$ 和 $l=5.65\sqrt{A}$，前者为长试件，后者为短试件。

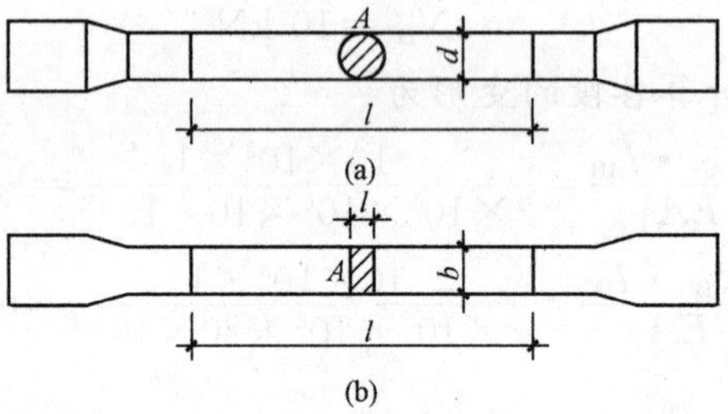

图 5-17

2. 应力—应变图

将低碳钢的标准试件夹在拉力试验机上，开动试验机后，试件受到由零缓慢增加的拉力 F_p，同时发生变形。在试验机上可以读出试件所受拉力 F_p 的大小，以及相应的纵向伸长 Δl，并间隔性地记录下 F_p 和 Δl 值，直至试件拉断为止。以拉力 F_p 为纵坐标，Δl 为横坐标，将 F_p 和 Δl 的关系按一定比例绘制成的曲线，称为拉伸图，如图 5-18 所示。

由于荷载 F_p 与 Δl 的对应关系与试件尺寸有关，为了消除这一影响，反映材料本身的力学性质，将纵坐标 F_p 改为正应力 $\sigma=\dfrac{N}{A}$，横坐标 Δl 改为线应变 $\varepsilon=\dfrac{\Delta l}{l}$。于是，拉伸图就变成如图 5-19 所示的应力—应变图。

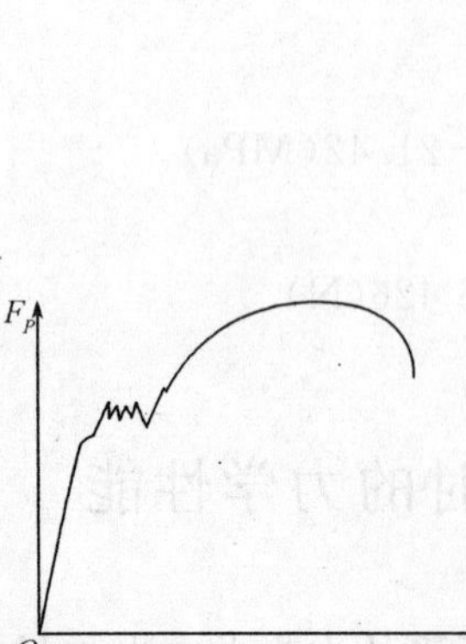

图 5-18

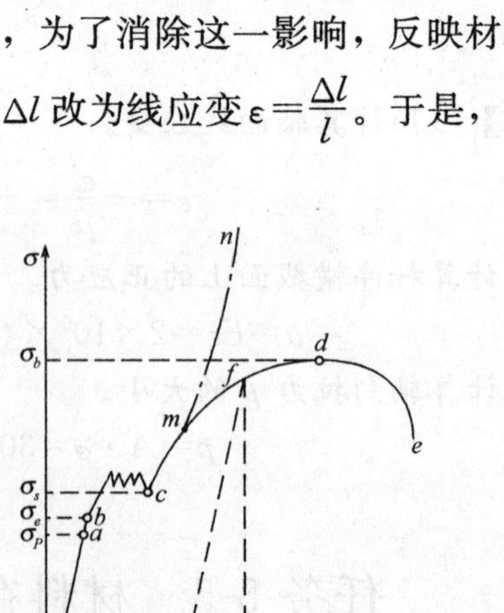

图 5-19

3. 拉伸过程的四个阶段

低碳钢的拉伸过程可分为四个阶段，现根据应力—应变图来说明各阶段中出现的力学性能。

(1)弹性阶段(图 5-19 中 Ob 段)。在此阶段内如果把荷载逐渐卸除至零，则试件的变形完全消失，可见这一阶段，变形是完全弹性的，因此称为弹性阶段。这一阶段的最高点 b 对应的应力称为弹性极限，用 σ_e 表示。

图中的 Oa 为直线，表明 σ 和 ε 成正比，a 点对应的应力值称为比例极限，用 σ_p 表示。常用的 Q235 钢，其比例极限 $\sigma_p=200$ MPa。

当应力不超过比例极限 σ_p 时，σ 和 ε 成正比，直线 Oa 的斜率即为材料的弹性模量 E。即

$$\tan\alpha=\frac{\sigma}{\varepsilon}=E \tag{5-18}$$

从图 5-19 中可以看出，ab 段微弯，不再是直线，说明 ab 段内，σ 和 ε 不再成正比，但变形仍然是完全弹性的。由于 a、b 两点非常接近，在实际应用中对 σ_p 和 σ_e 未加严格区别，认为在弹性内应力与应变成正比。

(2)屈服阶段(图 5-19 中 bc 段)。当应力超过 b 点对应值以后，应变迅速增加，而应力在很小的范围内波动，其图形上出现了接近水平的锯齿形阶段 bc，这一阶段称为屈服阶段。屈服阶段的最低点 c 所对应的应力称为屈服极限，用 σ_s 表示。在此阶段材料失去了抵抗变形的能力，产生显著的塑性变形。应力和应变不再呈线性关系，胡克定律不再适用。如果试件表面光滑，这时可看到试件表面出现与试件轴线大约呈 45°的斜线，称为滑移线，如图 5-20 所示。这是由于在 45°斜面上存在最大剪应力，造成材料内部晶粒之间相互滑移所致。

(3)强化阶段(图 5-19 中 cd 段)。经过屈服阶段后，材料又恢复了抵抗变形的能力，此时，增加荷载才会继续变形，这个阶段称为强化阶段。强化阶段最高点 d 对应的应力称为强度极限，用 σ_b 表示。它是材料所能承受的最大应力。

(4)颈缩阶段(图 5-19 中 de 段)。当应力达到强度极限后，试件在某一薄弱处横截面尺寸急剧减小，出现“颈缩”现象，如图 5-21 所示。此时，试件继续变形所需的拉力相应减小，达到 e 点，试件被拉断。

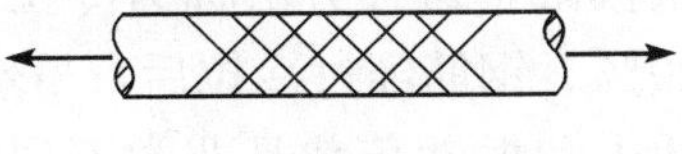

图 5-20

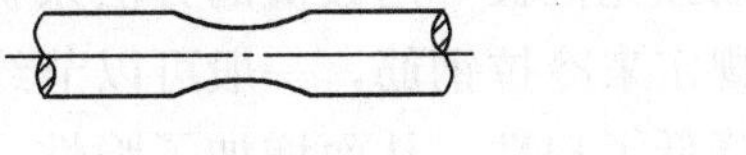

图 5-21

4. 强度指标

对于低碳钢来说，屈服极限 σ_s 和强度极限 σ_b 是衡量材料强度的两个重要指标。

(1)当材料的应力达到屈服极限 σ_s 时，杆件虽未断裂，但产生了显著的变形，影响到构件的正常使用，所以，屈服极限 σ_s 是衡量材料强度的一个重要指标。

(2)当材料的应力达到强度指标 σ_b 时，出现“颈缩”现象并很快断裂，所以，强度极限 σ_b 也是衡量材料强度的一个重要指标。

5. 塑性指标

试件断裂后，弹性变形消失了，塑性变形保留了下来。试件断裂后所遗留下来的塑性

变形的大小，常用来衡量材料的塑性性能。塑性性能指标有延伸率和截面收缩率。

(1)延伸率δ。图5-22所示试件的工作段在拉断后的长度l_1与原长l之差(即在试件拉断后其工作段总的塑性变形)与l的比值，称为材料的延伸率。即

$$\delta=\frac{l_1-l}{l}\times100\% \tag{5-19}$$

延伸率是衡量材料塑性的一个重要指标，一般可按延伸率的大小将材料分为两类，$\delta\geqslant 5\%$的材料称为塑性材料；$\delta<5\%$的材料称为脆性材料。低碳钢的延伸率为20%～30%。

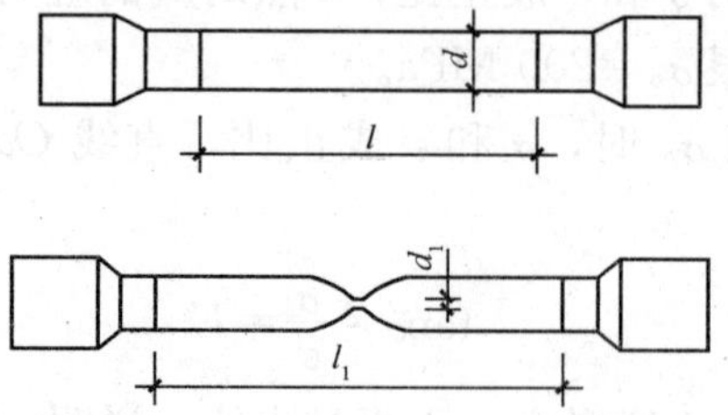

图5-22

(2)截面收缩率ψ。试件断裂处的最小横截面面积用A_1表示，原截面面积为A，则比值

$$\psi=\frac{A-A_1}{A}\times100\% \tag{5-20}$$

低碳钢的截面收缩率约为60%。

6. 冷作硬化

在拉伸试验中，当应力达到强化阶段任一点f时，逐渐卸载至零，则可以看到，应力和应变仍保持直线关系，且卸载直线fO_1基本上与弹性阶段的Oa平行，如图5-19所示，f点对应的总应变为Og，回到O_1点后，弹性应变O_1g消失，余留部分OO_1为塑性应变。

如果卸载后重新加载，则应力与应变曲线将大致沿着卸载时的同一直线O_1f上升到f点，f点以后的曲线与原来的$\sigma-\varepsilon$曲线相同。由此可见卸载后再加载，材料的比例极限与屈服极限都得到了提高，而塑性降低，这种现象称为冷作硬化。

在工程上，常利用钢筋的冷作硬化这一特性来提高钢筋的屈服极限。通过在常温下将钢筋预先拉长一定数值的方法来提高钢筋的屈服极限，这种方法称为冷拉。实践证明，按照规定来冷拉钢筋，一般可以节约钢材10%～20%。钢筋经过冷拉后，虽然强度有所提高，但降低了塑性，从而增加了脆性。这对于承受冲击和振动荷载是非常不利的。所以，在实际工程中，凡是承受冲击和振动荷载作用的结构部位及结构的重要部位，不应使用冷拉钢筋。另外，钢筋在冷拉后并不能提高抗压强度。

5.5.1.2 铸铁(脆性材料)的拉伸试验

铸铁的标准拉伸试件按低碳钢拉伸试验同样的方法进行测验，可得到铸铁拉伸的应力—应变曲线，如图5-23所示。

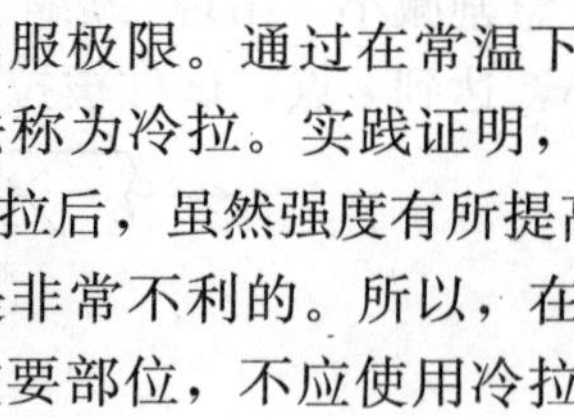

图5-23

图中没有明显的直线部分，没有屈服阶段和“颈缩”现象。拉断时应变很小，为0.4%～0.5%，断裂时的应力就是强度极限，是衡量脆性材料强度的唯一指标。在工程计算中，通常以产生0.1%的总应变所对应的曲线的割线斜率来表示材料的弹

性模量，即 $E=\tan\alpha$。

衡量脆性材料强度的唯一指标是强度极限 σ_b。

5.5.2 压缩时材料的力学性能

5.5.2.1 低碳钢(塑性材料)的压缩试验

1. 试件要求

金属材料(如低碳钢、铸铁等)压缩试验的试件为圆柱形，高为直径的 1.5～3 倍，如图 5-24(a)所示。其高度不能太大，否则受压后容易发生弯曲变形。

2. 应力—应变图

低碳钢压缩时的应力—应变图如图 5-19 中的点画线 mn，实线为拉伸实验的应力—应变图。比较两者可以看出，在屈服阶段以前，低碳钢拉伸与压缩的应力—应变曲线基本重合，两者的比例极限、屈服极限、弹性模量均相同。但在屈服极限以后，图形与拉伸时则大不相同，受压时 $\sigma-\varepsilon$ 曲线不断上升，原因是试件的横截面在压缩过程中不断增大，试件由圆柱形变成鼓形，又渐变成饼形，越压越扁，但并不破坏，无法测出强度极限。因此，低碳钢压缩时的一些力学性能指标可通过拉伸试验测定，一般无须做压缩实验。

一般塑性材料都存在上述情况，但有些塑性材料压缩与拉伸时的屈服点的应力不同。如铬钢、硅合金钢，因此，对这些材料还要测定其压缩时的屈服应力。

5.5.2.2 铸铁(脆性材料)的压缩试验

图 5-25 所示是铸铁压缩时的应力—应变曲线。整个曲线与拉伸时相似，没有明显的屈服阶段。但压缩时塑性变形比较明显。铸铁压缩时的强度极限为拉伸时的 4～5 倍。破坏时不同于拉伸时沿横截面，而是沿与轴线大致为 45°～55°的斜截面破坏，如图 5-25 所示。这说明铸铁的压缩破坏是由于抗剪强度低而造成的。由于脆性材料的抗压能力比抗拉能力强，通常用作受压构件，如基础、墩台、柱、墙体等。

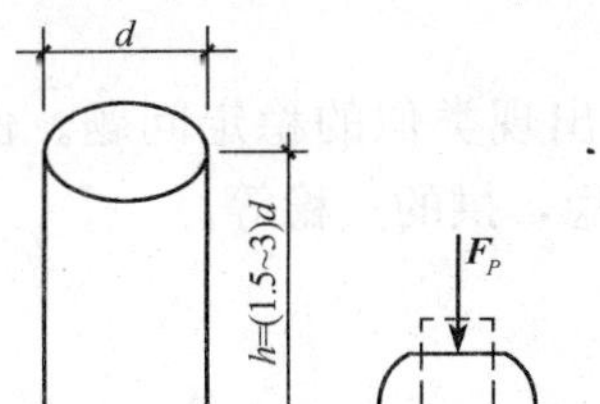

图 5-24

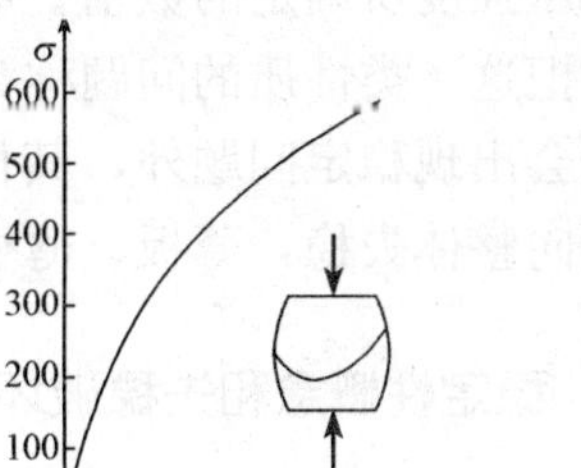

图 5-25

5.5.2.3 其他脆性材料的压缩试验

其他脆性材料如混凝土、石料及非金属材料的抗压强度也远高于抗拉强度，试验时采用立方块试件，如图 5-26 所示。

木材是各向异性材料，其力学性能具有方向性，顺纹方向的强度要比横纹方向高得多，而且其抗拉强度高于抗压强度，如图 5-27 所示为松木的 $\sigma-\varepsilon$ 曲线。

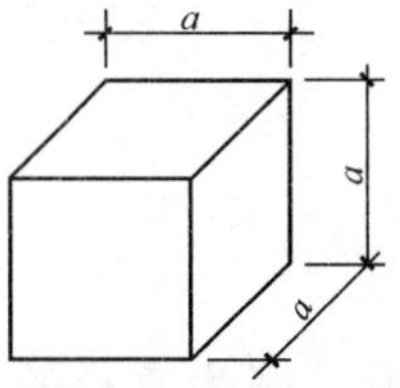

图 5-26

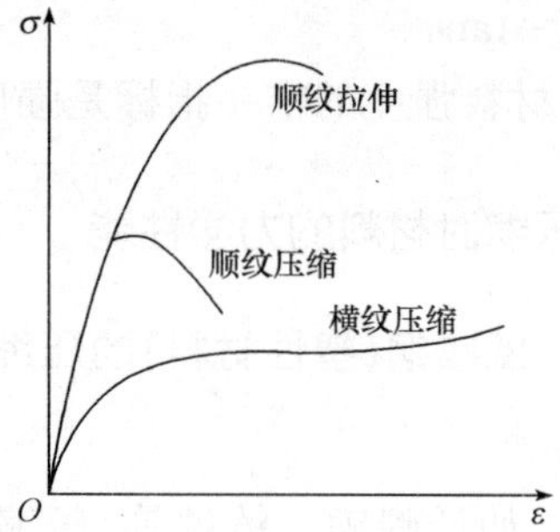

图 5-27

任务 5-6　压杆的稳定性计算

5.6.1　工程中压杆的稳定问题

我们常把承受轴向压力的直杆称为压杆。工程中，细长压杆不仅要满足强度条件的要求，而且要满足稳定性要求，否则可能因为失稳而破坏。例如，1907 年圣劳伦斯河上一座长 548 m 的钢桥，在施工中突然倒塌，就是由于桁架中的压杆失稳造成的。近年来，随着高强材料的普遍应用，杆件的截面面积越来越小，稳定性问题越发显得重要了。压杆的稳定研究已成为工程中日益受到重视的课题，稳定条件与强度条件、刚度条件一样已成为结构设计与检验的必要条件。

所谓失稳就是本来呈直线状态的压杆，当其所受的轴向压力超过某一临界数值后，突然弯曲，退出工作的现象。此时杆件的压缩变形转化为压弯变形，其所能承受的轴向压力远小于按抗压强度所确定的数值。我们把细长压杆所发生的这种情形称为“丧失稳定”，简称“失稳”，把这一类性质的问题称为“稳定问题”。

除压杆会出现稳定问题外，其他一些构件也会出现类似的稳定问题。例如，狭长矩形截面梁的侧向整体失稳，薄板、薄壁圆柱筒壳的失稳，拱的失稳等。

5.6.2　稳定性概念和失稳破坏

图 5-28(a)表示将一小球放在凹面的最低位置 A 处于平衡状态的情形，这时如果轻轻推动一下小球，小球将由于本身重量的作用，在点 A 附近来回滚动，最后停留在原来的位置 A，小球在位置 A 的平衡是稳定的，即称为稳定平衡。图 5-28(b)则表示将小球放在凸面上的 B 点，如果无干扰力，小球在最高点 B 也能平衡，但如果轻微推动一下小球，小球将沿坡面滚下去，到另一位置 C，然后静止平衡，再也不能回到原来的位置 B 上，这种小球在原来的位置 B 的平衡是不稳定的，称为不稳定平衡。

同样，对弹性压杆也有稳定平衡与不稳定平衡的问题。例如，细长的理想中心受压杆件，两端铰支且作用压力 F，并使杆在微小横向干扰力作用下弯曲。图 5-29(a)中，当 F 较小时，撤去横向干扰力以后，杆件便来回摆动最后恢复到原来的直线形状的平衡。所以，

在较小的压力 F 用时，杆件原有的直线形状的平衡是稳定的。如果增大 F 力，直到一定值 F_{cr} 时，压杆只要受到一微小的横向干扰力，即使将干扰力立即去除，也不能回复到原来的直线平衡状态，而变为曲线形状的平衡，如图 5-29(b)所示。如果再增大压力 F，则杆件继续弯曲以致最后折断，这时压杆原来的直线形状的平衡是不稳定的。从稳定平衡过渡到不稳定平衡的外力 F_{cr} 称为临界力。杆件上作用的外力超过临界力，杆件将发生失稳现象。工程上要求压杆在外力作用下始终保持其原有的直线形状的平衡，否则将会导致建筑物的倒塌。

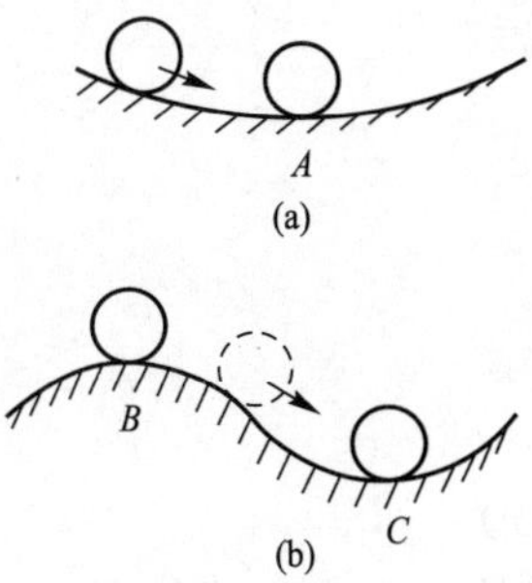

图 5-28

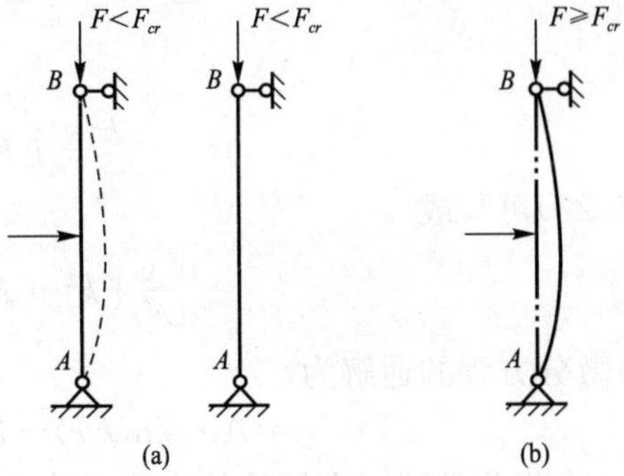

图 5-29

以上所述是限于理想的中心压杆的情况。实际上，压杆上的荷载不可能绝对的作用在杆的轴线上，而有初始偏心存在，同时，杆件的材料不可能绝对均匀，并且制造上的误差也会存在初曲率，所以，实际杆件往往发生压弯现象，而不存在单纯的中心压杆的稳定。也就是说，实际压杆所能承受的最大压力必小于理想中心压杆的临界力 F_{cr}，所以，临界力只能视作实际压杆承载能力的上限。这样，在按临界力 F_{cr} 来计算压杆的许用压应力时，必须具体分析实际压杆与理想中心受压杆的差异，从而选择适当的附加安全系数。

5.6.3 细长压杆临界力的计算

5.6.3.1 压杆的临界力

1. 细长中心压杆的临界力计算公式

由前面的分析可知，只有当压力 F 达到临界力 F_{cr}（即 $F=F_{cr}$）时，压杆才由直线平衡过渡到曲线平衡状态，并且只有在这时才保持微弯的平衡状态。因此，使压杆在微弯状态保持平衡的最小轴向压力，即为压杆的临界力。

如图 5-30 所示，现在设细长压杆的两端为球铰支座，轴线为直线，压力 F 与轴线重合，选取坐标系如图 5-30 所示，距原点为 x 的任意截面的挠度为 y，弯矩 M 的绝对值为 $F \cdot y$。若只取压力 F 的绝对值，则 y 为正时，M 为负；y 为负时，M 为正。即 M 与 y 的符号相反，所以，此截面的弯矩为

$$M(x)=-F_{cr} \cdot y(x) \tag{5-21}$$

对于微小的变形，当杆内的应力不超过材料的比例极限时，压

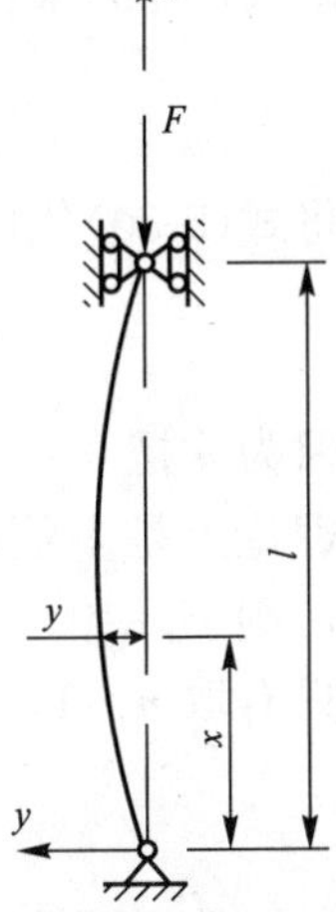

图 5-30

杆的挠曲轴方程满足如下关系：

$$\frac{d^2y}{dx^2}=\frac{M(x)}{EI} \tag{5-22}$$

由于是球铰，允许杆件在任意纵向平面内发生弯曲变形，因而杆件的微小弯曲变形一定发生在抗弯能力最小的纵向平面内。所以，式(5-22)中的 I 应为横截面最小的惯性矩。将式(5-21)代入式(5-22)，有

$$\frac{d^2y}{dx^2}=\frac{-F\cdot y(x)}{EI} \tag{5-23}$$

设

$$k^2=\frac{F}{EI} \tag{5-24}$$

于是式(5-23)可写成

$$\frac{d^2y}{dx^2}+k^2y(x)=0 \tag{5-25}$$

式(5-25)微分方程的通解为

$$y=A\cdot\sin(kx)+B\cdot\cos(kx) \tag{5-26}$$

式中　A，B——积分常数。由杆件的边界来确定这两个常数，确定方式如下：

$$x=0\text{ 时，}y=0$$

$$x=l\text{ 时，}y=0$$

由此求得

$$B=0，A\cdot\sin(kl)=0 \tag{5-27}$$

式(5-27)表明，B 等于零，且 A 或者 $\sin(kl)$ 等于零，由于 B 已经等于零，如果 A 再等于零，则由式(5-26)可知 $y=0$，这表示杆件轴线任意点的挠度皆为零，它仍然是直线。当 A、B 皆为零时，不符合杆件失稳发生了微弯的实际情况。因此，式(5-27)中的 A 不能等于零，只能是

$$\sin(kl)=0 \tag{5-28}$$

由式(5-28)得，kl 是数列 0、π、2π、3π、…、$n\pi$ 中的任一个数。或者写成

$$kl=n\pi\quad(n=0，1，2，\cdots) \tag{5-29}$$

由式(5-29)求得

$$k=\frac{n\pi}{l} \tag{5-30}$$

将式(5-30)代回到式(5-31)，解得

$$F=\frac{n^2\pi^2EI}{l^2} \tag{5-31}$$

因为 n 是 0、1、2、…整数中的任一整数。故上式表明，使杆件保持为曲线平衡的压力，理论上是多值的。在这些压力中，使杆件保持微弯的最小压力，才是临界力 F_{cr}。如 $n=0$，则 $F_{cr}=0$，表示杆件上并无压力，压杆自然保持原来的平衡状态，而不失稳。这样，只有取 $n=1$，才使压力为最小值。于是得临界力 F_{cr} 为

$$F_{cr}=\frac{\pi^2EI}{l^2} \tag{5-32a}$$

这就是两端铰支细长压杆的临界力计算公式，也称为两端铰支压杆的欧拉公式。两端

铰支的细长压杆是实际工程中最常见的情况。例如，桁架结构中的受压杆，一般可以简化成两端铰支压杆。

【例 5-8】 两端铰支中心压杆是钢制空心圆管，其外径和内径分别为 12 mm 和 10 mm，杆的长变为 383 mm，钢材的弹模量 $E=210$ GPa。试计算压杆的临界力。

【解】 压杆的横截面惯性矩为

$$I=\frac{\pi}{64}(D^4-d^4)=\frac{\pi}{64}\times(0.012^4-0.01^4)=0.052\,6\times10^{-8}(\text{m}^4)$$

由欧拉公式算出压杆的临界力为

$$F_{cr}=\frac{\pi^2 EI}{l^2}=\frac{\pi^2\times(210\times10^9)\times(0.052\,6\times10^{-8})}{0.383^2}=7\,400(\text{N})$$

2. 不同杆端约束下的细长压杆的临界力计算公式

在实际工程中，除上述两端铰支的压杆之外，还存在其他支承方式的压杆。例如，一端自由、另一端固定的压杆；一端铰支、另一端固定的压杆；两端均固定的压杆等。在这里主要介绍上述几种支承形式的临界力计算公式。

对于不同杆端支承的细长压杆的临界力可按上述方法确定，也可以利用比较简便的方法求出。杆件以微弯的形状保持平衡(图 5-31)。现把变形曲线延伸一倍，如图中假想线所示。比较图 5-31 和图 5-30，可见一端固定、另一端自由且长变为 l 的压杆的挠曲线，与两端铰支、长度为 $2l$ 的压杆的挠曲线的上半部分相同。所以，对于一端固定、另一端自由且长为 l 的压杆，其临界力等于两端铰支长为 $2l$ 的压杆的临界力，即

$$F_{cr}=\frac{\pi^2 EI}{(2l)^2} \tag{5-32b}$$

同理，可以得到其他约束类型下的细长压杆(图 5-32、图 5-33)临界力的欧拉公式。

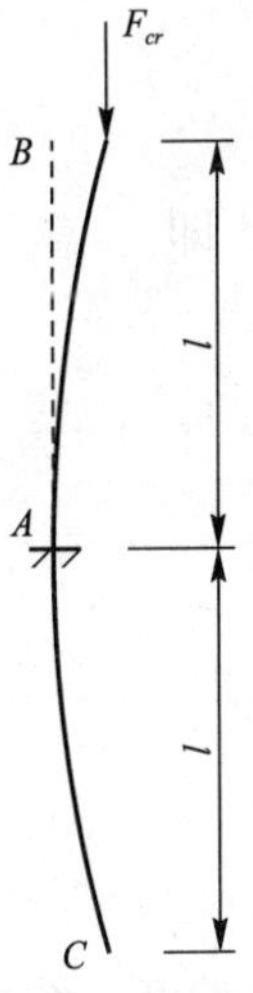

图 5-31

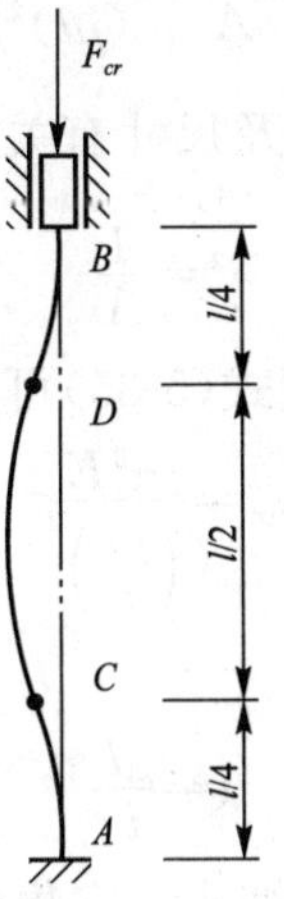

图 5-32

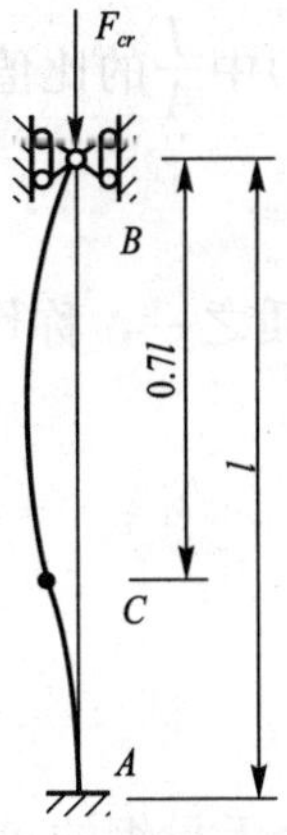

图 5-33

各种不同约束类型的细长压杆的欧拉公式中只是将长度作了一个折算，因此，欧拉公式可以写成

$$F_{cr}=\frac{\pi^2 EI}{(\mu l)^2} \tag{5-33}$$

式(5-33)是欧拉公式的一般形式。式中的 μl 表示把压杆折算成两端铰支杆的长度，称为计算长度，μ 称为长度系数。现将几种常见的细长压杆的长度系数 μ 列表，见表 5-3。

表 5-3　几种常见的细长压杆的长度系数 μ

压杆的约束条件	长度系数
两端铰支	$\mu=1$
一端固定，另一端自由	$\mu=2$
两端固定	$\mu=0.5$
一端固定，另一端铰支	$\mu=0.7$

以上只是几种典型的情形，实际问题中压杆的支座还可能有其他情况。例如，杆端与其他弹性构件固接的压杆，由于弹性构件也将发生变形，所以，压杆的端截面就是介于固定支座和铰支座之间的弹性支座。另外，压杆上的荷载也有多种形式。例如，压力可能沿轴线分布而不是集中于杆端。又如在弹性介质中的压杆，还将受到介质的阻抗力。上述各种情况，也可用不同的长度因数 μ 来反映。这些系数的值可从有关的设计手册或规范中查到，在此不再赘述。

5.6.3.2　压杆的临界应力

1. 压杆的临界应力与柔度

压杆处于临界状态时横截面上的平均应力，称为压杆的临界应力，并用 σ_{cr} 表示。由于临界状态时作用在压杆上的压力为临界力，则临界应力的计算公式为

$$\sigma_{cr}=\frac{F_{cr}}{A}=\frac{\pi^2 EI}{(\mu l)^2 A} \tag{5-34}$$

式(5-34)中 $\frac{I}{A}$ 的比值仅与截面的形状及尺寸有关，通常用 i^2 表示，即

$$i^2=\frac{I}{A} \tag{5-35}$$

也是几何性质之一，称作惯性半径。所以式(5-35)可写成

$$\sigma_{cr}=\frac{\pi^2 E}{\left(\frac{\mu l}{i}\right)^2} \tag{5-36}$$

令

$$\lambda=\frac{\mu l}{i} \tag{5-37}$$

λ 是一个无量纲的量，称为柔度或长细比。它集中地反映了压杆的长度、约束条件、截面尺寸和形状等因素对临界应力 σ_{cr} 的影响。式(5-36)可以写成

$$\sigma_{cr}=\frac{\pi^2 E}{\lambda^2} \tag{5-38}$$

2. 欧拉公式的适用范围与大柔度杆

式(5-38)是欧拉公式[式(5-33)]的另一种表达形式，两者并无实质性的差别。欧拉公式

是由弯曲变形的微分方程$\frac{d^2 y}{dx^2}=\frac{M(x)}{EI}$导出的，材料服从胡克定律是上述微分方程的基础。所以，只有临界应力小于比例极限σ_p时，式(5-33)或式(5-38)才是正确的。由此得

$$\frac{\pi^2 E}{\lambda^2}\leqslant\sigma_p \text{ 或 } \lambda\geqslant\sqrt{\frac{\pi^2 E}{\sigma_p}} \tag{5-39}$$

式(5-39)表明，只有当压杆的柔度λ大于或等于极限值$\sqrt{\frac{\pi^2 E}{\sigma_p}}$时，欧拉公式才是正确的。用$\lambda_p$代表这一极限值，即

$$\lambda_p=\sqrt{\frac{\pi^2 E}{\sigma_p}} \tag{5-40}$$

式(5-39)可以写成

$$\lambda\geqslant\lambda_p \tag{5-41}$$

这就是欧拉公式[式(5-33)]和[式(5-38)]的适用范围。满足此条件的杆件，就是我们前面说的细长杆，也称作大柔度杆。

式(5-40)表明，λ_p与材料的性质有关，材料不同则λ_p的数值也就不同。以Q235钢为例，$E=206$ GPa，$\sigma_p=200$ MPa，于是有

$$\lambda_p=\sqrt{\frac{\pi^2 E}{\sigma_p}}=\sqrt{\frac{\pi^2\times(206\times10^9)}{200\times10^6}}\approx100$$

5.6.3.3 经验公式与中、小柔度杆

若压杆的柔度λ小于λ_p，则临界应力σ_{cr}大于材料的比例极限σ_p，这时欧拉公式已不能使用，属于超过比例极限的压杆稳定问题。对超过比例极限后压杆失稳问题，有相应的理论分析的结果。但工程中对这类压杆的计算，一般采用以试验结果为依据的经验公式。这里我们只介绍经常使用的经验公式——直线公式。

直线公式中把临界应力σ_{cr}与柔度λ表示为以下的直线关系：

$$\sigma_{cr}=a-b\lambda \tag{5-42}$$

式中　a，b——与材料性质有关的常数。

例如，对Q235钢制成的压杆，$a=304$ MPa，$b=1.12$ MPa。各类材料中a与b的数值可参考有关规范或设计手册。

柔度很小的短柱，如压缩试验用的金属短柱或水泥块，在其受压时不可能像大柔度杆那样出现弯曲变形，主要因应力达到屈服极限(塑性材料)或强度极限(脆性材料)而失效，这属于强度问题。所以，对塑性材料，按式(5-42)算出的应力最高只能等于屈服极限σ_s，若相应的柔度为λ_p，则

$$\lambda_s=\frac{a-\sigma_s}{b} \tag{5-43}$$

这是用直线公式的最小柔度。如$\lambda<\lambda_s$，就应按压缩的强度计算，要求满足

$$\sigma_{cr}=\frac{F}{A}\leqslant\sigma_s \tag{5-44}$$

对于脆性材料，只需要把以上各式中的σ_s改成σ_b即可。

当压杆的应力超过屈服极限σ_s时，这类问题已不属于稳定问题。所以，当$\lambda<\lambda_s$时，压杆称作小柔度杆，介于大柔度杆和小柔度杆之间的压杆称作中柔度杆(即$\lambda_s<\lambda\leqslant\lambda_p$的柔

度杆件)。

5.6.3.4 临界应力总图

为了便于比较和记忆，通常将各类压杆的临界应力绘制成以 σ_{cr} 为纵坐标、λ 为横坐标的坐标系内的曲线，这样的曲线称作临界应力总图，如图 5-34 所示。

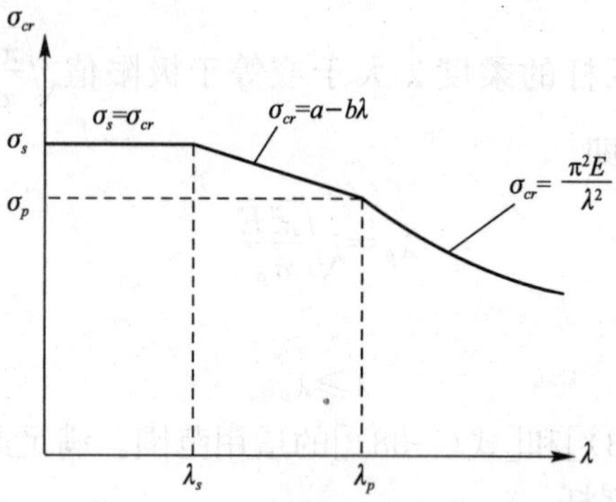

图 5-34

5.6.4 压杆稳定计算

对于各类柔度的压杆，总可用相应的临界应力计算公式求出其临界应力，乘以相应的面积便为临界力 F_{cr}。临界力 F_{cr} 与工作压力 F 之间的比值即为工作安全系数 n，它应该大于规定的安全系数 n_{st}，故有

$$n=\frac{F_{cr}}{F}\geqslant n_{st} \tag{5-45}$$

稳定安全系数 n_{st} 一般要高于强度安全系数。这是因为一些难以避免的因素的存在，例如，杆件的初弯曲、压力初偏心、材料的不均匀和支座的缺陷等，都严重地影响压杆的稳定，降低了临界应力。而同样这些因素，对于杆件的强度的影响就不像对稳定那么严重。关于稳定安全系数 n_{st}，一般可以在设计手册或规范中查到。

【例 5-9】 某活塞杆由 45 号钢制成，按两端铰支压杆考虑，$\sigma_s=350$ MPa，$\sigma_p=280$ MPa，$E=210$ GPa，$a=461$ MPa，$b=2.568$ MPa。长度 $l=703$ mm，直径 $d=45$ mm，最大压力 $F_{max}=41.6$ kN，规定的安全系数为 $n_{st}=8\sim10$。试校核其稳定性。

【解】 (1)确定压杆类型。由式(5-40)求出

$$\lambda_p=\sqrt{\frac{\pi^2\times210\times10^9}{280\times10^6}}=86$$

活塞杆可简化为两端铰支压杆，$\mu=1$。截面为圆形，$i=\sqrt{\frac{I}{A}}=\frac{d}{4}$。故柔度为

$$\lambda=\frac{\mu l}{i}=62.5$$

则

$$\lambda<\lambda_p$$

所以不能用欧拉公式计算临界应力。由式(5-43)可得

$$\lambda_s=\frac{a-\sigma_s}{b}=\frac{461-350}{2.568}=43.2$$

可见压杆的柔度λ介于λ_s和λ_p之间，属于中柔度杆。

(2)计算临界荷载并校核。用直线公式计算临界应力

$$\sigma_{cr}=a-b\lambda=461-2.568\times62.5=301(\text{MPa})$$

临界力为

$$F_{cr}=\sigma_{cr}A=\frac{\pi}{4}\times45^2\times301=478(\text{kN})$$

活塞的工作安全系数为

$$n=\frac{F_{cr}}{F_{\max}}=\frac{478}{41.6}=11.5>n_{st}$$

(3)结论。压杆满足稳定要求。

5.6.5 提高压杆稳定性计算的措施

5.6.5.1 选择合理的截面形状

由欧拉公式得知，截面的惯性矩I越大，临界力F_{cr}越大；由经验公式得知，柔度λ越小，临界应力越高。由于$\lambda=\frac{\mu l}{i}$，所以，提高惯性半径i的数值就能减小λ的数值。因此，如不增加截面面积，则尽可能地把材料放在离截面形心较远处，以取得较大的l和i，达到提高临界力的目的。例如，空心环形截面就比实心圆截面合理。同理，由四根角钢组成的压杆，其四根角钢宜分散放置在截面的四角，而不宜集中放置在截面的形心附近。

5.6.5.2 改变压杆的约束条件

不同约束类型的压杆，其计算临界应力和临界力的欧拉公式中的μ的取值是不同的。如条件允许，应该采用μ值较小的约束类型。由$\lambda=\frac{\mu l}{i}$得知，计算λ时，使用的l是两支座之间的距离，若增加支座，可以减小l的数值，也就是减小了λ的数值，相应的临界应力和临界力就提高了。

5.6.5.3 合理选择材料

细长压杆的欧拉公式中，临界力或临界应力只与材料的E有关，各类钢材的弹性模量E大致相等，所以选用优质钢材或低碳钢并无很大差别。对于中柔度杆，无论是经验公式还是理论分析，都说明临界应力与材料的强度有关。优质钢材在一定程度上可以提高临界应力的数值，至于小柔度杆，本来就属于强度问题，优质钢材的强度越高，其优越性就越明显。

本章小结

本模块主要介绍用截面法计算轴向拉压杆的内力及绘制轴力图，同时，介绍轴向拉压杆的应力、强度、变形等问题，通过本模块的学习对轴向受力构件进行内力计算及内力分析，并对轴向受力构件进行应力及强度的计算，能运用压杆稳定知识，对工程中遇到的压杆稳定性问题提出解决措施。

复习思考题

1. 为了使计算简便，在材料力学的研究中，对变形固体做了哪些基本假设？

2. 杆件变形的基本形式有哪几种？

3. 简述截面法求内力的步骤。

4. 画轴力图时应注意哪几点？

5. 工程材料失效有哪两种形式？

6. 轴向拉伸或压缩杆的强度计算一般分为哪三种？

7. 轴向拉压杆的变形分为哪几种？

8. 低碳钢的拉伸过程可分为四个阶段，简述每个阶段对应的特征应力极限值或出现的特殊现象。

复习思考题参考答案

习　题

1. 求图 5-35 所示各杆指定上的轴力，并作各杆的轴力图。

习题参考答案

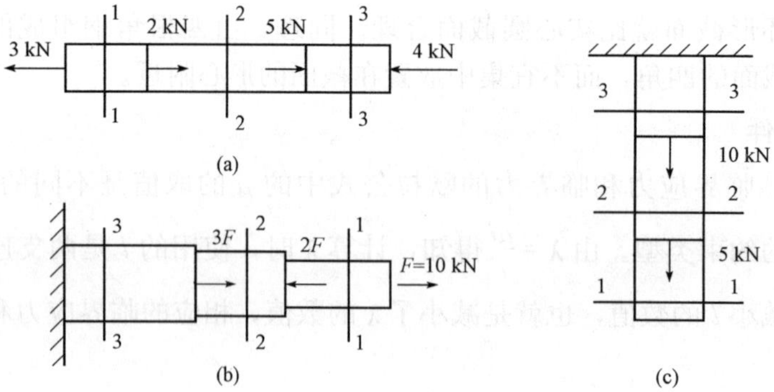

图 5-35

2. 求图 5-36 所示阶梯直杆中各段的轴力和应力，并求出杆中的最大正应力。

3. 图 5-37 所示的结构中，$p=120$ kN，各杆横截面面积均等于 2 000 mm^2，试求各杆的应力。

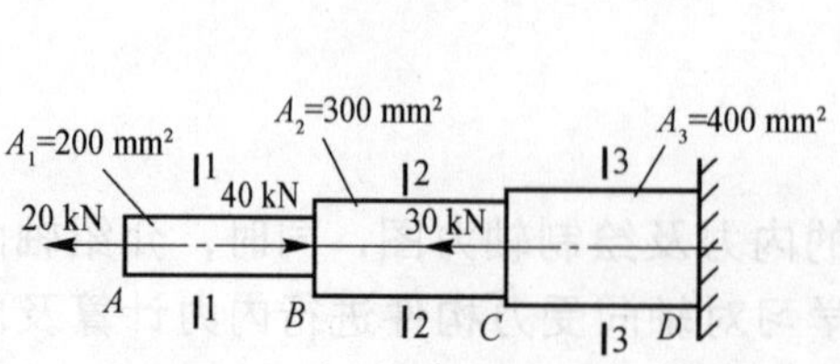

图 5-36

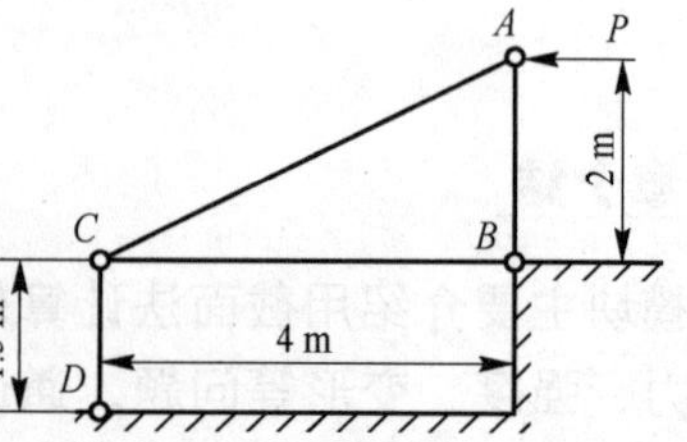

图 5-37

4. 横截面面积 $A=100$ mm^2 的受拉杆，在轴向力 $p=2.4$ kN 作用下，测得其轴向线应

变 $\varepsilon=0.000\ 12$，横向线应变 $\varepsilon'=0.000\ 03$，试计算材料的弹性模量和泊松比。

5. 图 5-38 所示的结构中，杆 AB 和杆 BC 的抗拉(压)刚度 EA 相同，在节点 B 处承受集中荷载 F，试计算节点 B 的水平位移 Δ_H 和铅垂位移 Δ_V。

6. 如图 5-39 所示，某三角构架中 AB 杆的横截面面积为 $A_1=10\ \text{cm}^2$，BC 杆的横截面面积为 $A_2=6\ \text{cm}^2$，若材料的许用拉应力为$[\sigma^+]=40$ MPa，许用压应力为$[\sigma^-]=20$ MPa，试校核其强度。

7. 图 5-40 所示的结构中，AC 和 BC 均为边长 $a=60$ mm 的正方形截面木杆，AB 为直径 $d=10$ mm 的圆形截面钢杆，已知 $p=8$ kN，木材的许用应力$[\sigma]_{木}=10$ MPa，钢材的许用应力$[\sigma]_{钢}=160$ MPa，试分别校核木杆和钢杆的强度。

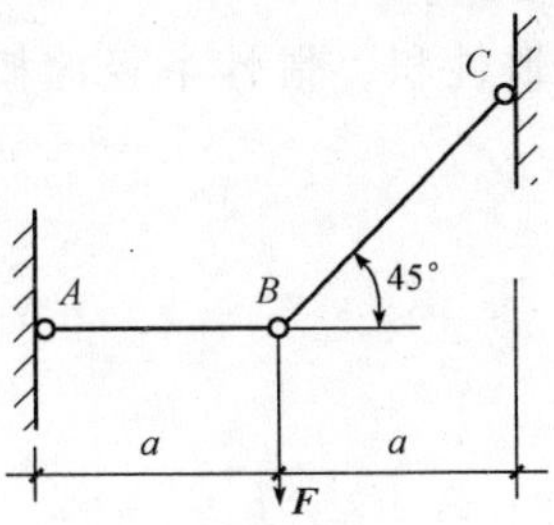

图 5-38

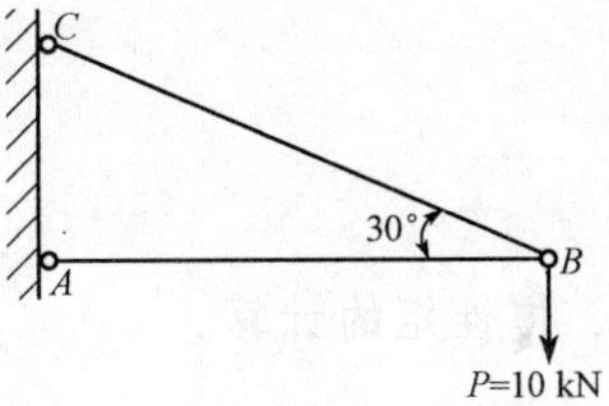

图 5-39

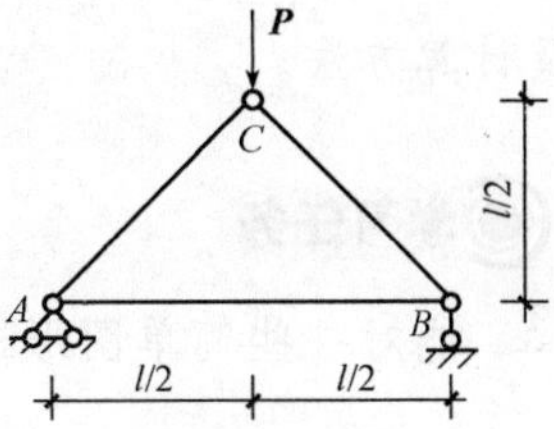

图 5-40

8. 如图 5-41 所示的结构为钢桁架，即各杆均为钢杆(二力杆)，钢材的许用应力$[\sigma]=160$ MPa，荷载 $F=20$ kN。试问 CD 杆的直径至少多大才能满足强度条件?

9. 如图 5-42 所示为一钢制正方形框架，边长 $a=400$ mm，重 $W=460$ N，用麻绳套在框架外面吊起。当麻绳在 290 N 的拉力作用下将被拉断。

(1)若麻绳的长度为 1.8 m，试校核其强度。

(2)若要安全起吊，麻绳的长度至少应为多少?

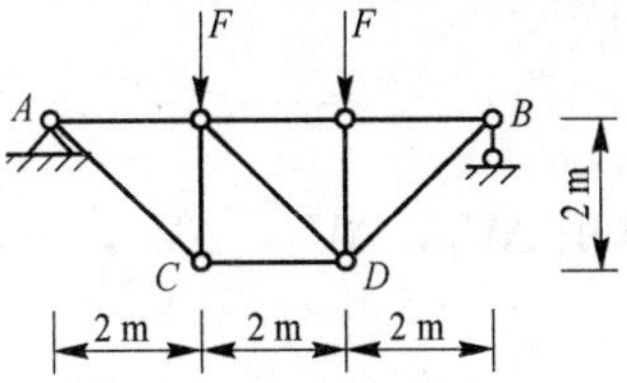

图 5-41

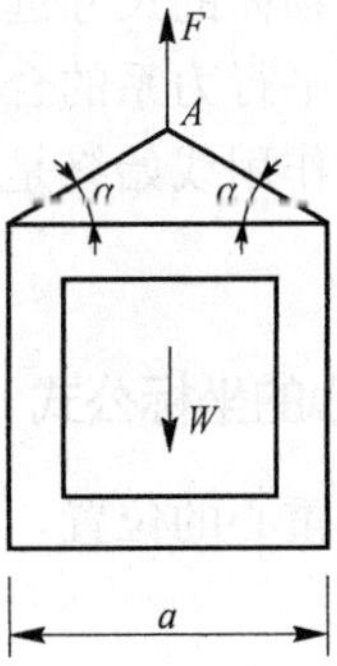

图 5-42

模块6 平面图形的几何性能

学习目标

(1)了解重心的概念；熟悉平面图形的形心；掌握重心的坐标公式。

(2)了解静矩的定义；熟悉形心与静矩的关系；掌握惯性矩、惯性积、惯性半径的概念及计算方法。

学习任务

能对一些简单图形进行重心、惯性矩的计算。

任务6-1 重心和形心

6.1.1 重心的概念

地球上的任何物体都受到地球引力的作用，这个力称为物体的重力。可将物体看作是由许多微小部分组成的，每一微小部分都受到地球引力的作用，这些引力汇交于地球中心。但是，由于一般物体的尺寸远比地球的半径小得多，因此，这些引力可近似地看成是空间平行力系。这些平行力系的合力就是物体的重力。由实验可知，无论物体在空间的方位如何，物体重力的作用线始终是通过一个确定的点，这个点就是物体重力的作用点，称为物体的重心。

6.1.2 重心的坐标公式

为确定物体重心的位置，将物体看作由微体积 ΔV_1，ΔV_2，ΔV_3，…，ΔV_n 组成，物体的总体积为

$$V=\sum_{i=1}^{n}\Delta V_i=\sum\Delta V_i$$

设每一微体积单位体积的重力为 γ_i，则 ΔV_1 的重力为 $\gamma_1\Delta V_1$，ΔV_2 的重力为 $\gamma_2\Delta V_2$，…，ΔV_n 的重力为 $\gamma_n\Delta V_n$。取直角坐标系如图6-1所示，其中 y 轴铅垂向上，ΔV_1 的作用点位置为 C_1，ΔV_2 的作用点位置为 C_2，…，ΔV_n 的作用点位置为 C_n。各微体积的重力作用线均平行于 y 轴，视为分力。则物体所受的重力的合力为

$$W=\sum_{i=1}^{n}\Delta W_i=\sum_{i=1}^{n}\gamma_i\Delta V_i=\sum\gamma_i\Delta V_i$$

根据合力矩定理，可以求得合力作用点(即重心)的位置，即对 x 轴取矩：

$$Wz_C = \sum_{i=1}^{n} z_i \Delta W_i = \sum_{i=1}^{n} z_i \gamma_i \Delta V_i = \sum z_i \gamma_i \Delta V_i$$

由此可得

$$z_C = \frac{\sum z_i \gamma_i \Delta V_i}{\gamma_i \Delta V_i} = \frac{\sum z_i \Delta W_i}{W} \tag{6-1}$$

同理，对 z 轴取矩，可得

$$x_C = \frac{\sum x_i \gamma_i \Delta V_i}{\gamma_i \Delta V_i} = \frac{\sum x_i \Delta W_i}{W} \tag{6-2}$$

当将物体视为刚体时，无论物体在空间中处于何种位置，或物体如何放置，其重心在物体内的位置都是固定的。因而，若将图 6-1 中的空间坐标系绕 z 轴旋转 90°(图 6-2)时，可得重心在 y 轴方向的位置。

$$y_C = \frac{\sum y_i \gamma_i \Delta V_i}{\gamma_i \Delta V_i} = \frac{\sum y_i \Delta W_i}{W} \tag{6-3}$$

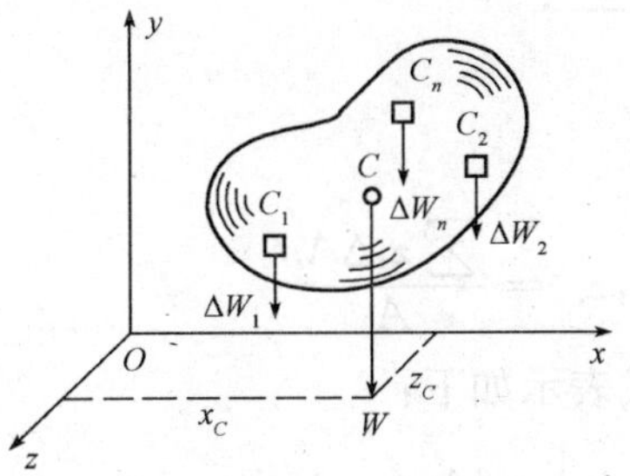

图 6-1

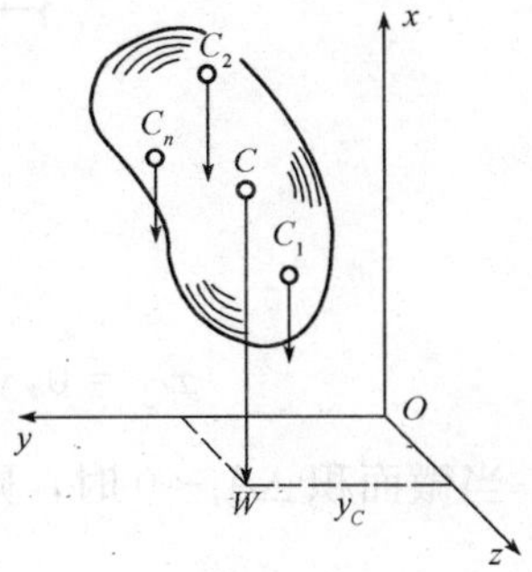

图 6-2

对于均质物体，微体积单位体积的重力相等，即 $\gamma = \gamma_1 = \gamma_2 = \gamma_3 = \cdots = \gamma_n$，由式(6-1)～式(6-3)可得均质物体的重心坐标公式为

$$x_C = \frac{\sum x_i \Delta V_i}{V},\ y_C = \frac{\sum y_i \Delta V_i}{V},\ z_C = \frac{\sum z_i \Delta V_i}{V} \tag{6-4}$$

由式(6-4)可以算出，均质物体的重心与重力无关。所以，均质物体的重心就是其几何中心，称为形心。对于均质物体，其重心和形心重合在一点上。

如果将物体分割的份数无限多，且每份的体积无限小，在极限情况下，则式(6-1)～式(6-3)可写成积分形式。

$$x_C = \frac{\int_W x \mathrm{d}W}{W},\ y_C = \frac{\int_W y \mathrm{d}W}{W},\ z_C = \frac{\int_W z \mathrm{d}W}{W} \tag{6-5}$$

式中　$\mathrm{d}W$——物体微小部分的重量(或所受的重力)；

x、y、z——物体微小部分的空间坐标；

W——物体的总重力。

对于均质物体，形心坐标公式式(6-4)也可写成积分形式为

$$x_C=\frac{\int_V x\mathrm{d}V}{V},y_C=\frac{\int_V y\mathrm{d}V}{V},z_C=\frac{\int_V z\mathrm{d}V}{V} \tag{6-6}$$

式中　$\mathrm{d}V$——均质物体微小部分的体积；

x、y、z——物体微小部分的空间坐标；

V——均质物体的总体积。

对于均质、等厚的薄平板，在计算形心坐标时，可将坐标面 xOy 建立在与板平行的板的中间平面上(图 6-3)，用 δ 表示其厚度，ΔA_i 表示微面积，则由式(6-4)得形心坐标计算公式如下：

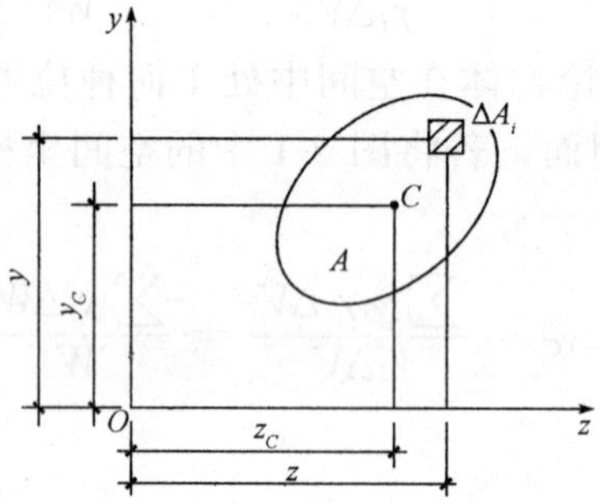

图 6-3

$$x_C=0,y_C=\frac{\sum y_i\Delta A_i}{A},z_C=\frac{\sum z_i\Delta A_i}{A} \tag{6-7}$$

同理，当微面积 $\Delta A_i\to 0$ 时，则可用积分形式表示如下：

$$y_C=\frac{\int_A y\mathrm{d}A}{A},z_C=\frac{\int_A z\mathrm{d}A}{A} \tag{6-8}$$

6.1.3　平面图形的形心

形心就是物体的几何中心。当平面图形具有对称轴或对称中心时，则形心一定在对称轴或对称中心上。若平面图形是一个组合平面图形，则可先将其分割为若干个简单图形，然后可按式(6-7)求得其形心的坐标，这时公式中的 ΔA_i 为所分割的简单图形的面积，而 y_i、z_i 为其相应的形心坐标，这种方法称为分割法。另外，有些组合图形，可以看成从某个简单图形中挖去一个或几个简单图形而成，如果将挖去的面积用负面积表示，则仍可应用分割法求其形心坐标，这种方法又称为负面积法。

【例 6-1】　计算图 6-4 所示均质等厚 L 形薄板的形心坐标。已知 $a=6$ cm，$b=9$ cm，$d=1$ cm。

【解】　建立坐标系如图 6-4 所示，坐标系 xOy 位于薄板厚度中间平面内。将薄板按图中虚线分为两个矩形。

第一个矩形的面积和形心 C_1 的坐标分别为

$$A_1=9\times 1=9(\mathrm{cm}^2)$$

$$x_{C_1}=0.5\ \mathrm{cm},\ y_{C_1}=4.5\ \mathrm{cm}$$

第二个矩形的面积和形心 C_2 的坐标分别为：

$$A_2=(6-1)\times1=5(\text{cm}^2)$$

$$x_{C_2}=3.5\ \text{cm},\ y_{C_2}=0.5\ \text{cm}$$

则 L 形薄板的截面形心坐标为：

$$x_C=\frac{\sum x_i\Delta A_i}{A}=\frac{x_{C_1}A_1+x_{C_2}A_2}{A_1+A_2}$$

$$=\frac{0.5\times9+3.5\times5}{9+5}=1.57(\text{cm})$$

$$y_C=\frac{\sum y_i\Delta A_i}{A}=\frac{y_{C_1}A_1+y_{C_2}A_2}{A_1+A_2}$$

$$=\frac{4.5\times9+0.5\times5}{9+5}=3.07(\text{cm})$$

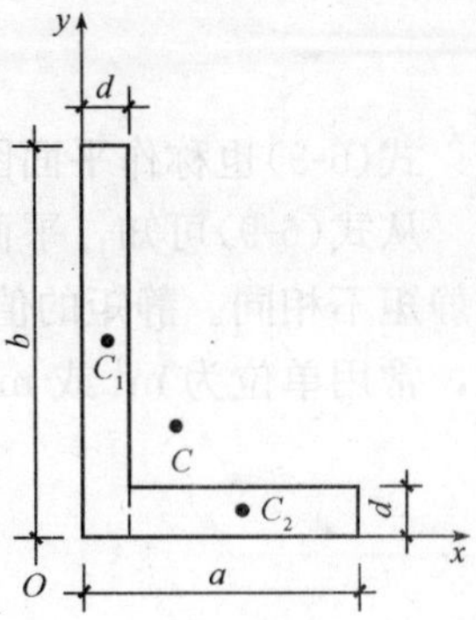

图 6-4

【例 6-2】 试确定图 6-5 所示平面图形中形心的位置。

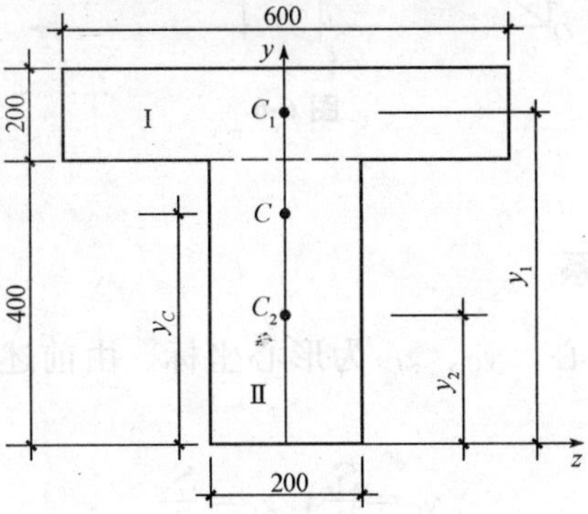

图 6-5

【解】 取坐标系 xOy，如图 6-5 所示，由于 y 轴为对称轴，所以，形心在 y 轴上，即 $z_C=0$，故只需确定 y_C。

该截面可视为由矩形Ⅰ和矩形Ⅱ组合而成，则：

$$y_C=\frac{\sum y_i\Delta A_i}{A}=\frac{y_{C_1}A_1+y_{C_2}A_2}{A_1+A_2}$$

$$=\frac{(100+400)\times(600\times200)+200\times(200\times400)}{600\times200+200\times400}=380(\text{mm})$$

任务 6-2　静　　矩

6.2.1　静矩的定义

如图 6-6 所示，任意平面图形上所有微面积 dA 与其坐标 y（或 z）乘积的总和，称为该平面图形对 z 轴（或 y 轴）的静矩，用 S_z（或 S_y）表示，即

$$S_z = \int_A y\mathrm{d}A, S_y = \int_A z\mathrm{d}A \tag{6-9}$$

式(6-9)也称作平面图形对 z 轴和 y 轴的一次矩，或面积矩。

从式(6-9)可知，平面图形的静矩是对某一轴而言的，同一平面图形对不同的坐标轴，其静矩不相同。静矩的值可能为正，可能为负，也可能等于零。静矩的量纲是长度的三次方，常用单位为 m^3 或 mm^3。

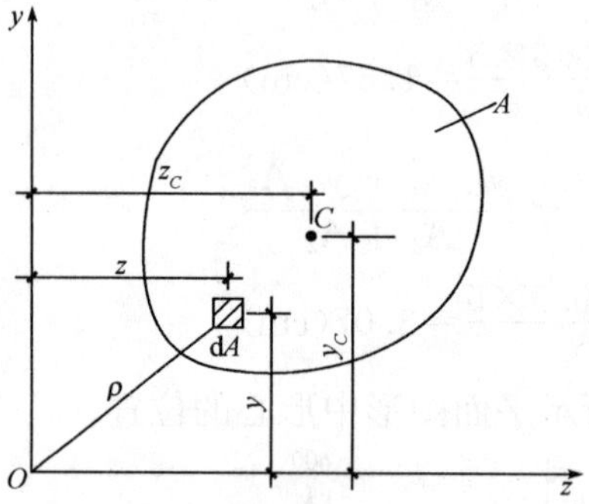

图 6-6

6.2.2 形心与静矩的关系

图 6-6 中，C 为截面的形心，y_C、z_C 为形心坐标。由前述第一节的形心坐标公式，结合式(6-9)可以得到

$$y_C=\frac{S_z}{A},\ z_C=\frac{S_y}{A} \tag{6-10}$$

式(6-10)也可改写成

$$S_z=A\cdot y_C,\ S_y=A\cdot z_C \tag{6-11}$$

式(6-11)表明，平面图形对 z 轴(或 y 轴)的静矩，等于图形的面积 A 乘以形心的坐标 y_C(或 y_z)。若静矩 $S_z=0$，则 $y_C=0$；$S_y=0$，则 $z_C=0$。所以，若图形对某一轴的静矩等于零，则该轴必然通过图形的形心；反之，若某一轴通过图形的形心，则图形对该轴的静矩必等于零。

工程实际中，有些杆件的截面是由矩形、圆形、三角形等简单几何图形组合而成的，称为组合截面。组合截面对某轴的静矩等于各简单几何图形对该轴静矩的代数和，即：

$$S_z = \sum_{i=1}^{n} A_i y_{C_i}, S_y = \sum_{i=1}^{n} A_i z_{C_i} \tag{6-12}$$

式中 n——简单几何图形的个数；

A_i——第 i 个几何图形的面积；

yc_i，zc_i——第 i 个几何图形的形心坐标。

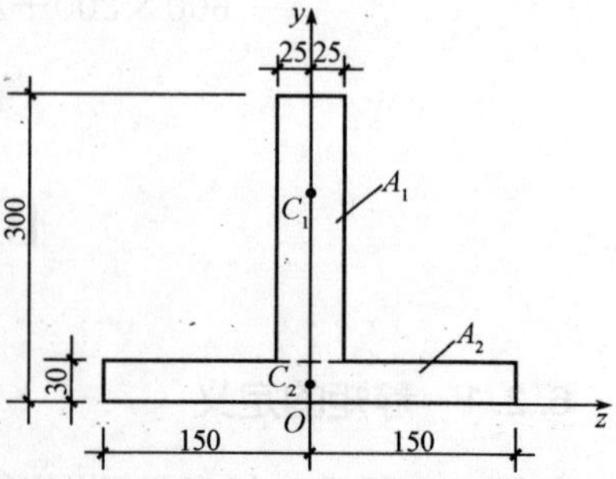

图 6-7

【例 6-3】 计算图 6-7 所示 T 形截面对 z 轴的静矩。

【解】 将 T 形截面分为两个矩形，其面积分别为

$A_1=50\times270=13.5\times10^3(mm^2)$

$$A_2 = 300 \times 30 = 90 \times 10^3 (\mathrm{mm}^2)$$

$$y_{C_1} = 165\ \mathrm{mm},\ y_{C_2} = 15\ \mathrm{mm}$$

截面对 z 轴的静矩

$$\begin{aligned} S_z &= \sum (A_i \cdot y_{C_i}) = A_1 \cdot y_{C_1} + A_2 \cdot y_{C_2} \\ &= 13.5 \times 10^3 \times 165 + 90 \times 10^3 \times 15 \\ &= 3.58 \times 10^6 (\mathrm{mm}^3) \end{aligned}$$

任务 6-3　惯性矩、惯性积与惯性半径

6.3.1　惯性矩、惯性积、惯性半径

1. 惯性矩

如图 6-8 所示，任意平面图形上所有微面积 $\mathrm{d}A$ 与其坐标 y(或 z)平方乘积的总和，称为该平面图形对 z 轴(或 y 轴)的惯性矩，用 I_z(或 I_y)表示，即

$$\left.\begin{aligned} I_z &= \int_A y^2 \mathrm{d}A \\ I_y &= \int_A z^2 \mathrm{d}A \end{aligned}\right\} \tag{6-13}$$

式(6-13)表明，惯性矩恒为正值。其常用单位为 m^4 或 mm^4。

2. 惯性积

如图 6-8 所示，任意平面图形上所有微面积 $\mathrm{d}A$ 与其坐标 z、y 乘积的总和，称为该平面图形对 z、y 两轴的惯性积，用 I_{zy} 表示，即

$$I_{zy} = \int_A zy \mathrm{d}A \tag{6-14}$$

惯性积可为正，可为负，也可为零。其常用单位为 m^4 或 mm^4。可以证明，在两正交坐标轴中，只要 z、y 轴之一为平面图形的对称轴，则平面图形对 z、y 轴的惯性积就一定等于零。

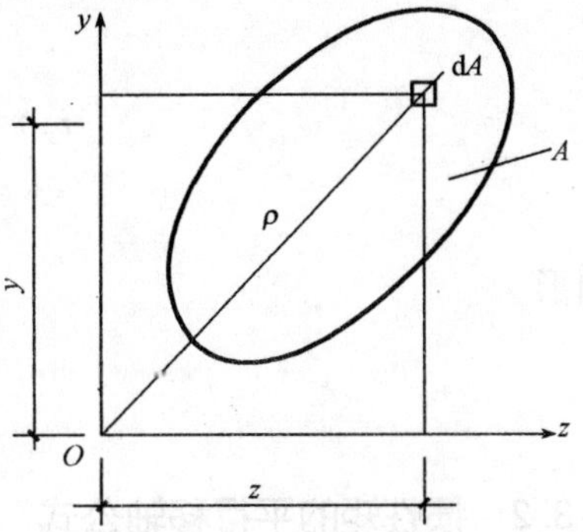

图 6-8

3. 惯性半径

在工程中，为了计算方便，将图形的惯性矩表示为图形面积 A 与某一长度平方的乘积，即

$$\left.\begin{aligned} I_z &= i_z^2 A \\ I_y &= i_y^2 A \end{aligned}\right\} \quad \text{或} \quad \left.\begin{aligned} i_z &= \sqrt{\frac{I_z}{A}} \\ i_z &= \sqrt{\frac{I_y}{A}} \end{aligned}\right\} \tag{6-15}$$

式中，i_z、i_y 为平面图形对 z、y 轴的惯性半径，其常用单位为 m 或 mm。

(4)简单图形(图 6-9)的惯性矩及惯性半径。

1)简单图形对形心轴的惯性矩[由式(6-13)积分可得]

矩形 $$I_z=\frac{bh^3}{12},\ I_y=\frac{hb^3}{12}$$

圆形 $$I_z=I_y=\frac{\pi D^4}{64}$$

环形 $$I_z=I_y=\frac{\pi(D^4-d^4)}{64}$$

型钢的惯性矩可直接由型钢表查得。

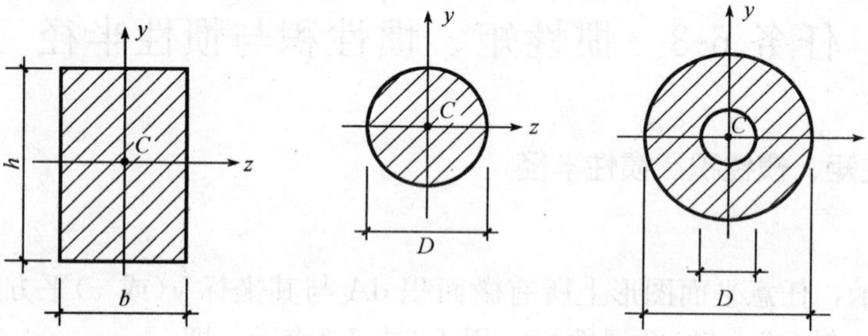

图 6-9

2)简单图形的惯性半径

矩形 $$i_z=\sqrt{\frac{I_z}{A}}=\sqrt{\frac{\frac{bh^3}{12}}{bh}}=\frac{h}{\sqrt{12}}$$

$$i_y=\sqrt{\frac{I_y}{A}}=\sqrt{\frac{\frac{hb^3}{12}}{bh}}=\frac{b}{\sqrt{12}}$$

圆形 $$i=\sqrt{\frac{\frac{\pi D^4}{64}}{\frac{\pi D^2}{4}}}=\frac{D}{4}$$

6.3.2 惯性矩的平行移轴公式

1. 惯性矩的平行移轴公式

同一平面图形对不同坐标轴的惯性矩是不相同的，但它们之间存在着一定的关系。现给出图 6-10 所示平面图形对两个相平行的坐标轴的惯性矩之间的关系。

$$\left.\begin{aligned}I_z&=I_{z_C}+a^2A\\I_y&=I_{y_C}+b^2A\end{aligned}\right\}\tag{6-16}$$

式(6-16)称为惯性矩的平行移轴公式。它表明平面图形对任一轴的惯性矩，等于平面图形对与该轴平行的形心轴的惯性矩再加上其面积与两轴间距离平方的乘积。在所有平行轴中，平面图形对形心轴的惯性矩为最小。

2. 组合截面惯性矩的计算

组合图形对某轴的惯性矩，等于组成组合图形的各简单图形对同一轴的惯性矩之和。

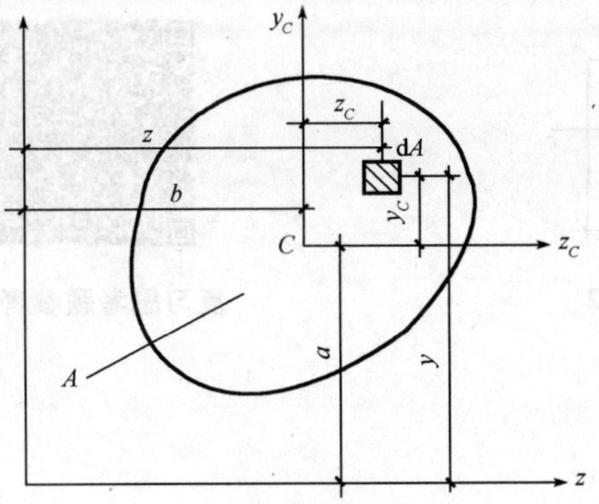

图 6-10

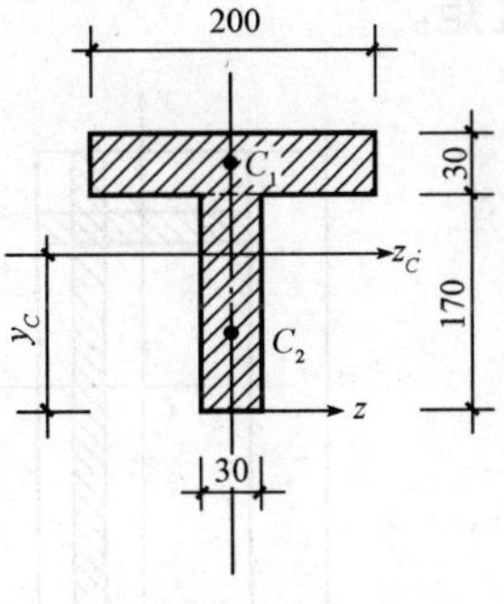

图 6-11

【例 6-4】 计算图 6-11 所示 T 形截面对形心 z 轴的惯性矩 I_{zC}。

【解】 (1)求截面相对底边的形心坐标。

$$y_C=\frac{\sum A_i y_{C_i}}{\sum A_i}=\frac{30\times170\times85+200\times30\times185}{30\times170+200\times30}=139(\text{mm})$$

(2)求截面对形心轴的惯性矩。

$$I_{z_C}=\sum(I_{z_{Ci}}+a_i^2A_i)$$
$$=\frac{30\times170^3}{12}+30\times170\times54^2+\frac{200\times30^3}{12}+200\times30\times46^2$$
$$=4.03\times10^7(\text{mm}^4)$$

6.3.3 形心主惯性轴和形心主惯性矩

若截面对某坐标轴的惯性积 $Iz_oy_o=0$，则这对坐标轴 z_o、y_o 称为截面的主惯性轴，简称主轴。截面对主轴的惯性矩称为主惯性矩，简称主惯矩。通过形心的主惯性轴称为形心主惯性轴，简称形心主轴。截面对形心主轴的惯性矩称为形心主惯性矩，简称为形心主惯矩。凡通过截面形心，且包含有一定对称轴的一对相互垂直的坐标轴一定是形心主轴。

本章小结

本模块主要介绍了重心、形心、静矩、惯性矩等的概念及计算，通过本模块的学习能对不同截面形式图形的惯性矩计算，优选较合理的截面形式用于建筑结构物中。

复习思考题

1. 平面图形对何轴的静矩为零?
2. 如何确定平面图形重心的位置?
3. 图 6-12 所示的矩形截面，z 轴和 y 轴为矩形的两个对称轴，若 h 是 b 的 n 倍，问：I_z 是 I_y 的多少倍?

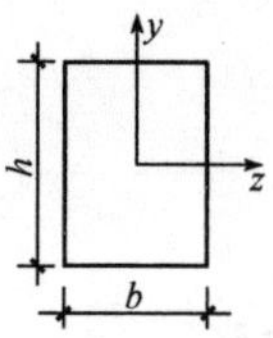

图 6-12

复习思考题参考答案

习 题

1. 试计算图 6-13(a)所示矩形截面对其对称轴(形心轴)x 和 y 轴的惯性矩。

习题参考答案

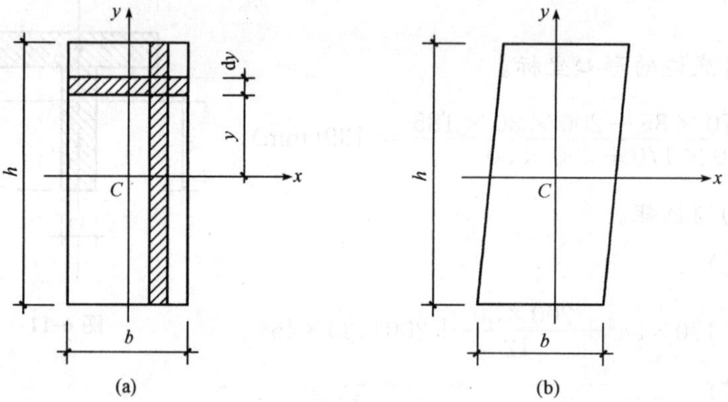

图 6-13

2. 求图 6-14 所示三角形图形的惯性矩 I_y 及惯性积 I_{yz}。

3. 试求图 6-15 所示的半圆形截面对于 x 轴的惯性矩，其中 x 轴与半圆形的底边平行，相距为 1 m。

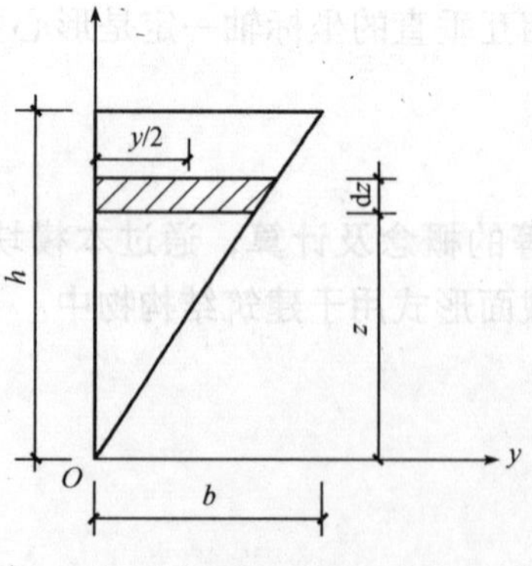

图 6-14

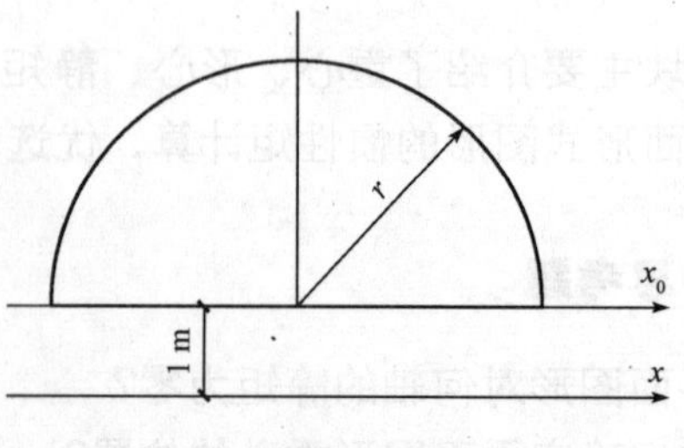

图 6-15

4. 确定图 6-16 所示组合图形的形心位置，并计算该平面图形对形心轴 y_C 的惯性矩。

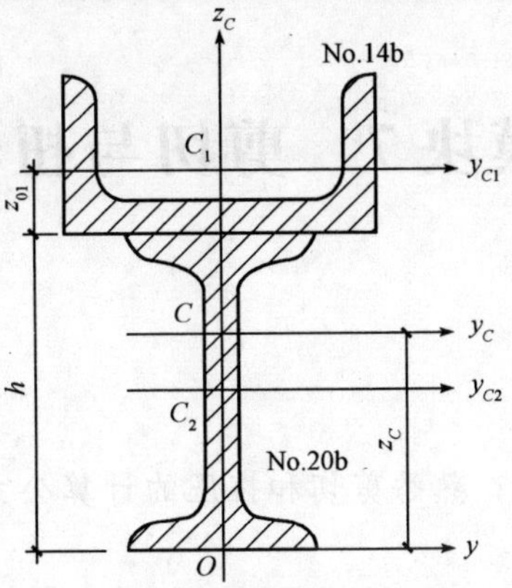

图 6-16

5. 计算图 6-17 所示组合图形对 y、z 轴的惯性积。

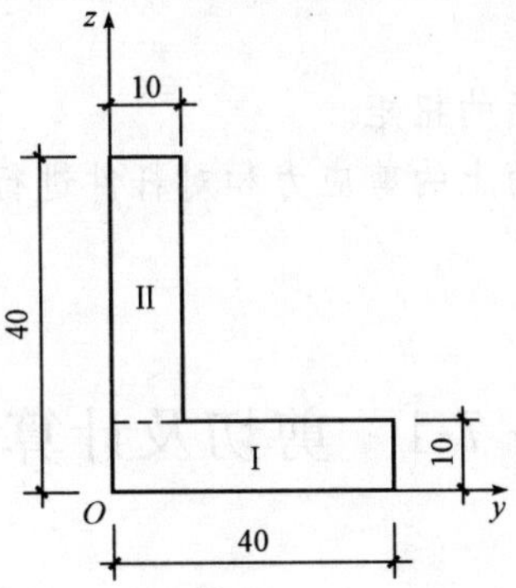

图 6-17

6. 试确定 6-18 所示平面图形的形心主惯性轴的位置，并求形心主惯性矩。

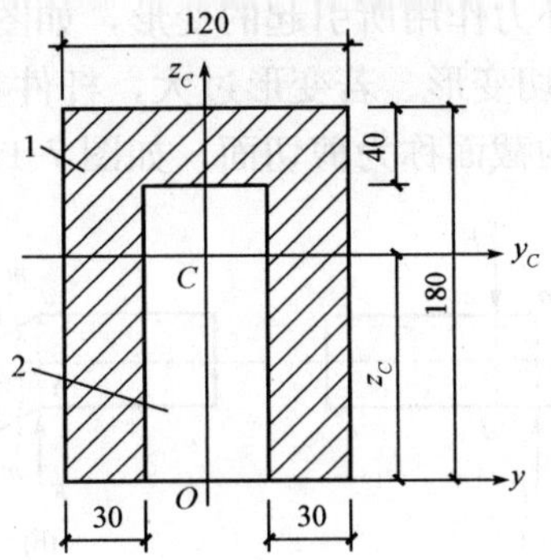

图 6-18

模块 7　剪切与扭转

学习目标

(1)了解剪切、挤压的概念；熟悉剪切和挤压的计算公式，熟悉剪切胡克定律、剪应力互等定理。

(2)了解扭转的概念；掌握圆轴扭转时的扭矩、剪应力的计算，圆轴扭转时的强度条件和刚度条件。

学习任务

(1)能用截面计算杆件横截面的扭矩。

(2)能计算圆杆扭转时横截面上的剪应力和对杆件进行强度计算。

任务 7-1　剪切及计算公式

7.1.1　剪切的概念

剪切变形是杆件的基本变形之一。其是指杆件受到一对垂直于杆轴方向的大小相等、方向相反、作用线相距很近的外力作用所引起的变形，如图 7-1(a)所示。此时，截面 cd 相对于 ab 将发生相对错动，即剪切变形。若变形过大，杆件将在两个外力作用面之间的某一截面 m—m 处被剪断，被剪断的截面称为剪切面，如图 7-1(b)所示。

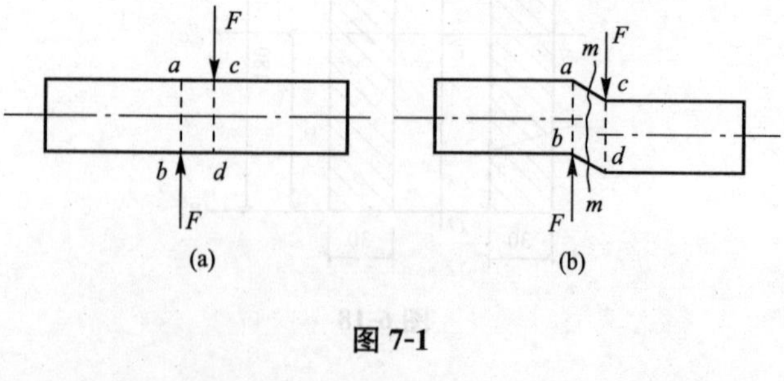

图 7-1

工程中有一些连接件，如连接件连接中的螺栓[图 7-2(a)]、连接件连接中的键[图 7-2(b)]、连接件连接中的销钉[图 7-2(c)]以及角焊缝[图 7-2(d)]等，都是以剪切变形为主的构件。

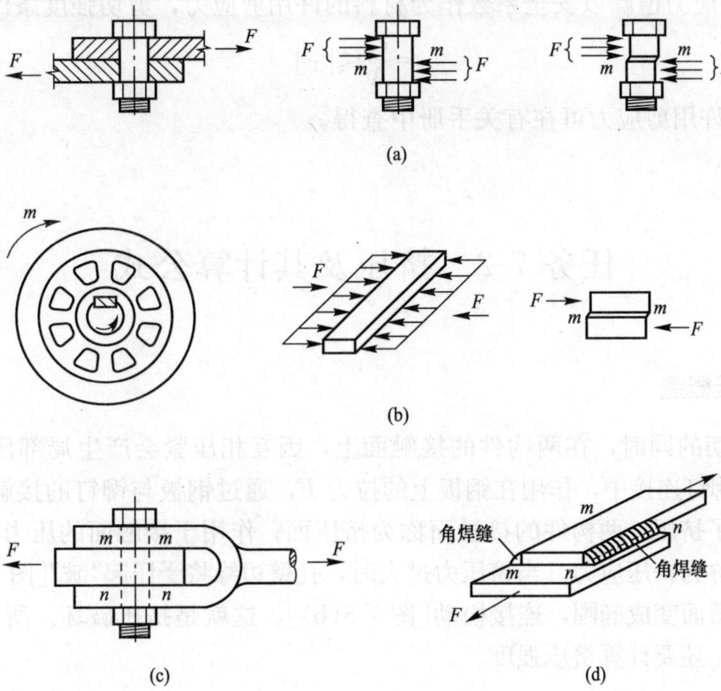

图 7-2

7.1.2 剪切的计算公式

剪切面上的内力可用截面法求得，用铆钉连接的两钢板如图 7-3 所示。拉力 p 通过板的孔壁作用在铆钉上，铆钉的受力如图 7-4(a)所示，图中 a—a 为受剪面。在 a—a 处截开并取下部分离体[图 7-4(b)]，由 $\sum F_x=0$ 可知，截面 a—a 上一定存在沿截面的内力 Q，且 $Q=p$，Q 称为剪力。截面 a—a 上与内力 Q 对应的应力为剪应力 τ[图 7-4(c)]。

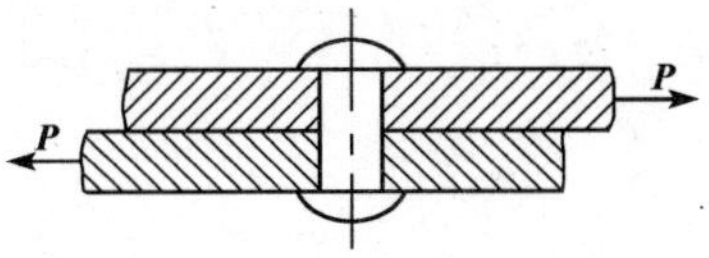

图 7-3

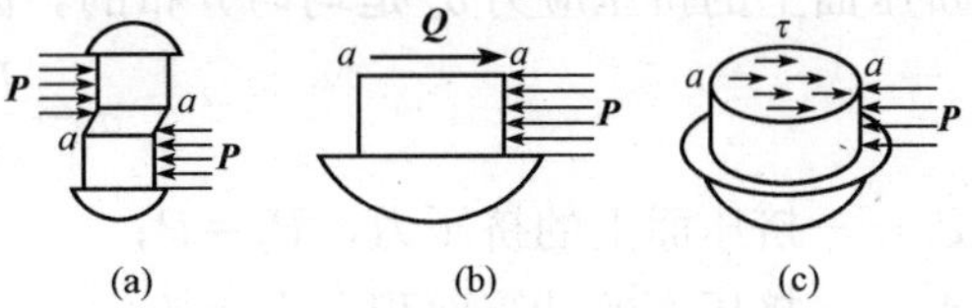

图 7-4

当剪应力 τ 达到一定限度时，铆钉将被剪坏。截面 a—a 上剪应力的分布情况非常复杂，在进行剪切强度计算时，工程中采用下述实用计算方法。

假定截面 a—a 上的剪应力为均匀分布，以平均剪应力

$$\tau=\frac{Q}{A} \tag{7-1}$$

作为计算剪应力(A 为铆钉的横截面面积)；对铆钉进行剪切破坏试验，以剪断时截面

$a—a$ 上的平均剪应力值除以安全系数作为材料的许用剪应力，剪切强度条件为

$$\tau=\frac{G}{A}\leqslant[\tau] \tag{7-2}$$

各种材料的许用剪应力可在有关手册中查得。

任务 7-2　挤压及其计算公式

7.2.1　挤压概念

构件在受剪切的同时，在两构件的接触面上，因互相压紧会产生局部压力，称为挤压。如图 7-5 所示的铆钉连接中，作用在钢板上的拉力 F，通过钢板与铆钉的接触面传递给铆钉，接触面上就产生了挤压。两构件的接触面称为挤压面；作用于接触面的压力称为挤压力；挤压面上的压应力称为挤压应力。当挤压力过大时，孔壁边缘将受压起“皱”[图 7-5(a)]，铆钉局部压“扁”，使圆截面变成椭圆，连接松动[图 7-5(b)]，这就是挤压破坏。所以，连接件除需计算剪切强度外，还要计算挤压强度。

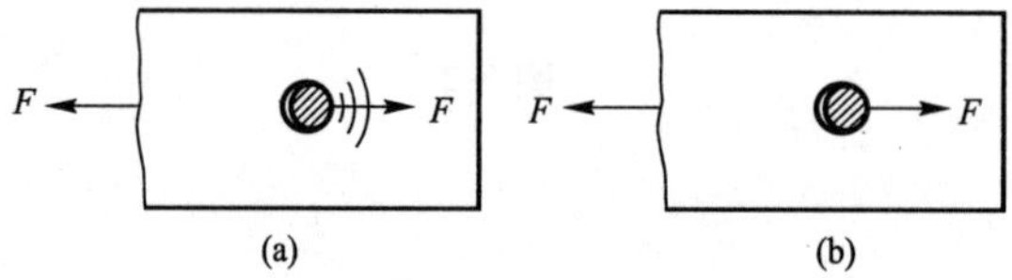

图 7-5

7.2.2　挤压的计算公式

挤压应力在挤压面上的分布也很复杂，如图 7-6(a)所示。因此，也采用实用计算法，假定在挤压面上的挤压应力 σ_c 是均匀分布的，因此

$$\sigma_c=\frac{P_c}{A_c} \tag{7-3}$$

式中　P_c——挤压面上的挤压力，$P_c=P$；

　　　A_c——挤压面的计算面积，$A_c=d\cdot t$。

这样得到的平均挤压应力又称作名义挤压应力。

当接触面为平面时，接触面的面积就是计算挤压面积；当接触面为半圆柱面时，取圆柱体的直径平面作为计算挤压面积[图 7-6(b)]。

为了防止挤压破坏，挤压面上的挤压应力不得超过连接件材料的许用挤压应力$[\sigma_c]$，即要求

$$\sigma_c=\frac{P_c}{A_c}\leqslant[\sigma_c] \tag{7-4}$$

式(7-1)称为挤压强度条件。许用挤压应力$[\sigma_c]$等于连接件的挤压极限应力除以安全系

数。试验表明，钢连接件的许用挤压应力$[\sigma_c]$与许用压应力$[\sigma]$之间有如下关系：

$$[\sigma_c]=(1.7\sim2.0)[\sigma] \tag{7-5}$$

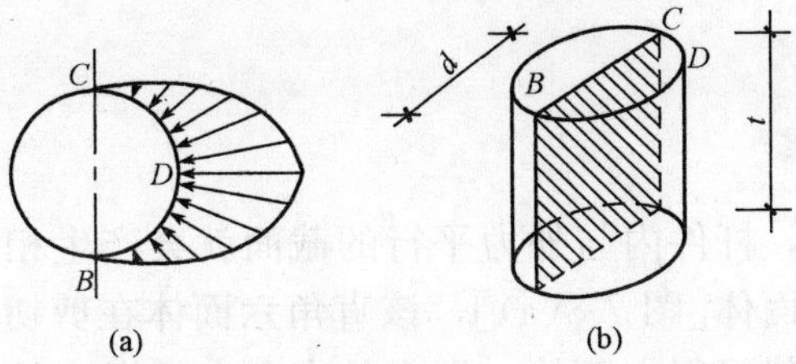

图 7-6

【例 7-1】 在图 7-7(a)所示的铆接接头中（此种连接称为搭接），已知 $P=80$ kN，$b=100$ mm，$t=12$ mm，铆钉的直径 $d=16$ mm，铆钉材料的许用剪应力$[\tau]=140$ MPa，许用挤压应力$[\sigma_c]=300$ MPa，杆件材料的许用拉应力$[\sigma]=160$ MPa，试分别校核铆钉和杆件的强度。

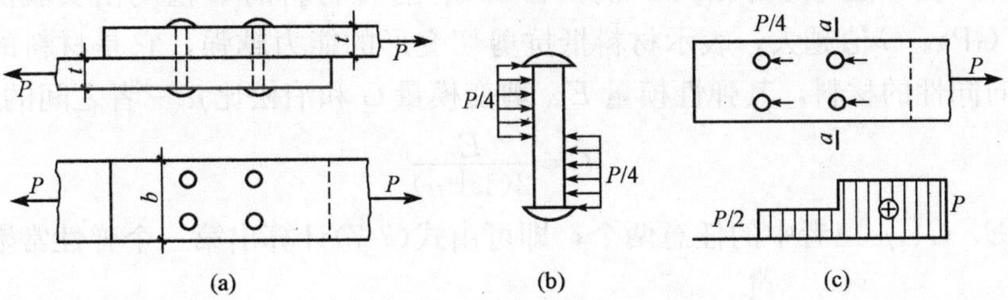

图 7-7

【解】 首先分析铆钉和板的受力。P 作用在板上，它通过板的孔壁作用在各铆钉上。铆钉是对称布置的，且铆钉的材料和直径又都相同，可认为各铆钉受相同的力，其值为 $P/4$（共四个铆钉），铆钉的受力图如图 7-7(b)所示。将每个铆钉的反作用力作用在板的孔壁上，上板的受力图如图 7-7(c)所示。

(1)校核铆钉的剪切强度。由图 7-7(b)可知，铆钉受剪面上的剪力为 $P/4$，受剪面上的计算剪应力为

$$\tau=\frac{Q}{A}=\frac{P/4}{\pi d^2/4}=\frac{80\times10^3}{\pi\times0.016^2}=99.5\times10^6\,(\mathrm{Pa})=99.5\ \mathrm{MPa}<[\tau]$$

满足剪切强度条件。

(2)校核铆钉的挤压强度。由图 7-7(b)可知，铆钉的计算挤压应力为

$$\sigma_c=\frac{P_c}{A_c}=\frac{P/4}{td}=\frac{80\times10^3}{4\times0.012\times0.016}=104\times10^6\,(\mathrm{Pa})=104\ \mathrm{MPa}<[\sigma_c]$$

满足挤压强度条件。

(3)校核板的抗拉强度。上板的轴力图如图 7-7(c)所示，受削弱的截面 a—a 上的正应力为

$$\sigma=\frac{P}{t(b-2d)}=\frac{80\times10^3}{0.012\times(0.1-2\times0.016)}=98\times10^6\,(\mathrm{Pa})=98\ \mathrm{MPa}<[\sigma]$$

满足抗拉强度条件。

任务 7-3　剪切胡克定律与剪应力互等定理

7.3.1　剪切胡克定律

杆件发生剪切变形时，杆件内与外力平行的截面就会产生相对错动。若在杆件受剪区域内截取一微小的直角六面体[图 7-8(a)]，该直角六面体在剪切变形后，截面发生相对滑动，致使直角六面体变为斜平行六面体，原来的直角有了微小的变化，这个直角的改变量称为剪应变。

剪应力 τ 与剪应变 γ 的关系，如同前述正应力 σ 与线应变一样。试验证明：当剪应力不超过材料的剪切比例极限 τ_p 或弹性极限 τ_e 时，剪应变与剪应力呈线性弹性关系[图 7-8(b)]，即：

$$\tau=G\gamma \tag{7-6}$$

式(7-6)称为剪切胡克定律。式中 G 称为材料的剪变模量，它是表示材料抵抗剪切变形能力的物理量，其单位与应力相同，常采用 GPa。各种材料的 G 值均由实验测定。钢材的 G 值约为 80 GPa。G 值越大，表示材料抵抗剪切变形的能力越强，它是材料的弹性指标之一。对于各向同性的材料，其弹性模量 E、剪变模量 G 和泊松比 μ 三者之间的关系为

$$G=\frac{E}{2(1+\mu)} \tag{7-7}$$

当知道 E、G、μ 三者中的任意两个，即可由式(7-7)计算出第三个弹性常数。

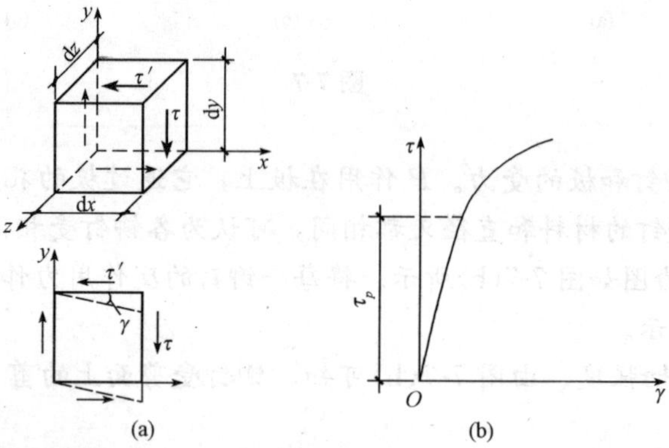

图 7-8

7.3.2　剪应力互等定理

现以图 7-8(a)所示的直角六面体为例，研究其受力情况。设该直角六面体的边长分别为 dx、dy、dz，已知直角六面体左右两侧面上，无正应力，只有剪应力 τ，且这两个面上的剪应力数值相等，但方向相反。因而，这两个面上的剪力组成一个力偶，其力偶矩为 $(\tau \mathrm{d}z\mathrm{d}y)\mathrm{d}x$。由于直角六面体的前后两个面上无任何应力，而该直角六面体处于平衡状态，为与左右两侧面上组成的力偶平衡，因而其上下两个面上必存在大小相等、方向相反的剪应力 τ'，它们组成的力偶矩为 $(\tau'\mathrm{d}z\mathrm{d}y)\mathrm{d}x$，且满足

$$(\tau \mathrm{d}z\mathrm{d}y)\mathrm{d}x=(\tau'\mathrm{d}z\mathrm{d}y)\mathrm{d}x$$

由此可得

$$\tau=\tau' \tag{7-8}$$

式(7-8)表明：过一点相互垂直的两个平面上，若其中某一平面存在剪应力，则另一平面上必存在剪应力，两者数值相等，方向均垂直于两平面的交线，且共同指向或背离交线(即两者正负号相反)，这一规律称为剪应力互等定理。

上述直角六面体的两个侧面上只有剪应力，而无正应力，这种受力状态称为纯剪切应力状态。剪应力互等定理对于纯剪切应力状态或其他应力状态都是适用的。

任务 7-4　圆轴扭转计算

7.4.1　扭转的概念

工程中有许多杆件承受扭转变形。例如，当钳工攻螺纹孔时，两手所加的外力偶作用在丝锥杆的上端，工件的反作用力偶作用在丝锥杆的下端，使得丝锥杆发生扭转变形，如图 7-9 所示。图 7-10 所示的方向盘操纵杆以及一些传动轴等均是扭转变形的实例，它们的受力简图如图 7-11 所示。房屋的雨篷梁也有扭转变形，如图 7-12 所示。

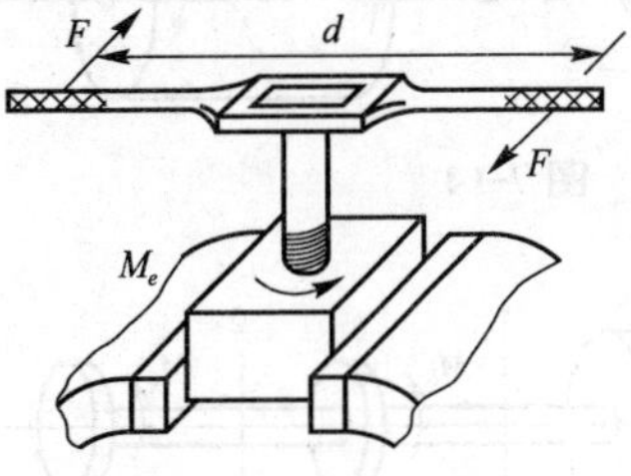

图 7-9

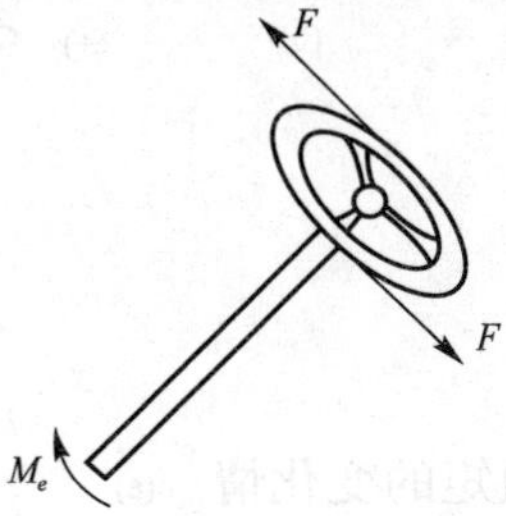

图 7-10

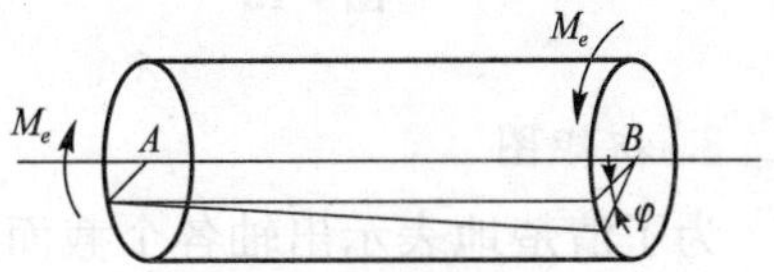

图 7-11

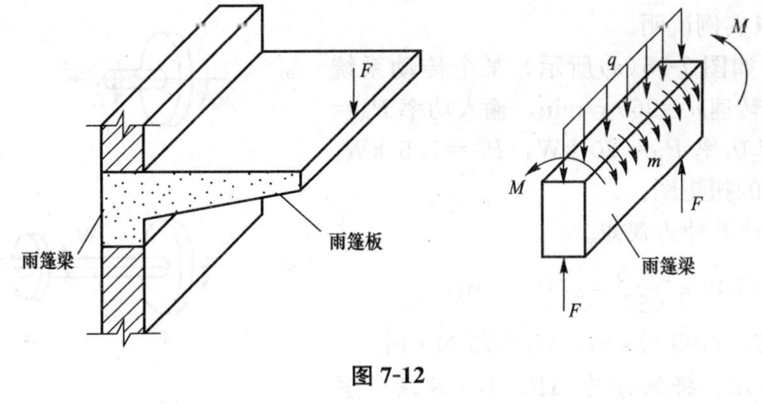

图 7-12

7.4.2　圆轴扭转时的内力——扭矩

1. 扭矩计算

如图 7-13 所示为等截面圆轴，已知外力偶矩 M_e，由截面法求横截面上的内力。

将轴沿截面 $m—m$ 截开，分析左段的平衡问题，截面上必有内力矩 T，有平衡条件：

$$\sum M_x=0,\ M_e-T=0,\ T=M_e$$

T 称为扭矩，单位为 N·m。若取右段分析，求出的截面内力矩大小相等，但方向相反。

2. 扭矩正负号的规定

扭矩符号的规定采用右手螺旋法则：四指顺着扭矩的转向握住轴，大拇指方向与 x 轴方向相同则为正；反之则为负，如图 7-14 所示。一般情况下，扭矩 T 是横截面的位置 x 的函数，即 $T=T(x)$。

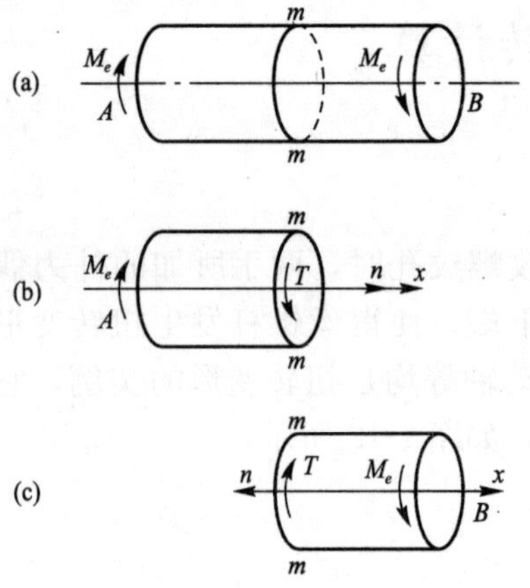

图 7-13

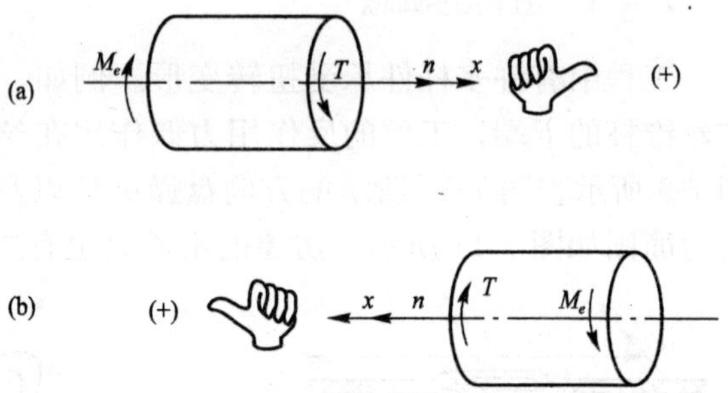

图 7-14

3. 扭矩图

为了清楚地表示出轴各个截面上扭矩的变化情况，通常将扭矩随截面位置的变化规律绘制成图，称为扭矩图。扭矩图的做法、规则及注意点与轴力图相同。下面以实例说明。

【例 7-2】 如图 7-15(a)所示，某个传动系统的主轴 ABC 的转速 $n=960$ r/min，输入功率 $P_A=27.5$ kW，输出功率 $P_B=20$ kW，$P_C=7.5$ kW。试画出 ABC 轴的扭矩图。

【解】 (1)计算外力偶矩。

$$M_A=9\ 549\times\frac{27.5}{960}=274(\text{N}\cdot\text{m})$$

同理可得　　$M_B=199$ N·m，$M_C=75$ N·m。

(2)计算扭矩。将轴分为 AB、BC 两段计算扭矩。

对于 AB 段[图 7-15(b)]

由平衡条件　　$\sum M_x=0$，$T_1+M_A=0$

可得　　$T_1=-M_A=-274$ N·m

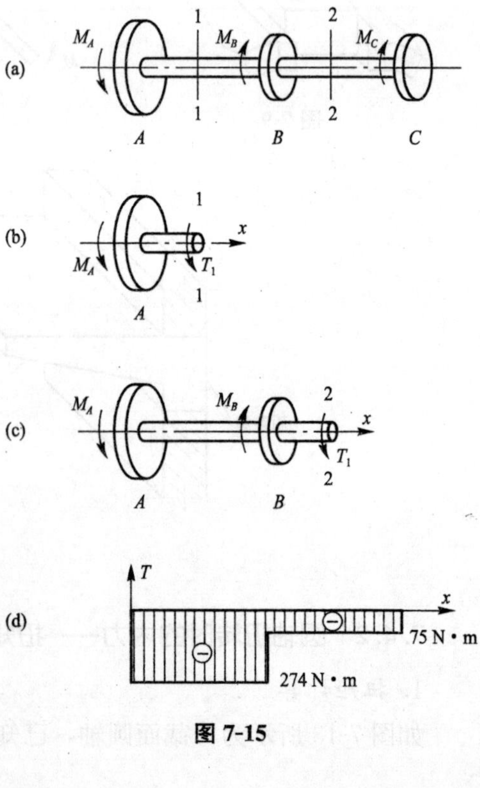

图 7-15

对于 BC 段[图 7-15(c)]

由平衡条件　　$\sum M_x=0$，$T_2+M_A-M_B=0$

可得　　$T_2=-M_A+M_B=-274+199=-75(\mathrm{N\cdot m})$

(3)画扭矩图。根据以上结果，按比例绘扭矩图[图 7-15(d)]。

最大力偶矩发生在 AB 段内，即 $T_{\max}=274\ \mathrm{N\cdot m}$。

7.4.3　圆轴扭转时的剪应力

经过理论研究得知，圆轴扭转时截面上任意点只存在着剪应力，其剪应力 τ 的大小与横截面上的扭矩 T 及要求剪应力点到圆心的距离(半径)ρ 点成正比，剪应力的方向垂直于半径。其计算公式为

$$\tau=\frac{T}{I_P}\cdot\rho \tag{7-9}$$

式中　I_P——截面对形心的极惯性矩，它是一个与截面形状和尺寸有关的几何量，其定义为

$$I_P=\int_A\rho^2\,\mathrm{d}A$$

实心圆周截面的极惯性矩为

$$I_P=\frac{\pi d^4}{32} \tag{7-10}$$

空心圆轴截面的极惯性矩为

$$I_P=\frac{\pi D^4}{32}-\frac{\pi d^4}{32}=\frac{\pi}{32}(D^4-d^4) \tag{7-11}$$

D 和 d 分别为圆形空心截面的外直径和内直径。

从式(7-9)可以看出，在同一截面上剪应力沿半径方向呈直线变化，同一圆周上各点剪应力相等，如图 7-16(b)所示。

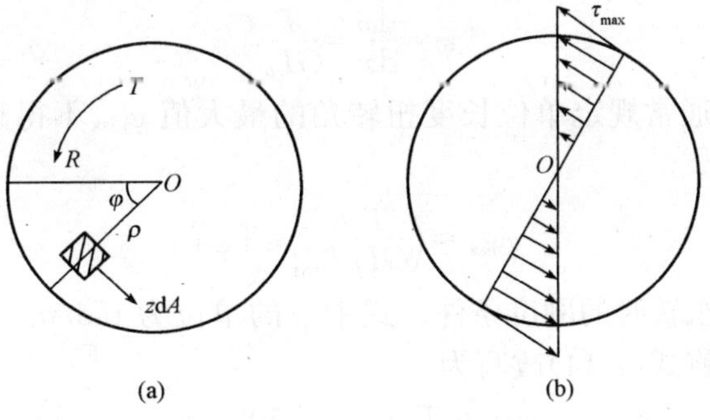

图 7-16

7.4.4　圆轴扭转时的强度条件

圆轴扭转时横截面上的最大工作切应力 $\tau_{\max}$ 不得超过材料的许用切应力$[\tau]$，即

$$\tau_{\max}\leqslant[\tau] \tag{7-12}$$

式(7-12)称为圆轴扭转时的强度条件。

对于等截面圆轴，从轴的受力情况或由扭矩图可以确定最大扭矩 $T_{\max}$，最大切应力 $\tau_{\max}$

发生于 T_{max}所在截面的边缘上。因而强度条件可改写为

$$\tau_{max}=\frac{T_{max}}{W_t}\leqslant[\tau] \tag{7-13}$$

对于变截面杆，如阶梯轴、圆锥形杆等，W_t 不是常量，τ_{max}并不一定发生在扭矩为极值 T_{max}的截面上，这要综合考虑扭矩 T 和抗扭截面系数 W_t 两者的变化情况来确定 τ_{max}。

在静载荷情况下，扭转许用切应力$[\tau]$与许用拉应力$[\sigma]$之间有如下关系：

钢　　$[\tau]=(0.5\sim0.6)[\sigma]$

铸铁　　$[\tau]=(0.8\sim1.0)[\sigma]$

轴类零件由于考虑到动载荷等原因，故其所取许用切应力一般比静载荷的许用切应力还要低。

【例 7-3】 一空心轴 $\alpha=d/D=0.8$，转速 $n=250$ r/m，功率 $N=60$ kW，$[\tau]=40$ MPa，求轴的外直径 D 和内直径 d。

【解】

$$m=9\ 549\frac{N}{n}=9\ 549\times\frac{60}{250}=2\ 291.76(\text{N}\cdot\text{m})$$

由

$$\frac{m}{\frac{\pi D^3}{16}(1-\alpha^4)}=\frac{2\ 291.76}{\frac{\pi D^3}{16}(1-0.8^4)}=40\times10^6$$

得

$$D=79.1\ \text{mm},\ d=63.3\ \text{mm}$$

实践证明在载荷相同的条件下，空心轴的重量只为实心轴的 31%，其减轻重量节约材料的效果是非常明显的。这是因为横截面上的切应力沿半径按线性规律分布，圆心附近的应力很小，材料没有充分发挥作用。若把轴心附近的材料向边缘移置，使其成为空心轴，就会增大 I_P 和 W_t，从而提高了轴的强度。

7.4.5 圆轴扭转时的刚度条件

用 φ 表示单位长度扭转角，有

$$\varphi=\frac{\mathrm{d}\varphi}{\mathrm{d}x}=\frac{T}{GI_p}$$

为保证轴的刚度，通常规定单位长度扭转角的最大值 φ_{max}不得超过许用单位长度扭转角$[\varphi]$，即

$$\varphi_{max}=\left(\frac{T}{GI_p}\right)_{max}\leqslant[\varphi] \tag{7-14}$$

式(7-14)称为圆轴扭转时的刚度条件。式中 φ 的单位为 rad/m。工程中，$[\varphi]$的单位习惯上用°/m 给出。为此将式(7-14)改写为

$$\varphi_{max}=\left(\frac{T}{GI_p}\right)_{max}\times\frac{180^\circ}{\pi}\leqslant[\varphi] \tag{7-15}$$

$[\varphi]$的数值可由有关手册查出。下面给出几个参考数据：

精密机器的轴$[\varphi]=(0.25\sim0.50)$°/m

一般传动轴$[\varphi]=(0.5\sim1.0)$°/m

精度要求不高的轴$[\varphi]=(1.0\sim2.5)$°/m

【例 7-4】 图 7-17(a)所示为某组合机床主轴箱内第 4 轴的示意图。轴上有Ⅱ、Ⅲ、Ⅳ三个齿轮，动力由 5 轴经齿轮Ⅲ输送到 4 轴，再由齿轮Ⅱ和Ⅳ带动 1、2 和 3 轴。1 和 2 轴同时钻孔，

共消耗功率 0.756 kW；3 轴扩孔，消耗功率 2.98 kW。若 4 轴的转速为 183.5 r/min，材料为 Q235，$G=80$ GPa。取$[\tau]=40$ MPa，$[\varphi]=1.5°/\text{m}$，试设计轴的直径。

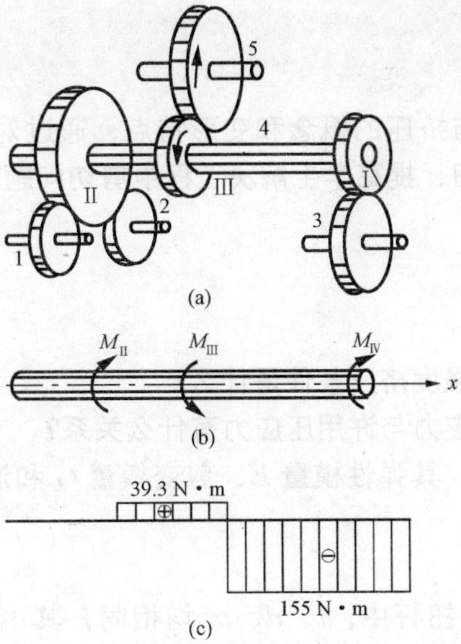

图 7-17

【解】 为了分析 4 轴的受力情况，计算齿轮Ⅱ和Ⅳ上外力偶矩

$$M_{Ⅱ}=9\ 549\frac{P_{Ⅱ}}{n}=9\ 549\times\frac{0.756}{183.5}=39.3(\text{N}\cdot\text{m})$$

$$M_{Ⅳ}=9\ 549\frac{P_{Ⅳ}}{n}=9\ 549\times\frac{2.98}{183.5}=155(\text{N}\cdot\text{m})$$

$M_{Ⅱ}$和$M_{Ⅳ}$同为阻抗力偶矩，故转向相同。若 5 轴经齿轮Ⅲ传递给 4 轴的主动力偶矩为 $M_{Ⅲ}$，$M_{Ⅲ}$的转向应该与阻抗力偶矩的转向相反，如图 7-17(b)所示。于是由平衡方程$M_x=0$，得

$$M_{Ⅲ}-M_{Ⅱ}-M_{Ⅳ}=0$$

$$M_{Ⅲ}=M_{Ⅱ}+M_{Ⅳ}=39.3+155=194.3(\text{N}\cdot\text{m})$$

根据作用于 4 轴上的 $M_{Ⅱ}$、$M_{Ⅲ}$、$M_{Ⅳ}$ 的数值，做扭矩图如图 7-17(c)所示。从扭矩图看出，在齿轮Ⅲ和Ⅳ之间，轴的任一横截面上的扭矩皆为最大值，且

$$T_{\max}=155\ \text{N}\cdot\text{m}$$

由强度条件

$$\tau_{\max}=\frac{T_{\max}}{W_t}=\frac{16T_{\max}}{\pi D^3}\leqslant[\tau]$$

得

$$D\geqslant\left(\frac{16T_{\max}}{\pi[\tau]}\right)^{\frac{1}{3}}=\left(\frac{16\times155}{\pi\times40\times10^6}\right)^{\frac{1}{3}}=0.027(\text{m})=27\ \text{mm}$$

其次，由刚度条件

$$\varphi_{\max}=\frac{T_{\max}}{GI_p}\times\frac{180}{\pi}=\frac{32T_{\max}\times180}{G\pi^2D^4}\leqslant[\varphi]$$

得

$$D\geqslant\left(\frac{32\times T_{\max}\times180}{G\pi^2[\varphi]}\right)^{\frac{1}{4}}=\left(\frac{32\times155\times180}{80\times10^9\times\pi^2\times1.5}\right)^{\frac{1}{4}}=0.029\ 5(\text{m})=29.5\ \text{mm}$$

根据以上计算，为了同时满足强度和刚度要求，选定轴的直径 $D=30$ mm。可见，刚

度条件是 4 轴的控制因素。由于刚度是大多数机床的主要矛盾，所以，用刚度作为控制因素的轴是相当普遍的。

本章小结

本模块主要介绍了剪切与挤压的概念和变形特点，通过对剪切和挤压的概念、变形等受力特征以及强度条件的学习，提高学生解决工程中剪切问题和挤压问题的计算。

复习思考题

1. 什么是剪切变形？

2. 挤压应力如何确定？强度挤压条件是什么？

3. 钢连接件的许用挤压应力与许用压应力有什么关系？

4. 对于各向同性的材料，其弹性模量 E、剪变模量 G 和泊松比 μ 三者之间的关系是什么？

5. 试述剪应力互等定理。

复习思考题参考答案

6. 图 7-18 所示的两个受扭杆中，l、d、m 均相同，其中一为钢杆，另一为铜杆。请问：两杆中的最大剪应力是否相同？两杆的扭转角 φ_{AB} 是否相同？

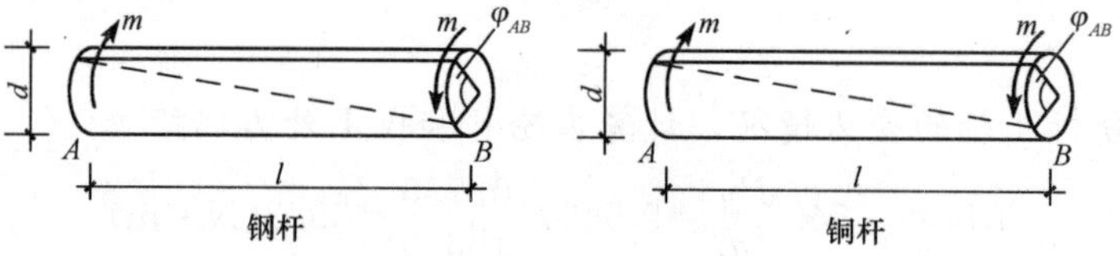

图 7-18

习　题

1. 图 7-19 所示的螺栓连接件，已知材料的许用切应力[τ]和许用拉应力[σ]之间的关系为[τ]=0.6[σ]，试求螺栓直径 d 与螺栓头高度 h 的合理比值。

2. 图 7-20 所示圆轴上作用四个外力偶矩，已知 $M_1=1\ \mathrm{kN\cdot m}$，$M_2=1\ \mathrm{kN\cdot m}$，$M_3=2\ \mathrm{kN\cdot m}$，$M_4=4\ \mathrm{kN\cdot m}$。(1)绘制该轴的扭矩图，并计算最大扭矩。(2)若将外力偶矩 M_3 和 M_4 的位置对调，最大扭矩有何变化？哪种情况更合理？

习题参考答案

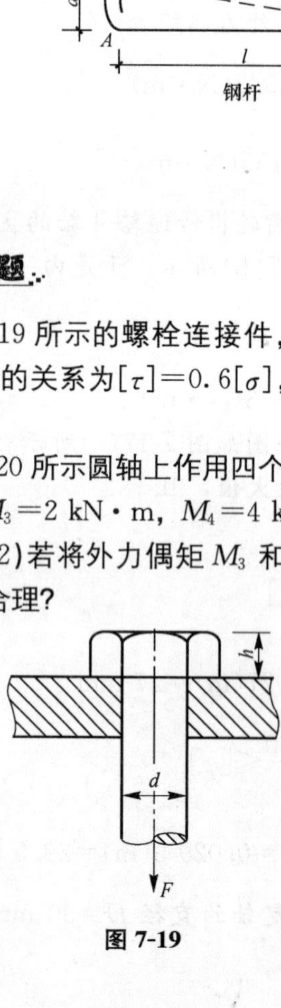

图 7-19

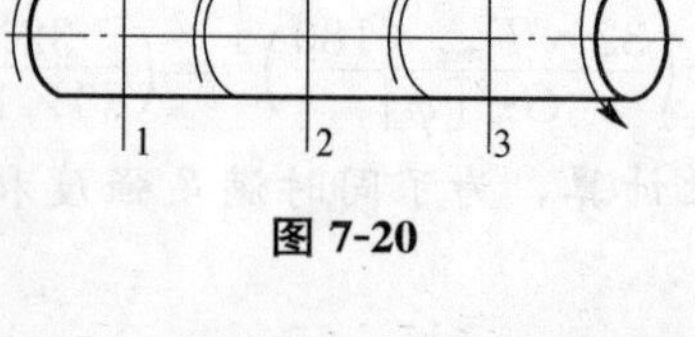

图 7-20

3. 如图 7-21 所示的铆钉连接接头中，已知 $P=60$ kN，$t=12$ mm，$b=80$ mm，铆钉材料的许用剪应力$[\tau]=140$ MPa，许用挤压应力$[\sigma_c]=300$ MPa，板的许用拉应力$[\sigma]=160$ MPa，试分别校核铆钉和板的强度。

4. 如图 7-22 所示铆接接头中，已知 $P=220$ kN，$t=22$ mm，$t_1=14$ mm，$b=140$ mm。已知铆钉直径 $d=16$ mm，铆钉材料的许用剪应力$[\tau]=140$ MPa，许用挤压应力$[\sigma_c]=300$ MPa，板的许用拉应力$[\sigma]=160$ MPa，试校核该接头的强度。

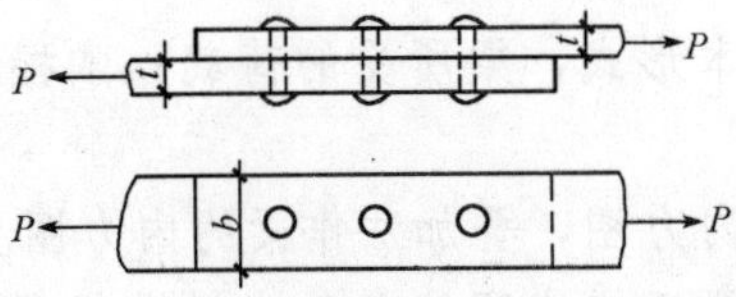

图 7-21

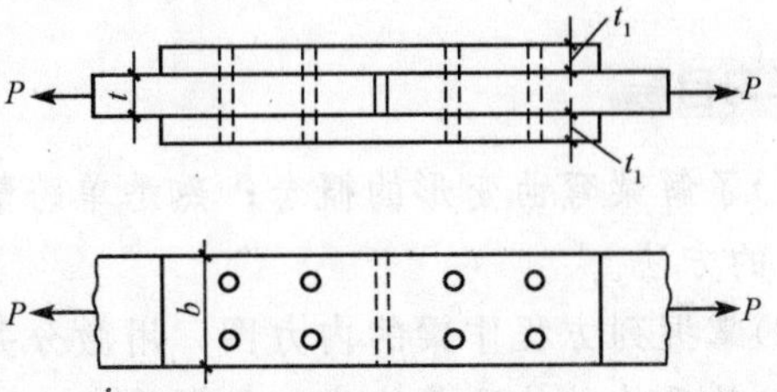

图 7-22

5. 实心轴和空心轴通过牙嵌离合器连在一起，如图 7-23 所示。已知轴的转速 $n=100$ r/min，传递功率 $P=7.5$ kW，$[\tau]=20$ MPa。试选择实心轴的直径 d_1 和内外径比值为$\frac{1}{2}$的空心轴外径 D_2。

6. 如图 7-24 所示两端固定的圆杆，作用在其上的外力偶矩为 M_1 和 M_2，且 $M_1=2M_2$，$a=c=\frac{l}{4}$，$b=\frac{l}{2}$，求固定端的约束反力偶矩和 CD 段的扭矩。

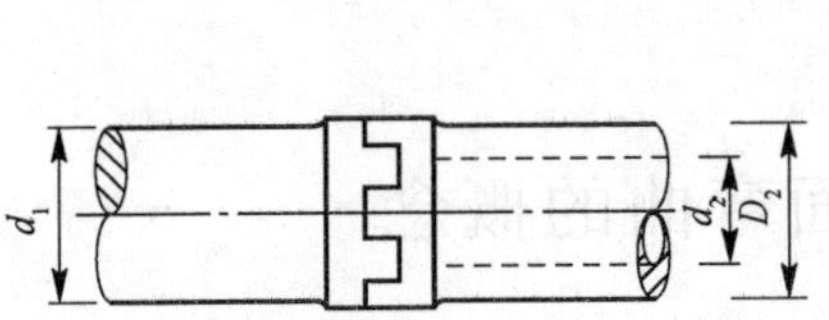

图 7-23

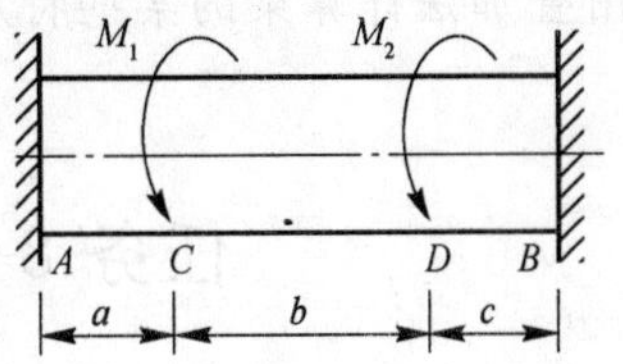

图 7-24

7. 如图 7-25 所示矩形截面钢杆，在两端受外力偶矩 $T=4$ kN·m 的作用，已知材料的许用剪应力$[\tau]=100$ MPa，剪切弹性模量 $G=8\times10^4$ MPa，杆件的许用单位长度扭转角$[\theta]=1$ °/m。试计算杆件内最大剪切应力的大小、位置，并校核杆件强度与刚度。

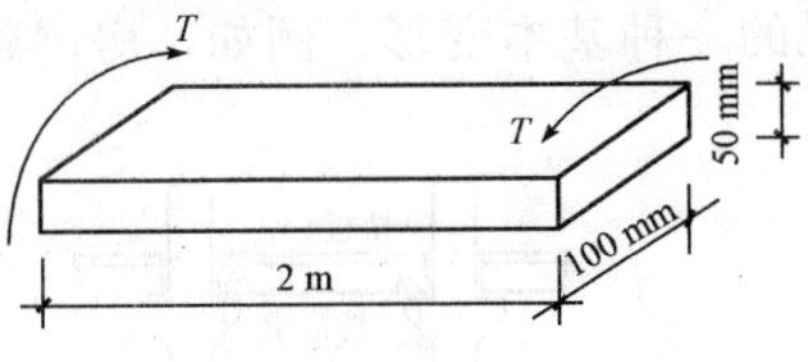

图 7-25

模块 8　梁的计算

学习目标

(1)了解梁弯曲变形的概念；熟悉单跨静定梁的基本形式，梁所受的荷载；掌握截面法求内力的方法。

(2)掌握列方程作梁的内力图，用微分关系作梁的内力图，叠加法作梁的内力图。

(3)熟悉构件的承载能力；掌握梁正应力的计算、梁正应力强度条件，梁横截面上剪切应力的计算及梁的剪应力强度条件。

(4)熟悉用叠加法计算梁的变形，梁的刚度条件，提高梁刚度的措施。

学习任务

(1)能用截面法和简易法计算梁任意横截面的剪力和弯矩。

(2)能列出梁的剪力方程和弯矩方程，并画出剪力图和弯矩图。

(3)能应用剪应力强度条件对梁进行强度校核。

(4)能用叠加法计算梁的某些特定截面的挠度和转角。

任务 8-1　平面弯曲的概念

8.1.1　梁弯曲变形的概念

弯曲是构件的基本变形形式之一。当杆件受到垂直于杆件轴线的外力作用或在纵向平面内受到力偶作用(图 8-1)时，杆件轴线由直线弯成曲线，这种变形形式称为弯曲。常见的梁就是以弯曲变形为主的构件。

弯曲变形是工程中最常见的一种基本变形。例如，房屋建筑中的楼板梁[图 8-2(a)]、桥梁中的纵梁[图 8-2(b)]等。

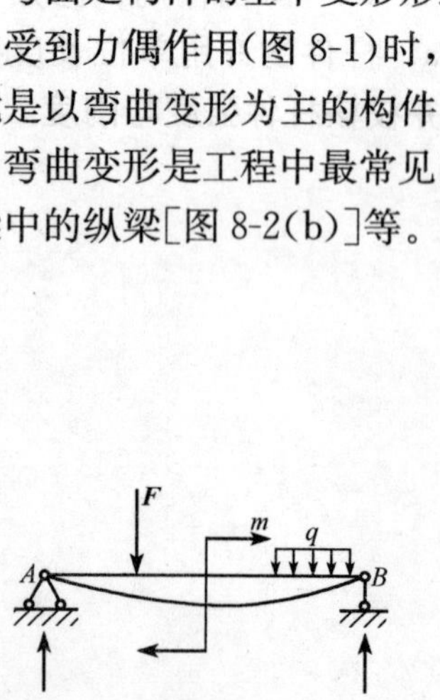

图 8-1

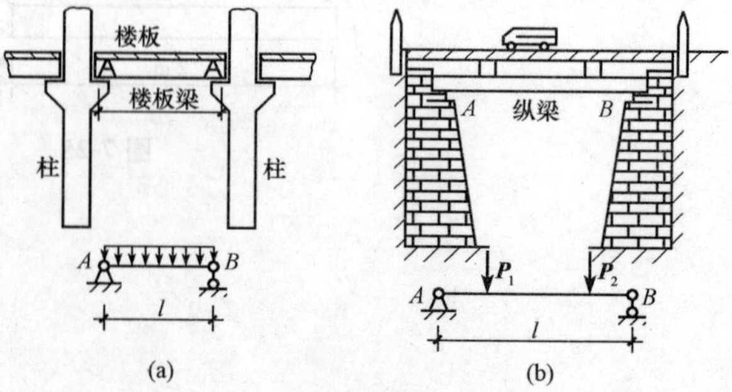

图 8-2

工程中常见的梁，其横截面往往有一根对称轴，如图 8-3 所示。这根对称轴与梁轴线所组成的平面，称为纵向对称平面(图 8-4)。如果作用在梁上的外力(包括荷载和支座反力)和外力偶都位于纵向对称平面内，梁变形后，轴线将在此纵向对称平面内弯曲。这种梁的弯曲平面与外力作用平面相重合的弯曲，称为平面弯曲。平面弯曲是一种最简单也是最常见的弯曲变形。

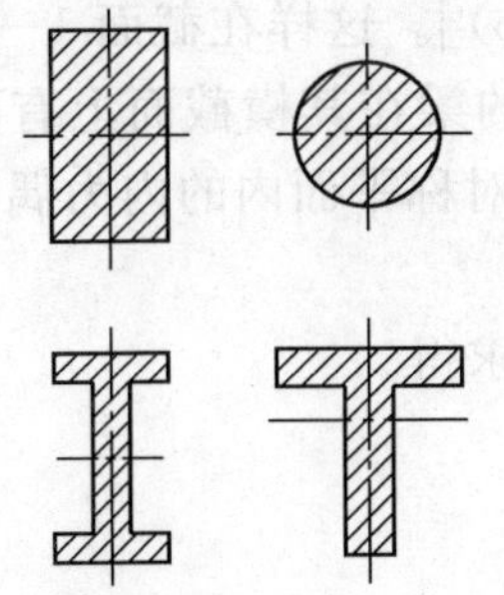

图 8-3

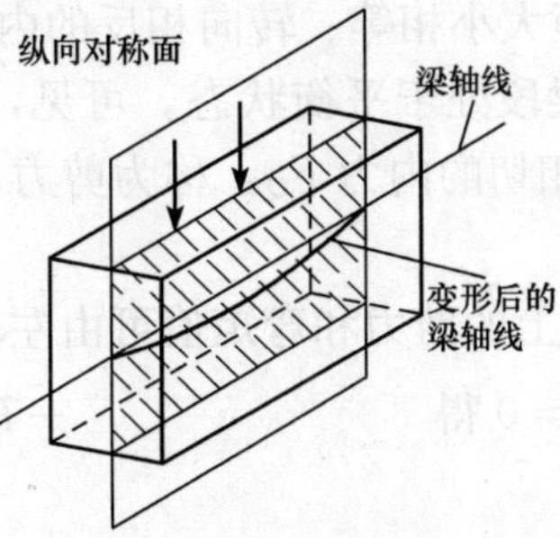

图 8-4

8.1.2 单跨静定梁的基本形式

工程中对于单跨静定梁按其制作情况可分为下列三种形式：

(1)悬臂梁。梁的一端为固定端，另一端为自由端，如图 8-5(a)所示。

(2)简支梁。梁的一端为固定铰支座，另一端为可动铰支座，如图 8-5(b)所示。

(3)外伸梁。梁的一端或两端伸出支座的简支梁，如图 8-5(c)所示。

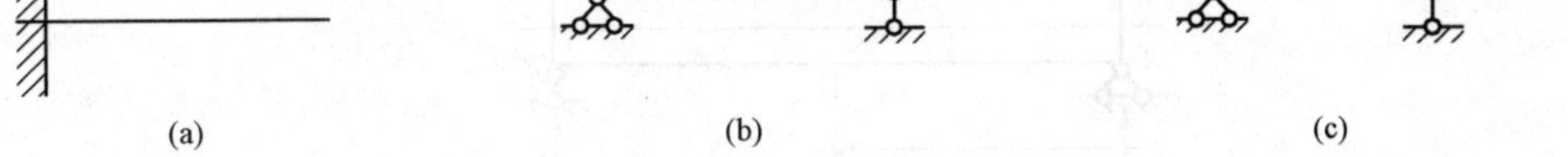

图 8-5

任务 8-2 梁的内力

8.2.1 截面法求内力

1. 剪力和弯矩计算

梁在产生平面弯曲时将会产生哪些内力呢？下面我们仍用求内力的基本方法——截面法来讨论梁的内力。

现以图 8-6(a)所示的简支梁为例来分析。设荷载 F_P 和支座反力 F_{Ay}、F_{By} 均作用在同一纵向对称平面内，组成的平面力系使梁处于平衡状态，欲计算截面 1—1 上的内力。

用一个假想的平面将该梁从要求内力的位置 1—1 处切开，使梁分成左右两段，由于原来梁处于平衡状态，所以，被切开后它的左段或右段也处于平衡状态，可以任取一段为隔离体。现取左段研究。在左段梁上向上的支座反力 F_{Ay} 有使梁段向上移动的可能，为了维持平衡，首先要保证该段在竖直方向不发生移动，于是左段在切开的截面上必定存在与 F_{Ay} 大小相等、方向相反的内力 F_Q。但是，内力 F_Q 只能保证左段梁不移动，还不能保证左段梁不转动，因为支座反力 F_{Ay}，对截面 1—1 形心有一个顺时针方向的力矩，这个力矩使该段有顺时针方向转动的趋势。为了保证左段梁不发生转动，在切开的截面 1－1 上还必定存在一个与 F_{Ay} 力矩大小相等、转向相反的内力偶 μ[图 8-6(b)]。这样在截面 1—1 上同时有了 F_Q 和 M 才使梁段处于平衡状态。可见，产生平面弯曲的梁在其横截面上有两个内力：其一是与横截面相切的内力 F_Q，称为剪力；其二是在纵向对称平面内的内力偶，其力偶矩为 M，称为弯矩。

截面 1—1 上的剪力和弯矩值可由左段梁的平衡条件求得。

由 $\sum F_y=0$ 得
$$-F_Q+F_{Ay}=0$$
$$F_Q=F_{Ay}$$

将力矩方程的矩心选在截面 1－1 的形心 C 点处，剪力 F_Q 将通过矩心。

由 $\sum M_C=0$ 得
$$M-F_{Ay}x=0$$
$$M=F_{Ay}x$$

以上左段梁在截面 1—1 上的剪力和弯矩，实际上是右段梁对左段梁的作用。根据作用力与反作用力原理可知，右段梁在截面 1—1 上的 F_Q、M 与左段梁在截面 1—1 上的 F_Q、M 应大小相等、方向(或转向)相反[图 8-6(c)]。若对右段梁列平衡方程进行求解，求出的 F_Q 及 M 也必然如此，请读者自己验证。

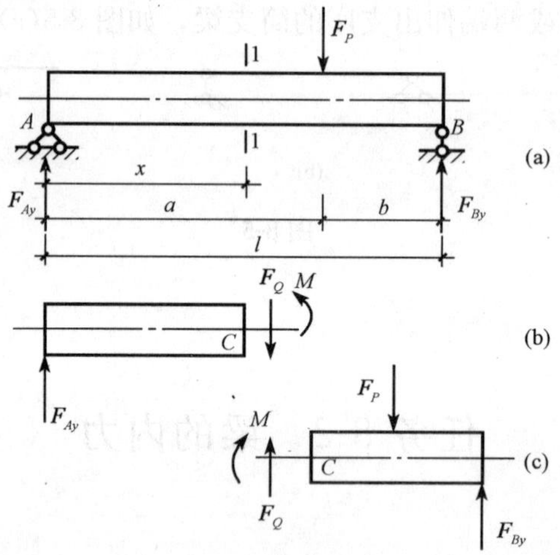

图 8-6

2. 剪力和弯矩的正负号

由上述分析可知：分别取左、右梁段所求出的同一截面上的内力数值虽然相等，但方向(或转向)却正好相反，为了使根据两段梁的平衡条件求得的同一截面(如截面 1—1)上的剪力和弯矩具有相同的正、负号，这里对剪力和弯矩的正负号作如下规定：

(1)剪力的正负号规定。当截面上的剪力 F_Q 使所研究的梁段有顺时针方向转动趋势时，剪力为正[图 8-7(a)]；有逆时针方向转动趋势时剪力为负[图 8-7(b)]。

(2)弯矩的正负号规定。当截面上的弯矩使所研究的水平梁段产生向下凸的变形时(即该梁段的下部受拉，上部受压)，弯矩为正[图 8-8(a)]；产生向上凸的变形时(即该梁段的上部受拉，下部受压)，弯矩为负[图 8-8(b)]。

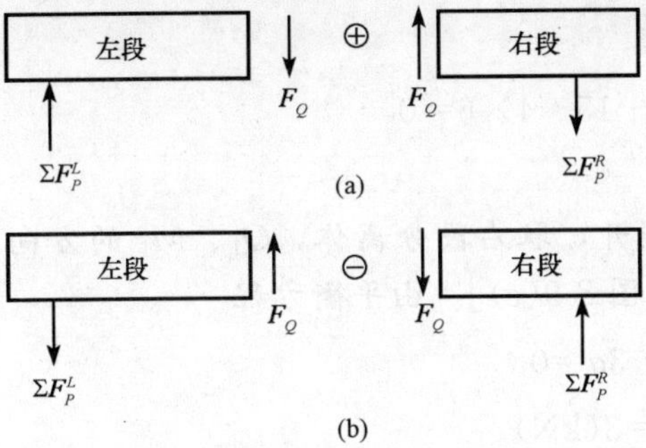

图 8-7

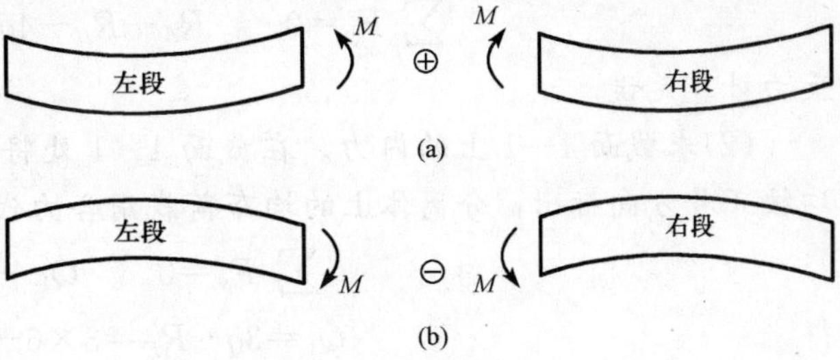

图 8-8

3. 用截面法计算指定截面上的剪力和弯矩计算步骤

用截面法求梁指定截面上的剪力和弯矩时的步骤如下：

(1)求支座反力。

(2)用假想的截面将梁从要求剪力和弯矩的位置截开。

(3)取截面的任一侧为隔离体，作出其受力图，列平衡方程求出剪力和弯矩。

下面举例说明如何用截面法求梁指定截面上的内力——剪力和弯矩。

【例 8-1】 简支梁受载如图 8-9(a)所示，试用截面法求截面 1—1 上的内力。

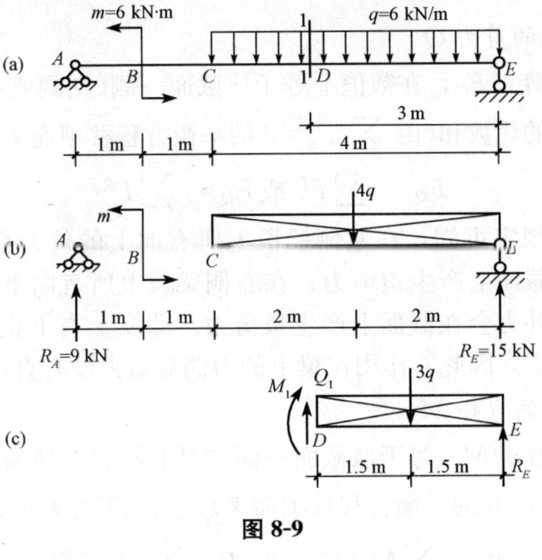

图 8-9

【解】 (1)求支反力。梁上无水平荷载，A 处水平反力为零。求竖向反力 R_A 和 R_B 时，将均布荷载用合力来代替，合力位于 CE 的中点处，其值为 $4q$[图 8-9(b)]。考虑梁的整体平衡，由平衡方程

$$\sum M_E=0 \qquad 4q\times2+m-R_A\times6=0$$

得

$$R_A=9\ \text{kN}$$

$$\sum M_A=0 \qquad R_E\times 6+m-4q\times 4=0$$

得

$$R_E=15\ \text{kN}$$

校核：

$$\sum F_y=0 \qquad R_A+R_B-4q=9+15-4\times 6=0$$

反力计算无误。

(2)求截面1—1上的内力。在截面1—1处将梁截开，取右段分离体，Q_1、M_1 的方向均按正号方向标出，分离体上的均布荷载用合力代替[图8-9(c)]。由平衡方程

$$\sum F_y=0 \qquad Q_1+R_E-3q=0$$

得

$$Q_1=3q-R_E=3\times 6-15=3(\text{kN})$$

$$\sum M_O=0(\text{矩心}\ O\ \text{为截面1—1的形心}) \qquad R_E\times 3-M_1-3q\times 1.5=0$$

得

$$M_1=R_E\times 3-3q\times 1.5=15\times 3-3\times 6\times 1.5=18(\text{kN}\cdot\text{m})$$

8.2.2 梁横截面上内力的简化计算

通过对用截面法计算梁的内力进行分析，可以发现：截面上的内力和该截面一侧外力之间存在一种关系(规律)。因此，通常可以利用规律直接根据截面任一侧梁上的外力来求出该截面上的剪力和弯矩，省去作梁段的受力图和列平衡方程的过程，使计算内力的过程简单化，我们称这种方法为直接用外力计算截面上的剪力和弯矩，简称用规律求剪力和弯矩。

1. 梁任一横截面上的剪力 Q

梁内任一截面上的剪力 F_Q，在数值上等于该截面一侧(左侧或右侧)梁段上所有外力在平行于剪力方向的投影的代数和(由 $\sum F_y=0$ 的平衡方程移项而来)。用式子可表示为

$$F_Q=\sum F^L\ \text{或}\ F_Q=\sum F^R$$

根据剪力正负号的规定可知：在左侧梁段上所有向上的外力会在截面上产生正剪力，而所有向下的外力会在截面上产生负剪力；在右侧梁段上所有向下的外力会在截面上产生正剪力，而所有向上的外力会在截面上产生负剪力。即左上右下正，反之负。由于力偶在任何坐标的投影都等于零，因此，作用在梁上的力偶对剪力没有直接影响。

2. 梁任一横截面上的弯矩 M

梁内任一截面上的弯矩 M，等于该截面一侧(左侧或右侧)所有外力对该截面形心产生力矩的代数和(由 $\sum M_C=0$ 的平衡方程移项而来)，用式子可表示为

$$M=\sum M_C(F^L)\ \text{或}\ M=\sum M_C(F^R)$$

根据对弯矩正负号的规定可知：在左侧梁段上的外力(包括外力偶)对截面形心的力矩为顺时针时，在截面上产生正弯矩；为逆时针时在截面上产生负弯矩。在右侧梁段上的外力(包括外力偶)对截面形心的力矩为逆时针时，在截面上产生正弯矩；为顺时针时在截面上产生负弯矩。即左顺右逆正，反之负。

【例8-2】 求图8-10所示简支梁指定截面上的剪力和弯矩($M=8\ \text{kN}\cdot\text{m}$，$q=2\ \text{kN/m}$)。

【解】 (1)求支座反力，由平衡方程

$\sum M_B(F)=0$ 得 $F_{Ay}\times 4-8+2\times 2\times 1=0$

$F_{Ay}=1\ \text{kN}(\downarrow)$

$\sum M_A(F)=0$ 得 $F_{By}\times 4-8+2\times 2\times 3=0$

$F_{By}=5\ \text{kN}(\uparrow)$

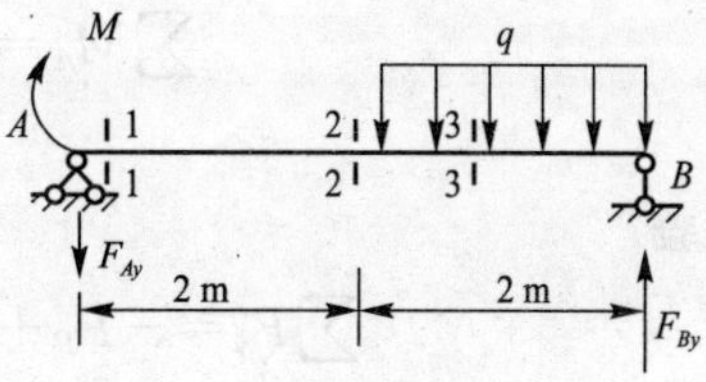

图 8-10

(2)求截面 1—1 上的剪力和弯矩。取截面 1—1 的左侧梁段为研究对象。作用在左侧梁段上的外力有力偶 M，支座反力 F_{Ay}，由 $F_Q=\sum F^L$ 及左上剪力正，反之为负的规律可知

$$F_{Q1}=-F_{Ay}=-1\ \text{kN}$$

由 $M=\sum M_C(F^L)$ 及顺转弯矩正的规律可知

$$M_1=8\ \text{kN}\cdot\text{m}$$

(3)求截面 2—2 上的剪力和弯矩。取截面 2—2 的右侧梁段为研究对象。作用在右侧梁段上的外力有均布荷载 q，支座反力 F_{By}，由 $F_Q=\sum F^L$ 及右下剪力正的规律可知

$$F_{Q2}=q\times 2-F_{By}=2\times 2-5=-1(\text{kN})$$

由 $M=\sum M_C(F^R)$ 及右逆转弯矩正，反之负的规律可知

$$M_2=-q\times 2\times 1+F_{By}\times 2=-2\times 2\times 1+5\times 2=6(\text{kN}\cdot\text{m})$$

(4)求截面 3—3 上的剪力和弯矩。取截面 3—3 的右侧梁段为研究对象。作用在右侧梁段上的外力有均布荷载 q，支座反力 F_{By}，由 $F_Q=\sum F^L$ 及右下剪力正，反之为负的规律可知

$$F_{Q3}=q\times 1-F_{By}=2\times 1-5=-3(\text{kN})$$

由 $M=\sum M_C(F^R)$ 及右逆转弯矩正，反之为负的规律可知

$$M_3=-q\times 1\times 0.5+F_{By}\times 1=-2\times 1\times 0.5+5\times 1=4(\text{kN}\cdot\text{m})$$

在计算截面 1—1 的剪力和弯矩时也可以取该截面右侧计算，在求截面 2—2、3—3 的剪力和弯矩时也可以取该截面左侧计算，请读者自行练习。

【例 8-3】 求图 8-11 所示外伸梁指定截面上的剪力和弯矩。已知：$M=6\ \text{kN}\cdot\text{m}$，$q=1\ \text{kN/m}$，$F_P=3\ \text{kN}$。

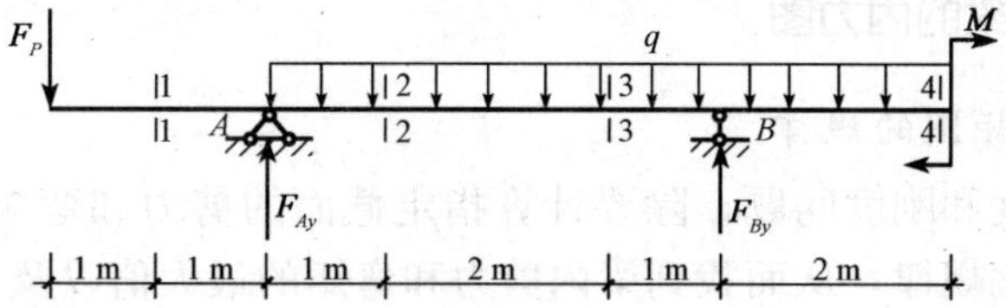

图 8-11

【解】 (1)求支座反力。

$$\sum M_B=0,\ -F_{Ay}\times 4+F_P\times 9+q\times 6\times 1-M=0$$

得 $$F_{Ay}=4.5\ \text{kN}\quad(\uparrow)$$

$$\sum M_A=0 \quad F_{By}\times4+F_P\times2-q\times6\times3-M=0$$

得 $$F_{By}=4.5\ \text{kN} \quad (\uparrow)$$

检验

$$\sum F_y=-F_P+F_{Ay}-q\times6+F_{By}=-3+4.5-1\times6+4.5=0$$

说明支座反力计算正确。

(2)求截面1—1、2—2上的剪力和弯矩。从要求剪力和弯矩的截面位置处将梁截开后，取该截面的左侧为隔离体。由 $F_Q=\sum F^L$ 及“左上剪力正”、$M=\sum M_C(F^L)$及“左顺弯矩正”的规律可知

截面1—1： $$F_{Q1}=-F_P=-3(\text{kN})$$

$$M_1=-F_P\times1=-3\times1=-3(\text{kN}\cdot\text{m})$$

截面2—2： $$F_{Q2}=-F_P+F_{Ay}-q\times1=-3+4.5-1\times1=0.5(\text{kN})$$

$$M_2=-F_P\times3+F_{Ay}\times1-q\times1\times0.5=-3\times3+4.5\times1-1\times1\times0.5=-5(\text{kN}\cdot\text{m})$$

(3)求截面3—3、4—4上的剪力和弯矩。从要求剪力和弯矩的截面位置处将梁截开后，取该截面的右侧为隔离体。由 $F_Q=\sum F^R$ 及“右下剪力正”、$M=\sum M_C(F^R)$及右逆弯矩正的规律可知

截面3—3： $$F_{Q3}=q\times3-F_{By}=1\times3-4.5=-1.5(\text{kN})$$

$$M_3=-M-q\times3\times1.5+F_{By}\times1=-6-1\times3\times1.5+4.5\times1=-6(\text{kN}\cdot\text{m})$$

截面4—4： $$F_{Q4}=0$$

$$M_4=-M=-6(\text{kN}\cdot\text{m})$$

显然，用“规律”直接计算剪力和弯矩比较简捷，因此，实际计算时经常使用。

任务8-3 梁的内力图

8.3.1 列方程作梁的内力图

1. 绘制剪力和弯矩图的规律

为了计算梁的强度和刚度问题，除要计算指定截面的剪力和弯矩外，还必须知道剪力和弯矩沿梁轴线的变化规律，从而找到梁内剪力和弯矩的最大值以及它们所在的截面位置。

从上节的讨论可以看出，梁内各截面上的剪力和弯矩一般随截面的位置而变化。若横截面的位置用沿梁轴线的坐标 x 来表示，则各横截面上的剪力和弯矩都可以表示为坐标 x 的函数，即

$$Q=Q(x) M=M(x)$$

以上两个函数式表示梁内剪力和弯矩沿梁轴线的变化规律，分别称为剪力方程和弯矩方程。

2. 绘制剪力和弯矩图的步骤

为了形象地表明沿梁轴线各横截面上剪力和弯矩的变化情况，通常，将剪力和弯矩在全梁范围内变化的规律用图形来表示，这种图形称为剪力图和弯矩图。

作剪力图和弯矩图最基本的方法是：根据剪力方程和弯矩方程分别绘出剪力图和弯矩图。绘图时，以平行于梁轴线的坐标 x 表示梁横截面的位置，以垂直于 x 轴的纵坐标(按适当的比例)表示相应横截面上的剪力或弯矩。

在土建工程中，对于水平梁而言，习惯将正剪力作在 x 轴的上方，负剪力作在 x 轴的下方，并标明正、负号；正弯矩作在 x 轴的下方，负弯矩作在 x 轴的上方，即弯矩图总是作在梁受拉的一侧。对于非水平梁而言，剪力图可以作在梁轴线的任一侧，并标明正、负号；弯矩图作在梁受拉的一侧。

下面举例说明列剪力方程、弯矩方程以及绘制剪力图、弯矩图的方法。

【例 8-4】 图 8-12(a)所示的简支梁，试作梁的剪力图和弯矩图。

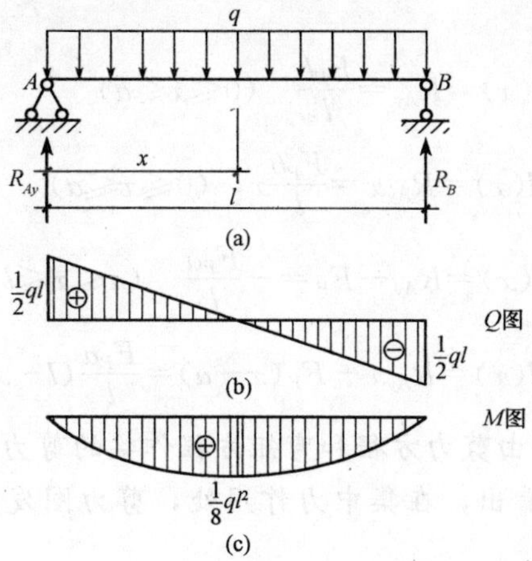

图 8-12

【解】 (1)求支座反力。由对称性可知：

$$R_{Ay}=R_B=\frac{1}{2}ql(\uparrow)$$

(2)列剪力方程和弯矩方程。取梁的左端为坐标原点，则

$$Q(x)=\frac{1}{2}ql-qx \qquad (0\leqslant x\leqslant l)$$

$$M(x)=\frac{1}{2}qlx-\frac{1}{2}qx^2 \qquad (0\leqslant x\leqslant l)$$

(3)画剪力图和弯矩图。由剪力方程可知，剪力图为一斜直线，此直线可通过两点画出：

当 $x=0$ 时，$Q=\frac{1}{2}ql$；当 $x=l$ 时，$Q=-\frac{1}{2}ql$

作剪力图如图 8-12(b)所示。

由弯矩方程可知，弯矩图为一抛物线，此抛物线至少需要知道三点的值才能确定。

当 $x=0$ 时，$M(x)=0$；当 $x=l$ 时，$M(x)=0$

当 $x=l/2$ 时，$M(x)=\frac{1}{2}ql\cdot\left(\frac{l}{2}\right)-\frac{1}{2}q\left(\frac{l}{2}\right)^2=\frac{1}{8}ql^2$

所作弯矩图如图 8-12(c)所示。

从剪力图和弯矩图中可得结论：在均布荷载作用的梁段，剪力图为斜直线，弯矩图为二次抛物线。在剪力等于零的截面上弯矩有极值。

【例 8-5】 图 8-13(a)所示的简支梁在 C 处受集中力 F_p 作用，试绘制梁的剪力图和弯矩图。

【解】 (1)求支座反力。

由 $\sum M_A=0$ 和 $\sum M_B=0$ 分别求得：

$$R_B=\frac{F_Pa}{l}(\uparrow)\qquad R_{Ay}=\frac{F_Pb}{l}(\uparrow)$$

(2)列剪力方程和弯矩方程。由于在截面 C 处作用集中力 F_p，故将梁分成 AC 和 CB 两段，则：

$$AC\text{段}\quad Q(x)=R_{Ay}=\frac{F_Pb}{l}\quad(0\leqslant x\leqslant a)$$

$$M(x)=R_{Ay}x=\frac{F_Pb}{l}x\quad(0\leqslant x\leqslant a)$$

$$CB\text{段}\quad Q(x)=R_{Ay}-F_P=-\frac{F_Pa}{l}\quad(a\leqslant x\leqslant l)$$

$$M(x)=R_{Ay}x-F_P(x-a)=\frac{F_Pa}{l}(l-x)\quad(a\leqslant x\leqslant l)$$

(3)画剪力图和弯矩图。由剪力方程和弯矩方程作梁的剪力图和弯矩图，分别如图 8-13(b)、(c)所示。从图中可以看出，在集中力作用处，剪力图发生突变，突变量等于该集中力的大小。

从剪力图和弯矩图中可得结论：在无荷载梁段剪力图为平行线，弯矩图为斜直线。在集中力作用处，左右截面上的剪力图发生突变，其突变值等于该集中力的大小，突变方向与该集中力的方向一致；而弯矩图出现转折，即出现尖点，尖点方向与该集中力方向一致。

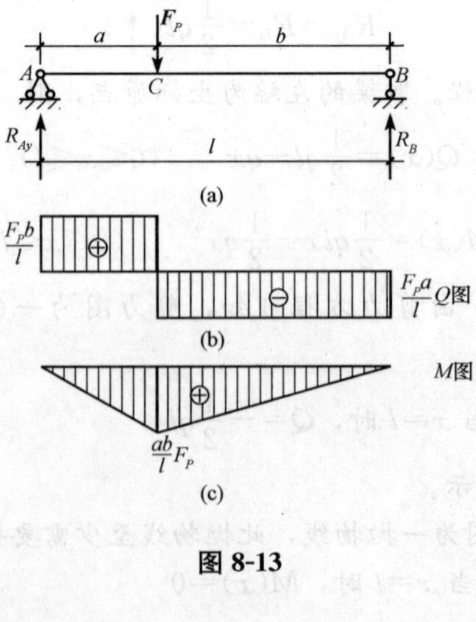

图 8-13

【例 8-6】 图 8-14(a)所示的简支梁在截面 C 处受集中力偶作用，试作梁的剪力图和弯矩图。

【解】 (1)求支座反力。由 $\sum M_A=0$ 和 $\sum M_B=0$ 求得结果为

$$R_A=R_B=\frac{m}{l}$$

方向如图中所示。

剪力表达式为

$$Q(x)=-R_A=-\frac{m}{l}$$

该式适用于全梁，剪力图如图 8-14(b)所示。

(2)列弯矩方程，画弯矩图。由于 C 处有集中力偶，弯矩表达式应分段列出。

$$AC\text{段}\quad M(x_1)=-R_Ax_1=-\frac{m}{l}x_1$$

$$CB\text{段}\quad M(x_2)=R_B(l-x_2)=\frac{m}{l}(l-x_2)$$

两表达式均为 x 的一次函数，弯矩图为两段斜直线，通过

$$\begin{cases}x_1=0,\ M_A=0\\ x_1'=a,\ M_{C\text{左}}=-\dfrac{a}{l}m\end{cases}\qquad\begin{cases}x_2=a,\ M_{C\text{右}}=\dfrac{b}{l}m\\ x_2'=l,\ M_B=0\end{cases}$$

画出梁的弯矩图如图 8-14(c)所示。

由图 8-14(c)看到，在集中力偶作用处(C 处)，弯矩图不连续，C 左侧截面的弯矩值为 $-\frac{a}{l}m$，C 右侧截面的弯矩值为 $\frac{b}{l}m$，弯矩图在 C 点发生了“突变”，且突变的绝对值为 $\frac{a}{l}m+\frac{b}{l}m=m$。此现象也是普遍情况，由此可得结论：在集中力偶作用处，弯矩图发生突变，其突变值等于该力偶的力偶矩。因此，当说明集中力偶作用处的弯矩时，必须指明是集中力偶的左侧截面还是右侧截面，两者是不同的。

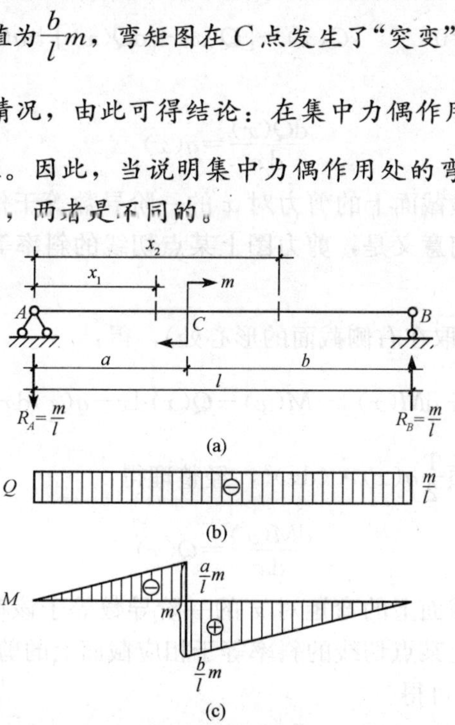

图 8-14

8.3.2 用微分关系作梁的内力图

1. 荷载集度 q、剪力 Q 与弯矩 M 之间的微分关系

由于内力是由梁上的荷载引起的，而荷载集度、剪力和弯矩又都是 x 的函数，因此，三者之间一定存在着某种联系，下面具体推导三者之间的关系。

如图 8-15(a)所示，梁上作用有任意的分布荷载 $q(x)$；设 $q(x)$ 以向上为正，向下为负。我们取梁中的微段来研究。在距左端为 x 处，截取长为 dx 的微段梁，该微段梁左侧横截面上的剪力和弯矩分别为 $Q(x)$ 和 $M(x)$，右侧横截面上的剪力和弯矩则分别为 $Q(x)+dQ(x)$ 和 $M(x)+dM(x)$。此微段梁除两侧面存在剪力、弯矩外，在上面还作用有分布荷载。由于 dx 很微小，可不考虑 $q(x)$ 沿 dx 的变化而在微段上将其看成均布荷载。

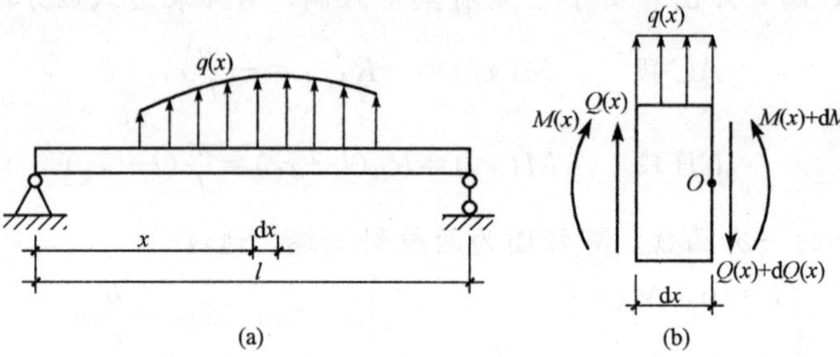

图 8-15

梁处于平衡状态，截取的微段梁也应该是平衡的。由平衡方程

$$\sum F_y=0 \qquad Q(x)-[Q(x)+\mathrm{d}Q(x)]+q(x)\mathrm{d}x=0$$

经整理得：

$$\frac{\mathrm{d}Q(x)}{\mathrm{d}x}=q(x) \tag{8-1}$$

结论一：梁上任意一横截面上的剪力对 x 的一阶导数等于作用在该截面处的分布荷载集度。这一微分关系的几何意义是，剪力图上某点切线的斜率等于相应截面处的分布荷载集度。

由 $\sum M_O=0$(矩心 O 取在右侧截面的形心处)，得：

$$[M(x)+\mathrm{d}M(x)]-M(x)-Q(x)\mathrm{d}x-q(x)\mathrm{d}x\cdot\frac{\mathrm{d}x}{2}=0$$

略去式中的二次微量项 $\frac{1}{2}q(x)\cdot(\mathrm{d}x)^2$，经整理得：

$$\frac{\mathrm{d}M(x)}{\mathrm{d}x}=Q(x) \tag{8-2}$$

结论二：梁上任一横截面上的弯矩对 x 的一阶导数等于该截面上的剪力。这一微分关系的几何意义是，弯矩图上某点切线的斜率等于相应截面上的剪力。

由式(8-2)和式(8-1)又可得

$$\frac{\mathrm{d}^2M(x)}{\mathrm{d}x^2}=q(x) \tag{8-3}$$

结论三：梁上任一横截面上的弯矩对 x 的二阶导数等于该截面处的分布荷载集度。这一微分关系的几何意义是，弯矩图上某点的曲率等于相应截面处的荷载集度，即由分布荷载集度的正负可以确定弯矩图的凹凸方向。

2. 用微分关系法绘制剪力图和弯矩图

利用弯矩、剪力与荷载集度之间的微分关系及其几何意义，可总结出下列一些规律，以用来校核或绘制梁的剪力图和弯矩图。

(1)梁上无分布荷载，即 $q(x)=0$ 的情况：剪力图为一平直线，弯矩图为一斜直线。

由式(8-1)可知，$Q(x)$是常数，即剪力图是一条平行于 x 轴的直线；又由式(8-2)可知该段弯矩图上各点切线的斜率为常数，因此，弯矩图是一条斜直线。

(2)梁上有均布荷载，即 $q(x)=q_0$(常数)的情况：剪力图为一斜直线，弯矩图为二次抛物线。当均布荷载向下时，弯矩图为向下凸的曲线，当均布荷载向上时，弯矩图为向上凸的曲线，如图 8-16 所示。

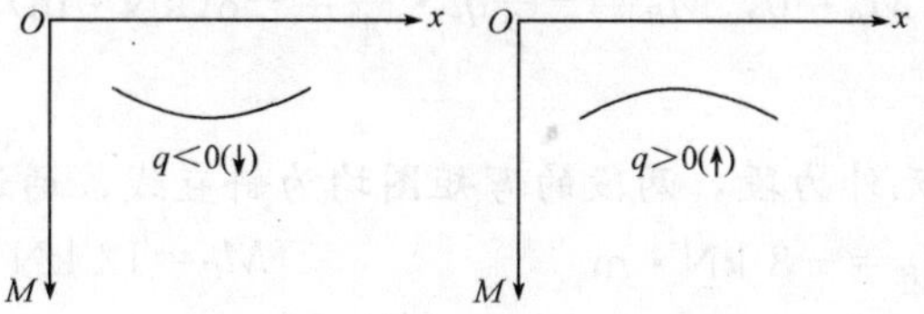

图 8-16

(3)在梁的某段上，若剪力为正值，弯矩曲线下降，若剪力为负值，弯矩曲线上升；若剪力图下降，弯矩图向下凸，若剪力图上升，弯矩图向上凸。

(4)在弯矩图上对应于截面剪力为零的点，存在弯矩极值。

(5)在集中力作用处，剪力图发生突变，突变量等于集中力的大小；弯矩图发生转折，并出现尖角。在集中力偶作用处，剪力图无变化；弯矩图有突变，其突变值等于该集中力偶的大小。

(6)最大弯矩的绝对值，可能在 $Q(x)=0$ 的截面上，也可能在集中力或集中力偶作用处。

根据以上规律，如果已知梁上的外力情况，就可知道内力图的形状，并可用控制截面将梁分成几段，只要计算出各控制截面的剪力和弯矩值，就可以画出梁的内力图，而不必列出内力方程。这种方法一般称为控制截面法，或称简易法。

用简易法绘制梁内力图的步骤如下：

(1)分段，即根据梁上外力及支承等情况将梁分成若干段。

(2)根据各段梁上的荷载情况，判断其剪力图和弯矩图的大致形状。

(3)利用计算内力的简便方法，直接求出若干控制截面上的 Q 值和 M 值。

(4)逐段直接绘出梁的 Q 图和 M 图。

【例 8-7】 一外伸梁如图 8-17(a)所示，已知 $l=4$ m，试用简易法绘制此梁的剪力图和弯矩图。

【解】 首先求出支反力。其结果为：

$$R_B=18\ \text{kN},\ R_D=6\ \text{kN}$$

画剪力图和弯矩图时，需根据梁上的外力情况将梁分段，逐段画出。此题应将梁分为 AB、BC 和 CD 三段。

(1)剪力图。AB 段梁上有均布荷载，该段梁的剪力图为斜直线，通过

$$Q_A=0,\ Q_{B左}=-\frac{1}{2}ql=-8\ \text{kN}$$

画出该斜直线。

BC 段和 CD 段均为无外力段，两段的剪力图均为水平线，通过

$$Q_{BC}=-\frac{1}{2}ql+R_B=10\ \text{kN},\ Q_{CD}=-R_D=-6\ \text{kN}$$

分别画出两段水平线。梁的剪力图如图 8-17(b)所示。

(2)弯矩图。AB 段梁上有均布荷载。该段梁的弯矩图为二次曲线。因 q 向下($q<0$)，所以曲线凹向上，通过

$$M_A=0,\ M_B=-\frac{1}{2}ql\cdot\frac{l}{4}=-8(\text{kN}\cdot\text{m})$$

画出此曲线的大致图形。

BC 段和 CD 段均为无外力段，两段的弯矩图均为斜直线，通过

$$\begin{cases}M_B=-8\ \text{kN}\cdot\text{m}\\ M_C=R_D\cdot\dfrac{l}{2}=12\ \text{kN}\cdot\text{m}\end{cases}\qquad\begin{cases}M_C=12\ \text{kN}\cdot\text{m}\\ M_D=0\end{cases}$$

分别画出两条斜直线。

梁的弯矩图如图 8-17(c)所示。

从以上过程可以看出，对于本题，只需算出 $Q_{B左}$、Q_{BC}、Q_{CD} 和 M_B、M_C 就可画出梁的剪力图和弯矩图。此种方法远比列剪力方程、弯矩方程再作图的方法简便。

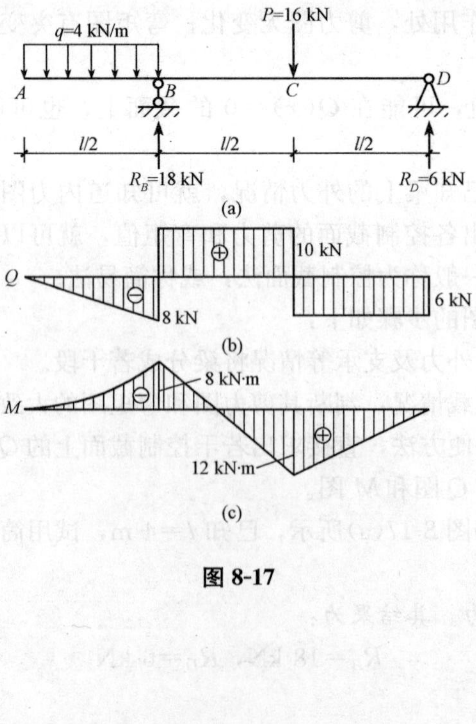

图 8-17

8.3.3 叠加法作梁的弯矩图

8.3.3.1 叠加原理

由于在小变形条件下，梁的内力、支座反力、应力和变形等参数均匀与荷载呈线性关系，每一荷载单独作用时引起的某一参数不受其他荷载的影响。所以，梁在 n 个荷载共同作用时所引起的某一参数(内力、支座反力、应力和变形等)，等于梁在各个荷载单独作用时所引起同一参数的代数和，这种关系称为叠加原理，如图 8-18 所示。

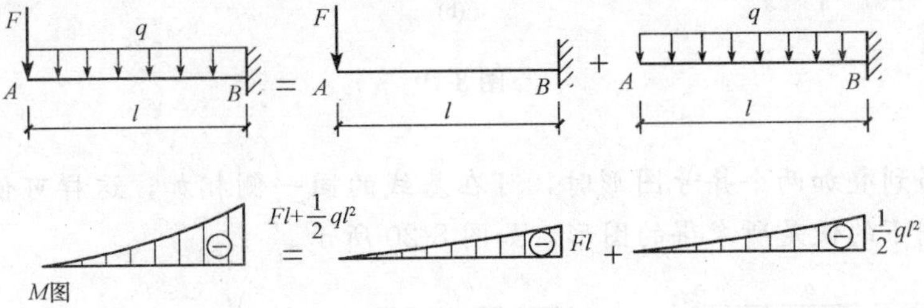

图 8-18

8.3.3.2 叠加法画梁的弯矩图

根据叠加原理来绘制梁的内力图的方法称为叠加法。由于剪力图一般比较简单，因此不用叠加法绘制。下面只讨论用叠加法作梁的弯矩图。其方法为：先分别做出梁在每一个荷载单独作用下的弯矩图，然后将各弯矩图中同一截面上的弯矩代数相加，即可得到梁在所有荷载共同作用下的弯矩图。

为了便于应用叠加法绘制内力图，表 8-1 中给出了梁在简单荷载作用下的弯矩图，可供查用。

表 8-1 单跨梁在简单荷载作用下的弯矩图

荷载形式	弯矩图	荷载形式	弯矩图	荷载形式	弯矩图
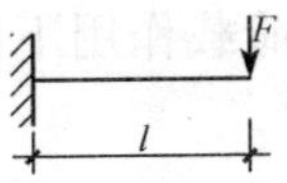	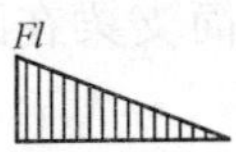	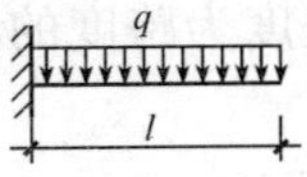	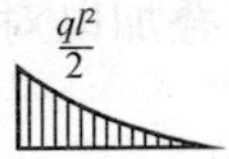	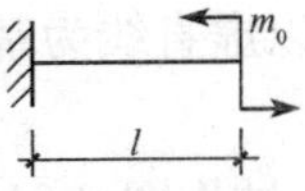	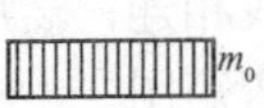
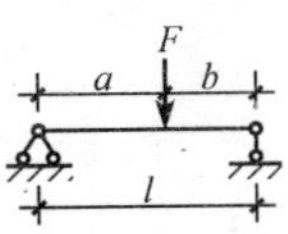	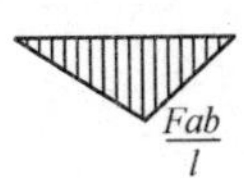	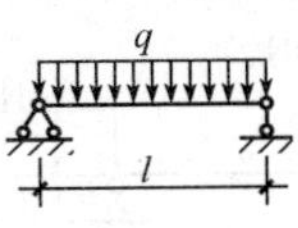	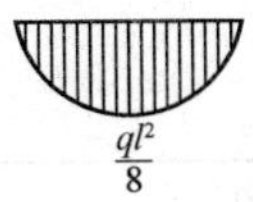	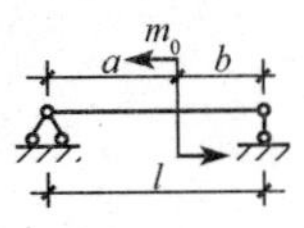	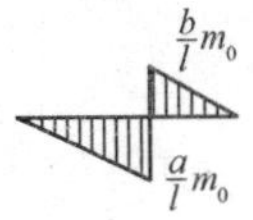
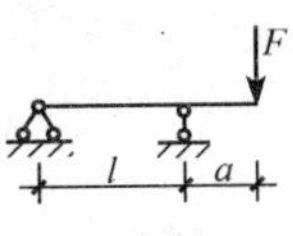	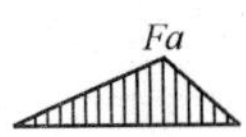	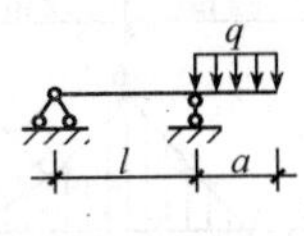	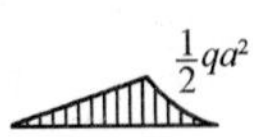	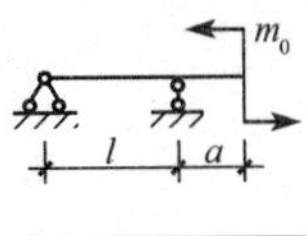	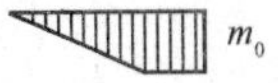

【例 8-8】 试用叠加法绘制简支梁的弯矩图。

【解】 如图 8-19(a)所示，简支梁 AB 上的荷载是由均布荷载 q 和跨中的集中荷载 F 组合而成，根据表 8-1 所示简支梁在均布荷载 q 和跨中的集中荷载 F 单独作用下的弯矩图，将对应图形叠加便可得到简支梁的弯矩图，如图 8-19(b)所示。

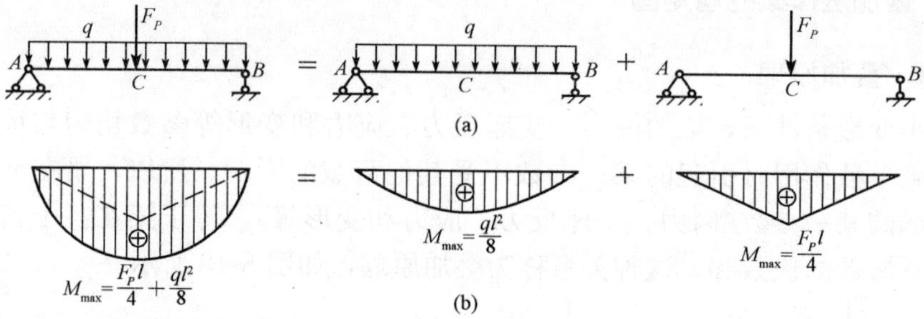

图 8-19

注意：当遇到叠加两个异号图形时，可在基线的同一侧相加，这样可使图形重叠部分互相抵消，而剩下的便是所求得的图形，如图 8-20 所示。

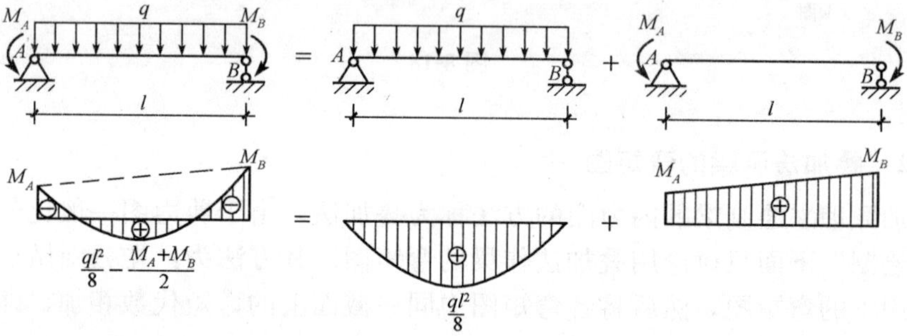

图 8-20

8.3.3.3 分段叠加法绘制梁的弯矩图

当梁上的荷载分布比较复杂时，可以采用分段叠加法求梁的弯矩图，方法是：用控制截面把梁分成几段，先求得各控制截面的弯矩值，在弯矩图上将各控制截面弯矩值以虚直线相连；然后以虚直线为基线，叠加以对应长度为跨度的相应简支梁在跨间荷载作用下的弯矩图。

【例 8-9】 试作图 8-21 所示外伸梁的弯矩图。

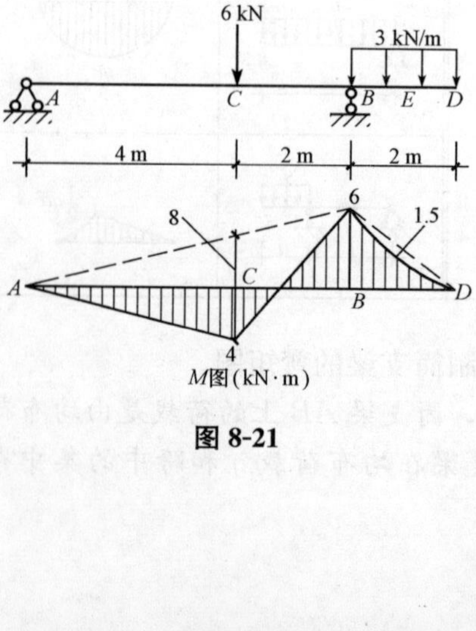

图 8-21

【解】 (1)分段。将梁分为 AB、BD 两个区段。

(2)计算控制截面弯矩。

$$M_A=0$$

$$M_B=-3\times 2\times 1=-6(\text{kN}\cdot\text{m})$$

$$M_D=0$$

AB 区段 C 点处的弯矩叠加值为

$$\frac{Fab}{l}=\frac{6\times 4\times 2}{6}=8(\text{kN}\cdot\text{m})$$

$$M_C=\frac{Fab}{l}-\frac{2}{3}M_B=8-\frac{2}{3}\times 6=4(\text{kN}\cdot\text{m})$$

BD 区段中点 E 的弯矩叠加值为

$$M_E=\frac{M_B}{2}-\frac{ql^2}{8}=\frac{6}{2}-\frac{3\times 2^2}{8}=1.5(\text{kN}\cdot\text{m})$$

(3)作 M 图，如图 8-21 所示。

由上例可以看出，用分段叠加法作外伸梁的弯矩图时，不需要求支座反力，就可以画出其弯矩图。所以，用分段叠加法作弯矩图是非常方便的。

任务 8-4 梁的正应力与强度计算

8.4.1 梁正应力的计算

由于梁横截面上有剪力 V 和弯矩 M 两种内力存在，所以，它们在梁的横截面上会引起相应的剪应力 τ 和正应力 σ。下面着重给出梁的正应力、剪应力计算公式及其强度条件。

8.4.1.1 正应力分布的规律

为了解正应力在横截面上的分布情况，可先观察梁的变形，取一弹性较好的矩形截面梁，在其表面上画上一系列与轴线平行的纵向线及与轴线垂直的横向线，构成许多均等的小矩形，然后在梁的两端施加一对力偶矩为 M 的外力偶，使梁发生纯弯曲变形，如图 8-22 所示，这时可观察到下列现象：

(1)各横向线仍为直线，只倾斜了一个角度。

(2)各纵向线弯成曲线，上部纵向线缩短，下部纵向线伸长。

根据上面所观察到的现象，推测梁的内部变形，可作出如下的假设和推断：

(1)平面假设。各横向线代表横截面，变形前后都是直线，表明横截面变形后仍保持平面，且仍垂直于弯曲后的梁轴线。

(2)单向受力假设将梁看成由无数纤维组成，各纤维只受到轴向拉伸或压缩，不存在相互挤压。

从上部各层纤维缩短到下部各层纤维伸长的连续变化中，必有一层纤维既不缩短也不伸长，这层纤维称为中性层。中性层与横截面的交线称为中性轴，如图 8-22(c)所示。中性轴通过横截面形心，且与竖向对称轴 y 垂直，并将梁横截面分为受压和受拉两个区域。由此可知，梁弯曲变形时，各截面绕中性轴转动，使梁内纵向纤维伸长和缩短，中性层上各纵向纤维的长度不变。通过进一步的分析可知，各层纵向纤维的线应变沿截面高度应为线性变化规律，从而由胡克定律可推出，梁弯曲时横截面上的正应力沿截面高度呈线性分布规律变化，如图 8-23 所示。

8.4.1.2 正应力的计算公式

如图 8-24 所示，根据理论推导(推导从略)，梁弯曲时横截面上任一点正应力的计算公式为

$$\sigma=\frac{M}{I_z}y \tag{8-4}$$

式中 M——横截面上的弯矩；

I_z——截面对中性轴的惯性矩；

y——所求应力点至中性轴的距离。

由式(8-4)说明，梁弯曲时横截面上任一点的正应力 σ 与弯矩 M 和该点到中性轴距离 y 成正比，与截面对中性轴的惯性矩 I_z 成反比，正应力沿截面高度呈线性分布；中性轴上($y=0$)各点处的正应力为零；在上、下边缘处($y=y_{max}$)正应力的绝对值最大。用式(8-4)计算正应力时，M 和 y 均用绝对值代入。当截面上有正弯矩时，中性轴以下部分为拉应力，以上部分为压应力；当截面有负弯矩时，则相反。

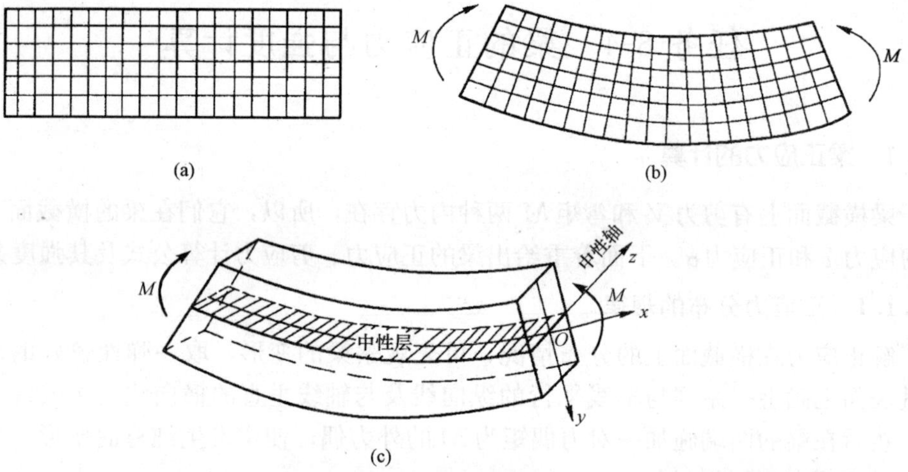

图 8-22

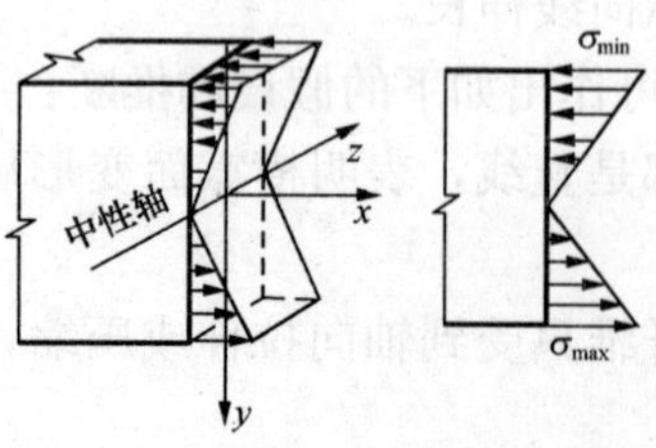

图 8-23

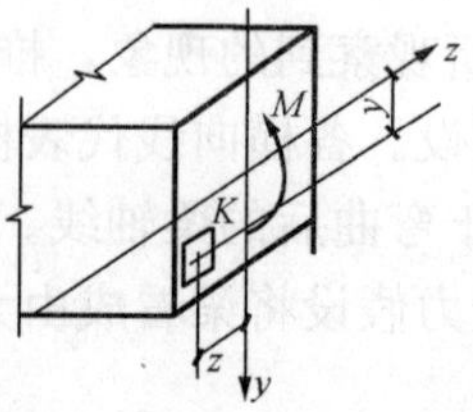

图 8-24

【例 8-10】 长为 l 的矩形截面悬臂梁，在自由端处作用一集中力 F，如图 8-25 所示。

已知 $F=3$ kN，$h=180$ mm，$b=120$ mm，$y=60$ mm，$l=3$ m，$a=2$ m，求 C 截面上 K 点的正应力。

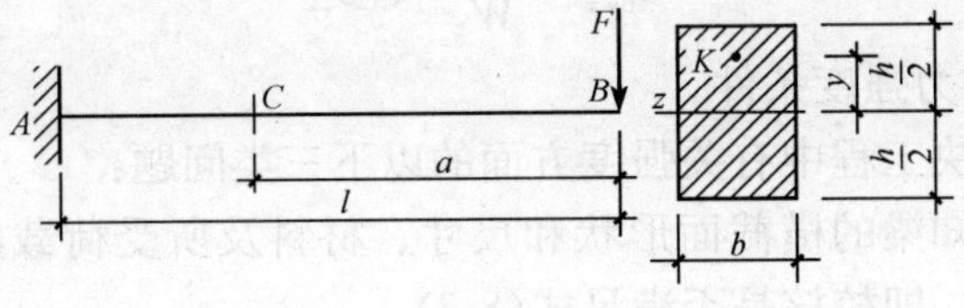

图 8-25

【解】 (1)计算 C 截面的弯矩。

$$M_C=-Fa=-3\times 2=-6(\text{kN}\cdot\text{m})$$

(2)计算截面对中性轴的惯性矩。

$$I_z=\frac{bh^3}{12}=\frac{120\times 180^3}{12}=58.32\times 10^6(\text{mm}^4)$$

(3)计算 C 截面上 K 点的正应力。将 M_C、y(均取绝对值)及 I_z 代入正应力式(8-4)，得

$$\sigma_K=\frac{M_C y}{I_z}=\frac{6\times 10^6\times 60}{58.32\times 10^6}=6.17(\text{MPa})$$

由于 C 截面的弯矩为负，K 点位于中性轴上方，所以 K 点的应力为拉应力。

8.4.2 梁正应力强度条件

1. 梁正应力强度条件

(1)最大正应力。在强度计算时必须算出梁的最大正应力。产生最大正应力的截面称为危险截面。对于等直梁，最大弯矩所在的截面就是危险截面。危险截面上的最大应力点称为危险点，它发生在距中性轴最远的上、下边缘处。

对于中性轴为截面对称轴的梁，其最大正应力的值为

$$\sigma_{\max}=\frac{M_{\max}y_{\max}}{I_z}$$

令 $W_z=\dfrac{I_z}{y_{\max}}$，则

$$\sigma_{\max}=\frac{M_{\max}}{W_z} \tag{8-5}$$

式中，W_z 为抗弯截面系数(或模量)，它是一个与截面形状和尺寸有关的几何量，其常用单位为 m^3 或 mm^3。

对高为 h、宽为 b 的矩形截面，其抗弯截面系数为

$$W_z=\frac{I_z}{y_{\max}}=\frac{bh^3/12}{h/2}=\frac{bh^2}{6}$$

对直径为 D 的圆形截面，其抗弯截面系数为

$$W_z=\frac{I_z}{y_{\max}}=\frac{\pi D^4/64}{D/2}=\frac{\pi D^3}{32}$$

对工字钢、槽钢、角钢等型钢截面的抗弯截面系数 W_z，可从型钢表中查得。

(2)正应力强度条件。为了保证梁具有足够的强度，必须使梁危险截面上的最大正应力

不超过材料的许用应力，即

$$\sigma_{\max}=\frac{M_{\max}}{W_z}\leqslant[\sigma] \tag{8-6}$$

式(8-6)为梁的正应力强度条件。

根据强度条件可解决工程中有关强度方面的以下三类问题：

1)强度校核。在已知梁的横截面形状和尺寸、材料及所受荷载的情况下，可校核梁是否满足正应力强度条件。即校核是否满足式(8-6)。

2)设计截面。当已知梁的荷载和所用的材料时，可根据强度条件，先计算出所需的最小抗弯截面系数：

$$W_z\geqslant\frac{M_{\max}}{[\sigma]}$$

然后根据梁的截面形状，再由 W_z 值确定截面的具体尺寸或型钢号。

3)确定许用荷载。已知梁的材料、横截面形状和尺寸，根据强度条件先算出梁所能承受的最大弯矩，即

$$M_{\max}\leqslant W_z[\sigma]$$

然后由 M 与荷载的关系，算出梁所能承受的最大荷载。

2. 梁的强度计算

在梁的强度计算中，必须同时满足正应力和剪应力两个强度条件。通常先按正应力强度条件设计出截面尺寸，然后按剪应力强度条件进行校核。对于细长梁，按正应力强度条件设计的梁一般都能满足剪应力强度要求，就不必作剪应力校核。但在以下几种情况下，需作剪应力的校核：①最大弯矩很小而最大剪力很大的梁；②焊接或铆接的组合截面梁(如工字形截面梁)；③木梁，因为木材在顺纹方向的剪切强度较低，所以，木梁有可能沿中性层发生剪切破坏。

【例 8-11】 已知图 8-26 所示的简支梁选用木材制成，其横截面为矩形 $b\times h=140$ mm×210 mm，梁的跨度 $l=4$ m，荷载 $F_P=6$ kN，$q=2$ kN/m，材料的弯曲许用应力$[\sigma]=11$ MPa，试校核该梁的正应力强度。

【解】 (1)求梁在图示荷载作用下的最大弯矩。先计算支座反力，由对称性可得

$$F_A=F_B=7\text{ kN}(\uparrow)$$

再作梁的弯矩图，如图 8-26(b)所示。从图中可知，跨中截面上弯矩最大，其值 $M_{\max}=10$ kN·m。

(2)计算截面的几何参数。

(3)校核梁的正应力强度。

$$\sigma_{\max}=\frac{M_{\max}}{W_z}=\frac{10\times10^6}{1.03\times10^6}=9.71(\text{MPa})<[\sigma]$$

故该梁满足正应力强度要求。

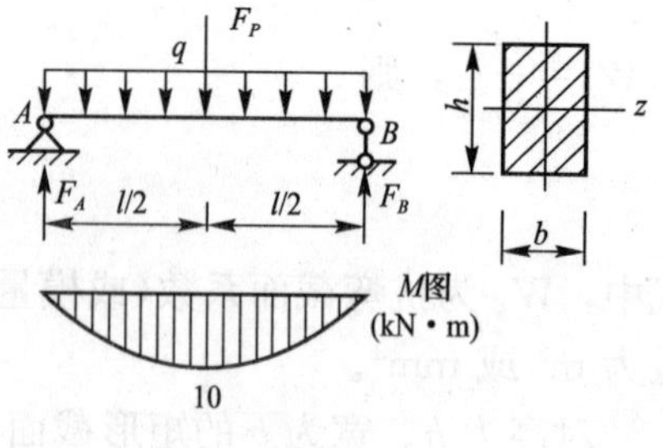

图 8-26

【例 8-12】 工字形截面钢梁受如图 8-27(a)所示荷载作用，已知：荷载 $F_P=75$ kN，钢材的许用弯曲应力$[\sigma]=152$ MPa，试按正应力强度条件选择工字形钢梁的型号。

【解】 (1)求满足强度要求时梁的抗弯截面系数。作出梁的弯矩图，如图 8-27(b)所示。

从图中可知，最大弯矩产生在跨中截面上，其数值为 $M_{max}=375\ \text{kN}\cdot\text{m}$，梁的抗弯截面系数为

$$W_Z\geqslant\frac{M_{max}}{[\sigma]}=\frac{375\times10^6}{152}=2.47\times10^6(\text{mm}^3)=2.47\times10^3(\text{cm}^3)$$

(2)确定截面的尺寸。实际梁的抗弯截面系数应大于或等于满足强度要求时梁的抗弯截面系数。由附录型钢表，查得 56c 号工字钢的 $W_z=2.55\times103\ \text{cm}^3>2.47\times10^3\ \text{cm}^3$，所以该梁可以选择 56c 号工字钢。

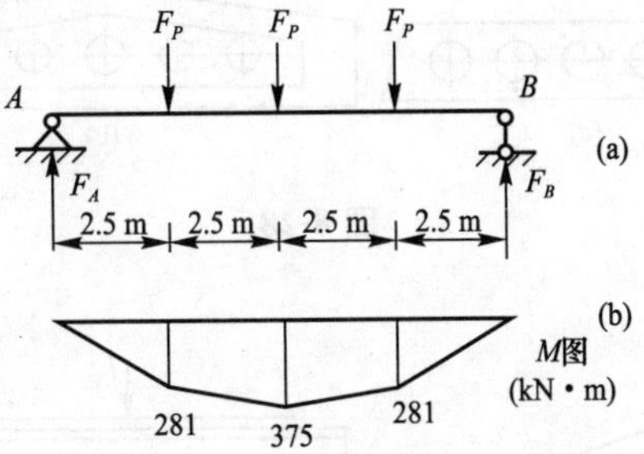

图 8-27

3. 提高梁弯曲强度的措施

前面讨论梁的强度计算时曾经指出，梁的弯曲强度主要是由正应力强度条件控制的，所以，要提高梁弯曲强度的主要措施就是要提高梁的弯曲正应力强度。

从弯曲正应力的强度条件 $\sigma_{max}=\dfrac{M_{max}}{W_z}\leqslant[\sigma]$来看，最大正应力与弯矩 M 成正比，与抗弯截面模量 W_z 成反比，所以要提高梁的弯曲强度应从提高 W_z 值和降低 M 值入手，具体可从以下三个方面考虑：

(1)选择合理的截面形状。从弯曲强度方面考虑，最合理的截面形状是用最少的材料获得最大抗弯截面模量。梁的强度一般由横截面上的最大正应力控制。当弯矩一定时，横截面上的最大正应力 σ_{max} 与抗弯截面模量 W_z 成反比，W_z 越大就越有利。而 W_z 的大小与截面的面积及形状有关，合理的截面形状是指在截面面积 A 相同的条件下，有较大的抗弯截面模量 W_z，也就是说 W_z/A 大的截面形状合理。由于在一般截面中，W_z 与其高度的平方成正比，所以，尽可能地使横截面面积分布在距中性轴较远的地方，这样，在截面面积一定的情况下可以得到尽可能大的抗弯截面模量 W_z，而使最大正应力 σ_{max}减少，或者在抗弯截面模量 W_z 一定的情况下，减少截面面积以节省材料和减轻自重。所以，I 形、槽形截面比矩形截面合理，矩形截面立放比平放合理，正方形截面比圆形截面合理。工程中，常用的空心板、薄腹梁等就是根据这个原理设计的。

梁的截面形状的合理性，也可从应力的角度来分析。由弯曲正应力的分布规律可知，在中性轴附近处的正应力很小，材料没有充分发挥作用。所以，为使材料更好地发挥效益，就应尽量减小中性轴附近的面积，而使更多的面积分布在离中性轴较远的位置。

工程中常用的空心板[图 8-28(a)]以及挖孔的薄腹梁[图 8-28(b)]等，其孔洞都是开在中性轴附近，这就减少了没有充分发挥作用的材料，而收到较好的经济效果。

以上的讨论只是从弯曲强度方面来考虑梁的截面形状的合理性，实际上，在许多情况

下还必须考虑使用、加工及侧向稳定等因素。

(2)采用变截面梁。在一般情况下，梁内不同横截面的弯矩不同。因此，在按最大弯矩所设计的等截面梁中，除最大弯矩所在截面外，其余截面的材料强度均未得到充分利用。要想更好地发挥材料的作用，应该在弯矩比较大的地方采用较大的截面，在弯矩较小的地方采用较小的截面。这种截面沿梁轴变化的梁称为变截面梁。如图 8-29 所示，简支的 I 形组合钢梁(向跨中逐渐增加翼缘板)、鱼腹式起重机梁和变截面悬臂梁等。

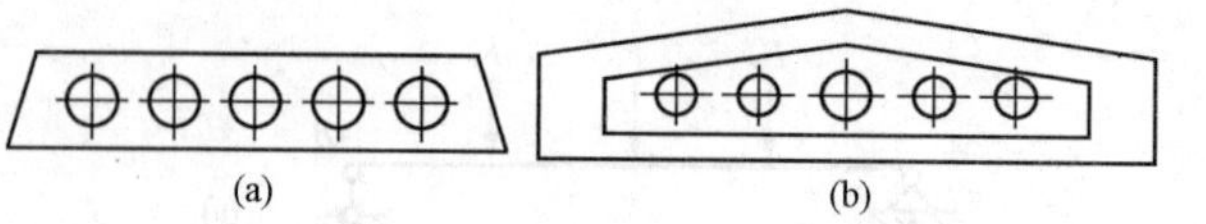

图 8-28

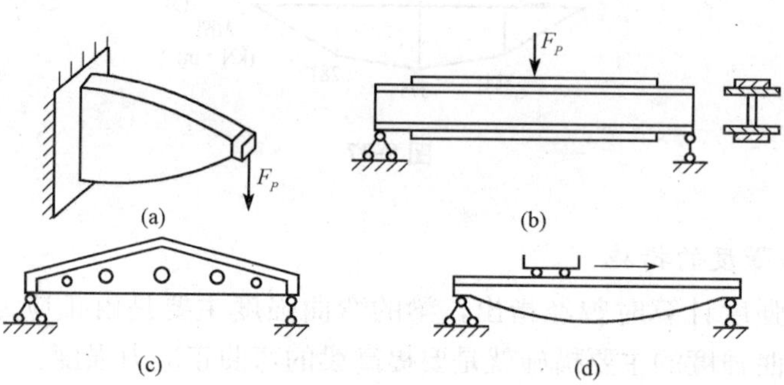

图 8-29

最理想的变截面梁，是使梁的各个截面上的最大应力同时达到材料的容许应力。由

$$\sigma_{\max}=\frac{M(x)}{W_z(x)}=[\sigma]$$

得

$$W_z(x)=\frac{M(x)}{[\sigma]} \tag{8-7}$$

式中，$M(x)$为任一横截面上的弯矩；$W_z(x)$为该截面的抗弯截面模量。这样，各个截面的大小将随截面上的弯矩而变化。截面按式(8-7)而变化的梁，称为等强度梁。

从强度以及材料的利用上看，等强度梁是很理想，但这种梁加工制造比较困难。而在实际工程中，构件往往只能设计成近似等强度的变截面梁。

(3)合理安排梁的受力。

1)合理布置梁的支座。当荷载一定时，梁的最大弯矩 $M_{\max}$ 与梁的跨度有关。因此，首先应合理布置梁的支座。例如，受均布荷载 q 作用的简支梁如图 8-30(a)所示，其最大弯矩为 $0.125ql^2$，若将梁两端支座向跨中方向移动 $0.2l$，如图 8-30(b)所示，则最大弯矩变为 $0.025ql^2$，仅为前者的 1/5。也就是说，按图 8-30(b)布置支座，荷载还可提高四倍。

2)合理布置荷载。若将梁上的荷载尽量分散，也可降低梁内的最大弯矩值，提高梁的弯曲强度。例如，在跨中作用集中荷载 P 的简梁如图 8-31(a)所示，其最大弯矩为 $Pl/4$，若在梁的中间安置一根长为 $l/2$ 的辅助梁，如图 8-31(b)所示，则最大弯矩变为 $Pl/8$，即为前者的一半。

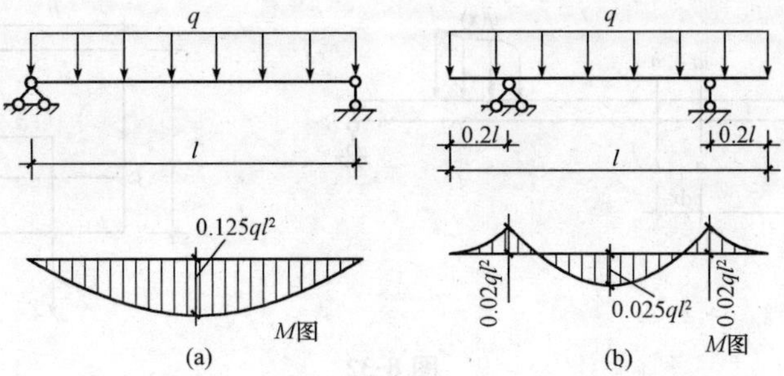

图 8-30

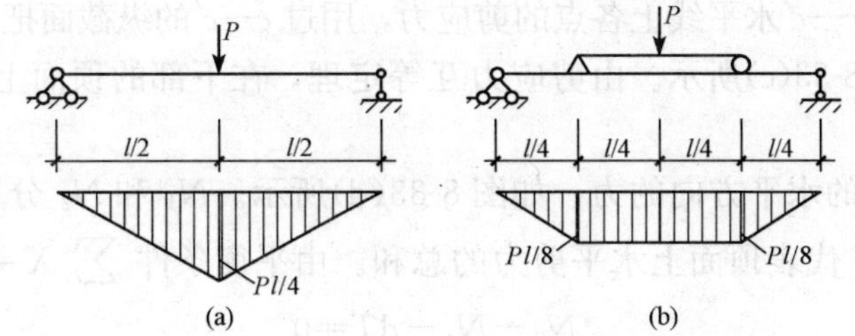

图 8-31

任务 8-5 梁的弯曲切应力与强度计算

8.5.1 梁横截面上剪应力的计算

当梁处于横力弯曲时，梁的横截面上不仅有弯矩，还有剪力，而剪力由剪应力组成。一般情况下，梁的弯曲正应力是梁强度计算的主要依据，但在某些特殊情况下，如梁的跨度较小(短粗梁)或截面高而窄(薄壁梁)，弯矩较小而剪力较大的梁，其剪应力可能达到相当大的数值，就要求进行剪应力的强度计算。下面研究等直截面梁上的剪应力。

8.5.1.1 矩形截面梁的剪应力

在分析矩形截面梁的剪应力时，我们对横截面上的剪应力分布作如下假设：

(1)在横截面上距中性轴等远的各点处剪应力相等。

(2)各点处的剪应力方向均与截面侧边平行。

进一步的研究表明，当横截面的高度在远大于其宽度的 6 倍时，由上述假设所建立的剪应力公式是足够准确的。

如图 8-32 所示，在矩形截面梁上任取一横截面 $a-a$，现研究截面上距中性轴为 y 的水平线 $c-c$ 的剪应力。由前述假设，水平线 $c-c$ 上各点的剪应力大小相等，方向都平行于 y 轴。

用相距 dx 的横截面从梁中截取一微段。设该微段上无横向外力($q=0$)，则微段两侧面的剪力相等，弯矩不等，如图 8-33(a)所示，这样，在同一坐标 y 处，两侧面上的正应力将

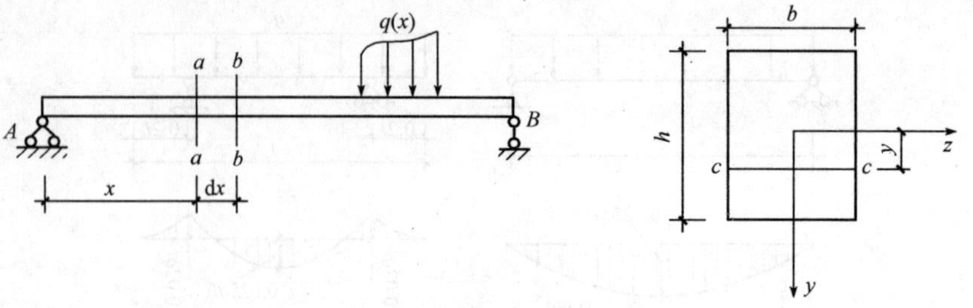

图 8-32

不相同，如图 8-33(b)所示。

为了计算截面上 $c—c'$ 水平线上各点的剪应力，用过 $c—c'$ 的纵截面把微段梁截开，并取下部为研究对象，如图 8-33(c)所示。由剪应力互等定理，在下部的顶面上一定存在剪应力 τ'，且 $\tau'=\tau$。

作用在该微块上的水平方向的力，如图 8-33(d)所示。N_1 和 N_2 分别代表左、右侧面上法向内力的总和，$\mathrm{d}T$ 代表顶面上水平剪力的总和。由平衡条件 $\sum X=0$ 得

$$N_2-N_1-\mathrm{d}T=0$$

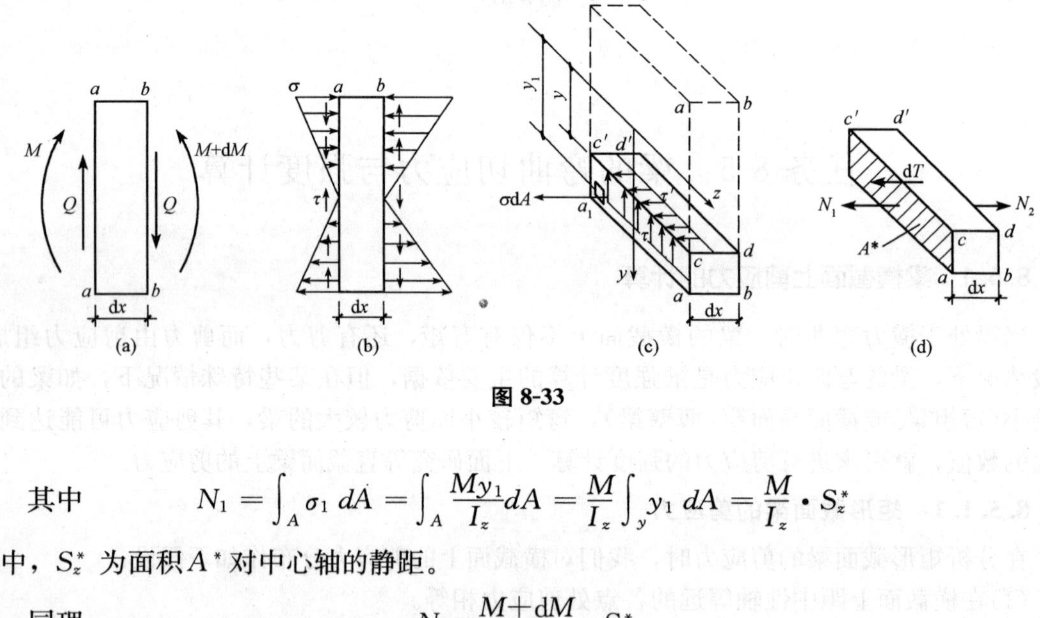

图 8-33

其中 $$N_1=\int_A \sigma_1\, dA=\int_A \frac{My_1}{I_z}dA=\frac{M}{I_z}\int_y y_1\, dA=\frac{M}{I_z}\cdot S_z^*$$

式中，S_z^* 为面积 A^* 对中心轴的静距。

同理 $$N_2=\frac{M+\mathrm{d}M}{I_z}\cdot S_z^*$$

将 N_1、N_2 和 $\mathrm{d}T$ 代入式 $N_2-N_1-\mathrm{d}T=0$ 中，得

$$\frac{M+\mathrm{d}M}{I_z}\cdot S_z^*-\frac{M}{I_z}\cdot S_z^*-\tau' b\mathrm{d}x=0$$

由于 $$\tau'=\tau，故\ \tau=\frac{Q\cdot S_z^*}{I_z b}$$

上式即为矩形截面梁任一点处剪应力的计算公式。其中，S_z^* 为所求应力点处水平线一侧部分截面对中性轴的静矩，显然为一变量。

如图 8-34(a)所示，设截面 A^* 的形心的纵坐标为 y_0，则该截面对中心轴的静矩为

$$S_z^*=A^*y_0=b\left(\frac{h}{2}-y\right)\left[y+\left(\frac{h}{2}-y\right)/2\right]=\frac{b}{2}\left(\frac{h^2}{4}-y^2\right)$$

将上式及 $I_z=bh^3/12$ 代入式(9-12)，得：

$$\tau=\frac{6Q}{bh^3}\left(\frac{h^2}{4}-y^2\right) \tag{8-8}$$

此式表明，剪应力沿截面高度按二次抛物线规律变化[图 8-34(b)]。在截面的上、下边$\left(y=\pm\frac{h}{2}\right)$处的剪应力为零；在中性轴处($y=0$)的剪应力最大，其值为

$$\tau_{\max}=\frac{3Q}{2bh}=\frac{3Q}{2A} \tag{8-9}$$

即矩形截面上的最大剪应力为截面上平均剪应力(Q/A)的 1.5 倍，发生在中性轴上。

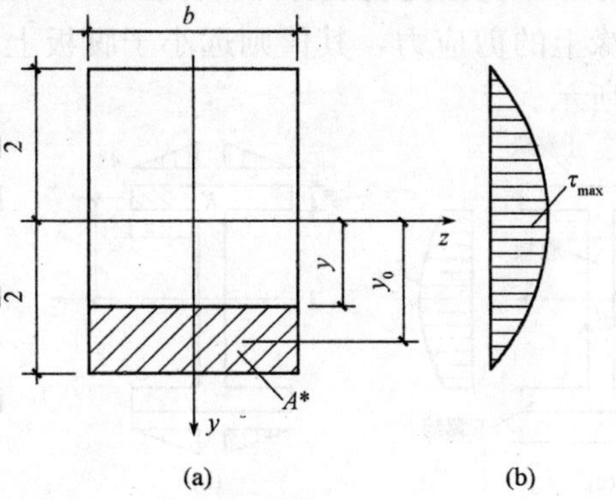

图 8-34

【例 8-13】 一矩形截面简支梁如图 8-35 所示。已知 $l=3$ m，$h=160$ mm，$b=100$ mm，$h_1=40$ mm，$P=3$ kN，求截面 m—m 上 K 点的剪应力。

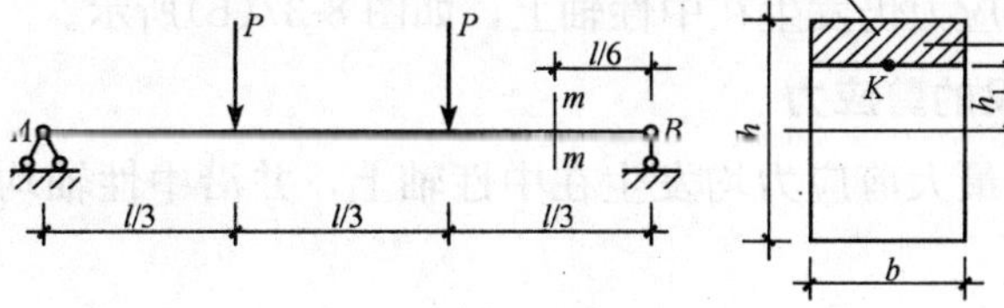

图 8-35

【解】 (1)求支座反力及截面 m—m 上的剪力。

$$R_A=R_B=P=3\ \text{kN}(\uparrow)$$

$$Q=-R_B=-3\ \text{kN}$$

(2)计算截面的惯性矩及面积 A^* 对中性轴的静矩分别为：

$$I_z=\frac{bh^3}{12}=\frac{100\times160^3}{12}=34.1\times10^6(\text{mm}^4)$$

$$S_z^*=A^*y_0=100\times40\times60=24\times10^4(\text{mm}^3)$$

(3)计算截面 m—m 上 K 点的剪应力。

$$\tau_K=\frac{QS_z^*}{I_zb}=\frac{3\times10^3\times24\times10^4}{34.1\times10^6\times100}=0.21(\text{MPa})$$

8.5.1.2 I 形截面梁梁的剪应力

I 形截面梁由上、下翼缘和腹板组成，如图 8-36(a)所示。由于腹板为狭长矩形，仍可采用与矩形截面梁相同的假设。经过与矩形截面梁类似的推导，可得腹板上距中性轴 y 处点的剪应力为

$$\tau=\frac{QS_z^*}{I_z d} \tag{8-10}$$

式中 I_z——整个 I 形截面对中性轴的惯性矩；

S_z^*——横截面上所求剪应力处的水平线以下(或以上)至边缘部分面积 A^* 对中性轴的静矩；

d——腹板的厚度。

剪应力沿腹板高度的分布，仍按抛物线分布，如图 8-36(a)所示，最大剪应力 $\tau_{\max}$ 仍在截面的中性轴上。至于翼缘上的剪应力，其值则远小于腹板上的剪应力，在计算时可以不考虑，如图 8-36(b)、(c)所示。

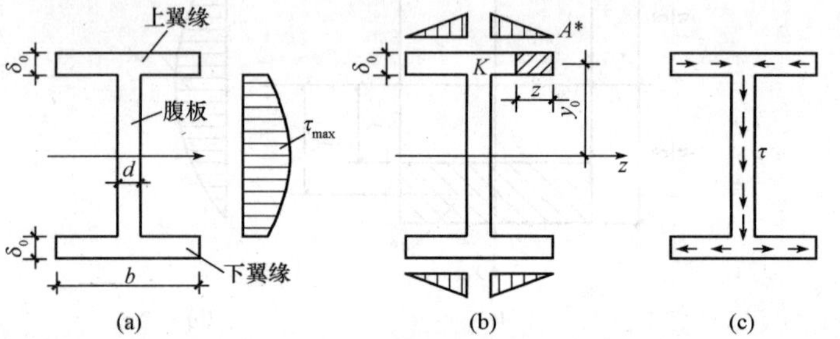

图 8-36

丁字形截面也是工程中常用的截面形式，它是由两个矩形截面组成[图 8-37(a)]。下面的狭长矩形与 I 形截面的腹板类似，这部分的剪应力仍用式(8-10)计算。剪应力的分布仍按抛物线规律变化，最大剪应力仍发生在中性轴上，如图 8-37(b)所示。

8.5.1.3 圆形截面梁的剪应力

圆形和圆环形截面的最大剪应力均发生在中性轴上，并沿中性轴均匀分布，如图 8-38 所示。其值分别为

圆形截面 $$\tau_{\max}=\frac{4Q}{3A}$$

薄壁圆环形截面 $$\tau_{\max}=\frac{2Q}{A}$$

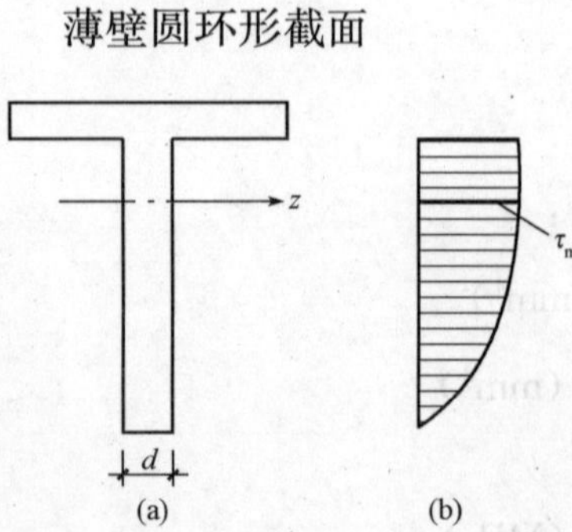

图 8-37

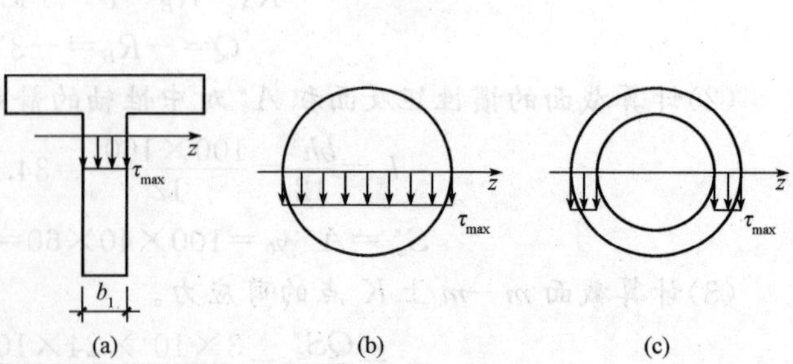

图 8-38

另外，对箱形截面梁和T形截面梁都可采用式(8-10)计算其腹板上的剪应力，最大剪应力仍发生在截面的中性轴上。

8.5.2 梁的剪应力强度条件

为保证梁的剪应力强度，梁的最大剪应力不应超过材料的许用剪应力[τ]，即

$$\tau_{\max}=\frac{Q_{\max}S_{z\max}^{*}}{I_z b}\leqslant[\tau] \tag{8-11}$$

式(8-11)称为梁的剪应力强度条件。

在梁的强度计算中，必须同时满足正应力和剪应力两个强度条件。但在一般情况下，正应力强度条件往往起主导作用。在选择梁的截面时，通常是先按正应力强度条件选择截面尺寸，然后再进行剪应力强度校核。对于细长梁，按正应力强度条件设计的梁一般都能满足剪应力强度要求，就不必做剪应力校核。对于某些特殊情况，梁的剪应力强度条件也可能起到控制作用。例如，梁的跨度很小，或在支座附近有较大的集中力作用，这时梁可能出现弯矩较小，而剪力却很大的情况，这就必须注意剪应力强度条件是否满足。又如，对组合工字形钢梁，其腹板上的剪应力可能较大；对木梁，在木材顺纹方向的抗剪能力很差。这些情况都应注意，在进行正应力强度校核的同时，还要进行剪应力的强度校核。

【例8-14】 一外伸工字形钢梁，工字形钢的型号为22a，梁上荷载如图8-39(a)所示。已知$l=6$ m，$P=30$ kN，$q=6$ kN/m，[σ]$=170$ MPa，[τ]$=100$ MPa，检查此梁是否安全。

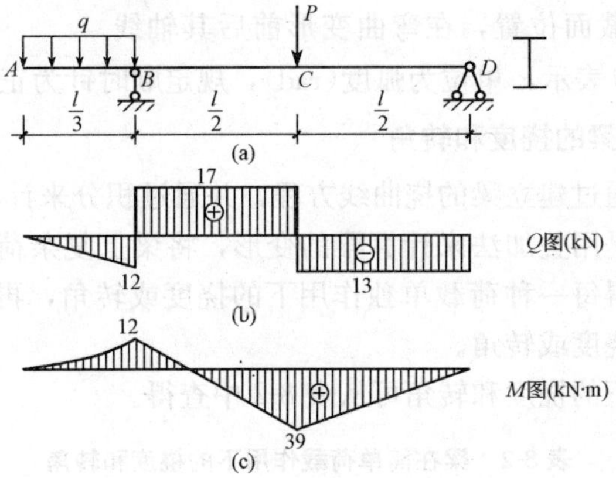

图8-39

【解】 (1)绘剪力图、弯矩图，如图8-39(b)、(c)所示。

$M_{\max}=39$ kN·m(在截面C)

$Q_{\max}=17$ kN

(2)由型钢表查得有关数据。

$$b=0.75 \text{ cm}$$

$$\frac{I_z}{S_{\max}^{*}}=18.9 \text{ cm}$$

$$W_z=309 \text{ cm}^3$$

(3)校核正应力强度及剪应力强度。

$$\sigma_{\max}=\frac{M_{\max}}{W_z}=\frac{39\times10^6}{309\times10^3}$$

$$=126(\text{MPa})<[\sigma]=170\ \text{MPa}$$

$$\tau_{\max}=\frac{Q_{\max}S_{\max}^*}{I_zb}=\frac{17\times10^3}{18.9\times10\times7.5}$$

$$=12(\text{MPa})<[\tau]=100\ \text{MPa}$$

所以，梁是安全的。

任务 8-6　梁的变形与刚度校核

8.6.1　用叠加法计算梁的变形

8.6.1.1　梁的变形

梁在发生弯曲变形后，梁的轴线由直线变成光滑曲线，这条曲线称为梁的挠曲线，如图 8-40 所示。

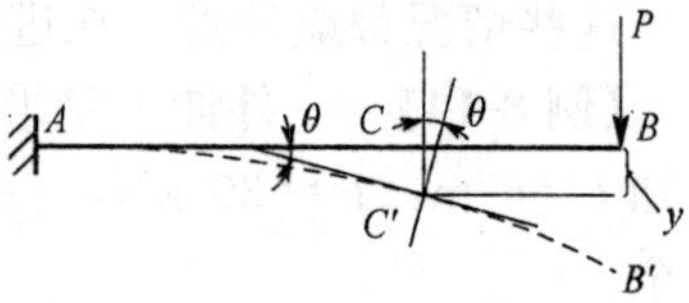

图 8-40

挠度是指梁的同一截面位置，在弯曲变形前后竖向移动的距离，用 y 表示，单位为 m 或 mm，规定向下为正。

转角是指梁的同一截面位置，在弯曲变形前后其轴线切线所转动的角度，用 θ 表示，单位为弧度(rad)，规定顺时针为正。

8.6.1.2　叠加法求梁的挠度和转角

计算梁的变形，可通过建立梁的挠曲线方程，并通过积分来计算，但如此计算较复杂，因此，在工程中，一般是用叠加法来计算梁的变形，将梁上复杂荷载拆成单一荷载单独作用的情况，直接查表获得每一种荷载单独作用下的挠度或转角，再进行代数和，便可求得多种荷载共同作用下的挠度或转角。

梁在简单荷载作用下的挠度和转角可从表 8-2 中查得。

表 8-2　梁在简单荷载作用下的挠度和转角

支承和荷载情况	梁端转角	最大挠度	挠曲线方程式
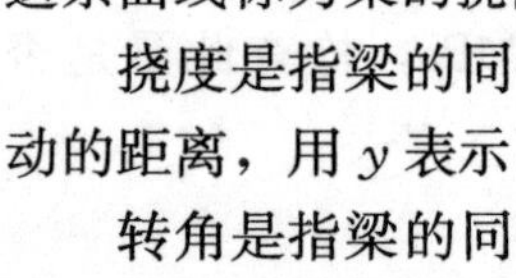	$\theta_B=\frac{Fl^2}{2EI_z}$	$y_{\max}=\frac{Fl^3}{3EI_z}$	$y=\frac{Fx^2}{6EI_z}(3l-x)$
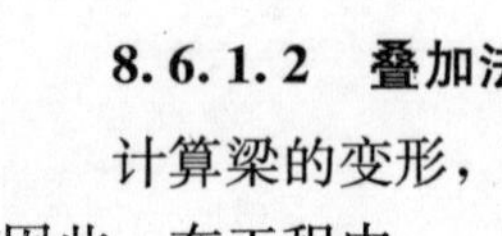	$\theta_B=\frac{Fa^2}{2EI_z}$	$y_{\max}=\frac{Fa^3}{6EI_z}(3l-a)$	$y=\frac{Fx^2}{6EI_z}(3a-x)$，$0\leqslant x\leqslant a$ $y=\frac{Fa^2}{6EI_z}(3x-a)$，$a\leqslant x\leqslant l$

支承和荷载情况	梁端转角	最大挠度	挠曲线方程式
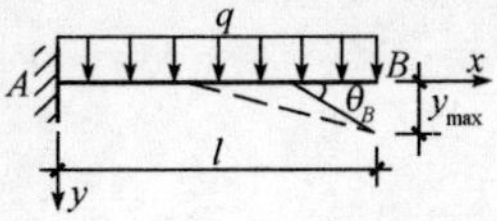	$\theta_B=\dfrac{ql^3}{6EI_z}$	$y_{\max}=\dfrac{ql^4}{8EI_z}$	$y=\dfrac{qx^2}{24EI_z}(x^2+6l^2-4lx)$
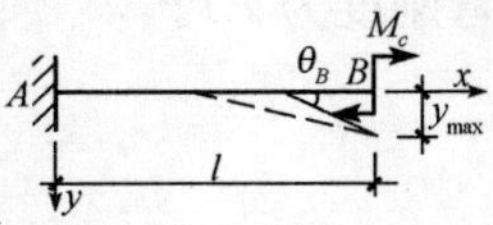	$\theta_B=\dfrac{M_cl}{EI_z}$	$y_{\max}=\dfrac{M_cx^2}{2EI_z}$	$y=\dfrac{M_cx^2}{2EI_z}$
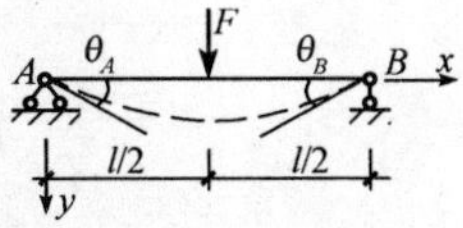	$\theta_A=-\theta_B=\dfrac{Fl^2}{16EI_z}$	$y_{\max}=\dfrac{Fl^3}{48EI_z}$	$y=\dfrac{Fx}{48EI_z}(3l^2-4x^2)$，$0\leqslant x\leqslant\dfrac{l}{2}$
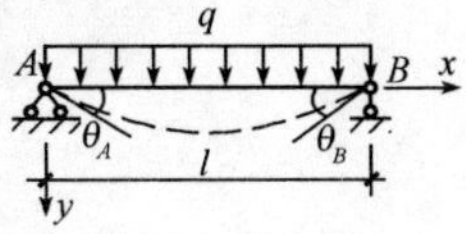	$\theta_A=-\theta_B=\dfrac{ql^3}{24EI_z}$	$y_{\max}=\dfrac{5ql^4}{384EI_z}$	$y=\dfrac{qx}{24EI_z}(l^2-2lx^2+x^3)$
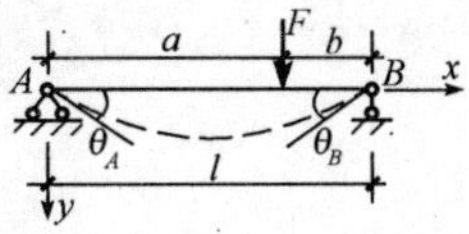	$\theta_A=\dfrac{Fab(l+b)}{6lEI_z}$ $\theta_B=\dfrac{-Fab(l+a)}{6lEI_z}$	$y_{\max}=\dfrac{Fb}{9\sqrt{3}lEI}(l^2-b^2)^{3/2}$ 在 $x=\dfrac{\sqrt{l^2-b^2}}{3}$ 处	$y=\dfrac{Fbx}{6lEI_z}(l^2-b^2-x^2)x$，$0\leqslant x\leqslant a$ $y=\dfrac{F}{EI_z}\left[\dfrac{b}{6l}(l^2-b^2-x^2)x+\dfrac{1}{6}(x-a)^3\right]$， $a\leqslant x\leqslant l$
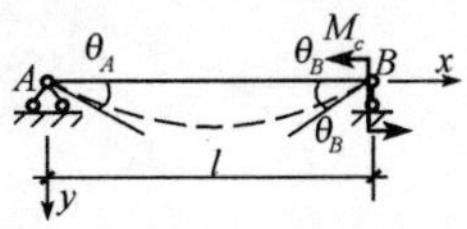	$\theta_A=\dfrac{M_cl}{6EI_z}$ $\theta_B=\dfrac{M_cl}{3EI_z}$	$y_{\max}=\dfrac{M_cl^2}{9\sqrt{3}EI_z}$ 在 $x=\dfrac{l}{\sqrt{3}}$ 处	$y=\dfrac{M_cx}{6lEI_z}(l^2-x^2)$

【例 8-15】 悬臂梁如图 8-41 所示，梁的抗弯刚度为 EI。试求自由端 θ_{C1} 的转角和挠度。

【解】 此题用叠加法求解。即图 8-41(a)可以看成是图 8-41(b)和图 8-41(c)的叠加。

图 8-41(b)中：C 端的转角 $\theta_{C1}=\dfrac{Pl^2}{2EI}(\downarrow)$

C 端的挠度 $y_{C1}=\dfrac{Pl^3}{3EI}(\downarrow)$

图 8-41(c)中：因荷载 P 作用在 B 处，则 B 处的转角

$$\theta_B=\frac{P\cdot\left(\frac{l}{2}\right)^2}{2EI}=\frac{Pl^2}{8EI}(\downarrow)$$

$$B\text{ 处的挠度 } y_B=\frac{P\times\left(\frac{l}{2}\right)^3}{3EI}=\frac{Pl^3}{24EI}(\downarrow)$$

BC 段无荷载作用，所以 BC 段没有变形，只有位移。

$$\theta_{C2}=\theta_B=\frac{Pl^2}{8EI}(\downarrow)$$

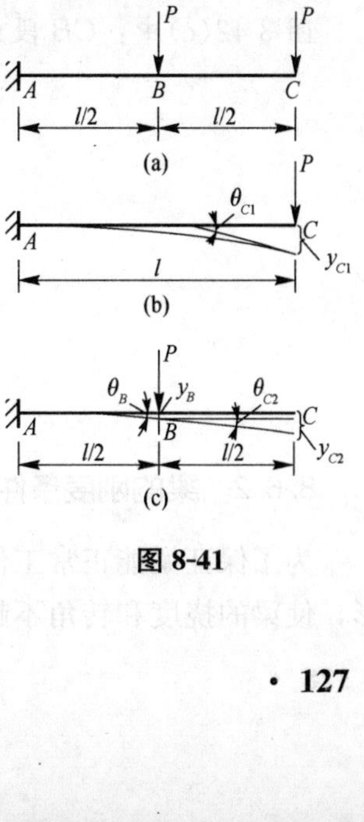

图 8-41

$$y_{C2}=y_B+\frac{l}{2}\cdot\theta_B=\frac{Pl^3}{24EI}+\frac{l}{2}\times\frac{Pl^2}{8EI}=\frac{5Pl^3}{48EI}(\downarrow)$$

$$则\ \theta_C=\theta_{C1}+\theta_{C2}=\frac{Pl^2}{2EI}+\frac{Pl^2}{8EI}=\frac{5Pl^2}{8EI}(\downarrow)$$

$$y_C=y_{C1}+y_{C2}=\frac{Pl^3}{3EI}+\frac{5Pl^3}{48EI}=\frac{21Pl^3}{48EI}(\downarrow)$$

【例 8-16】 求如图 8-42 所示悬臂梁自由端的挠度 y_B。已知梁的抗弯刚度为 EI。

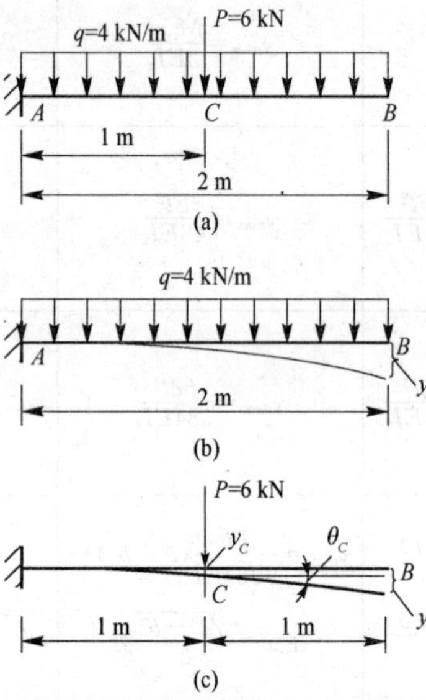

图 8-42

【解】 此题用叠加法求解。

作用在梁上的荷载可分解为均布荷载 q 单独作用如[图 8-42(b)]和 P 单独作用[图 8-42(c)]，然后将图 8-42(b)和图 8-42(c)叠加。

图 8-42(b)中：$y_{B1}=\frac{ql^4}{8EI}=\frac{4\times 2^4}{8EI}=\frac{8}{EI}(\downarrow)$

图 8-42(c)中：CB 段无荷载作用，故无变形，但有位移。

$$\theta_B=\theta_C=\frac{6\times 1^2}{2EI}=\frac{3}{EI}(\downarrow)$$

$$y_C=\frac{6\times 1^3}{3EI}=\frac{2}{EI}(\downarrow)$$

$$y_{B2}=y_C+\theta_B\times 1=\frac{2}{EI}+\frac{3}{EI}\times 1=\frac{5}{EI}(\downarrow)$$

$$则\ y_B=y_{B1}+y_{B2}=\frac{8}{EI}+\frac{5}{EI}=\frac{13}{EI}(\downarrow)$$

8.6.2 梁的刚度条件

为了保证梁能正常工作，梁除满足强度条件外，还应满足刚度条件，即应控制梁的变形，使梁的挠度和转角不超过许用值。即满足

$$\frac{y_{max}}{l}\leqslant\left[\frac{f}{l}\right] \tag{8-12}$$

式(8-12)称为梁的刚度条件，其中$\left[\frac{f}{l}\right]$为梁单位长度允许的最大挠度。

$\left[\frac{f}{l}\right]$值随梁的工程用途不同而不同，在有关规范中均有具体规定。

一般钢筋混凝土梁的$\left[\frac{f}{l}\right]=\frac{1}{300}\sim\frac{1}{200}$。

钢筋混凝土起重机梁的$\left[\frac{f}{l}\right]=\frac{1}{600}\sim\frac{1}{500}$。

大多数构件的设计过程，一般都是先进行强度计算，确定截面形状和尺寸，然后再进行刚度校核。

【例 8-17】 承受均布荷载的工字型钢梁如图 8-43 所示，已知 $l=5$ m，$q=8$ kN/m。钢材的容许应力$[\sigma]=160$ MPa，弹性模量 $E=2\times10^5$ MPa，$\left[\frac{f}{l}\right]=\frac{1}{250}$，试选择工字钢的型号。

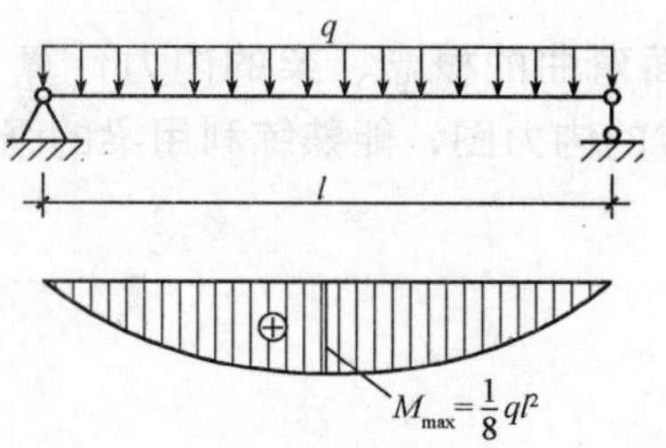

图 8-43

【解】 先由梁的正应力强度条件选择工字钢型号，然后再按刚度条件校核梁的刚度。

依正应力强度条件，梁所需的抗弯截面模量为

$$W_z\geqslant\frac{M_{max}}{[\sigma]}=\frac{\frac{1}{8}ql^2}{[\sigma]}=\frac{\frac{1}{8}\times8\times10^3\times5^2}{160\times10^6}=0.156\times10^{-3}(\text{m}^3)=156\text{ cm}^3$$

可选 18 号工字形钢，其 $W_z=185\text{ cm}^3$，$I_z=1\ 660\text{ cm}^4$。

校核刚度：

梁跨中最大挠度为

$$y_{max}=\frac{5ql^4}{384EI}=\frac{5\times8\times10^3\times5^4}{384\times2\times10^{11}\times1\ 660\times10^{-8}}=0.019\ 6(\text{m})$$

$$\frac{y_{max}}{l}=\frac{0.019\ 6}{5}=\frac{1}{255}<\left[\frac{f}{l}\right]$$

满足刚度条件。

8.6.3 提高梁刚度的措施

从表 8-2 可知，梁的最大挠度与梁的荷载、跨度 l、抗弯刚度 EI 等情况有关，因此，要提高梁的刚度，需从以下几方面考虑。

1. 提高梁的抗弯刚度 EI

梁的变形与抗弯刚度 EI 成反比，增大梁的 EI 将使梁的变形减小。由于同类材料的 E 值不变，因而只能设法增大梁横截面的惯性矩 I。在面积不变的情况下，采用合理的截面形状，例如，采用I形、箱形及圆环形等截面可提高惯性矩 I，从而也就提高了 EI。

2. 减小梁的跨度

梁的变形与梁的跨长 l 的 n 次幂成正比。设法减小梁的跨度，将会有效地减小梁的变形。例如，将简支梁的支座向中间适当移动变成外伸梁，或在梁的中间增加支座等，都是减小梁的变形的有效措施。

3. 改善荷载的分布情况

在结构允许的条件下，合理地调整荷载的作用位置及分布情况，以降低最大弯矩，从而减小梁的变形。例如将集中力分散作用或改为分布荷载，都可起到降低弯矩、减小变形的作用。

本章小结

本模块主要介绍了梁的平面弯曲的概念、梁的内力计算、梁的正应力与强度计算等；通过本模块的学习能熟练绘制梁的内力图，能熟练利用梁的强度、刚度条件公式进行强度、刚度等的应用计算。

复习思考题

1. 什么是梁的平面弯曲?
2. 单跨静定梁的基本形式有哪几种?
3. 梁的剪力和弯矩的正负号是怎么规定的?
4. 用截面法求梁指定截面上的剪力和弯矩时的步骤是什么?
5. 绘制剪力和弯矩图有什么规律?
6. 简述荷载集度 q、剪力 Q 与弯矩 M 之间的微分关系。
7. 叠加法作梁的弯矩图时其叠加原理是什么?
8. 提高梁刚度的措施有哪些?

复习思考题参考答案

习　题

1. 试用截面法计算图 8-44 所示各梁 n—n 截面上的剪力和弯矩。

习题参考答案

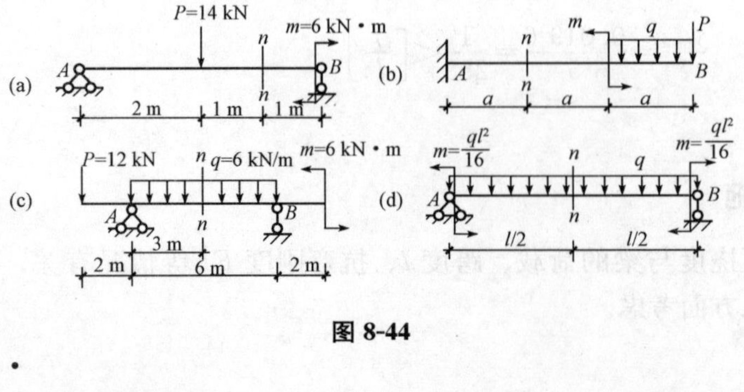

图 8-44

2. 求图 8-45 所示外伸梁指定截面的内力。

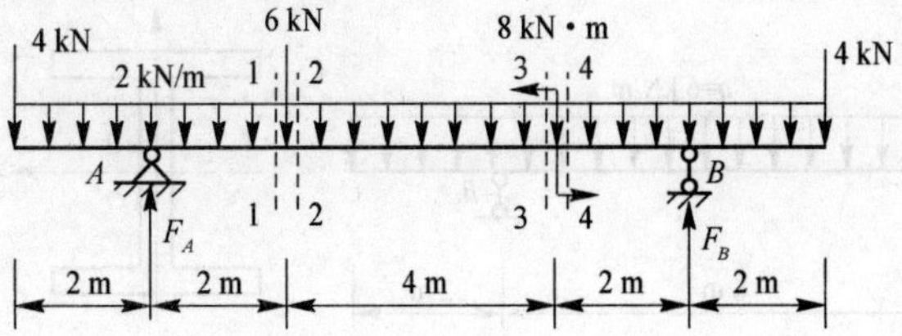

图 8-45

3. 画出图 8-46 所示梁的剪力图和弯矩图，并求 $|F_Q|_{max}$ 和 $|M|_{max}$。

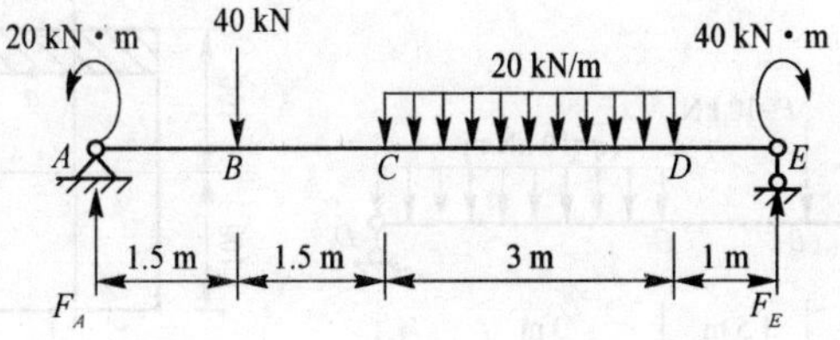

图 8-46

4. 试用叠加法绘制出图 8-47 所示各梁的弯矩图。

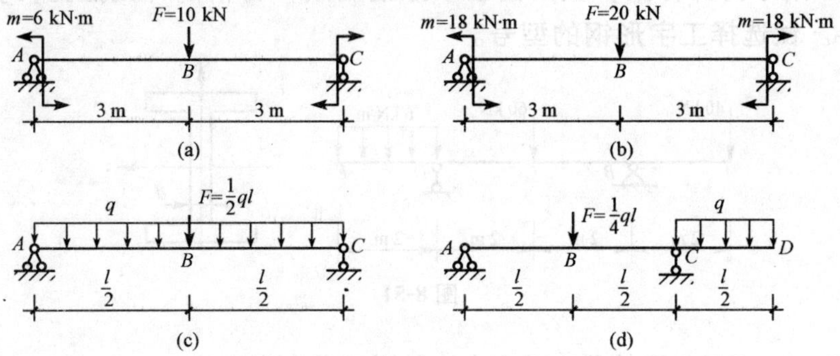

图 8-47

5. 试用分段叠加法绘制出图 8-48 所示各梁的弯矩图。

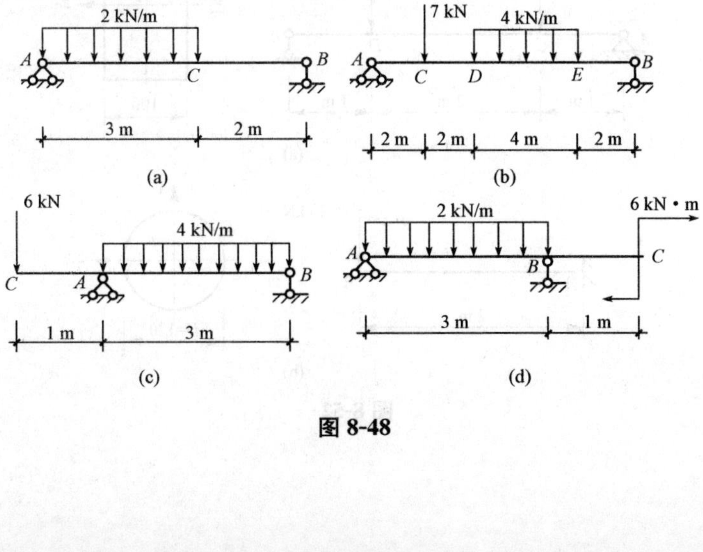

图 8-48

6. 外伸梁如图 8-49 所示，截面为工字形钢 No. 22a，试求梁中的最大正应力。

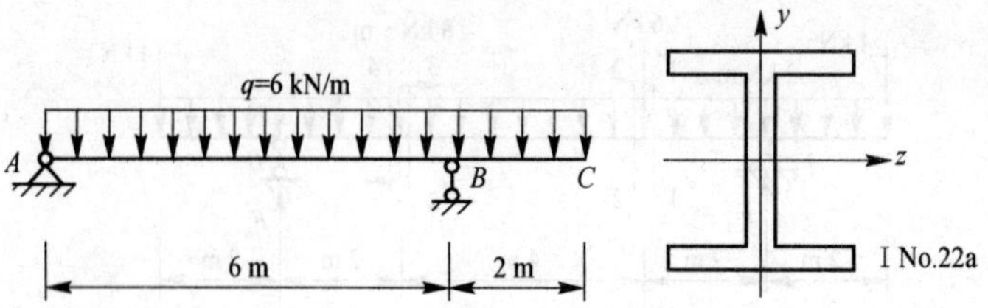

图 8-49

7. 求图 8-50 所示梁 C 截面上 a 点处的正应力和剪应力。

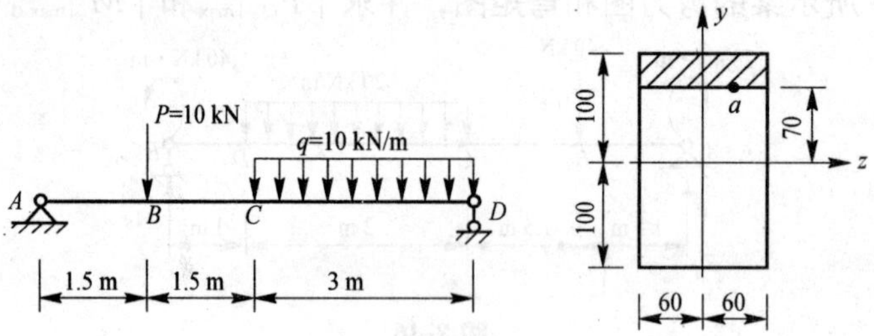

图 8-50

8. 图 8-51 所示为外伸梁，截面由工字形钢制成，材料的许用应力$[\sigma]=160$ MPa，$[\tau]=90$ MPa。试选择工字形钢的型号。

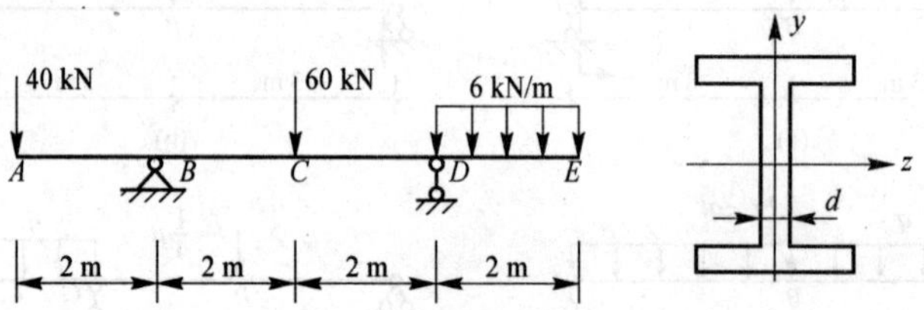

图 8-51

9. 计算图 8-52 所示各梁的最大剪应力，并说明发生在何处。

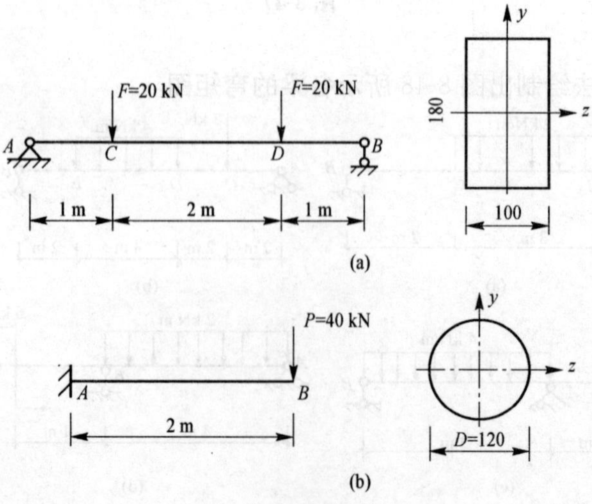

图 8-52

10. 求图 8-53 所示悬臂梁 C 截面的转角和挠度。已知梁的抗弯刚度为 EI。

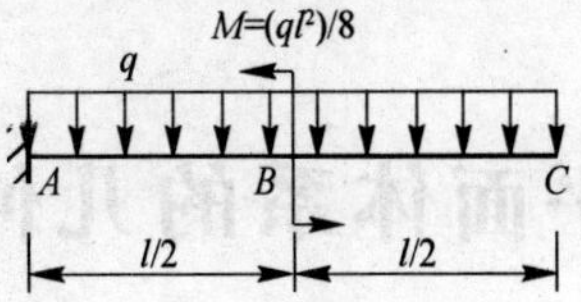

图 8-53

11. 求图 8-54 所示悬臂梁 B 端的转角 θ_B 和挠度 y_B。已知梁的抗弯刚度为 EI。

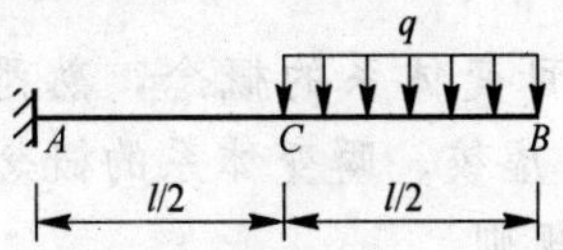

图 8-54

模块9　平面体系的几何组成分析

学习目标

(1)了解几何不变体系和几何可变体系的概念，熟悉几何组成分析的目的；熟悉自由度、约束、必要约束和多余约束、虚铰、瞬变体系的概念。

(2)掌握几何不变体系的基本规则。

学习任务

(1)能熟练应用基本规则进行体系的几何组成分析。

(2)能根据体系的几何组成判断体系的静定性。

任务9-1　杆件体系的分类与几何组成分析的目的

9.1.1　几何不变体系和几何可变体系

平面杆系结构是由若干个在同一平面内的杆件相互连接而组成的结构，在土木工程、机械、船舶、水利、桥梁等工程中应用广泛。作为结构应能承受外荷载的作用，而杆件之间如何连接组成一个合理的受力体系是关键。有的体系能作为结构来使用，而有的体系却不能承受荷载，故不能作为结构来使用，只能作为机构来使用。例如，如图9-1(a)所示，由两根杆件与地基组成的铰结三角形，受到任意荷载作用时，若不考虑材料变形，则其几何形状与位置均能保持不变；而图9-1(b)所示的铰结四边形，即使不考虑材料的变形，在很小的荷载作用下，也会发生与地面的相对运动而不能保持原有的几何形状和位置。

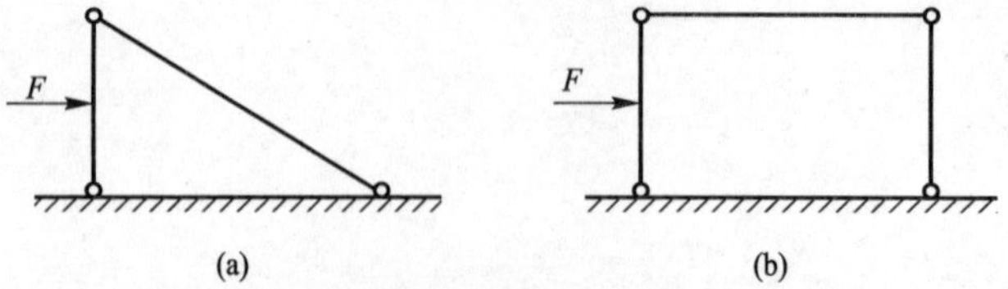

图9-1

根据杆件体系的形状和位置，杆件体系可分为以下两类：

(1)几何不变体系。在不考虑材料自身变形的前提下，在任意荷载作用下，体系的几何形状和位置保持不变的体系称为几何不变体系。

(2)几何可变体系。在不考虑材料自身变形的前提下，即使在很小的荷载作用下，体系也会发生机械运动而不能保持原有的几何形状和位置的体系称为几何可变体系。

一般工程结构都应为几何不变体系，而不能采用几何可变体系。因为几何可变体系不能承受荷载而保持平衡状态。因此，在结构设计中应首先判断所采用的体系是否为几何不变体系，只有几何不变体系才能作为结构使用。判断体系为几何不变体系还是几何可变体系的分析工作，称为体系的几何组成分析。

9.1.2 几何组成分析的目的

只有几何不变体系才能作为承担荷载的结构，而且杆件结构的受力性能和计算方法，都与其几何组成有关，所以，对杆件体系进行几何组成分析的目的主要是：

(1)判断某一体系是否为几何不变体系，从而确定它能否作为结构，以保证结构的几何不变性。

(2)根据体系的几何组成，确定结构是静定结构的还是超静定结构的，从而选择相应的计算方法。

(3)通过几何组成分析，明确结构各部分在几何组成上的相互关系，从而选择简便合理的计算顺序。

(4)研究几何不变体系的组成规则，为结构设计提供依据。

任务 9-2 自由度和约束

9.2.1 自由度

确定物体几何位置所需的独立坐标数目，称为该体系的自由度。自由度也可以表述为物体运动时可以独立变化的几何参数的数目。例如，平面内的一个点，其平面内的位置需要用平面内的两个坐标 x 和 y 来确定，如图 9-2(a)所示，因此，平面内一点的自由度为 2。

从物体运动观点来分析，当平面内一点从 A 点移动到 A' 点时，可以分解为两种独立的运动，即沿水平方向移动 Δx，以及沿垂直方向移动 Δy，此时，其独立变化的坐标数目为 Δx 和 Δy，如图 9-2(b)所示。所以，平面内一个点的自由度为 2。

一个刚片在平面内自由运动时，其位置可由其上任一点 A 的坐标 x、y 和任一直线 AB 的倾角 φ 来确定，如图 9-2(c)所示，因此，一个刚片的自由度为 3。

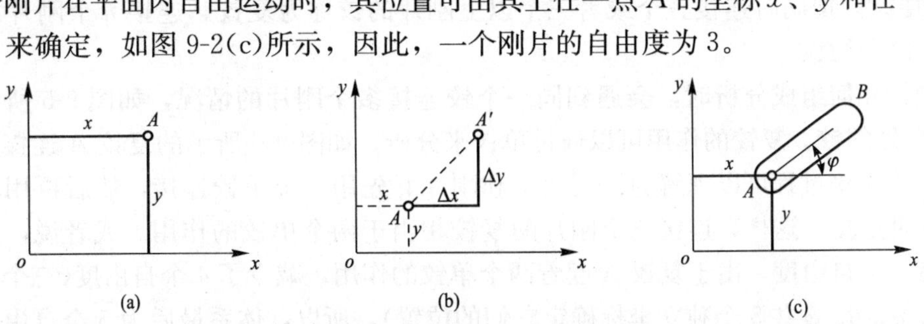

图 9-2

9.2.2 约束

约束又称联系，是体系中构件之间或者体系与基础之间的连接装置。约束使构件(刚片)之间的相对运动受到限制，因此，约束的存在将会使体系的自由度减少。一种约束装置的约束数等于它使体系减少的自由度数。常见的约束类型有链杆、铰、刚性连接。

1. 链杆

链杆是两端用铰与其他两个物体相连接的刚性杆件。如图 9-3 所示的刚片与地基用一个链杆连接之前其自由度是 3，连接之后其位置由图中的两个独立坐标 α、β 就可以确定，即减少了一个自由度。因此，一个链杆相当于一个约束，能够减少一个自由度。

在进行几何组成分析时，链杆与形状无关，也即刚性杆既可以是直杆，也可以是曲杆。链杆只限制与其连接的刚片沿着链杆两铰连线方向上的运动。

2. 铰

(1)单铰。连接两个刚片的铰称为单铰。

如图 9-4(a)所示，将基础看成为刚片Ⅰ，其与另外一个刚片Ⅱ由单铰相连。在连接之前，刚片Ⅱ的自由度为 3，用单铰连接后，刚片Ⅱ只能绕 A 点转动，只需要一个独立坐标 α 即可确定刚片Ⅱ的位置，因此，体系的自由度是 1，与原来相比减少了两个自由度。故，一个单铰相当于两个约束，能减少两个自由度。

另外，一个单铰相当于两个约束，而一个链杆相当于一个约束，所以一个单铰相当于两个链杆，即如图 9-4(a)、(b)所示的两种情况是等效的。

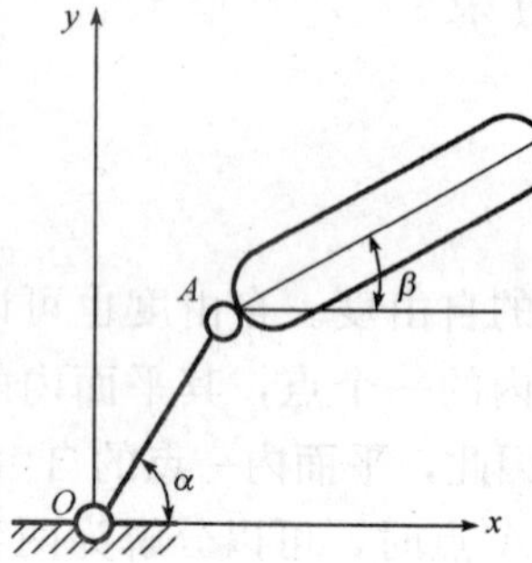

图 9-3

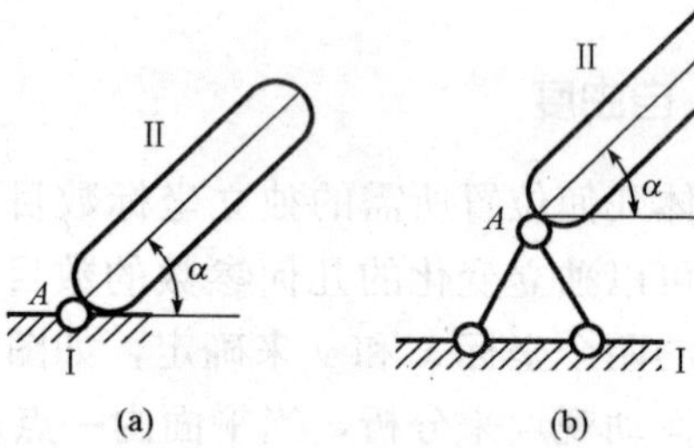

图 9-4

(2)复铰。把同时连接三个或者三个以上刚片的铰称为复铰。连接 n 个刚片的复铰具有 $2(n-1)$ 个约束。

在进行几何组成分析时，会遇到同一个铰连接多个刚片的情况，如图 9-5 所示的位于 A、D、C 处的铰。复铰的作用可以通过单铰来分析。如图 9-6 所示的复铰 A 连接着三个刚片，它们的连接过程可以理解为：刚片Ⅰ和刚片Ⅱ先用一个单铰连接，然后再用单铰将它们与刚片Ⅲ连接。这样，连接三个刚片的复铰相当于两个单铰的作用。或者说，三个刚片原来共有 9 个自由度，由于复铰 A 起着两个单铰的作用，减少了 4 个自由度(三个刚片仅需要 x、y、α、β、φ 共 5 个独立坐标确定它们的位置)，所以，体系最后为 5 个自由度。一般地，连接 n 个刚片的复铰相当于 $(n-1)$ 个单铰，也即相当于 $2(n-1)$ 个约束。

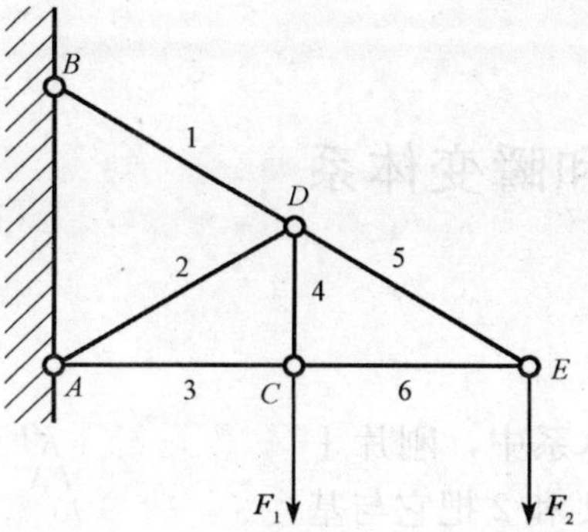

图 9-5

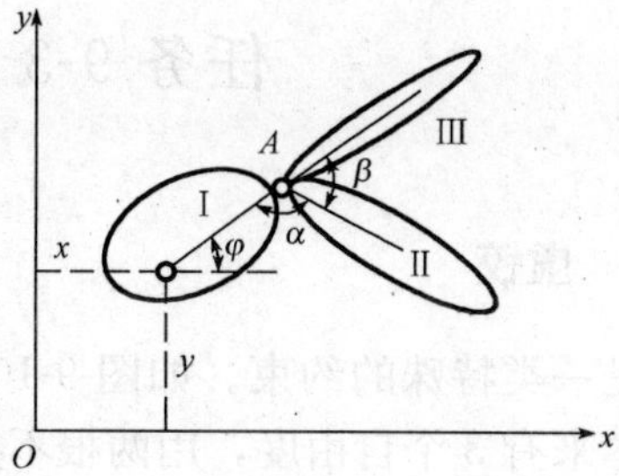

图 9-6

3. 刚性连接

刚性连接是将两个刚片以整体连接的方式进行连接，两个刚片之间不发生任何相对运动，也即构成了一个更大的刚片。

图 9-7 所示的是刚片Ⅰ和刚片Ⅱ间的刚性连接方式(可以设想两者是用钢铁做成的，现在把它们焊接在一起，即为刚性连接)。当两个刚片单独存在时(即两个刚片未连接前)，每个刚片在平面内的自由度是 3，两个刚片的自由度一共是 3＋3＝6；当两个刚片通过刚性连接后，刚片Ⅰ仍有 3 个自由度，而刚片Ⅱ相对于刚片Ⅰ是不发生任何相对运动，构成了一个大的刚片，这时它们的自由度一共是 3。因此，一个刚性连接相当于三个约束，能减少三个自由度。图 9-8 所示的固定端约束也是刚性连接。

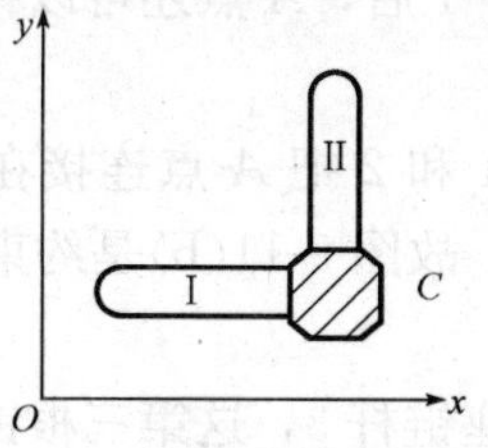

图 9-7

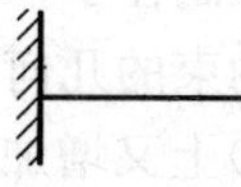

图 9-8

9.2.3 必要约束和多余约束

必要约束：为保持体系几何不变必须具有的约束。

多余约束：撤去之后体系仍能保持几何不变的约束。

图 9-9

如图 9-9(a)所示，平面内有一自由点 A，A 点通过两根链杆与基础相连，这时两根链杆分别使 A 点减少一个自由度而使 A 点固定不动，因而两根链杆都非多余约束，因而两者皆为必要约束；在图 9-9(b)中，A 点通过三根链杆与基础相连，这时 A 虽然固定不动，但减少的自由度仍然为 2，显然三根链杆中有一根没有起到减少自由度的作用，因而是多余约束(可把其中任意一根作为多余约束)。

应当指出，多余约束只说明为保持体系几何不变是多余的，但在几何体系中增设多余约束，往往可以改善结构的受力状况，并非真的多余。

任务 9-3　虚铰和瞬变体系

9.3.1　虚铰

虚铰是一类特殊的约束。如图 9-10 所示的体系中，刚片Ⅰ在平面上本来有 3 个自由度，用两根不共线链杆 1 和 2 把它与基础相连接，则此体系仍有 1 个自由度。现对它的运动特性加以分析。由于链杆的约束作用，A 点的微小位移应与链杆 1 垂直；C 点的微小位移应与链杆 2 垂直。以 O 表示两根链杆轴线的交点，显然，刚片Ⅰ可以发生以 O 为中心的微小转动。O 点称为瞬时转动中心。这时，刚片Ⅰ的瞬时运动情况与它在 O 点用铰与基础相连接时的运动情况完全相同。因此，从瞬时微小运动来看，两根链杆所起的约束作用相当于在链杆交点 O 处的一个铰所起的约束作用。这个铰称为虚铰。在体系运动过程中，虚铰的位置也在不断变化。

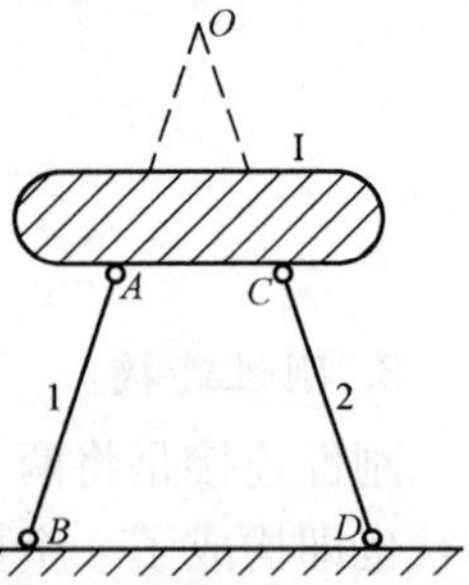

图 9-10

9.3.2　瞬变体系

如图 9-11(a)所示，在点 A 加一根水平的支座链杆 1 后，A 点还可以移动，是几何可变体系。

图 9-11(b)是用两根不在一条直线上的支座链杆 1 和 2 把 A 点连接在基础上，A 点上下、左右移动的自由度全被限制住了，不能发生移动。故图 9-11(b)是约束数目恰好够用的几何不变体系，称为无多余约束的几何不变体系。

图 9-11(c)是在图 9-11(b)上又增加一根水平的支座链杆 3，这第三根链杆就保持几何不变而言是多余的。故图 9-11(c)是有一个多余约束的几何不变体系。

图 9-11(d)是用在一条水平直线上的两根链杆 1 和 2 把 A 点连接在基础上，保持几何不变的约束数目是够用的。但是，这两根水平链杆只能限制 A 点的水平位移，不能限制 A 点的竖向位移。在图 9-11(d)中，两根链杆处于水平线上的瞬时，A 点可以发生很微小的竖向位移到 A' 点处。这时，链杆 1 和 2 不再在一直线上，A' 点就不继续向下移动了。这种本来是几何可变的，经微小位移后又成为几何不变的体系，称为瞬变体系。瞬变体系是约束数目够用，但由于约束的布置不恰当而形成的体系。瞬变体系在工程中不能采用。

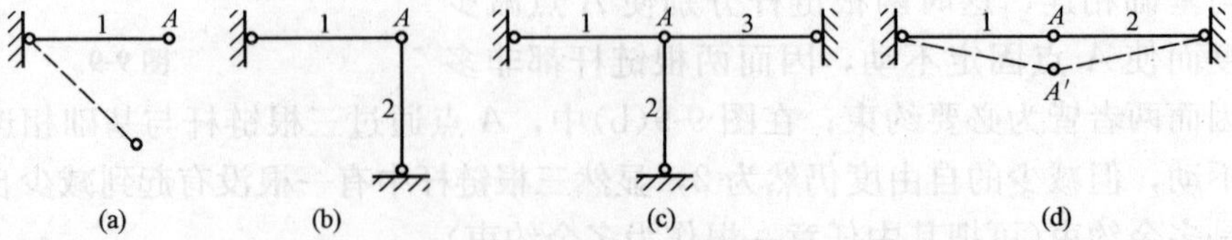

图 9-11

任务 9-4　几何不变体系的基本规则

工程结构必须采用几何不变体系，本节讨论无多余约束的几何不变体系的基本组成规则。无多余约束是指体系内的约束恰好使该体系成为几何不变体系，只要去掉任何一个约束就会使体系变成几何可变体系。其基本组成规则有两刚片规则、三刚片规则和二元体规则。

1. 规则一(两刚片规则)

两刚片用不全交于一点也不全平行的三根链杆相连，组成无多余约束的几何不变体系。如图 9-12(a)所示，刚片Ⅰ、Ⅱ用 3 根链杆连在一起，其中链杆 1、2 可以看作交于 O 点的虚铰。如果没有链杆 3，刚片Ⅰ、Ⅱ可能发生绕 O 点的相对转动，可是，链杆 3 的存在限制了二者的相对运动，所以，这时组成的体系是几何不变的。

上述规则也可表述为：两个刚片用一个单铰和杆轴不过该铰铰心的一根链杆相连，组成无多余约束的几何不变体系。

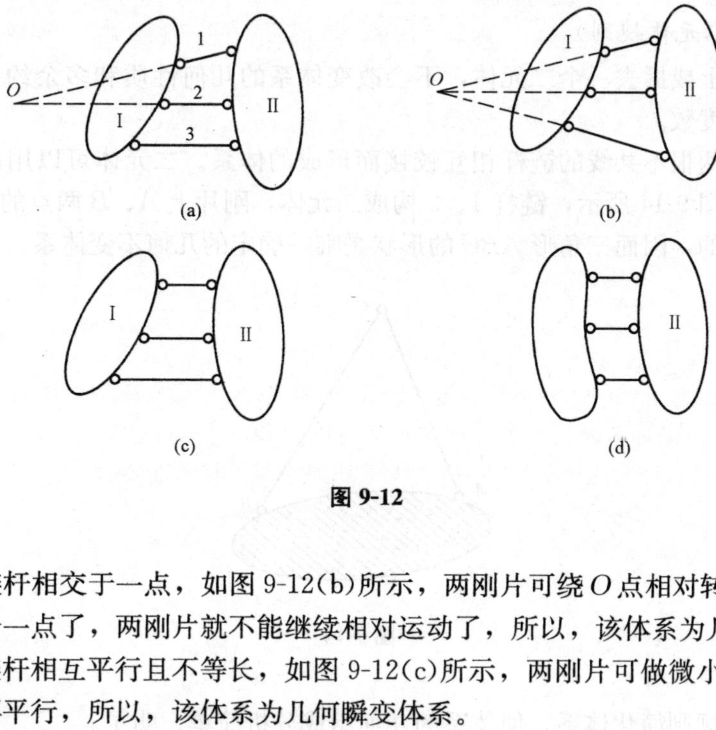

图 9-12

如果三根链杆相交于一点，如图 9-12(b)所示，两刚片可绕 O 点相对转动，转动后，三杆就不再相交于一点了，两刚片就不能继续相对运动了，所以，该体系为几何瞬变体系。

如果三根链杆相互平行且不等长，如图 9-12(c)所示，两刚片可做微小的相对移动，移动后，三杆不再平行，所以，该体系为几何瞬变体系。

如果三根链杆相互平行且等长，如图 9-12(d)所示，两刚片可做微小的相对移动，移动后，三杆仍平行，所以，该体系为几何可变体系。

2. 规则二(三刚片规则)

三个刚片用不全在一条直线上的三个单铰(可以是虚铰)两两相连，组成无多余约束的几何不变体系。如图 9-13(a)所示，三个刚片用不在同一直线上的三个单铰连接在一起，这三个点的连接组成一个三角形，因为三边的长度是定值，所以，该体系是几何不变体系。

利用一个单铰与相交于该点的两根链杆的约束作用相同的性质，将三个铰中的任意一个或几个用相应的链杆代替，规则仍然正确。图 9-13(b)所示的体系是由三个刚片组成的。其中每两个刚片都是由两根链杆相连，而且每两根链杆都相交于一点，构成一个虚铰。这三个刚片是由三个不在同一直线的虚铰两两相连，所构成的体系也是几何不变体系。

如果三个铰在一条直线上，如图 9-13(c)所示，此时铰 1 可以发生微小的移动。发生移动后，由于三个铰不再共线，因此，就不再继续运动，所以，该体系是几何瞬变体系。

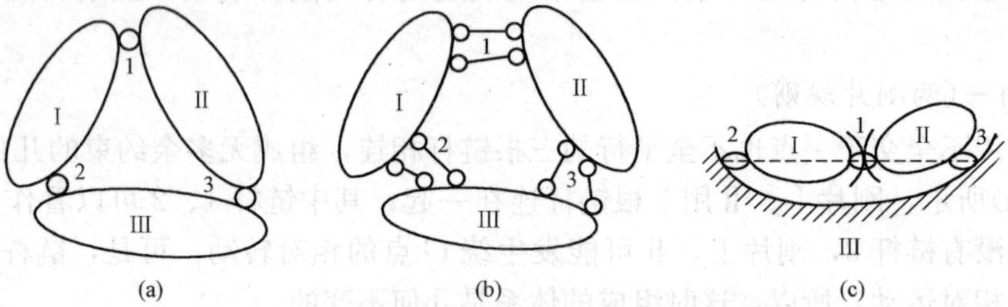

图 9-13

3．规则三(二元体规则)

在体系上加上或拆去一个二元体，不会改变体系的几何性质和多余约束数，即不改变体系原有的自由度数。

二元体是指两根不共线的链杆相互铰接而形成的体系。二元体可以用两根链杆的公共结点来表示，如图 9-14 所示，链杆 1、2 构成二元体，刚片上 A、B 两点的距离和两根链杆的长度都是不变的，因而三角形 ABC 的形状是唯一确定的几何不变体系。

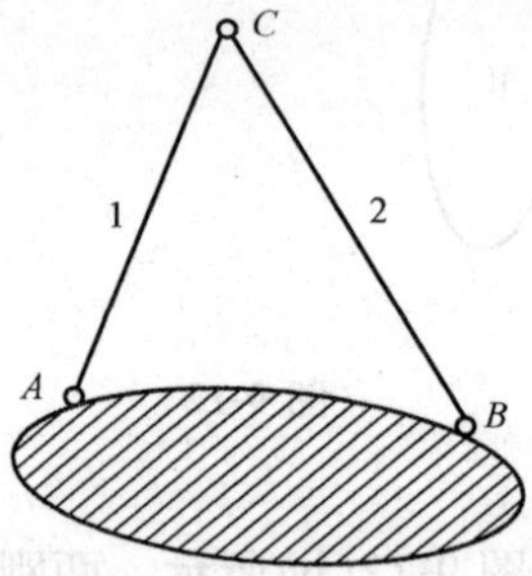

图 9-14

利用二元体规则简化体系，使体系的几何组成分析简单、明了。

如果注意到链杆也是一种特殊的几何不变的刚片，就不难理解上述三个规则其实是相通的，三个规则可互相变换，都归结为边长给定的三角形形状的唯一性，可统一用铰接三角形规则(简称三角形规则)来描述，即平面内一个铰接三角形是无多余约束的几何不变体系。用以上三种不同的表达方式，是为了在具体的几何组成分析中应用方便，表达简捷。这三个规则中分别要求的两根链杆不共线、三根链杆不共点和三个铰不共线等条件本质是一致的，即都是为了保证形成一个三角形。

任务 9-5　平面体系几何组成分析举例

几何不变体系的基本组成规则，是进行几何组成分析的依据。对体系灵活使用这些规则，就可以判定体系是否为几何不变体系及有无多余约束等问题。其分析方法如下：

(1)选择刚片。在体系中任一杆件或某个几何不变的部分(如基础、铰接三角形)，都可选作刚片。在选择刚片时，要考虑哪些是连接这些刚片的约束。

(2)扩大刚片。先从能直接观察出的几何不变的部分开始，应用几何组成规则，逐步扩大几何不变部分直至整体。

(3)简化体系。对于复杂体系可以采用以下方法简化体系：

1)当体系上有二元体时，应依次拆除二元体。

2)如果体系只用三根不全交于一点也不全平行的支座链杆与基础相连，则可以拆除支座链杆与基础。

(4)注意利用约束的等效替换。如只有两个铰与其他部分相连的刚片用直链杆代替；连接两个刚片的两根链杆可用其交点处的虚铰代替。

【例 9-1】 试对图 9-15 所示的体系进行几何组成分析。

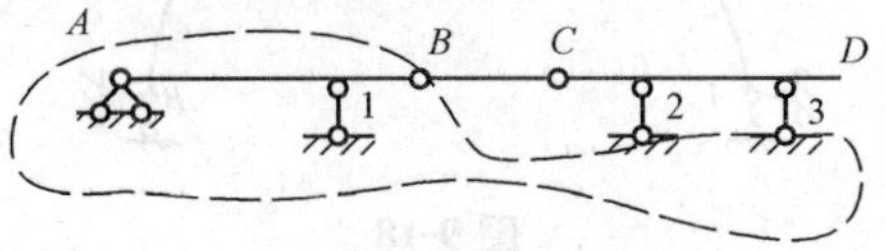

图 9-15

【解】 AB 杆与基础之间用铰 A 和链杆 1 相连，组成几何不变体系，可将其看作是一个扩大了的刚片。将 BC 杆看作链杆，则 CD 杆用不交于一点也不完全平行的三根链杆 BC、2、3 和扩大刚片相连，组成无多余约束的几何不变体系。

【例 9-2】 分析图 9-16 所示体系的几何组成。

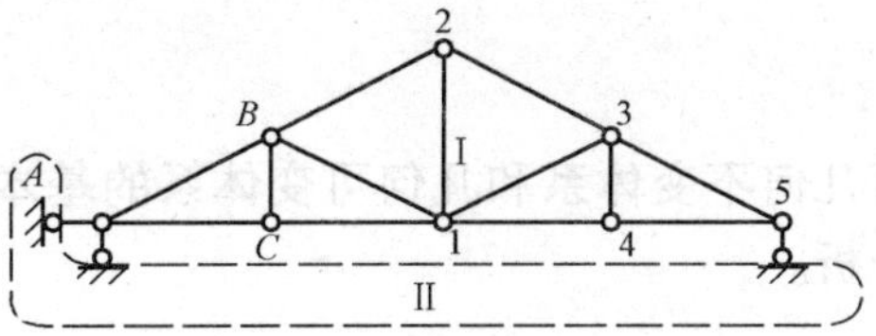

图 9-16

【解】 此体系中，上部体系是在一个由三刚片构成的铰接三角形 ABC 的基础上，依次增加二元体连接 1、2、3、4、5 点构成的几何不变体系，进而将整个上部体系视为刚片Ⅰ，地基视为刚片Ⅱ，则刚片之间用既不共点又完全平行的三链杆相连，符合两刚片法则，故此体系为几何不变且无多余约束的体系。

由上述分析可见，一个体系如果用不交于一点且不互相平行的三根链杆与基础相连，并不改变原体系的几何组成性质，所以，遇到这种情况只要分析上部体系(去掉基础和三根链杆)即可得到结论。

【例 9-3】 分析图 9-17 所示体系的几何组成。

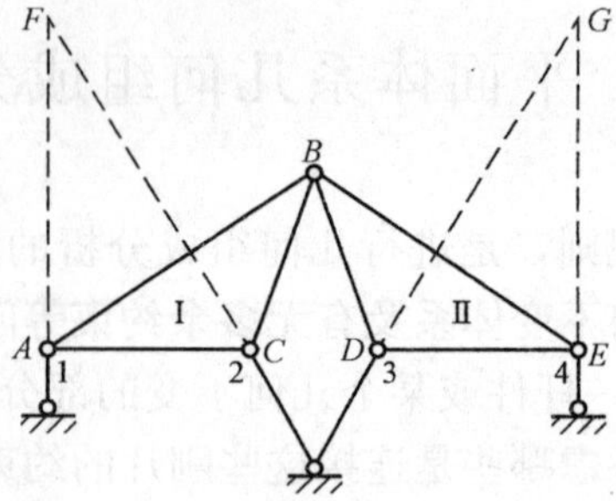

图 9-17

【解】 以铰接三角形 ABC 和 BDE 分别为刚片Ⅰ和刚片Ⅱ，链杆 1 与 2 相当于虚铰 F，链杆 3 与 4 相当于虚铰 G，由此可见，刚片Ⅰ、刚片Ⅱ和地基通过不在一条直线上的铰 F、G、B 相连，符合三刚片规则，组成无多余约束的几何不变体系。

【例 9-4】 分析图 9-18 所示体系的几何组成。

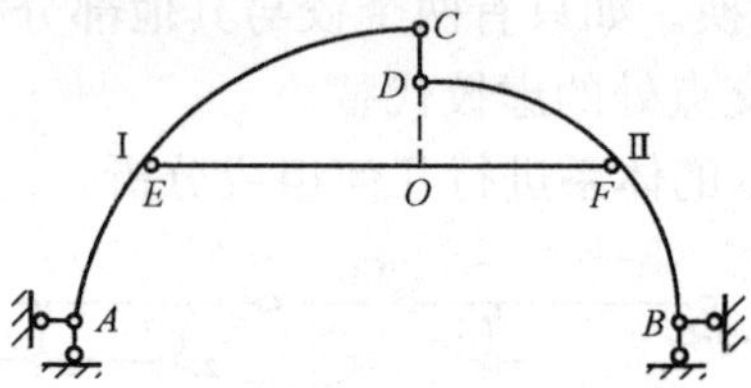

图 9-18

【解】 将图 9-18 中的 AC、BD、基础分别视为刚片Ⅰ、Ⅱ、Ⅲ，刚片Ⅰ和Ⅲ以铰 A 相连，刚片Ⅱ和Ⅲ用铰 B 连接，刚片Ⅰ和Ⅱ用 CD、EF 两链杆相连，相当于一个虚铰 O。由于连接三刚片的三个铰 A、B、O 不在一直线上，符合三刚片规则，故体系为几何不变且无多余约束的体系。

本章小结

本模块主要介绍了平面几何不变体系和几何可变体系的基本规则，通过本模块的学习对常见结构进行几何组成分析。

复习思考题

1. 什么是平面杆体系结构？根据杆件体系的形状和位置，杆件体系可分为哪两类？
2. 几何组成分析的目的是什么？
3. 什么是自由度？自由度如何确定？
4. 什么是约束？常见的约束类型有哪些？
5. 什么是必要约束？什么是多余约束？
6. 几何不变体系的基本规则有哪些？

复习思考题参考答案

习 题

1. 试对图 9-19 进行组合分析，并指出是否有多余联系及其多余联系的数目。

习题参考答案

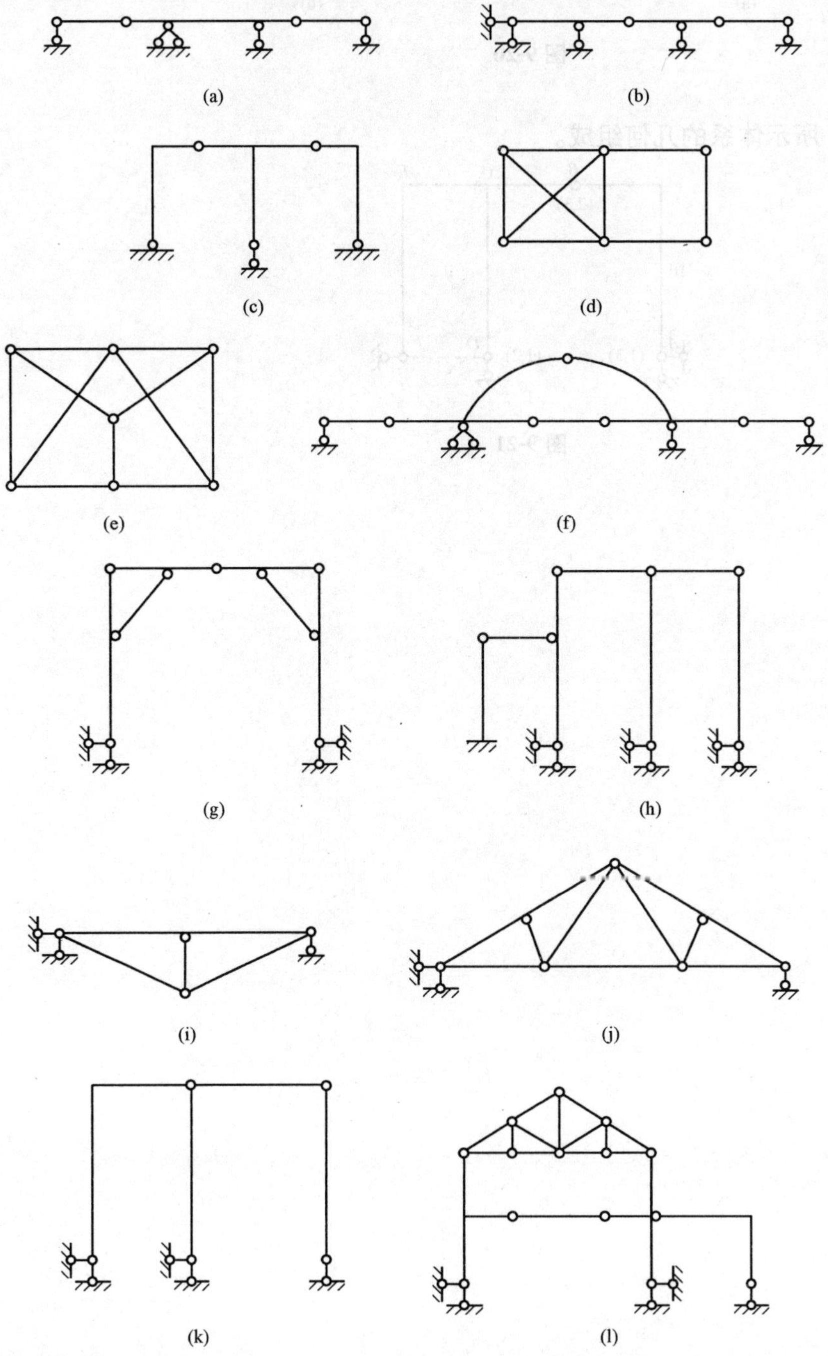

图 9-19

2. 试分析图 9-20(a)、(b)所示体系的几何组成。

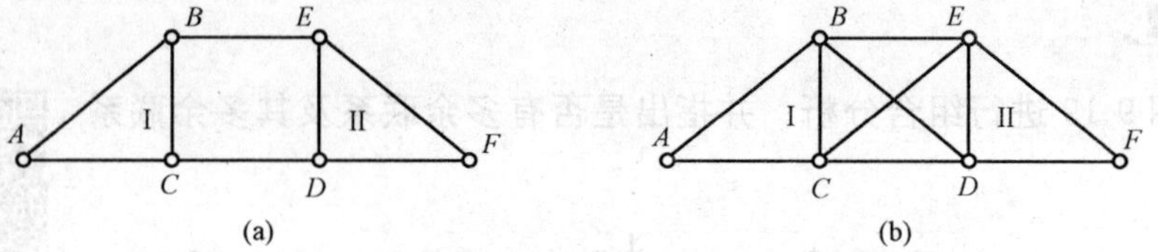

图 9-20

3. 试分析图 9-21 所示体系的几何组成。

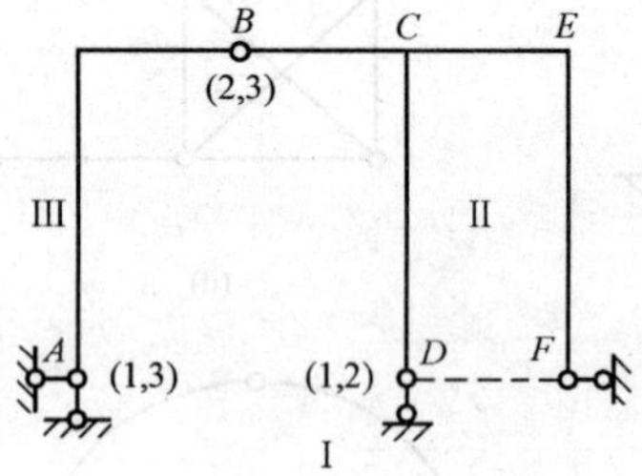

图 9-21

模块 10　静定梁的内力及内力分析

学习目标

(1)熟悉斜梁的内力分析，掌握单跨静定梁的内力计算及内力图的绘制。

(2)了解多跨静定梁的几何组成特点；熟悉多跨静定梁的受力特点；掌握多跨静定梁的内力计算及内力图的绘制。

(3)熟悉静定平面刚架的特点及形式；掌握静定平面刚架支座反力计算、静定平面钢架内力分析及内力图的绘制。

(4)熟悉静定平面桁架的概念、特点及分类；掌握桁架的内力计算。

(5)熟悉拱的概念和特点、组合结构的概念及特点；掌握三角拱的计算和组合结构的内力计算。

学习任务

(1)会计算单跨静定梁、多跨静定梁、斜梁、静定平面刚架、静定平面桁架的内力，并能熟练画出其内力图。

(2)能应用静定结构的特性选择更合理的结构体系。

任务 10-1　静定梁内力计算

10.1.1　单跨静定梁

单跨静定梁在实际工程中应用较多，如一般的钢筋混凝土过梁、起重机梁等，其内力主要有剪力和弯矩，内力分析的基本方法为截面法，此方法已在模块 8 中作了详细介绍，故本节仅作简单复习。

10.1.1.1　梁的内力

在竖向荷载作用下，梁任一截面上的内力一般有两个，即剪力(F_Q)和弯矩(M)，如图 10-1 所示。

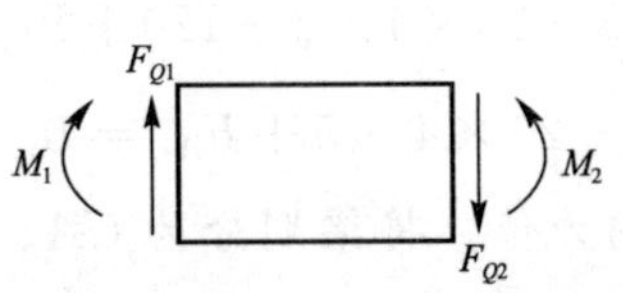

图 10-1

1. 剪力

剪力的国际通用单位为 N 和 kN。剪力正、负号规定为当截面上的剪力(F_Q)使所研究的梁段有顺时针方向转动趋势时，剪力(F_Q)为正；反之，为负。

2. 弯矩

弯矩的国际通用单位为 kN·m。弯矩正、负号规定为当截面上的弯矩(M)使该梁段下部受拉上部受压时，为正弯矩；反之，为负弯矩。

10.1.1.2 内力图绘制

1. 内力图的概念

内力图是表示内力沿梁轴线变化规律的图形，其包括剪力图、弯矩图和轴力图。

2. 内力图的绘图规定

(1)剪力图(F_Q 图)一般习惯上将正的剪力作在 x 轴的上方，负剪力作在 x 轴的下方，并且要标明正负号。

(2)弯矩图(M 图)一般习惯将弯矩图作在梁受拉的一侧。

(3)轴力图(F_N 图)一般习惯将正的轴力作在 x 轴的上方，负剪力作在 x 轴下方，并且要标明正负号。

3. 内力图的绘制方法

绘制内力图一共有三种方法：第一种方法也是最基本的方法，就是先列出内力方程，然后依据内力方程绘制内力图；第二种方法是依据荷载与内力的关系绘制内力图；第三种方法是应用叠加法绘制内力图。

4. 内力图的绘制步骤

利用叠加法作弯矩图是常用的一种简便作图方法。叠加法作弯矩图的步骤为：

(1)求出梁的支座反力；

(2)选择梁两端点、集中力作用点、集中力偶作用点、分布荷载作用的起点和终点、支座点为控制截面，求出控制截面的弯矩值；

(3)分段作弯矩图。当控制截面间无荷载作用时，用直线连接两控制截面的弯矩值，即为该段的弯矩图；当控制截面间有荷载作用时，先用虚线连接两控制截面的弯矩值，然后以此虚直线为基线，再叠加把此段梁看作简支梁在控制截面间荷载作用下的弯矩图，从而作出最后的弯矩图。

应用叠加法作弯矩图时一定要注意这里所述弯矩图的叠加是指竖坐标的代数相加。

【例 10-1】 试用叠加法作如图 10-2(a)所示外伸梁的内力图。

【解】 (1)求支座反力。以整体梁为研究对象，利用平衡条件：

$\sum F_x = 0$　　$F_{Ax} = 0$

$\sum M_A(F) = 0$　　$40\times 2 - 20\times 4\times 2 + 120 + F_{By}\times 8 = 0$　　$F_{By} = -5\ \text{kN}(\downarrow)$

$\sum F_y = 0$　　$-40 - 20\times 4 - 5 + F_{Ay} = 0$　　$F_{Ay} = 125\ \text{kN}(\uparrow)$

(2)分段、求解控制截面的内力值。将梁划分为 CA、AD、DE 和 EB 四段来分析，求解得到各控制截面的内力值如下：

$F_{QCA} = -40\ \text{kN}$　　$F_{QAC} = -40\ \text{kN}$　　$F_{QAD} = 85\ \text{kN}$

$F_{QDA}=5\ \text{kN}$　　$F_{QDE}=5\ \text{kN}$　　$F_{QED}=5\ \text{kN}$

$F_{QEB}=5\ \text{kN}$　　$F_{QBE}=5\ \text{kN}$

$M_{CA}=0$　　$M_{AC}=-80\ \text{kN}\cdot\text{m}$　　$M_{AD}=-80\ \text{kN}\cdot\text{m}$

$M_{DA}=100\ \text{kN}\cdot\text{m}$　　$M_{DE}=100\ \text{kN}\cdot\text{m}$　　$M_{ED}=110\ \text{kN}\cdot\text{m}$

$M_{EB}=-10\ \text{kN}\cdot\text{m}$　　$M_{BE}=0$

(3)作图。

1)作剪力图。作剪力图时，依据已算出的各控制截面的剪力值，相邻两点连直线即可，如图 10-2(b)所示。

2)作弯矩图。最终的弯矩图如图 10-2(c)所示。

作弯矩图时，由于在 CA、DE、EB 段上无荷载作用，所以 M 图为直线。可依据上面求得的弯矩值相邻两点连直线，作出这三个区段的弯矩图。在 AD 段，由于其上有均布荷载作用，则可按区段叠加法来作此段 M 图，先把依据上面求得的 AD 段中 A 截面和 D 截面的弯矩值连成直线 A_1D_1 作为基线[图 10-2(c)]，然后在基线 A_1D_1 上叠加，把 AD 段杆件看作简支梁，梁上作用有与图 10-2(a)中 AD 段相同的荷载情况下的弯矩图，作出最终弯矩图 A_1JD_1[图 10-2(c)]，区段中点的竖标值为 $10+1/8\times20\times4^2=50(\text{kN}\cdot\text{m})$。抛物线和 x 轴的交点与 A 点的距离为 1.08 m。

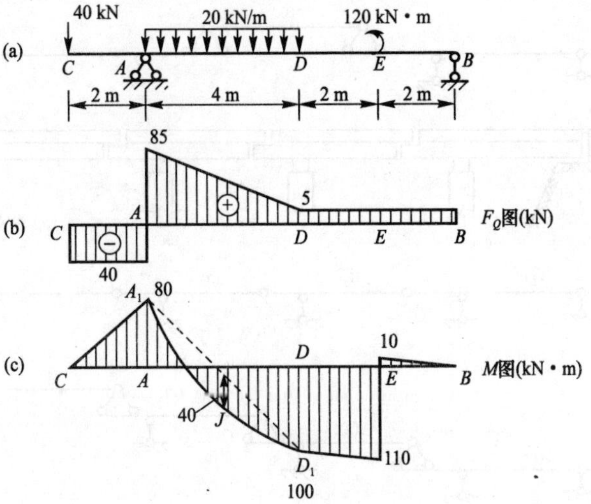

图 10-2

注意：在划分区段时，可以不必限于无荷载区和均布荷载区这两种情况，凡便于按区段叠加法作弯矩图的杆段(如只有一个集中力偶、一个集中力的杆段等)，均可作为一个区段来处理，以减少区段的数目而简化计算。如本例可只取 CA、AD、DB 三个区段来作弯矩图。

10.1.2 多跨静定梁

1. 多跨静定梁的几何组成特点

多跨静定梁是由若干个单跨梁用铰联结而成的静定结构。在工程结构中，常用它来跨越几个相连的跨度。例如，公路桥梁的主要承重结构和房屋建筑中的木檩条常采用这种结构形式，如图 10-3(a)、图 10-3(d)所示。

对图 10-3 所示计算简图，从几何组成的特点来分析，它们都可分为基本部分和附属部分。所谓基本部分，是指不依赖于其他部分的存在，其本身就能独立地承受荷载并能维持平衡的部分；所谓附属部分，是指需要依赖于其他部分才能承受荷载而维持平衡的部分。例如，在图 10-3(e)中，①是一伸臂梁，它本身就是一个几何不变体系，可单独承受荷载的作用，故为基本部分；而②、③、④只有依赖于①才能承受荷载，因而均为附属部分。根据上述分析，再利用两根链杆可代替一个单铰的这一特点，便可得到更为清楚的杆件传力关系图，也称层次图，如图 10-3(c)、图 10-3(f)所示。从层次图可以看出，一旦基本部分遭到破坏，附属部分的几何不变性也随之破坏；若附属部分遭到破坏，则对基本部分的几何不变性并无任何影响。

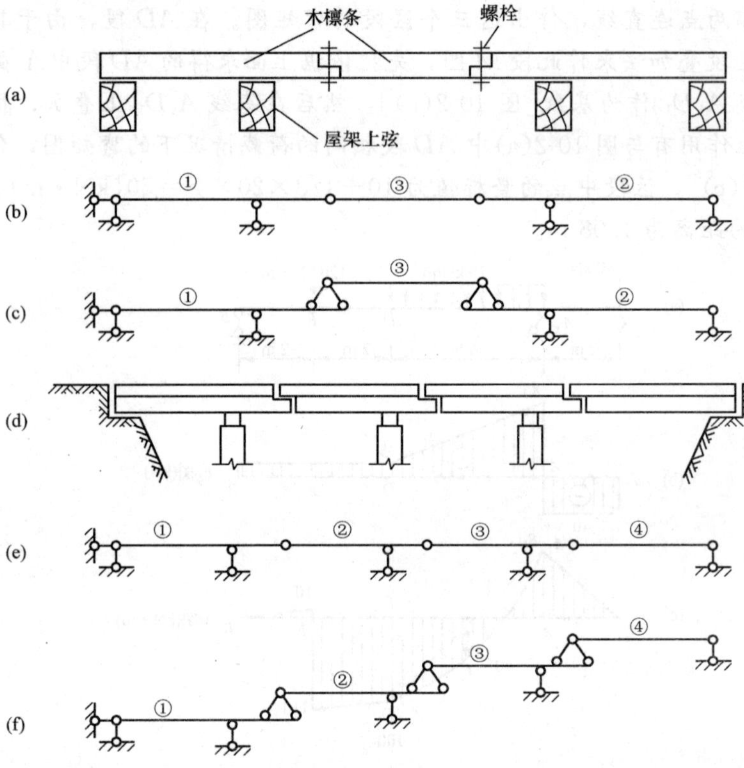

图 10-3

2. 多跨静定梁的内力分析

了解多跨静定梁的几何组成，并由此得到其层次图后，多跨静定梁的内力分析就更加容易。从力的传递来看，荷载作用在基本部分时，附属部分不受影响，即不产生内力。荷载作用于附属部分时，力将会通过铰往下传递，使与其有关的基本部分产生内力。所以，多跨静定梁的计算次序是先计算附属部分，后计算基本部分。将附属部分的支座反力反向，就得到附属部分作用于基本部分的荷载。计算之初，先利用层次图把多跨静定梁拆成若干单跨静定梁，从附属程度最高的一层开始，向下逐层计算。最后，将各单跨梁的内力图连在一起，就得到整个多跨静定梁的内力图。

【例 10-2】 试作出如图 10-4(a)所示的四跨静定梁的弯矩图和剪力图。

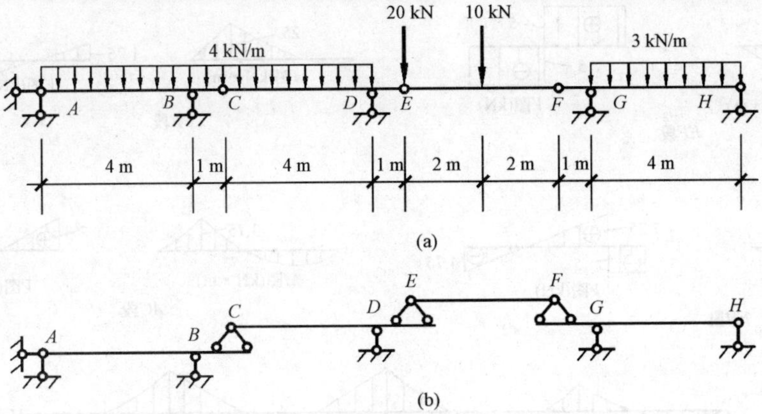

图 10-4

【解】 (1)绘制层次图，如图 10-4(b)所示。

(2)计算支座反力，先从高层次的附属部分开始，逐层向下计算。

1)EF 段：由静力平衡条件得

$$\sum M_E=0，F_F\times4-10\times2=0，推得\ F_F=5\ \text{kN}$$

$$\sum F_y=0，F_E=20+10-F_F=25(\text{kN})$$

2)CE 段：将 F_E 反向作用于 E 点，并与 $q=4$ kN/m 共同作用，可得

$$\sum M_D=0，F_C\times4-4\times4\times2+25\times1=0，推得\ F_C=1.75\ \text{kN}$$

$$\sum F_y=0，F_C+F_D-4\times4-25=0，推得\ F_D=39.25\ \text{kN}$$

3)FH 段：将 F_F 反向作用于 F 点，并与 $q=3$ kN/m 共同作用，可得

$$\sum M_G=0，F_H\times4+F_F\times1-3\times4\times2=0，推得\ F_H=4.75\ \text{kN}$$

$$\sum F_y=0，F_H+F_G-F_F-3\times4=0，推得\ F_G=12.25\ \text{kN}$$

4)AC 段：将 F_C 反向作用于 C 点，并与 $q=4$ kN/m 共同作用，可得

$$\sum M_B=0，F_A\times4+F_C\times1+4\times1\times0.5-4\times4\times2=0，推得\ F_A=7.06\ \text{kN}$$

$$\sum F_y=0，F_A+F_B-4\times5-F_C=0，推得\ F_B=14.69\ \text{kN}$$

(3)计算内力并绘制内力图。各段支座反力求出后，不难由静力平衡条件求出各截面内力，然后绘制各段内力图，最后将它们联成一体，得到多跨静定梁的 M、V 图，如图 10-5 所示。

3. 多跨静定梁的受力特点

图 10-6(a)所示为一多跨简支梁，在均布荷载 q 作用下，支座处的弯矩为零，跨中弯矩最大值为 $ql^2/8$，弯矩图如图 10-6(b)所示。若用同样跨度的多跨静定梁，如图 10-6(c)所示，代替图 10-6(a)所示的多跨简支梁，在同样的荷载作用下，其弯矩图则如图 10-6(d)所示。将这一弯矩图与图 10-6(b)比较，可见它的弯矩分布比较均匀，中间支座处有负弯矩。由于支座负弯矩的存在减小了跨中的正弯矩，因此，多跨静定梁较相应的多跨简支梁受力均匀，因而节省材料，但其构造要复杂些。

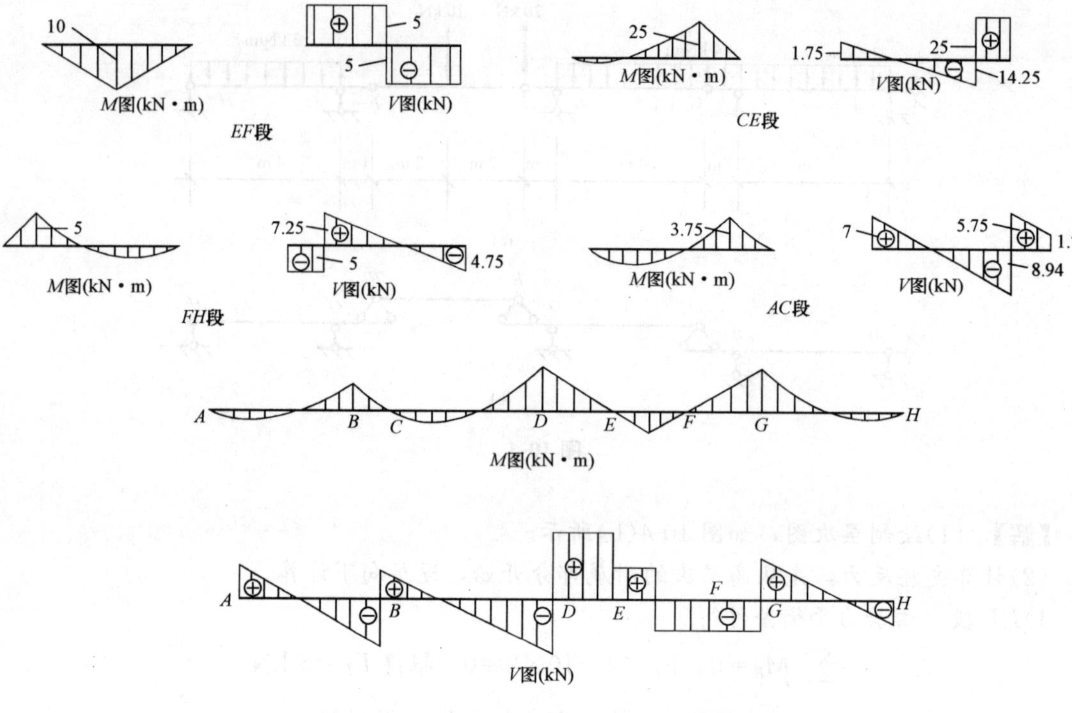

10
5
5
M图(kN·m)
V图(kN)
EF段
25
1.75
25
14.25
M图(kN·m)
V图(kN)
CE段
5
7.25
5
4.75
M图(kN·m)
V图(kN)
FH段
3.75
7
5.75
1.75
8.94
M图(kN·m)
V图(kN)
AC段
A
B
C
D
E
F
G
H
M图(kN·m)
A
B
D
E
F
G
H
V图(kN)

图 10-5

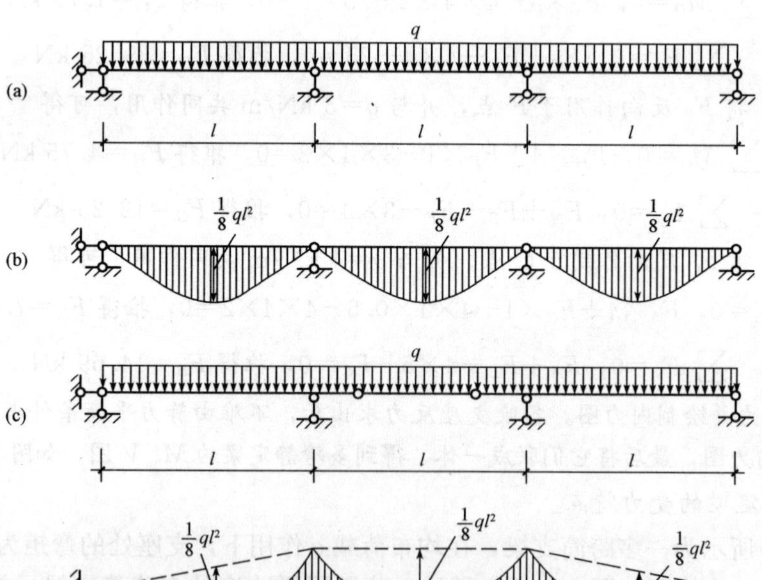

q
(a)
l
l
l
$\frac{1}{8}ql^2$
$\frac{1}{8}ql^2$
$\frac{1}{8}ql^2$
(b)
q
(c)
l
l
l
$\frac{1}{8}ql^2$
$\frac{1}{8}ql^2$
$\frac{1}{8}ql^2$
(d)

图 10-6

10.1.3 斜梁

建筑工程中常遇到杆轴倾斜的斜梁，如图 10-7 所示的楼梯梁就是其中一种。斜梁通常承受两种形式的均布荷载。

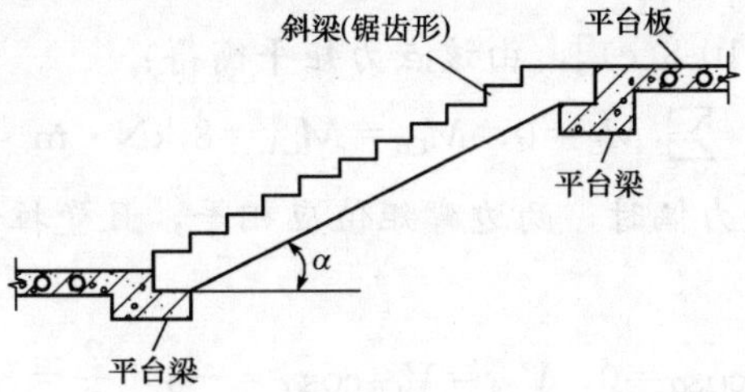

图 10-7

(1)沿水平方向分布的荷载(楼梯斜梁承受的人群荷载就是沿水平方向均匀分布的荷载)。

(2)沿斜梁轴线均匀分布的荷载(等截面斜梁的自重就是沿梁轴线均匀分布的荷载)。

单跨斜梁的内力除弯矩和剪力之外，还有轴向力。斜梁的计算过程可用如下例题来说明。

【例 10-3】 试作图 10-8(a)所示梁的内力图。

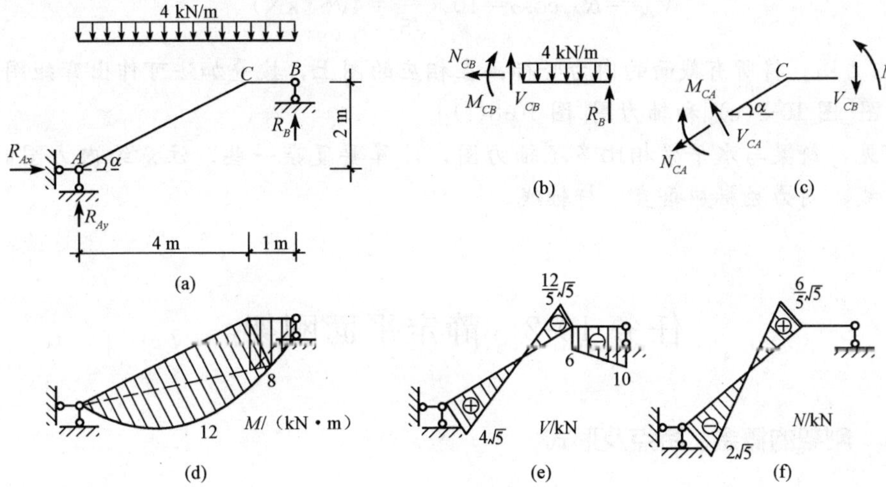

图 10-8

【解】 (1)求支反力。取整体为隔离体，易知 $R_{Ax}=0$，同时：

$$\sum M_A=0 \qquad R_B\times5-\frac{1}{2}\times4\times5^2=0,\ R_B=10\ \text{kN}(\uparrow)$$

$$\sum F_y=0 \qquad R_{Ay}+R_B-4\times5=0,\ R_{Ay}=10\ \text{kN}(\uparrow)$$

其支反力与相同荷载和跨度的简支梁的支反力相同。

(2)求控制截面内力。因 C 点为转折点，可选 A、B 和 C 三个控制截面。A、B 两点的支反力在第一步中已求出。对 C 截面，先取图 10-8(b)所示的 CB 段，由平衡条件得

$$\sum F_x=0,\ N_{CB}=0,$$

$$\sum F_y=0 \qquad R_B+V_{CB}-4\times 1=0,\ V_{CB}=-6\ \mathrm{kN}$$

$$\sum M_B=0 \qquad M_{CB}+V_{CB}\times 1-\frac{1}{2}\times 4\times 1^2=0,\ M_{CB}=8\ \mathrm{kN\cdot m}$$

取 C 节点为隔离体[图 10-8(c)]，由该点力矩平衡得：

$$\sum M_C=0,\ M_{CB}=M_{CA}=8\ \mathrm{kN\cdot m}$$

这证明转折点无集中外力偶时，两边弯矩值应相等，且受拉侧也相同。沿 V_{CA} 方向投影得：

$$V_{CA}-V_{CB}\times\cos\alpha=0,\ V_{CA}=V_{CB}\cos\alpha=-6\times\frac{2}{\sqrt{5}}=-\frac{12}{5}\sqrt{5}\,(\mathrm{kN})$$

沿 N_{CA} 方向投影得：

$$N_{CA}=-V_{CB}\sin\alpha=-(-6)\times\frac{1}{\sqrt{5}}=\frac{6}{5}\sqrt{5}\,(\mathrm{kN})$$

对 B 截面，剪力与对应支反力大小相等。对 A 截面容易求出：

$$N_{AC}=-R_{Ay}\sin\alpha=-10\times\frac{1}{\sqrt{5}}=-2\sqrt{5}\,(\mathrm{kN})$$

$$V_{AC}=R_{Ay}\cos\alpha=10\times\frac{2}{\sqrt{5}}=4\sqrt{5}\,(\mathrm{kN})$$

(3)作内力图。将所有截面的内力竖标画在相应的图上，按叠加法可作出弯矩图[图 10-8(d)]、剪力图[图 10-8(e)]和轴力图[图 10-8(f)]。

由此可见，斜梁与水平梁相比多了轴力图，计算要复杂一些。注意绘内力图时，以斜梁轴线为基线，内力竖标应垂直于杆轴线。

任务 10-2 静定平面刚架

10.2.1 刚架的概念、特点及形式

1. 刚架的概念及特点

刚架(也称框架)是由梁和柱组成的杆件结构，它的一个重要特点是具有刚结点(全部或部分)。如果刚架所有杆件的轴线都在同一个平面内，且荷载也作用于该平面内，这样的刚架称为平面刚架，如图 10-9 所示。

在刚架中，它的几何不变性主要依靠结点刚性连接来维持，无须斜向支撑联系，因而可以使结构的内部具有较大的净空，便于使用。如图 10-10(a)所示桁架是一几何不变体系，如果把 C、D 两结点改为刚接，并去掉斜杆，使其变为刚架结构，如图 10-10(b)所示。显然，内部净空就增大了。从变形角度来看，刚结点在变形后既产生角位移，又产生线位移，但变形前后各杆端之间的夹角是保持不变的，如图 10-10(b)所示。刚结点的这一特性，是刚架分析的出发点。从内力角度来看，刚结点往往使得杆件的内力分布变得均匀一

些。图 10-11(a)、图 10-11(b)分别给出了简支梁和刚架在均布荷载作用下的弯矩图。从图中可以看出，由于刚结点能承受弯矩，故使横梁跨中弯矩的峰值得到削减。

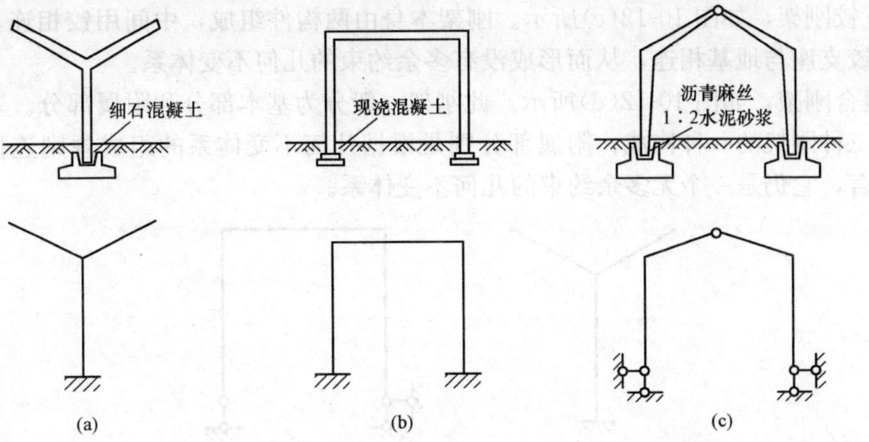

图 10-9

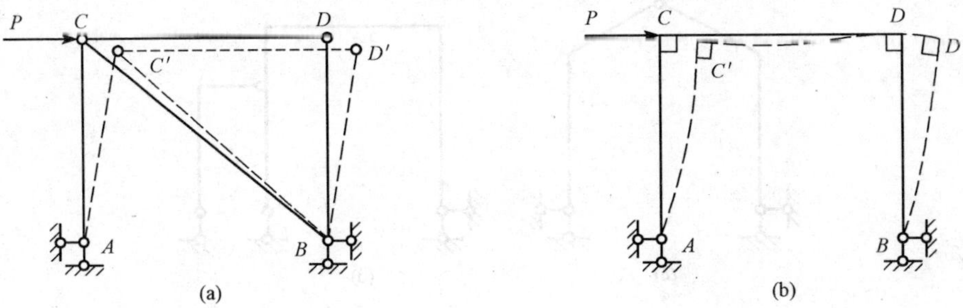

图 10-10

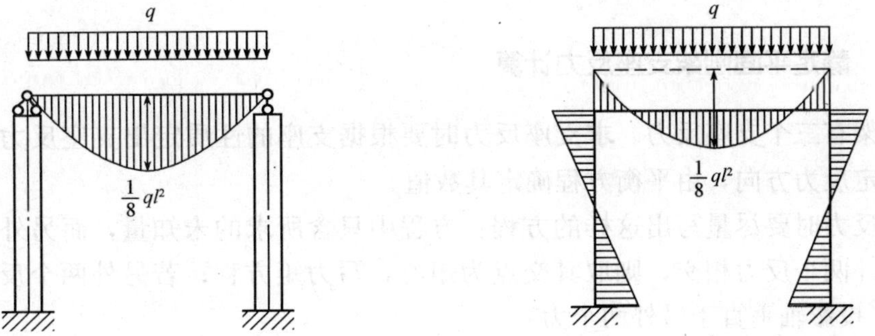

图 10-11

2. *静定平面刚架的形式*

静定平面刚架主要有以下四种类型：

(1)悬臂刚架，如图 10-12(a)所示。刚架本身为几何不变体系，且无多余约束，它用固定支座与地基相连。

(2)简支刚架，如图 10-12(b)所示。刚架本身为几何不变体系，且无多余约束，它用一个固定铰支座和一个可动铰支座与地基相连。

(3)三铰刚架，如图 10-12(c)所示。刚架本身由两构件组成，中间用铰相连，其底部用两个固定铰支座与地基相连，从而形成没有多余约束的几何不变体系。

(4)组合刚架，如图 10-12(d)所示。此刚架一般分为基本部分和附属部分。基本部分一般由前述三种刚架的一种构成；附属部分则是根据几何不变体系的组成规则连接的。就整体结构而言，它仍是一个无多余约束的几何不变体系。

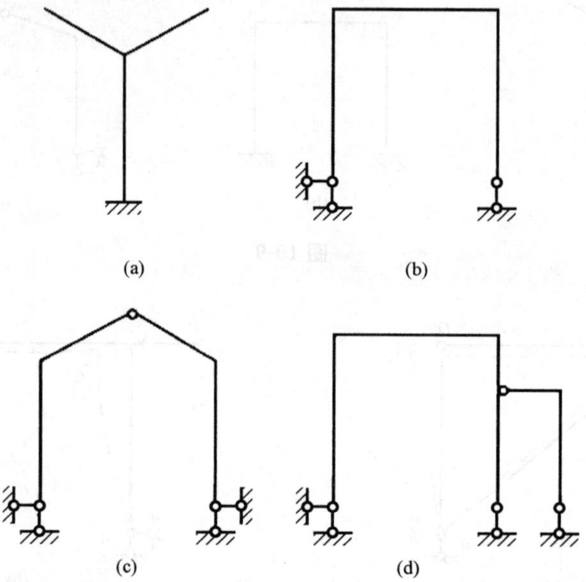

图 10-12

10.2.2 静定平面刚架支座反力计算

简单刚架有三个支座反力。求支座反力时要根据支座的性质定出支座反力未知量的个数，然后假定反力方向，由平衡方程确定其数值。

求支座反力时要尽量写出这样的方程：方程中只含所求的未知量，而另外两个反力不出现。若另外两个反力相交，则取其交点为矩心，写力矩方程；若另外两个反力平行，则写投影方程(投影轴垂直于另外两个力)。

计算时要注意：力偶在任何一个轴上的投影都等于零。力偶对任何一点的矩都相等，等于力偶矩。

求出支座反力后要用没有用过的平衡方程校核。

【例 10-4】 求图 10-13 所示刚架的支座反力。

【解】 假定支座反力 R_A、R_B、R_C 方向如图 10-13 所示。求支座反力时分布荷载可用其合力代替(合力在图中以虚线表示)。

求水平支杆反力 R_C。由于另外两个反力 R_A、R_B 平行，求 R_C 时由方程 $\sum F_x=0$ 得

$$10-R_C=0$$

由此得 $$R_C=10\ \text{kN}$$

求 R_B。由于另外两个反力 R_A、R_C 相交，对其交点 O_1 取矩，由 $\sum M_{O1}=0$(以顺时针方向为正)

得 $$-R_B\times 10+20+25\times 2.5+10\times 3=0$$

由此得 $$R_B=11.25\ \text{kN}$$

求 R_A。由于 R_B 与 R_C 相交于 O_2，可对 O_2 点取矩。也可以由 $\sum F_y=0$ 求：

$$R_A-25+R_B=0$$

由此得 $$R_A=25-R_B=25-11.25=13.75(\text{kN})$$

求出三个支座反力后进行验算。验算可用任何没有用过的方程进行。为了使较多个力进入方程，采用 $\sum M_1=0$(对节点1取矩)：

$$5R_A-25\times 2.5+20-5R_B-10\times 3+6R_C=0$$

将 R_A、R_B、R_C 的值代入，可知方程得到满足。

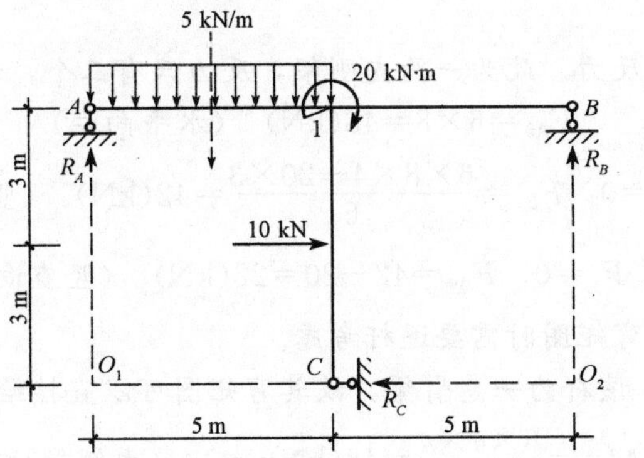

图 10-13

10.2.3 静定平面刚架内力分析及内力图

静定平面刚架的内力计算同梁一样，仍是用截面法截取隔离体，然后用平衡条件求解。其解题步骤通常如下：

(1)由整体或某些部分的平衡条件求出支座反力或连接处的约束反力。

(2)根据荷载情况，将刚架分解成若干杆段，由平衡条件求出杆端内力。

(3)根据杆端内力运用叠加法逐杆绘制内力图，从而得到整个刚架的内力图。

刚架若为组合刚架，则与多跨静定梁一样，应先计算附属部分，然后再计算基本部分。

在计算内力时，为了使内力的符号不致发生混淆，在内力符号的右下方加用两个下标来表明内力所属的杆及杆端截面，其中两个下标一起共同表示内力所属的杆，而第一个下标又表示该内力所属的杆端截面。以弯矩为例，以 M_{AB} 和 M_{BA} 分别表示 AB 杆的 A 端和 B 端的弯矩。

在刚架中，弯矩图纵坐标规定画在杆件受拉纤维一边，不用注明正负号。剪力以使隔离体有顺时针转动趋势为正，反之为负。剪力图可画在杆件的任一侧，但要注明正负号。轴力以拉力为正，压力为负，轴力图也可画在杆件的任一侧，也要注明正负号。

【例 10-5】 试求图 10-14 刚架的支座反力，并作出刚架的内力图。

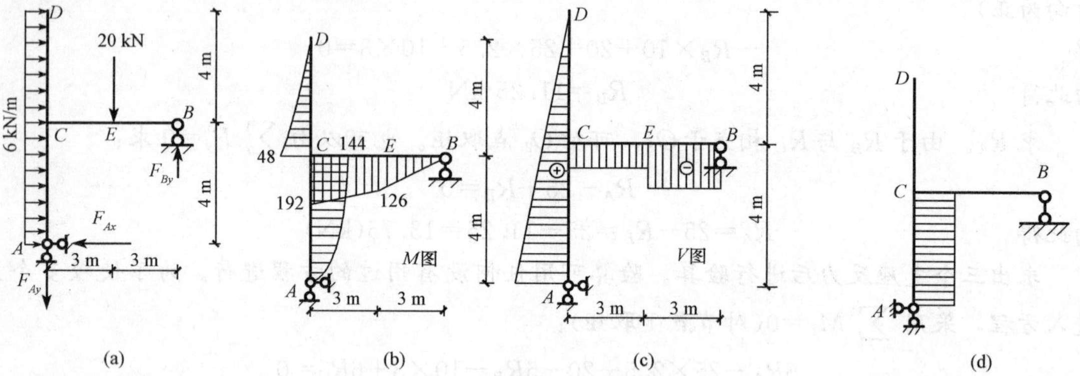

图 10-14

【解】 (1)计算支座反力。此为一简支刚架，反力只有三个，考虑刚架的整体平衡，有

$$F_{Ax}=6\times8=48(\text{kN}) \quad (\text{水平向左})$$

$$\sum M_A=0,\ F_{By}=\frac{6\times8\times4+20\times3}{6}=42(\text{kN}) \quad (\text{竖直向上})$$

$$\sum F_y=0,\ F_{Ay}=42-20=22(\text{kN}) \quad (\text{竖直向下})$$

(2)绘制内力图。作弯矩图时需要逐杆考虑。

首先，考虑 CD 杆，该杆为一悬臂梁，故其弯矩图可以直接绘出。其 C 端弯矩为

$$M_{CD}=\frac{6\times4\times4}{2}=48(\text{kN}\cdot\text{m}) \quad (\text{左侧受拉})$$

其次，考虑 CB 杆。该杆上作用有一集中荷载，可以分为 CE 和 EB 两个无荷载区段，用截面法求出下列控制截面的弯矩：

$$M_{BE}=0$$

$$M_{EB}=M_{EC}=42\times3=126(\text{kN}\cdot\text{m}) \quad (\text{下侧受拉})$$

$$M_{CB}=42\times6-20\times3=192(\text{kN}\cdot\text{m}) \quad (\text{下侧受拉})$$

便可以绘制出该杆弯矩图。

再次，考虑 AC 杆件。该杆受均布荷载，可以用叠加法来绘制其弯矩图。先求出该杆两端弯矩：

$$M_{AC}=0$$

$$M_{CA}=48\times4-6\times4\times2=144(\text{kN}\cdot\text{m}) \quad (\text{右侧受拉})$$

最后，可得整个刚架的弯矩图，如图 10-14(b)所示。

在绘制剪力图和轴力图时同样逐杆考虑。根据荷载和已经求出的反力，可以用截面法求出杆件各个控制截面的剪力和轴力，从而绘制出整个刚架的剪力图和轴力图，如图 10-14(c)、(d)所示。

任务 10-3　静定平面桁架

10.3.1　桁架的概念及特点

桁架是由若干根直杆在杆端用铰连接而成的结构。若组成桁架的各杆不在同一平面内，则称为空间桁架；若组成桁架的各杆在同一平面内，则称为平面桁架。例如，工程中广泛采用的屋架、桁架桥、高压输电塔等，均为桁架结构。

在实际结构中，桁架的受力情况较为复杂，为简化计算，同时又不与实际结构产生较大的误差，桁架的计算简图常常采用下列假定：

(1)连接杆件的各节点是无任何摩擦的理想铰。

(2)各杆件的轴线都是直线，都在同一平面内，并且都通过铰的中心。

(3)荷载和支座反力都作用在节点上，并位于桁架平面内。

满足上述假定的桁架称为理想桁架，在绘制理想桁架的计算简图时，应以轴线代替各杆件，以小圆圈代替铰节点。图 10-15 所示为一理想桁架的计算简图。

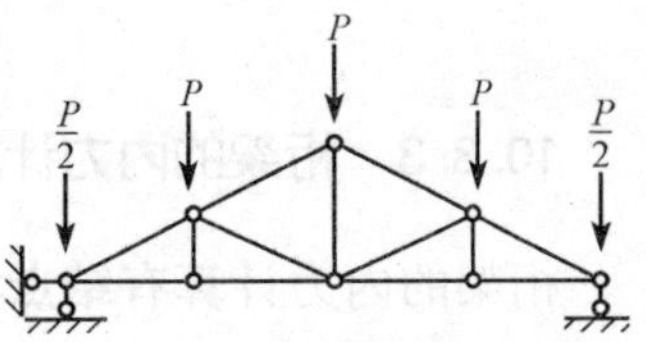

图 10-15

必须强调的是，实际桁架与上述理想桁架存在着一定的差距。例如，桁架节点可能具有一定的刚性，有些杆件在节点处是连续不断的，杆的轴线也不完全为直线，节点上各杆轴线也不交于一点，存在着类似于杆件自重、风荷载、雪荷载等非节点荷载等。因此，通常把按理想桁架算得的内力称为主内力(轴力)，而把上述一些原因所产生的内力称为次内力(弯矩、剪力)。另外，工程中通常将几片桁架联合组成一个空间结构来共同承受荷载。计算时，一般是将空间结构简化为平面桁架进行计算，而不考虑各片桁架间的相互影响。

10.3.2　静定平面桁架的分类

桁架可根据不同的特征进行分类。

根据桁架的外形，可分为平行弦桁架、折弦桁架和三角桁架，分别如图 10-16(a)、(b)、(c)所示。

根据几何组成方式，可分为以下三种类型：

(1)简单桁架可以由基础或铰结三角形依次增加二元体构成的桁架，如图 10-16(a)、(b)、(c)所示。

(2)联合桁架由几片简单桁架按几何不变体系的组成规则组成的桁架，如图 10-16(d)、(e)所示。

(3)复杂桁架不属于上述两种方式组成的其他桁架，如图 10-16(f)所示。

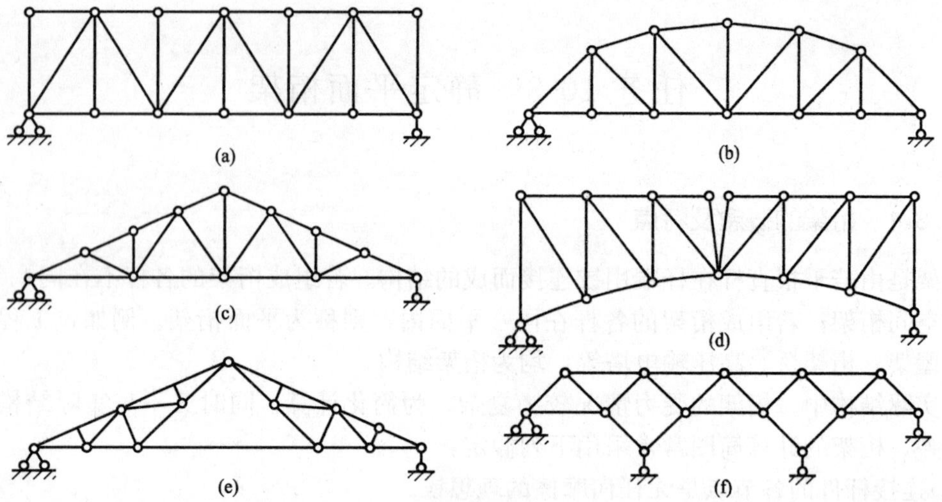

图 10-16

10.3.3 桁架的内力计算

桁架的内力计算有结点法、截面法、联合法三种方法。

1. 结点法计算桁架杆件内力

结点法是取桁架的一个结点为脱离体，利用该结点的静力平衡条件计算出该结点处各杆的内力。由于桁架中各杆只受轴力，作用于任一结点上的所有力(包括外荷载、支座反力和杆件轴力)构成一个平面汇交力系，而平面汇交力系一次只能求解两个独立的未知量，因此，所取结点的未知量数目不能超过两个。计算时，从未知量不超过两个的结点开始，依次计算，就可求出桁架中各杆的轴力。结点法适用于简单桁架。

当桁架中某杆的轴力为零时，此杆称为零杆。计算时宜先判断出零杆，使计算得以简化。常见的零杆有以下几种情况：

(1)不共线的两杆结点，若无外力作用，则此两杆轴力必为零，如图 10-17(a)所示。

(2)不共线的两杆结点，若外力与其中一杆共线，则另一杆轴力必为零，如图 10-17(b)所示。

(3)三杆结点，无外力作用，若其中两杆共线，则另一杆轴力必为零，如图 10-17(c)所示。

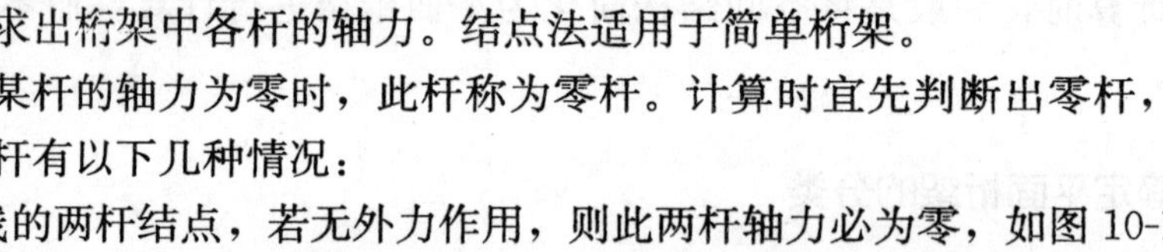

图 10-17

【例 10-6】 试用结点法求图 10-18(a)所示桁架的各杆内力。

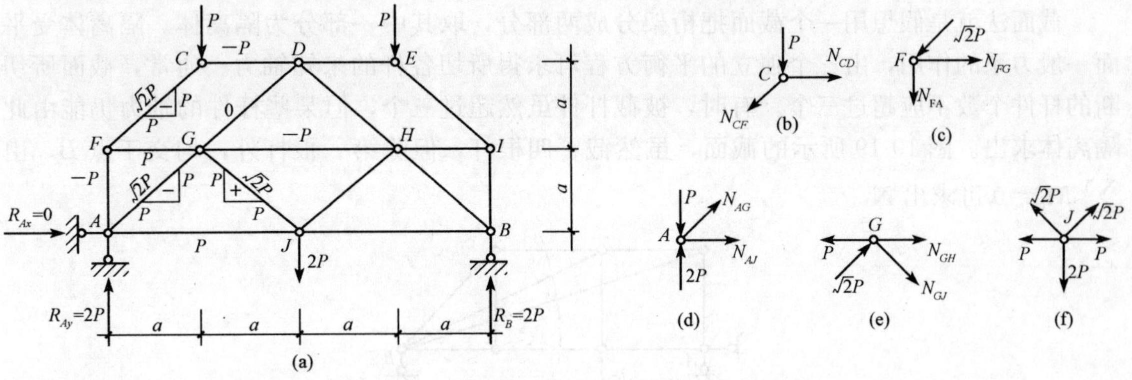

图 10-18

【解】 (1)求支座反力。由于无水平外力作用，故水平反力 $R_{Ax}=0$。可由对称性判断 $R_{Ay}=R_B=2P(\uparrow)$。

(2)求内力。由对称性判断

$$N_{DG}=N_{DH}=0$$

结点 C[图 10-18(b)] $\sum F_y=0 \quad Y_{CF}=-P$

由比例关系 $N_{CF}=\sqrt{2}Y_{CF}=-\sqrt{2}P$(压力)

$$X_{CF}=Y_{CF}=-P$$

$$\sum F_x=0 \quad N_{CD}=X_{CF}=-P(\text{压力})$$

结点 F[图 10-18(c)] $\sum F_x=0,\ N_{FG}=P$

$$\sum F_y=0 \quad N_{FA}=-P(\text{压力})$$

结点 A[图 10-18(d)] $\sum F_y=0 \quad Y_{AG}=P-2P=-P$

由比例关系 $N_{AG}=\sqrt{2}Y_{AG}=-\sqrt{2}P$(压力)

$$X_{AG}=Y_{AG}=-P$$

$$\sum F_x=0 \quad N_{AJ}=-X_{AG}=P$$

结点 G[图 10-18(e)] $\sum F_y=0 \quad Y_{GJ}=P$

由比例关系 $N_{GJ}=\sqrt{2}Y_{GJ}=\sqrt{2}P$

$$X_{GJ}=Y_{GJ}=P$$

$$\sum F_x=0 \quad N_{GH}=P-P-X_{GJ}=-P(\text{压力})$$

(3)校核。

结点 J[图 10-18(f)] $\sum F_x=P+P-P-P=0$

$$\sum F_y=P+P-2P=0$$

结点 J 满足平衡条件，故知计算正确。

在图示荷载作用下，内力为对称分布，只需计算半个桁架，各杆轴力示于图 10-18(a)中。

2. 截面法计算桁架杆件内力

截面法就是假想用一个截面把桁架分成两部分，取其中一部分为隔离体。隔离体受平面一般力系的作用，由三个独立的平衡方程可求得所切各杆的未知轴力。通常，截面所切断的杆件个数不应超过三个。有时，被截杆件虽然超过三个，但某些杆件的轴力仍能由此隔离体求出。图 10-19 所示的截面，虽然截了四根杆，但除第一根杆外，均交于点 B，由 $\sum M_B=0$ 可求出 N_1。

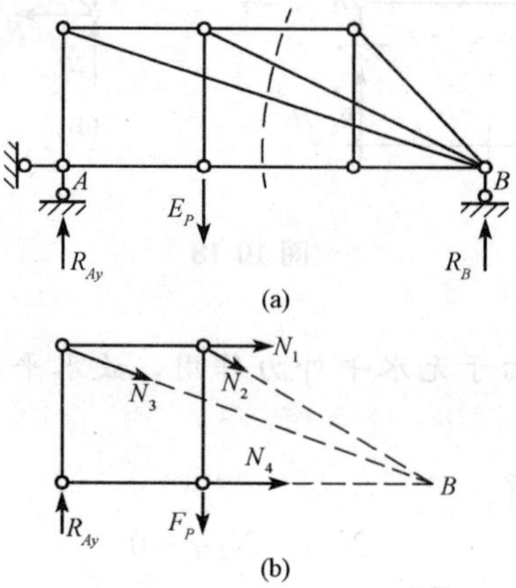

图 10-19

【例 10-7】 求图 10-20(a)所示桁架 1、2、3 杆的内力 N_1、N_2、N_3。

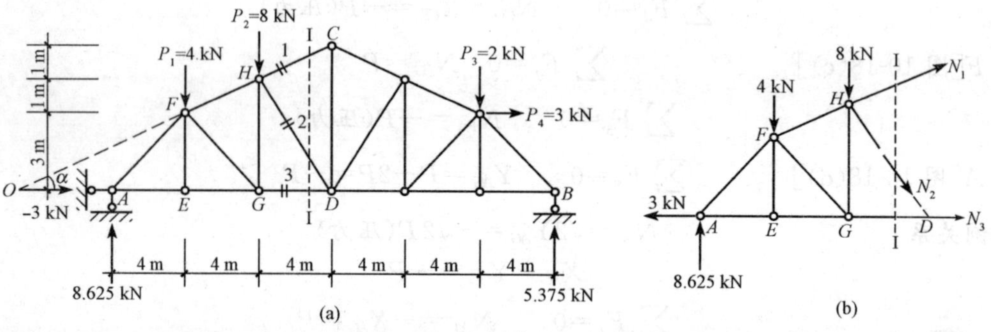

图 10-20

【解】 (1)求支座反力：

$$\sum F_x=0 \qquad R_{Ax}=-3\ \text{kN}(\leftarrow)$$

$$\sum M_B=0 \qquad R_{Ay}=\frac{1}{24}\times(4\times20+8\times16+2\times4-3\times3)=8.625(\text{kN})(\uparrow)$$

$$\sum M_A=0 \qquad R_B=\frac{1}{24}\times(4\times4+8\times8+2\times20+3\times3)=5.375(\text{kN})(\uparrow)$$

(2)求内力。利用截面Ⅰ—Ⅰ将桁架截断，以左段为研究对象，受力图如图 10-20(b)所示。则由 $\sum M_D=0$ 得

$$-8.625\times12+4\times8+8\times4-5\ N_1\cos\alpha=0$$

$$\cos\alpha=\frac{4}{\sqrt{4^2+1^2}}=\frac{4}{\sqrt{17}}$$

$$\sin\alpha=\frac{1}{\sqrt{4^2+1^2}}=\frac{1}{\sqrt{17}}$$

故 $$N_1=-8.143\ \text{kN}(压力)$$

由 $\sum F_y=0$ 得 $$8.625-4-8+N_1\sin\alpha-N_2\cos45°=0$$

故 $$N_2=\frac{1}{0.707}\times5.350=-7.567(\text{kN})(压力)$$

求 N_3 仍利用图 10-20(b)的受力图。由 $\sum Fx=0$ 得

$$-3+N_1\cos\alpha+N_2\sin45°+N_3=0$$

$$-3-7.900-5.350+N_3=0$$

故 $$N_3=16.25\ \text{kN}(拉力)$$

(3)校核 。用图 13-19(b)中采用过的力矩方程 $\sum M_H=0$ 进行校核。

$\sum M_H=-3\times4-8.625\times8+4\times4+16.25\times4=0$，计算无误。

3. 联合法计算桁架杆件内力

对于一些简单桁架，单独使用节点法或截面法求解各杆内力是可行的，但是对于一些复杂桁架和联合桁架，将节点法和截面法联合起来使用则更方便。如图 10-21 所示，欲求图中 a 杆的内力，如果只用节点法计算，无论取哪个节点为隔离体，都有三个以上的未知力，无法直接求解；如果只用截面法计算，也需要解联立方程。为简化计算，可以先作截面Ⅰ—Ⅰ，取右半部分为隔离体，由于被截的四杆中，有三杆平行，故可先求 1B 杆的内力；然后，以节点 B 为隔离体，可较方便地求出 3B 杆的内力；再以节点 3 为隔离体，即可求得 a 杆的内力。

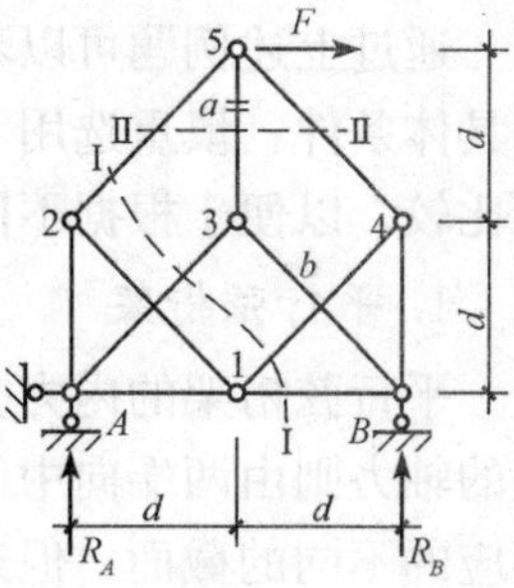

图 10-21

【例 10-8】 试求图 10-22(a)所示桁架指定杆件的内力。

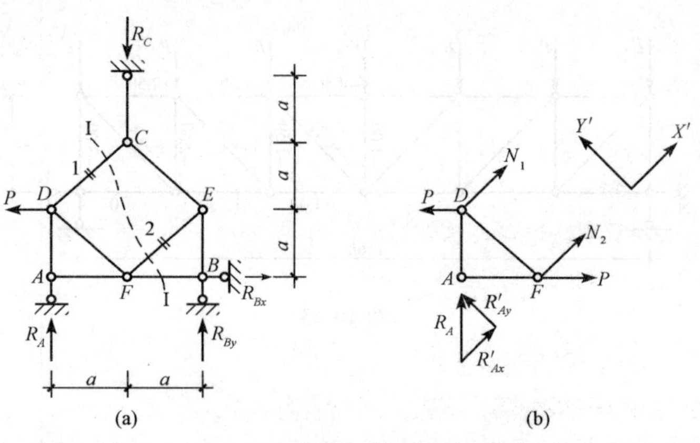

图 10-22

【解】 本例为联合桁架，属于三刚片结构，不能由整体平衡条件求得全部反力。宜联合应用节点法和截面法，求所需反力和指定杆件内力。

在截面Ⅰ—Ⅰ以左的隔离体上，包含三个未知力：R_A、N_1、N_2。其中，N_1 和 N_2 为两平行力。选择垂直于 N_1 和 N_2 的投影轴，建立独立的投影方程，求得 R'_{Ax} 和 R'_{Ay} 后，则易求解 N_1 和 N_2。

(1)求水平反力。由整体平衡条件：$\sum F_x=0$，得 $R_{Bx}=P$

(2)求内力。

节点 B $\qquad \sum F_x=0 \qquad N_{BF}=P$

截面Ⅰ—Ⅰ左[图 10-22(b)] $\qquad \sum F'_y=0 \qquad F'_{Ay}=0$

故

$$R_A=0$$

$$\sum M_F=0 \qquad N_1=\frac{\sqrt{2}}{2}P$$

$$\sum M_D=0 \qquad N_2=-\frac{\sqrt{2}}{2}P(\text{压力})$$

10.3.4 几种桁架受力特点的比较

通过上述例题可以看出，桁架的外形对杆件的内力影响较大。故在实际应用中，应根据具体条件，慎重选用不同形状的桁架。下面对工程中常用的几种桁架进行受力性能的分析比较，以便于根据不同情况选用合适的桁架。

1. 平行弦桁架

平行弦桁架的内力分布不均匀，如图 10-23 所示。弦杆的轴力由两端向中间递增，腹杆的轴力则由两端向中间递减。因此，为节省材料，各节点之间的杆件应该采用与其轴力相应的不同的截面，但这样将会增加各节点拼接的困难。在实际应用中，平行弦桁架通常仍采用相同的截面，并常用于轻型桁架，此时材料的浪费不致太大，如厂房中跨度在 12 m 以上的起重机梁。另外，平行弦桁架的优点是杆件和节点的构造统一，有利于标准化制作和施工，常在铁路桥梁中采用。

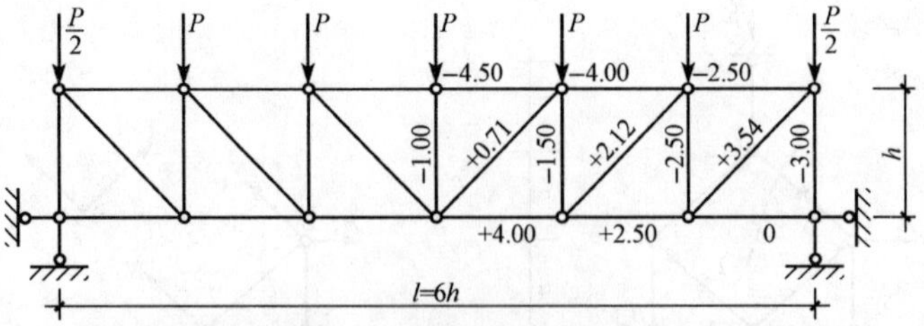

图 10-23

2. 三角形桁架

三角形桁架的内力分布也不均匀，如图 10-24 所示，弦杆的轴力由两端向中间递减，腹杆的轴力则由两端向中间递增。三角形桁架两端节点处弦杆的轴力最大，而夹角又很小，制作困难。但其两斜面外形符合屋顶构造的要求，故三角形桁架只在屋盖结构中采用。

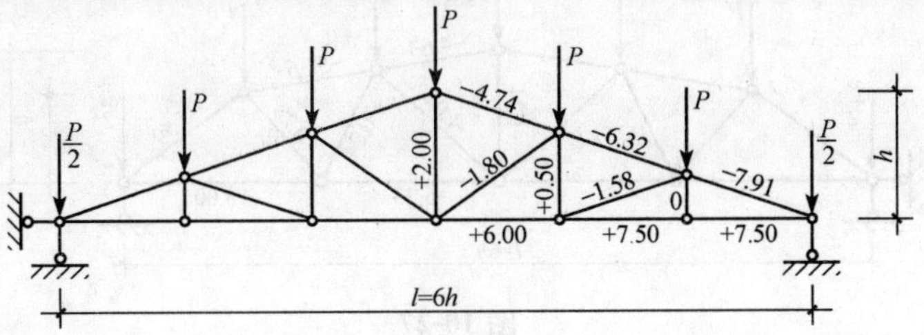

图 10-24

3. 梯形桁架

梯形桁架的受力性能介于平行弦桁架和三角形桁架之间，弦杆的轴力变化不大，腹杆的轴力由两端向中间递减，如图 10-25 所示。梯形桁架的构造较简单，施工也较方便，常用于钢结构厂房的屋盖。

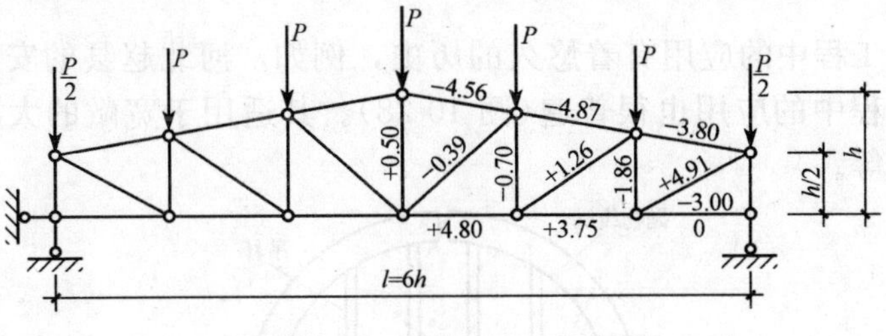

图 10-25

4. 抛物线形桁架

抛物线形桁架的内力分布比较均匀，如图 10-26 所示。其上、下弦杆的轴力几乎相等，腹杆的轴力等于零。抛物线形桁架的受力性能较好，但这种桁架的上弦杆在每一节点处均需转折，节点构造复杂，施工复杂。因此，只有在大跨度结构中才会被采用，如 24～30 m 的屋架和 100～300 m 的桥梁。

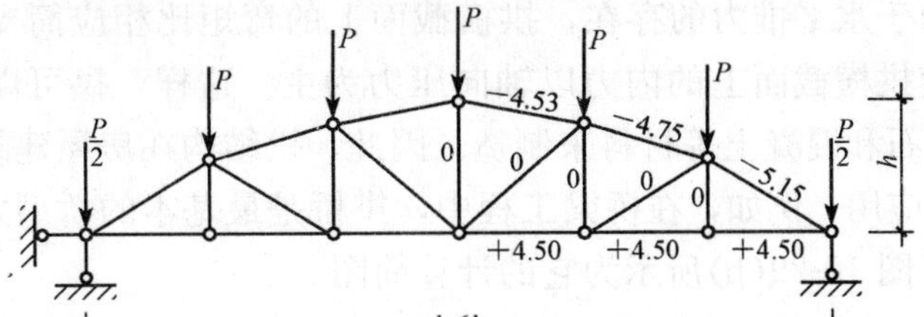

图 10-26

5. 折线形桁架

折线形桁架是抛物线形桁架的改进型，其受力性能与抛物线形桁架相类似，如图 10-27 所示，而制作、施工比抛物线形桁架方便得多，它是目前钢筋混凝土屋架中经常采用的一种形式，在中等跨度(18～24 m)的厂房屋架中使用得最多。

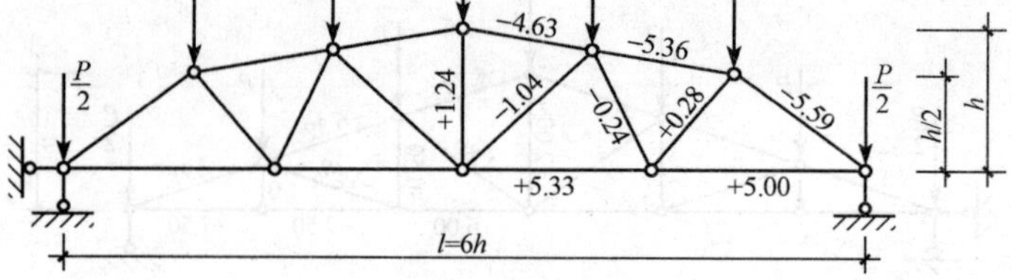

图 10-27

任务 10-4　三铰拱

10.4.1　拱的概念和特点

拱在我国建设工程中的应用有着悠久的历史，例如，河北赵县的安济桥。目前，拱在桥梁和房屋建筑工程中的应用也很普遍(图 10-28)。其适用于宽敞的大厅，如礼堂、展览馆、体育馆和商场等。

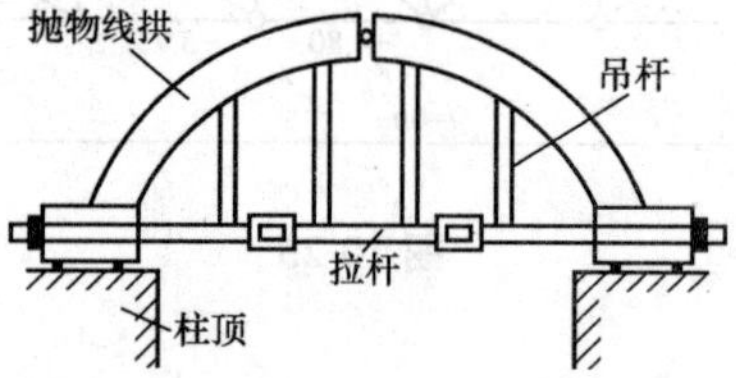

图 10-28

拱是由曲杆组成的在竖向荷载作用下支座处产生水平推力的结构。水平推力是指拱两个支座处指向拱内部的水平反力。在竖向荷载作用下有无水平推力，是拱式结构和梁式结构的主要区别。

在拱结构中，由于水平推力的存在，拱横截面上的弯矩比相应简支梁对应截面上的弯矩小得多，并且可使拱横截面上的内力以轴向压力为主。这样，拱可以用抗压强度较高而抗拉强度较低的砖、石和混凝土等材料来制造。因此，拱结构在房屋建筑、桥梁建筑和水利建筑工程中得到广泛应用。例如，在桥梁工程中，拱桥是最基本的桥型之一。图 10-29(a)所示为屋面承重结构，图 10-29(b)所示为它的计算简图。

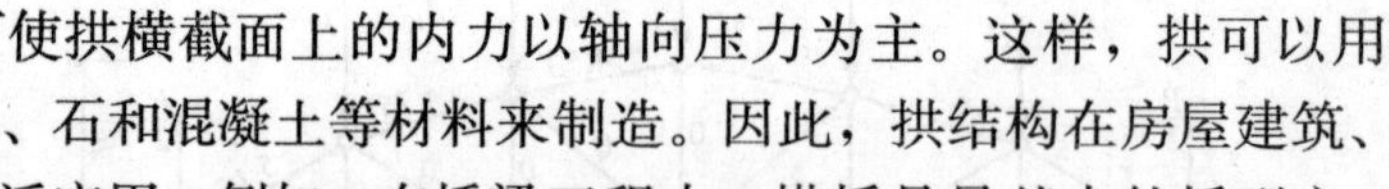

图 10-29

拱结构的计算简图通常有三种，即图 10-30(a)和图 10-30(b)所示的无铰拱和两铰拱是超静定的；图 10-30(c)所示的三铰拱是静定的。本节只讨论三铰拱的计算。

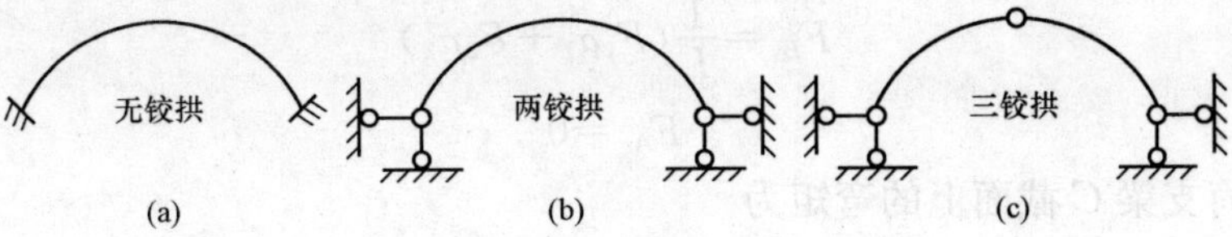

图 10-30

拱结构(图 10-31)最高的一点称为拱顶。三铰拱的中间铰通常安置在拱顶处。拱的两端与支座连接处称为拱趾，或称为拱脚。两个拱趾间的水平距离 l 称为跨度。拱顶到两拱趾连线的竖向距离 f 称为拱高。拱高与跨度之比 f/l 称为高跨比。由后面可知，拱的主要力学性能与高跨比有关。

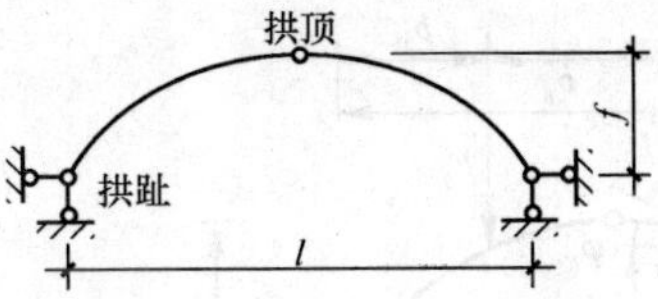

图 10-31

10.4.2 三铰拱的计算

现讨论在竖向荷载作用下，三铰拱的支座反力和内力的计算方法。为了使计算简单明了，以同跨度、同荷载的相应简支梁作对照。

10.4.2.1 支座反力的计算

图 10-32(a)中，取拱整体为脱离体，列平衡方程

$$\sum M_B(F)=0 \quad F_1\times b_1+F_2\times b_2-F_{Ay}\times L=0$$

$$得\ F_{Ay}=\frac{1}{L}(F_1b_1+F_2b_2)$$

$$\sum M_A(F)=0 \quad F_{By}\times L-F_1\times a_1-F_2\times a_2=0$$

$$得\ F_{By}=\frac{1}{L}(F_1a_1+F_2a_2)$$

$$\sum F_x=0 \quad F_{Ax}-F_{Bx}=0$$

$$得\ F_{Ax}=F_{Bx}=F_H$$

取左半拱为脱离体，列平衡方程

$$\sum M_C(F)=0 \quad F_{Ax}\cdot f+F_1\cdot\left(\frac{L}{2}-a_1\right)-F_{Ay}\cdot\frac{L}{2}=0$$

$$得\ F_{Ax}=\frac{1}{f}\left[F_{Ay}\cdot\frac{L}{2}-F_1\cdot\left(\frac{L}{2}-a_1\right)\right]$$

如图 10-32(b)所示，与三铰拱同跨度、同荷载的相应简支梁，计算其支座反力得

$$F_{Ay}^{0}=\frac{1}{L}(F_1b_1+F_2b_2)$$

$$F_{By}^{0}=\frac{1}{L}(F_1a_1+F_2a_2)$$

$$F_{Ax}^{0}=0$$

计算相应简支梁 C 截面上的弯矩为

$$M_C^0=F_{Ay}^0\cdot\frac{L}{2}-F_1\cdot\left(\frac{L}{2}-a_1\right)$$

比较上述各式，可得三铰拱的支座反力与相应简支梁的支座反力之间的关系为

$$\begin{cases}F_{Ay}=F_{Ay}^0\\F_{By}=F_{By}^0\\F_{Ax}=F_{Bx}=F_H=\dfrac{M_C^0}{f}\end{cases}\tag{10-1}$$

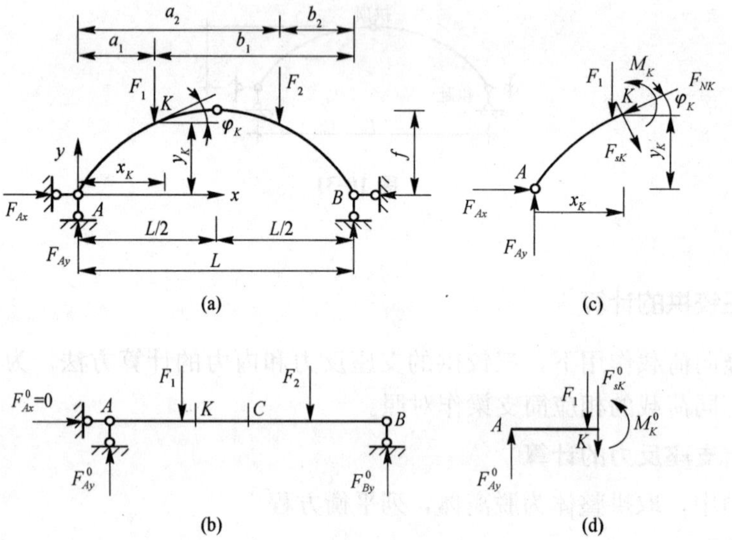

图 10-32

10.4.2.2 内力的计算

计算拱的内力仍采用截面法，截面应与拱轴垂直，截面的位置由截面形心的坐标 x、y 及该截面处拱轴切线的倾角 φ 来确定。下面对任一截面 K 处的内力进行分析。

如图 10-32(c)所示，取三铰拱 K 截面以左部分为脱离体。设 K 截面的形心坐标为(x_K、y_K)，K 截面拱轴切线的倾角为 φ_K。K 截面上的内力有弯矩 M_K(内侧受拉为正)、剪力 F_{QK}(绕脱离体顺时针转动趋势为正)、轴力 F_{NK}(以压力为正)。

列静力平衡方程，可求出三铰拱任一截面 K 处的内力为

$$M_K=[F_{Ay}\cdot x_K-F_1\cdot(x_K-a_1)]-F_H\cdot y_K$$

$$F_{QK}=(F_{Ay}-F_1)\cdot\cos\varphi_K-F_H\cdot\sin\varphi_K$$

$$F_{NK}=(F_{Ay}-F_1)\cdot\sin\varphi_K+F_H\cdot\cos\varphi_K$$

如图 10-32(d)所示，在相应简支梁上取 K 以左为脱离体，列静力平衡方程，可求出相

应简支梁 K 截面上的内力为

$$M_K^0=F_{Ay}^0\cdot x_K-F_1\cdot(x_K-a_1)$$
$$F_{QK}^0=F_{Ay}^0-F_1$$
$$F_{NK}^0=0$$

根据上式与式(10-1)，可得

$$\begin{aligned}M_K&=M_K^0-F_H\cdot y_K\\F_{QK}&=F_{QK}^0\cos\varphi_K-F_H\cdot\sin\varphi_K\\F_{NK}&=F_{QK}^0\cdot\sin\varphi_K+F_H\cdot\cos\varphi_K\end{aligned}\tag{10-2}$$

从式(10-2)内力计算公式可以看出，由于水平推力 F_H 的存在，三铰拱任意截面 K 上的弯矩和剪力均小于相应简支梁相应截面上的弯矩和剪力，并且存在使截面受压的轴力，轴力通常较大，也是主要内力。从式(10-2)还可以看出，在集中荷载作用处，其左右两侧截面的剪力和轴力均发生突变。

【例 10-9】 如图 10-33 所示，三铰拱轴线的方程为 $y=\dfrac{4fx}{l^2}(l-x)$，$l=16$ m，$f=4$ m。

(1)求支座反力。

(2)求截面 E 的内力。

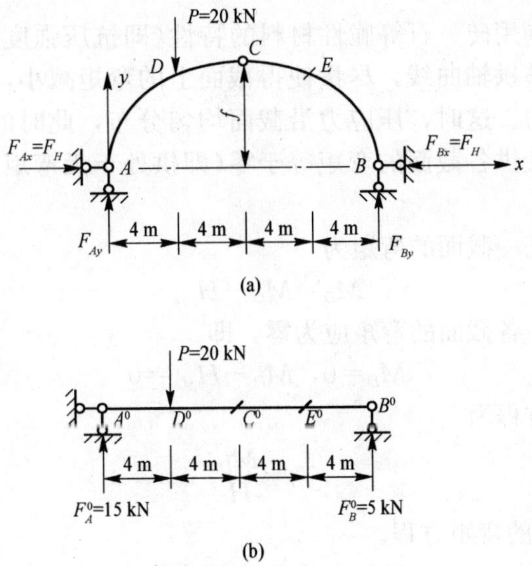

图 10-33

【解】 画出与三铰拱相应的简支梁如图 10-33(b)所示，求简支梁的支座反力，列平衡方程

$$\sum M_A^0(F)=0\quad F_B^0\times16-P\times4=0\text{ 得 }F_B^0=\frac{P}{4}=5\text{ kN}(\uparrow)$$

$$\sum F_y=0\quad F_A^0+F_B^0-P=0\text{ 得 }F_A^0=15\text{ kN}(\uparrow)$$

简支梁中点 C^0 处的弯矩为

$$M_C^0=15\times8-20\times4=40(\text{kN}\cdot\text{m})$$

简支梁 E^0 处的剪力和弯矩为

$$Q_E^0=-5\ \text{kN},\ M_E^0=5\times4=20(\text{kN}\cdot\text{m})$$

(1)求三铰拱支座反力。

$$F_{Ay}=F_A^0=15\ \text{kN}(\uparrow),\ F_{By}=F_B^0=5\ \text{kN}(\uparrow)$$

$$F_{Ax}=\frac{M_C^0}{f}=\frac{40}{4}=10(\text{kN})(\rightarrow),\ \text{则}\ F_{Bx}=10\ \text{kN}(\leftarrow)$$

(2)求截面 E 的内力。E 处：$x=12$ m，则

$$y=\frac{4\times4\times12}{16^2}\times(16-12)=3(\text{m})$$

$$\tan\varphi=\frac{dy}{dx}=\frac{4f}{l^2}(l-2x)=-0.5,\ \text{则}$$

$$\sin\varphi=\frac{\tan\varphi}{\sqrt{1+\tan^2\varphi}}=-0.446,\ \cos\varphi=\frac{1}{\sqrt{1+\tan^2\varphi}}=0.894$$

弯矩 $M_E=M_E^0-F_H\cdot y=20-10\times3=-10(\text{kN}\cdot\text{m})$

剪力 $Q_E=Q_E^0\cdot\cos\varphi-F_H\cdot\sin\varphi=-5\times0.892+10\times0.446=0$

轴力 $N_E=-(Q_E^0\cdot\sin\varphi+F_H\cdot\cos\varphi)=-[-5\times(-0.446)+10\times0.894]=-11.17(\text{kN})$

10.4.3 三铰拱的合理拱轴

工程中，为了充分利用砖、石等脆性材料的特性(即抗压强度高而抗拉强度低)，往往在给定荷载下，通过调整拱轴曲线，尽量使得截面上的弯矩减小，甚至使得截面处弯矩值为零，而只产生轴向压力。这时，压应力沿截面均匀分布，此时的材料使用最为经济。这种在固定荷载作用下，使拱各截面的弯矩等于零(即拱处于无弯矩状态)的拱轴线，称为合理拱轴。

由上可知，三铰拱任一截面的弯矩为

$$M_D=M_D^0-H_{yD}$$

当拱为合理拱轴时，各截面的弯矩应为零，即

$$M_D=0,\ M_D^0-H_{yD}=0$$

因此，合理拱轴的方程为

$$y_D=\frac{M_D^0}{H} \tag{10-3}$$

式中，M_D^0 为相应简支梁的弯矩方程。

当拱上作用的荷载为已知时，只需求出相应简支梁的弯矩方程，而后与水平推力之比即为合理拱轴线方程。不难看出，在竖向荷载作用下，三铰拱的合理拱轴的表达式与相应简支梁弯矩的表达式差一个比例常数 H，即合理拱轴的纵坐标与相应简支梁弯矩图的纵坐标成比例。

【例 10-10】 求出图 10-34(a)所示三铰拱承受竖向均布荷载时的合理拱轴。

【解】 作相应简支梁，其弯矩方程为

$$M^0=\frac{1}{2}qlx-\frac{1}{2}qx^2=\frac{1}{2}qx(l-x)$$

支座水平推力为

$$H_A=\frac{M_C^0}{f}=\frac{ql^2}{8f}$$

合理拱轴方程应为

$$y=\frac{M^0}{H_A}=\frac{1}{2}qx(l-x)/\frac{ql^2}{8f}=\frac{4f}{l^2}(l-x)x$$

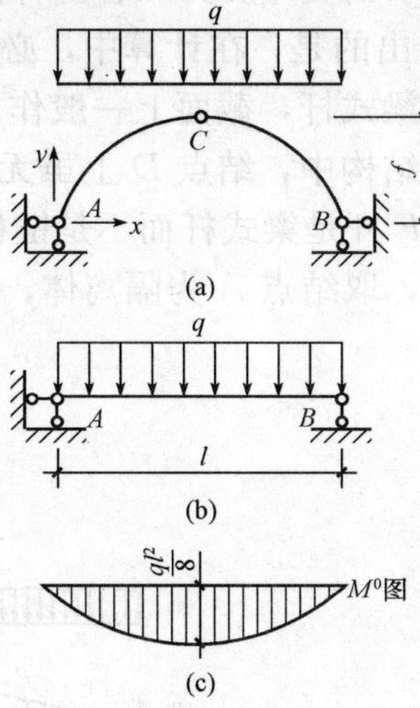

图 10-34

由此可见，三铰拱在竖向均布荷载作用下的合理拱轴是一条二次抛物线。

显然，同一结构受到不同荷载的作用，就有不同的合理拱轴线方程。在工程中，同一结构往往受到各种荷载作用(固定荷载、移动荷载)，而合理拱轴线只对应一种已知的固定荷载。对于移动荷载，不能得到其合理拱轴线方程。通常是以主要荷载作用下的合理拱轴线作为拱的轴线。在其他不同荷载作用下，拱截面虽存在弯矩，但也相对较小。

任务 10-5　静定组合结构

10.5.1　组合结构的概念

组合结构是由只承受轴力的二力杆(即链杆)和承受弯矩、剪力、轴力的梁式杆件组合而成的。它常用于房屋建筑中的屋架、吊车梁以及桥梁的承重结构。如图 10-35(a)所示的下撑式五角形屋架就是较为常见的静定组合结构。其上弦杆由钢筋混凝土制成，主要承受弯矩和剪力；下弦杆和腹杆则用型钢做成，主要承受轴力。其计算简图如图 10-35(b)所示。

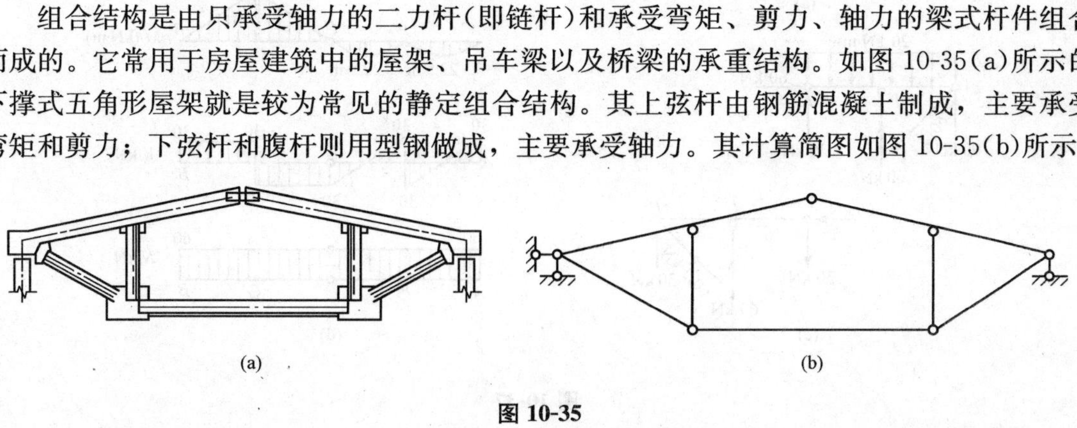

图 10-35

10.5.2 组合结构的内力计算

计算组合结构时，一般都是先求出支座反力和各链杆的轴力，然后再计算梁式杆的内力并作出其 M、Q、N 图。需要指出的是，在计算中，必须特别注意区分链杆和梁式杆。截断链杆，截面上只有轴力；截断梁式杆，截面上一般作用有三个内力，即弯矩、剪力和轴力。例如，在图 10-36(a)所示的结构中，结点 D 上虽无荷载作用，但绝对不能认为 DE 和 DF 两杆的内力都为零，因为 DF 杆是梁式杆而不是链杆。又如在图 10-36(b)所示的结构中，同样也不能像在桁架中那样，取结点 A 为隔离体，利用结点的平衡条件来计算 AD 和 AF 两杆的内力。

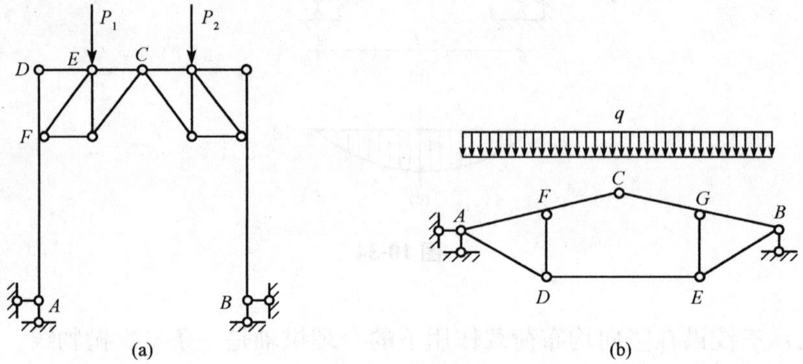

图 10-36

【例 10-11】 试对如图 10-37(a)所示的组合结构进行内力分析。

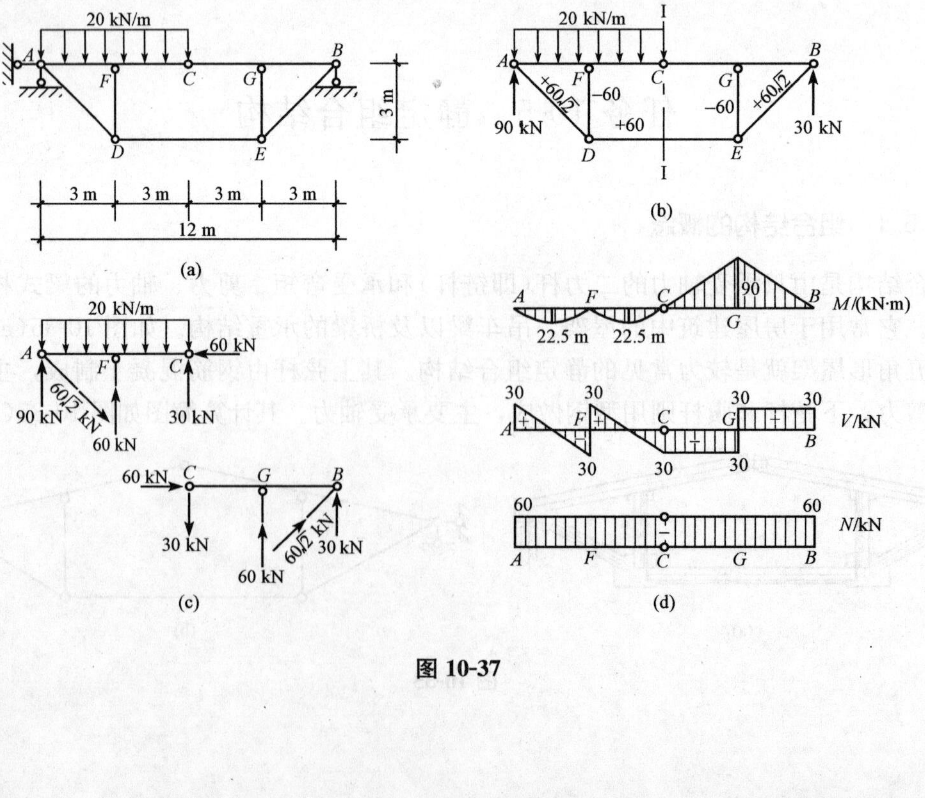

图 10-37

【解】 (1)利用平衡方程求支反力[图 10-37(b)]。

(2)计算链杆轴力。作截面Ⅰ—Ⅰ，截开铰 C 和链杆 DE[图 10-37(b)]，取其右半部分为隔离体，由 $\sum M_C=0$，得

$$N_{ED}\times 3-30\times 6=0$$

故
$$N_{ED}=60\ \text{kN}(\text{拉})$$

再由结点 D 及 E 的平衡，可求得所有链杆的轴力，如图 10-37(b)所示。

(3)作梁式杆件的内力图。杆件 AFC 和 CGB 的受力情况如图 10-37(c)所示。根据该隔离体(一般力系)的平衡条件，可作杆 AFC 和 CGB 的 M、V 及 N 图，如图 10-37(d)所示。

10.5.3 静定结构的特点

静定梁、静定刚架、静定桁架和三铰拱都属于静定结构，虽然这些结构形式各异，但都具有共同的特性：

(1)静定结构解的唯一性。静定结构是无多余约束的几何不变体系。由于没有多余约束，其所有的支座反力和内力都可以由静力平衡方程完全确定，并且只与荷载及结构的几何形状、尺寸有关，而与构件所用的材料、构件截面的形状和尺寸无关。

(2)静定结构只在荷载作用下产生内力。在其他因素作用时(如支座移动、温度变化、制造误差等)，只引起其位移和变形，不产生内力。

如图 10-38 所示悬臂梁，若其上、下侧温度分别升高 t_1 和 t_2(假设 $t_1<t_2$)，则变形产生伸长和弯曲(如图 10-38 中虚线所示)。但因没有荷载作用，由平衡条件可知，梁的支座反力和内力均为零。又如图 10-39 所示简支梁，其支座 B 产生了塌陷，因而梁随之产生位移(如图 10-39 中虚线所示)。同样，由于荷载为零，其支座反力和内力也均为零。

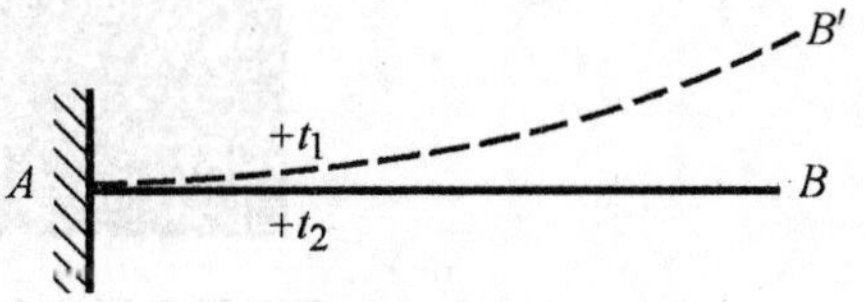

图 10-38

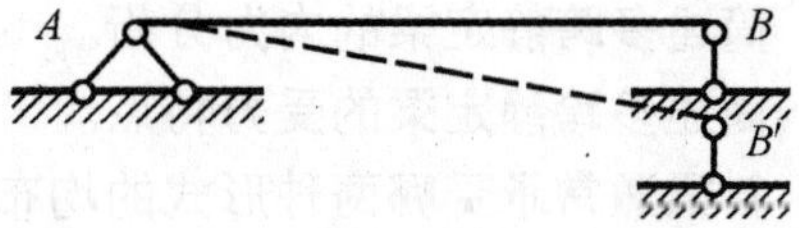

图 10-39

(3)平衡力系的影响。当由平衡力系组成的荷载作用于静定结构的某一本身为几何不变的部分上时，则只有此部分受力，其余部分的反力和内力均为零。

如图 10-40 所示的静定结构，有平衡力系作用于本身为几何不变的部分 BD 上。若依次取 BC、AB 为隔离体计算，则可以得到支座 C 处的反力、支座 A 处的反力以及铰 B 处的约束力均为零。由此可知，除 BD 部分外，其余部分的内力均为零。

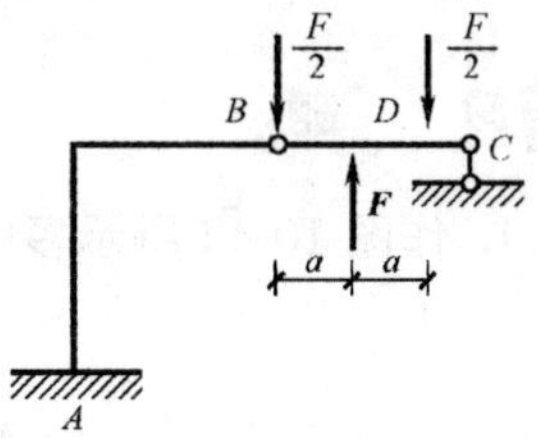

图 10-40

(4)静定结构的荷载等效性。如果两组荷载的合力相同，则称为等效荷载。把一组荷载变换成另一组与之等效的荷载，称为荷载的等效变换。

静定结构上某一几何不变部分上的外力，当用一等效力系替换时，仅等效替换作用区

段的内力发生变化，其余部分内力不变。

(5)静定结构的构造变换特性。当静定结构的一个内部几何不变部分，用其他几何不变的结构去替换时，仅被替换部分内力发生变化，其他部分的内力不变。

如图 10-41(a)所示的桁架中，设将上弦杆 CD 改为一个小桁架，如图 10-41(b)所示，因两个结构的支座反力没有改变，所以除 CD 杆外，其余各杆的内力均不变。

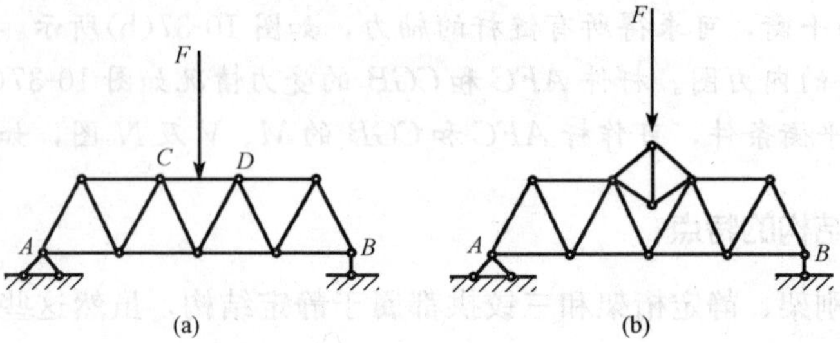

图 10-41

本章小结

本模块主要介绍了静定梁、静定平面刚架、静定平面桁架、三角拱、静定组合结构的内力计算及内力图的绘制，通过本模块的学习能分清各种类型的静定结构。

复习思考题

1. 单跨静定梁中叠加法作弯矩图的步骤是什么？
2. 多跨静定梁的几何组成特点是什么？
3. 简述多跨静定梁的内力分析。
4. 简述多跨静定梁的受力特点。
5. 斜梁通常承受哪两种形式的均布荷载？
6. 静定平面刚架主要有哪几种类型？
7. 简述静定平面刚架的内力计算解题步骤。
8. 桁架的内力计算方法有哪些？
9. 什么是组合结构？

复习思考题参考答案

习　题

1. 作图 10-42 所示多跨静定梁的内力图。

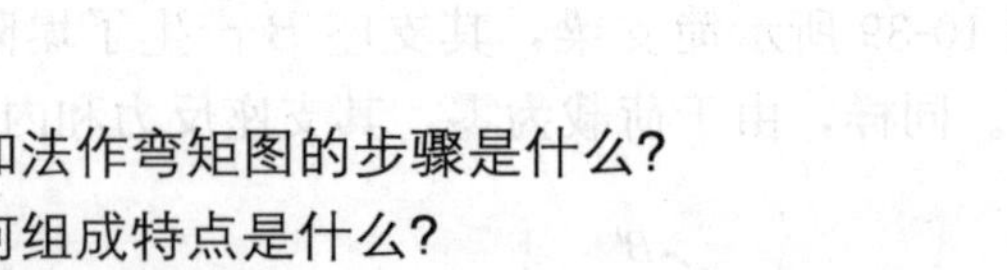

图 10-42

习题参考答案

2. 求图 10-43 所示多跨静定梁的支座反力，并作内力图。

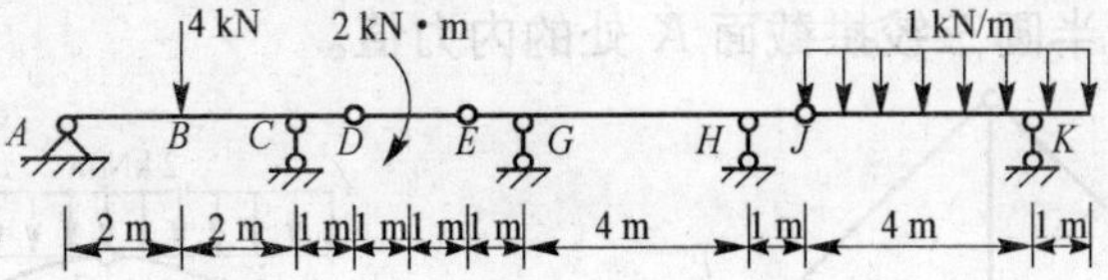

图 10-43

3. 作图 10-44 所示刚架的内力图。

4. 作图 10-45 所示刚架的内力图。

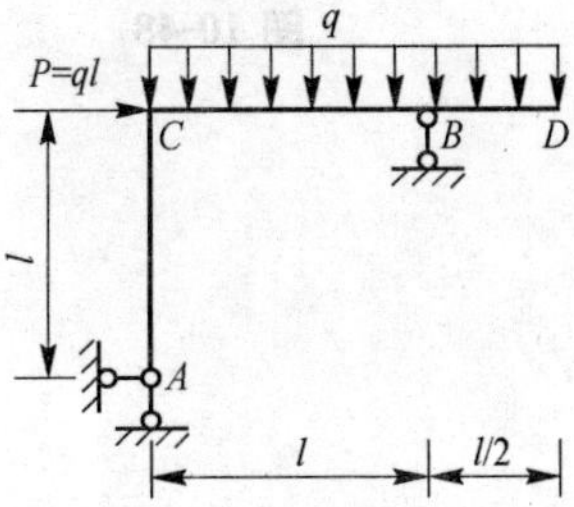

图 10-44

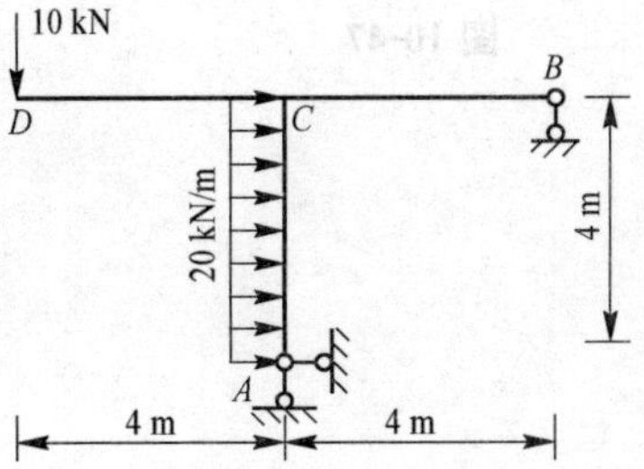

图 10-45

5. 计算图 10-46 示桁架指定杆件的内力。

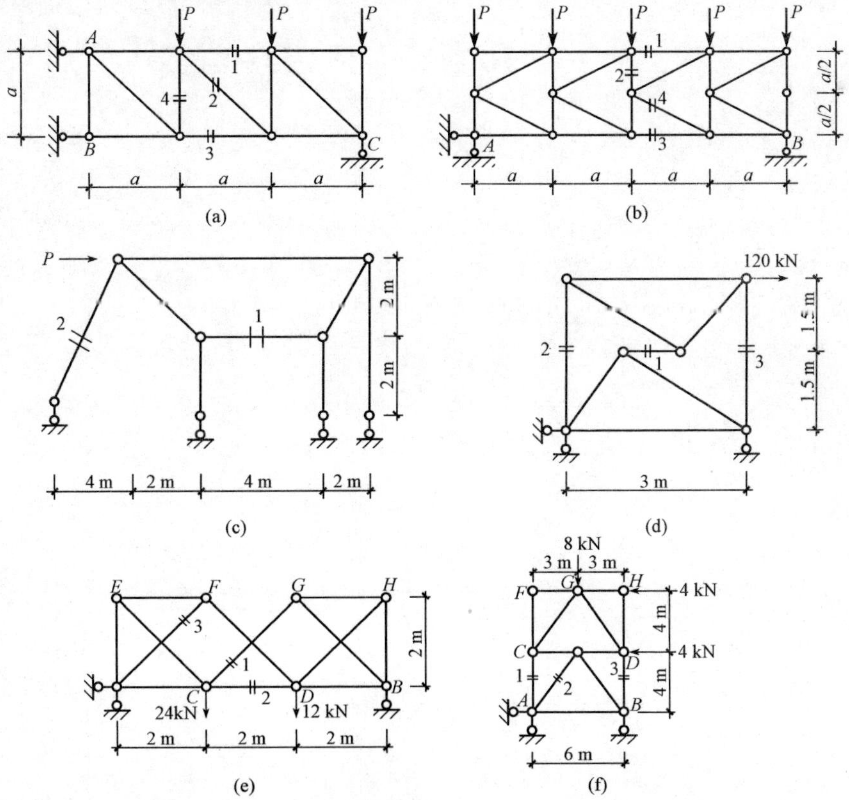

图 10-46

6. 计算图 10-47 所示桁架中指定杆的内力。

7. 求图 10-48 所示半圆三铰拱截面 K 处的内力值。

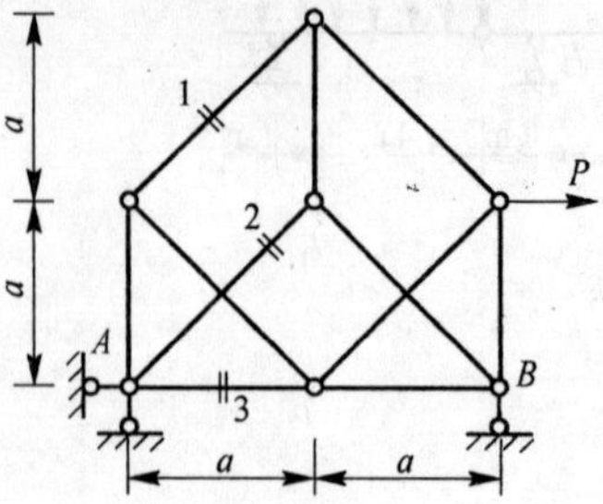

图 10-47

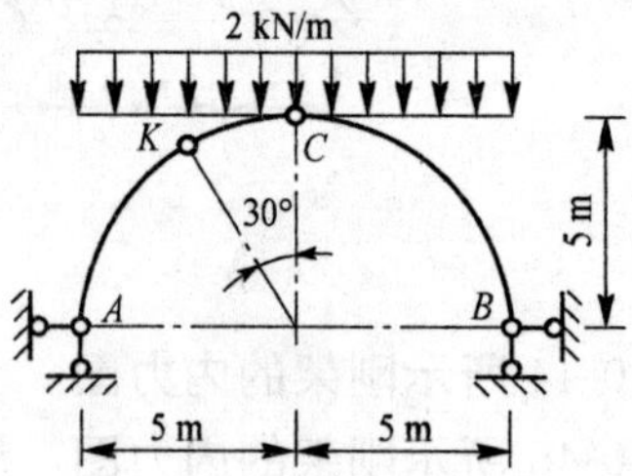

图 10-48

模块 11　静定结构的位移计算

学习目标

(1)了解结构位移的概念和计算目的；掌握变形体的虚功原理。

(2)了解单位荷载法；熟悉虚单位荷载的设置；掌握荷载作用下的位移计算公式。

(3)了解图乘法使用条件；熟悉图乘法使用技巧；掌握应用图乘法近似静定结构的位移。

(4)熟悉静定结构在温度变化时的位移计算；掌握静定结构在支座移动时的位移计算。

学习任务

(1)能运用单位荷载法计算静定结构在荷载作用下的位移。

(2)能熟练运用图乘公式计算荷载作用下静定结构的位移。

任务 11-1　变形体的虚功原理

11.1.1　结构位移的概念和计算目的

11.1.1.1　结构位移的概念

结构在荷载或其他因素作用下会产生变形，由于变形，结构上各点的位置会产生移动，构件的横截面会产生转动，这些移动和转动就称为结构的位移。我们把结构上各点位置的移动称为线位移；用横截面绕中性轴的转动称为角位移。

如图 11-1(a)所示的悬臂梁，在荷载 F 作用下，梁的轴线由图 11-1(a)中的直线变成了图 11-1(b)中虚线所示的曲线，同时，梁中各截面的位置也发生了变化。例如，图中的截面 C 移到了 C'，CC' 称为 C 截面的线位移，规定线位移垂直向下为正；同时，C 截面绕中性轴转过了一个角度 θ，θ 称为 C 截面的角位移，一般称为转角，规定顺时针转角为正。

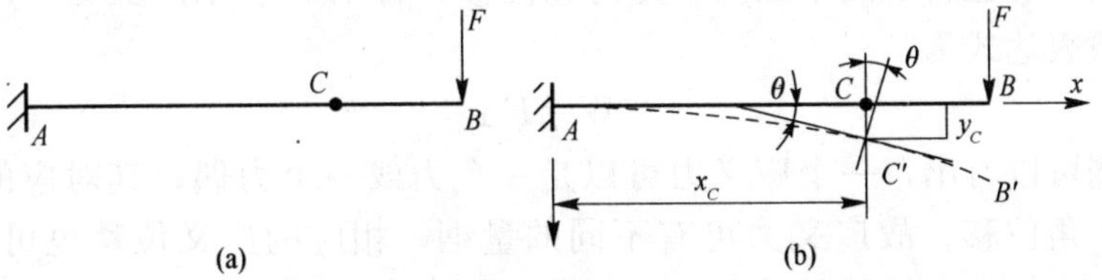

图 11-1

11.1.1.2 结构位移的计算目的

在工程设计和施工过程中，结构的位移计算是很重要的，概括地说，计算位移的目的有以下三个方面：

(1)验算结构刚度。即验算结构的位移是否超过允许的位移限制值。

(2)为超静定结构的计算打基础。在计算超静定结构内力时，除利用静力平衡条件外，还需要考虑变形协调条件，因此，需计算结构的位移。

(3)在结构的制作、架设、养护过程中，有时需要预先知道结构的变形情况，以便采取一定的施工措施，因而也需要进行位移计算。

结构力学中计算位移的一般方法是以虚功原理为基础的。本章先介绍虚功原理，然后讨论在荷载等外界因素的影响下静定结构的位移计算方法。

11.1.2 变形体的虚功原理

11.1.2.1 基本概念

1. 功

在力学中功的定义是：一个不变的集中力所做的功，等于该力的大小与其作用点沿力的作用线方向所发生的相应位移的乘积。当物体沿直线有位移 Δ 时[如图 11-2(a)]，作用于物体的常力 F 在位移 Δ 上所做的功为 $W=F\Delta\cos\alpha$。

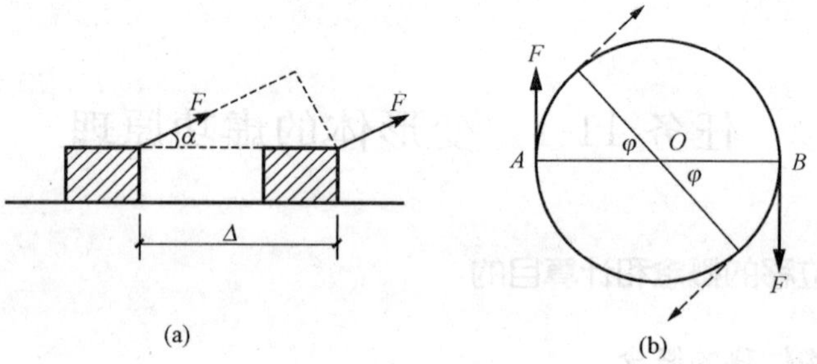

图 11-2

如果一对大小相等方向相反的力 F 作用在圆盘的 A、B 两点上，如图 11-2(b)所示。设圆盘转动时，力 F 的大小不变而方向始终垂直于直径 AB。当圆盘转过一角度 φ 时，两力所做的功为

$$W=2Fr\varphi=M\varphi$$

式中，$M=2Fr$。即力偶所做的功，等于力偶矩与角位移的乘积。

由上述可知，功包含了两个因素，即力和位移。若用 F 表示广义力，用 Δ 表示广义位移，则功的一般表达式为

$$W=F\Delta$$

从以上示例可以看出，一个广义力可以是一个力或一个力偶，其对应的广义位移是一个线位移或一个角位移。故广义力可有不同的量纲，相应的广义位移也可有不同的量纲。但在做功时广义力与广义位移的乘积却恒具有相同的量纲，即功的量纲。其常用单位为牛顿米(N·m)或千牛顿米(kN·m)。

2. 实功和虚功

既然功是力与位移的乘积，根据力与位移的关系可将功分为以下两种情况：

(1)位移是由做功的力引起的。如图 11-3(a)所示简支梁，在静力荷载 F_1 的作用下，当 F_1 由零缓慢逐渐地加到其最终值时，其作用点沿 F_1 方向产生了位移 Δ_{11}，简支梁达到平衡状态，其变形如图 11-3(a)中虚线所示，力 F_1 在位移 Δ_{11} 上做了功。由于位移 Δ_{11} 是由做功的力 F_1 引起的，我们把力在自身引起的位移上所做的功称为实功。在这里，位移的表达符号出现了两个脚标，第一个脚标表示位移发生的位置，第二个脚标表示引起位移的原因。

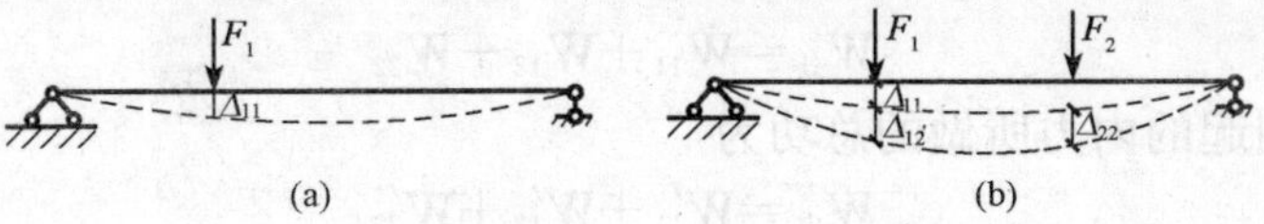

图 11-3

(2)位移不是由做功的力引起的，而是由其他因素引起的。若在如图 11-3(a)所示简支梁的基础上，又在梁上施加另外一个静力荷载 F_2，梁就会达到新的平衡状态，F_1 的作用点沿 F_1 方向又产生了位移 Δ_{12}，如图 11-3(b)所示。力 F_1(此时的 F_1 不再是静力荷载，而是一个恒力)在位移 Δ_{12} 上做了功。由于位移 Δ_{12} 不是 F_1 引起的，而是由力 F_2 所引起的，我们把力在由其他因素引起的位移上所做的功称为虚功。

"虚"字在这里并不是虚无的意思，而是强调做功的力与位移无关这一特点。在虚功中，既然做功的力和相应的位移是彼此无因果关系的两个因素，那么，可将二者看成是同一结构的两种独立无关的状态。其中，力系所属的状态称为力状态或者第一状态[图 11-3(a)]，位移所属的状态称为位移状态或者第二状态[图 11-3(b)]。

如果在力状态中有集中力、集中力偶、均布力和支座反力等外力，统称为广义力，用 F_i 表示。Δ_i 表示与广义力 F_i 相应的广义位移，若用 W_e 表示外力虚功，则图 11-4(a)所示的力状态在图 11-4(b)所示的位移状态上所做的外力总虚功为

$$W_e = \sum F_i \Delta_i \ .$$

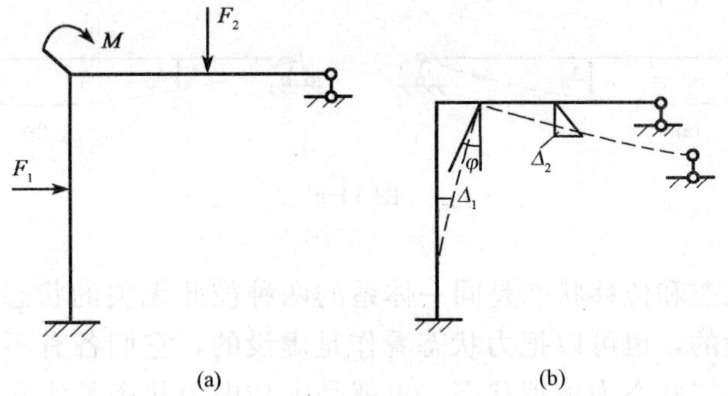

图 11-4

当力与位移的方向一致时，虚功为正值，当力与位移的方向相反时，虚功为负值。这里所说的虚功并非不存在，而是强调做功过程中力与位移之间彼此无因果关系。使力做虚功的位移，可以是荷载引起的位移、温度变化或支座移动等其他因素引起的位移，也可以

是虚设的位移。但是上述的所有虚位移必须是约束条件所允许的微小位移。既然位移状态可以虚设，同样，力状态也可以虚设。

11.1.2.2 变形体虚功原理

前面所讲到的简支梁，在力 F_1 作用下会引起内力，那么，内力在其本身引起的变形上所做的功，称为内力实功；用 W'_{11} 表示。F_1 所做的功 W_{11} 称为外力实功。力 F_1 作用下引起的内力在其他原因(如 F_2)引起的变形上所做的功，称为内力虚功，用 W'_{12} 表示。F_1 所做的功 W_{12} 称为外力虚功。在该系统中外力 F_1 和 F_2 所做的总功为

$$W_{外}=W_{11}+W_{12}+W_{22}$$

而 F_1 和 F_2 引起的内力所做的总功为

$$W_{内}=W'_{11}+W'_{12}+W'_{22}$$

根据能量守恒定律，应有 $W_{外}=W_{内}$，即

$$W_{11}+W_{12}+W_{22}=W'_{11}+W'_{12}+W'_{22}$$

根据实功原理，可知：

$$W_{11}=W'_{11} \qquad W_{22}=W'_{22}$$

由此可得

$$W_{12}=W'_{12}$$

上式又称为虚功方程。

在上述情况中，F_1 和 F_2 是彼此独立无关的。F_1 视为第一组力先加在结构上；F_2 视为第二组力后加在结构上。其表明，结构的第一组外力在第二组外力所引起的位移上所做的外力虚功，等于第一组内力在第二组内力所引起的变形上所做的内力虚功。

为了便于应用，现将图 11-3(b)中的平衡状态分为图 11-5(a)和图 11-5(b)两个状态。图 11-5(a)的平衡状态称为第一状态(力状态)，图 11-5(b)的平衡状态称为第二状态(位移状态)。此时，虚功原理又可以描述为：第一状态(力状态)下的外力在第二状态(位移状态)下相应的位移上所做的外力虚功，等于第一状态(力状态)下的内力在第二状态(位移状态)下相应的变形上所做的内力虚功。

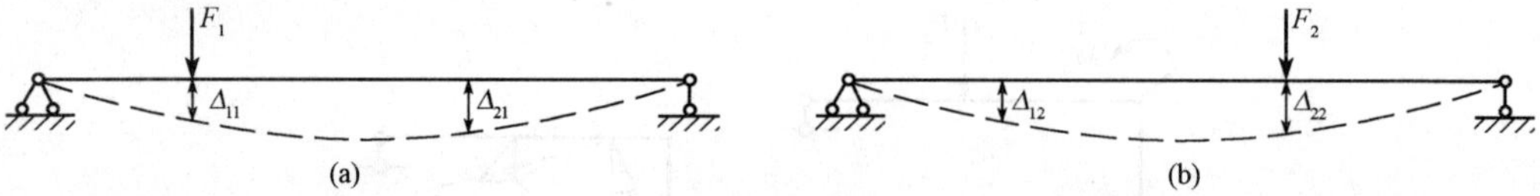

图 11-5

必须指出，力状态和位移状态是同一体系的两种彼此无关的状态，因此，不仅可以把位移状态看作是虚设的，也可以把力状态看作是虚设的，它们各有不同的应用。若取第一状态为实际状态，第二状态为虚拟状态，也就是虚功中力状态是实际的，位移状态是虚拟的，这时，虚功原理也称为虚位移原理；反之，若取第一状态为虚拟状态，第二状态为实际状态，也就是虚功中的力状态是虚拟的，位移状态是实际的，这时，虚功原理也称为虚力原理。在计算结构位移时，需要用到的是虚力原理，不过习惯上仍称它为虚功原理，以下仍沿用这一称呼。

虚功原理既适用于静定结构，也适用于超静定结构。

任务 11-2　单位荷载法计算静定结构的位移

11.2.1　单位荷载法

结合图 11-6(a)所示的刚架，讨论如何利用变形体虚功原理来建立计算平面杆件结构位移的一般公式。

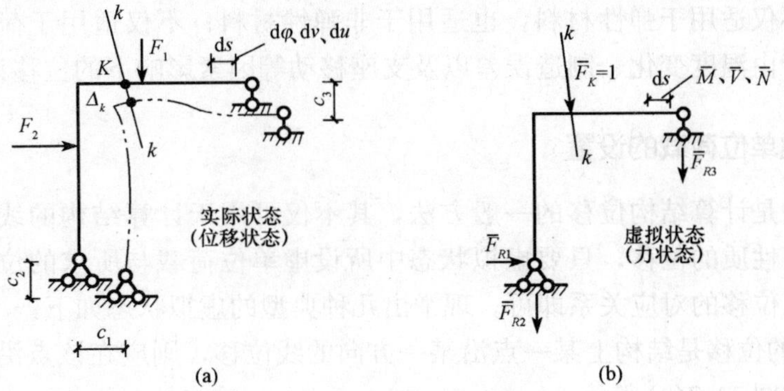

图 11-6

图 11-6(a)中虚线表示刚架在荷载、温度变化及支座移动等因素的作用下所发生的变形(c_1、c_2、c_3 表示支座的位移)，这是结构的实际位移状态，简称实际状态。现在要求任一指定点 K 点沿任一指定方向 k—k 上的位移 Δ_k。

利用虚功原理求解这个问题，首先要确定两个彼此独立的状态，即力状态和位移状态。由于是求实际状态下结构的位移，所以，应把结构的实际状态图[图 11-6(a)]作为结构的位移状态。而力状态则可以根据所求位移来虚设。为了便于求出位移和简化计算，我们选取一个与所求位移相对应的虚单位荷载，即在 K 点沿 k—k 方向施加一个单位力 $F_K=1$，其箭头指向可以沿 k　k 任意假设，如图 11-6(b)所示。这个力状态并不是实际原有的，而是一个虚设的状态，简称虚拟状态。

在虚单位荷载 $\overline{F}_K=1$ 作用下，结构将产生虚反力 $\overline{F}_{R1}$、$\overline{F}_{R2}$、$\overline{F}_{R3}$ 和虚内力 $\overline{M}$(弯矩)、$\overline{V}$(剪力)、$\overline{N}$(轴力)，它们构成了一个虚设力系。

根据变形体系的虚功原理，计算以上两种状态中虚拟状态的外力和内力在相应的实际状态上所做的虚功。则有

$$\overline{F}_K \cdot \Delta_k + \overline{F}_{R1} \cdot c_1 + \overline{F}_{R2} \cdot c_2 + \overline{F}_{R3} \cdot c_3 = \sum \int_l \overline{N} \varepsilon \, ds + \sum \int_l \overline{V} \gamma \, ds + \sum \int_l \overline{M} k \, ds$$

因$\overline{F}_K=1$，故上式简化为

$$\Delta_K = \sum \int_l \overline{N} \varepsilon \, ds + \sum \int_l \overline{V} \gamma \, ds + \sum \int_l \overline{M} k \, ds - \sum \overline{R} c \tag{11-1}$$

式中，ε、γ、k 分别为实际状态中的轴向应变、剪切应变和弯曲应变。

式(11-1)即为平面杆系结构位移计算的一般公式。

由以上位移计算公式的建立过程，可归纳出用虚功原理求结构位移的基本方法。

(1)把结构在实际各种外因作用下的平衡状态作为位移状态，即实际变形状态。

(2)在拟求位移的某点处沿所求位移的方向上，施加与所求位移相应的单位荷载，以此作为结构的力状态，即虚设力状态。

(3)分别写出虚设力状态上的外力和内力在实际变形状态相应的位移和变形上所做的虚功，并由虚功原理得到结构位移计算的一般公式。

我们把这种在沿所求位移方向施加一个单位力 $\overline{F}=1$ 的位移计算方法称为单位荷载法。需要说明的是，上述平面杆系结构位移计算的一般公式，不仅适用于静定结构，也适用于超静定结构；不仅适用于弹性材料，也适用于非弹性材料；不仅适用于荷载作用下的位移计算，也适用于由温度变化、制造误差以及支座移动等因素影响下的位移计算。

11.2.2　虚单位荷载的设置

单位荷载法是计算结构位移的一般方法，其不仅可用于计算结构的线位移，也可以用来计算结构任何性质的位移，只要虚拟状态中所设虚单位荷载与所求的位移相对应，即保证广义力与广义位移的对应关系即可。现举出几种典型的虚拟状态如下：

(1)若计算的位移是结构上某一点沿某一方向的线位移，则应在该点沿该方向施加一个单位集中力，如图 11-7(a)所示。

(2)若计算的位移是杆件某一截面的角位移，则应在该截面上施加一个单位集中力偶，如图 11-7(b)所示。

(3)若计算的是桁架中某一杆件的角位移，则应在该杆件的两端施加一对与杆轴垂直的反向平行集中力，使其构成一个单位力偶，每个集中力的大小等于杆长的倒数，如图 11-7(c)所示。

(4)若计算的位移是结构上某两点沿指定方向的相对线位移，则应在该两点沿指定方向施加一对反向共线的单位集中力，如图 11-7(d)所示。

(5)若计算的位移是结构上某两个截面的相对角位移，则应在这两个截面上施加一对反向单位集中力偶，如图 11-7(e)所示。

(6)若计算的是桁架中某两杆的相对角位移，则应在该两杆上施加两个方向相反的单位力偶，如图 11-7(f)所示。

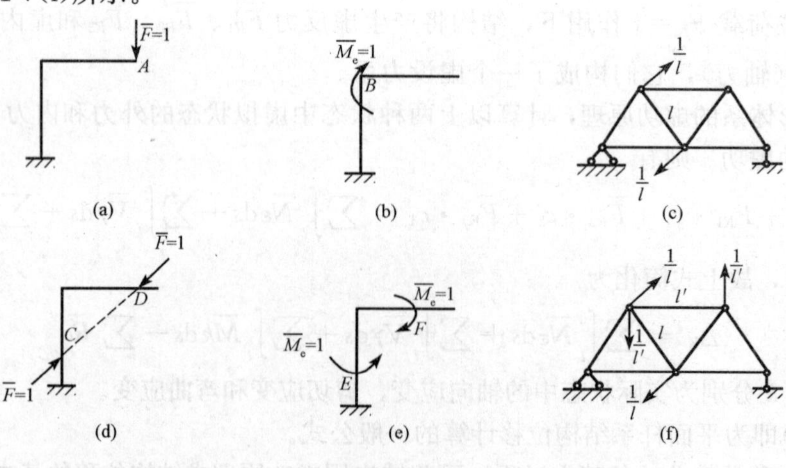

图 11-7

需要明确的是，虚拟状态中单位荷载的指向是可以任意假设的，若按式(11-1)计算出来的结果是正值，则表示实际位移的方向与虚拟荷载的方向相同，否则相反。

11.2.3 荷载作用下的位移计算公式

若静定结构的位移仅仅是由荷载作用引起的，没有支座位移的影响(即 $c=0$)，则式(11-1)可简化为

$$\Delta_k = \sum\int_l \overline{N}\varepsilon\,\mathrm{d}s + \sum\int_l \overline{V}\gamma\,\mathrm{d}s + \sum\int_l \overline{M}k\,\mathrm{d}s \tag{11-2}$$

式中，微段的变形 $\varepsilon\mathrm{d}s$、$\gamma\mathrm{d}s$、$k\mathrm{d}s$ 是由荷载引起。

若用 N、V、M 表示实际位移状态中微段上由实际荷载产生的轴力、剪力和弯矩，在线弹性范围内，变形与内力有如下关系：

$$\varepsilon=\frac{N}{EA}，\gamma=k\frac{V}{GA}，k=\frac{M}{EI} \tag{11-3}$$

式中，EA、GA、EI 分别为杆件的拉压刚度、剪切刚度、弯曲刚度。

k 为剪力分布不均匀系数，其与截面形状有关。

将式(11-3)代入式(11-2)得：

$$\Delta = \sum\int_l \frac{\overline{N}N}{EA}\mathrm{d}s + \sum\int_l k\frac{\overline{V}V}{GA}\mathrm{d}s + \sum\int_l \frac{\overline{M}M}{EI}\mathrm{d}s \tag{11-4}$$

式(11-4)为静定结构在荷载作用下位移计算的一般公式。式中 $\overline{N}$(轴力)、$\overline{V}$(剪力)、$\overline{M}$(弯矩)表示在虚拟状态中由广义单位荷载引起的虚内力，这些虚内力和原结构由实际荷载引起的内力，都可以通过静力平衡条件求得。

式(11-4)综合考虑了轴向变形、剪切变形和弯曲变形对结构位移的影响。在实际应用中，则根据不同形式的结构特性，对不同形式的结构分别采用不同的简化计算公式。

(1)对梁和刚架而言，弯曲变形是主要变形，而轴向变形和剪切变形对结构位移的影响很小，可以忽略不计。所以式(11-4)简化为

$$\Delta = \sum\int_l \frac{\overline{M}M}{EI}\mathrm{d}s \tag{11-5}$$

(2)对于桁架，由于各杆件均只有轴向变形，且每一杆件的轴力和截面面积沿杆长不变，所以式(11-4)简化为

$$\Delta = \sum\frac{\overline{N}Nl}{EA}$$

(3)对于组合结构，梁式杆件主要承受弯矩，其变形主要是弯曲变形，可只考虑弯曲变形对位移的影响。而链杆只承受轴力，只有轴向变形，所以其位移计算公式简化为

$$\Delta = \sum\int_l \frac{\overline{M}M}{EI}\mathrm{d}s + \sum\frac{\overline{N}Nl}{EA}$$

(4)对于拱，当不考虑曲率的影响时，拱结构的位移可以近似的按式(11-5)来计算。通常情况下，只需考虑弯曲变形的影响，按式(11-5)计算，其结果已足够精确。仅在计算扁平拱的水平位移或者拱轴线与合理轴线接近时，才考虑轴向变形的影响，即

$$\Delta = \sum\int_l \frac{\overline{M}M}{EI}\mathrm{d}s + \sum\frac{\overline{N}Nl}{EA}$$

需要说明的是，在上述位移计算公式中，都没有考虑杆件的曲率对变形的影响，这对

直杆是正确的，而对曲杆则是近似的。但是，在常用的结构中，如拱结构、曲梁和有曲杆的刚架等，这些结构中构件的曲率对变形的影响都很小，可以略去不计。

【例 11-1】 求图 11-8(a)所示简支梁的中点 C 的竖向位移和截面 B 的转角。已知梁的弯曲刚度 EI 为常量。

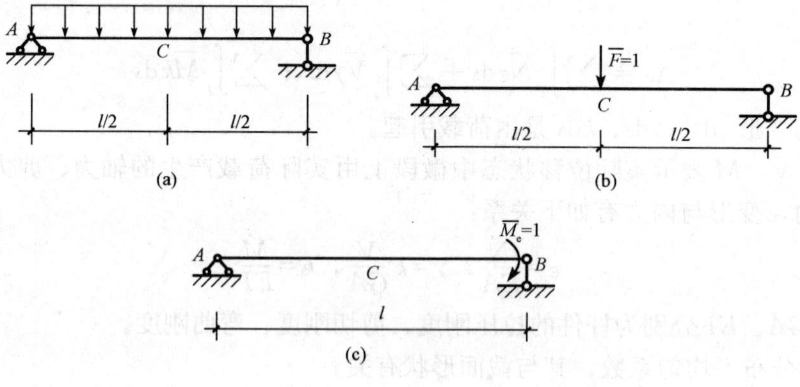

图 11-8

【解】 (1)求 C 的竖向位移 Δ_{CV}。

在点 C 沿竖向施加单位力 $\overline{F}=1$，作为虚拟力状态如图 11-8(b)所示。

分别建立虚设荷载和实际荷载作用下梁的弯矩方程。取点 A 为坐标原点，当 $0\leqslant x\leqslant l/2$ 时，有

$$\overline{M}=\frac{l}{2}x$$

$$M=\frac{q}{2}(lx-x^2)$$

由于该梁 C 点左右对称，所以 Δ_{CV} 只需计算一半，把结果乘 2 倍，即得

$$\Delta_{CV}=2\int_0^{\frac{l}{2}}\frac{1}{EI}\times\frac{x}{2}\times\frac{q}{2}\times(lx-x^2)\mathrm{d}x=\frac{5ql^4}{384EI}$$

(2)求截面 B 的转角 φ_B。

在 B 端施加一单位力偶 $\overline{M_e}=1$，作为虚拟力状态如图 11-8(c)所示。

分别建立虚设荷载和实际荷载作用下梁的弯矩方程。取 A 点为坐标原点，当 $0\leqslant x\leqslant l$ 时，则 $\overline{M}$ 和 M 的方程是

$$\overline{M}=-\frac{x}{l}$$

$$M=\frac{q}{2}(lx-x^2)$$

则根据公式可得 $\varphi_B=-\dfrac{ql^3}{24EI}$

计算结果为负值，说明实际的转角 φ_B 与所设单位力偶的方向相反，即是逆时针方向。

【例 11-2】 求图 11-9(a)所示刚架上点 C 的水平位移 Δ_{CH}。已知各杆的 EI 为常数。

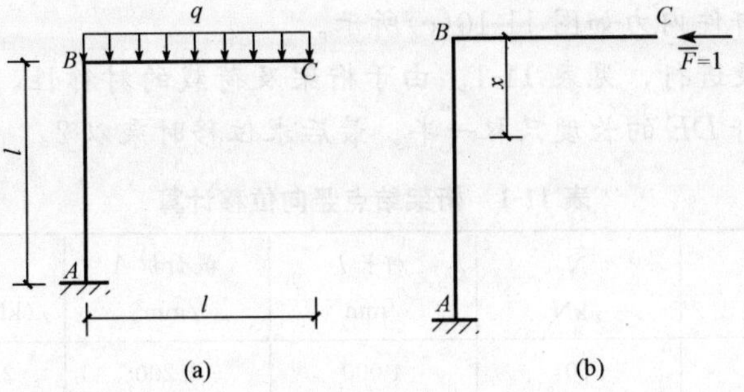

图 11-9

【解】 在 C 点沿水平方向施加单位力 $\overline{F}=1$，作为虚拟力状态，如图 11-9(b)所示。分别建立虚设荷载和实际荷载作用下刚架各杆的弯矩方程。

AB 杆 $$\overline{M}=x,\ M=-\frac{1}{2}ql^2$$

BC 杆 $$\overline{M}=0,\ M=-\frac{1}{2}qx^2$$

则点 C 的水平位移为

$$\Delta_{CH}=\sum\int_l\frac{\overline{M}M}{EI}\mathrm{d}x=\frac{1}{EI}\int_0^l x\left(-\frac{1}{2}ql^2\right)\mathrm{d}x=-\frac{ql^4}{4EI}$$

计算结果为负值，表明实际位移方向与所设单位荷载的方向相反。

【例 11-3】 求图 11-10(a)所示桁架结点 C 的竖向位移。已知各杆的弹性模量均为 $E=2.1\times10^5$ MPa，截面面积 $A=12\ \mathrm{cm}^2$。

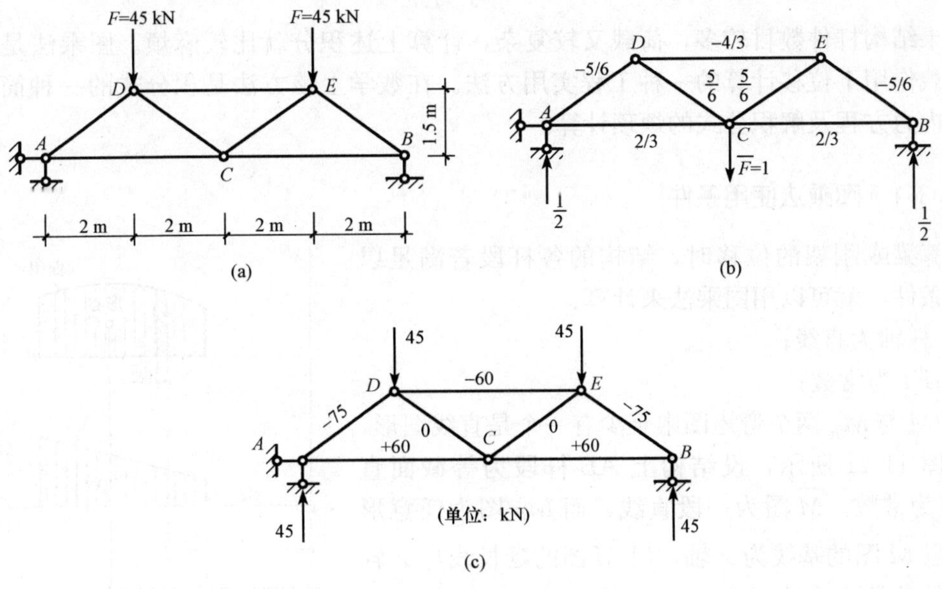

图 11-10

【解】 在点 C 沿竖向施加单位力 $\overline{F}=1$，作为虚拟力状态如图 11-10(b)所示。

计算虚拟力状态的杆件内力如图 11-10(b)所示。

计算实际状态的杆件内力如图 11-10(c)所示。

具体计算过程列表进行，见表 11-1。由于桁架及荷载的对称性，计算总和时，在表中只计算了半个桁架。杆 DE 的长度只取一半。最后求位移时乘以 2。

表 11-1　桁架结点竖向位移计算

杆件	N	$\overline{N}$ /kN	杆长 l /mm	截面积 A /mm^2	E /($kN\cdot mm^{-2}$)	$\overline{N}Nl/EA$ /mm
AC	2/3	60	4 000	1 200	2.1×10^2	0.63
AD	−5/6	−75	2 500	1 200	2.1×10^2	0.62
DE	−4/3	−60	0.5×4 000	1 200	2.1×10^2	0.63
DC	5/6	0	2 500	1 200	2.1×10^2	0
合计						1.88

$$\Delta_{CV}=2\times1.88=3.76(\text{mm})\quad(\downarrow)$$

任务 11-3　图乘法计算静定结构的位移

由前一节已经知道，在计算弯曲变形引起的位移时，需要利用公式

$$\Delta=\sum\int\frac{M_P\overline{M}}{EI}\mathrm{d}s$$

如果结构杆件数目较多，荷载又较复杂，计算上述积分就比较麻烦。图乘法是梁和刚架在荷载作用下位移计算的一种工程实用方法。在数学上该方法是积分式的一种简化，可避免列内力方程及解积分式的烦琐计算。

11.3.1　图乘法使用条件

计算梁或刚架的位移时，结构的各杆段若满足以下三个条件，就可以用图乘法来计算：

(1)杆轴为直线；

(2)EI 为常数；

(3)$\overline{M}$ 与 M_p 两个弯矩图中至少有一个是直线图形。

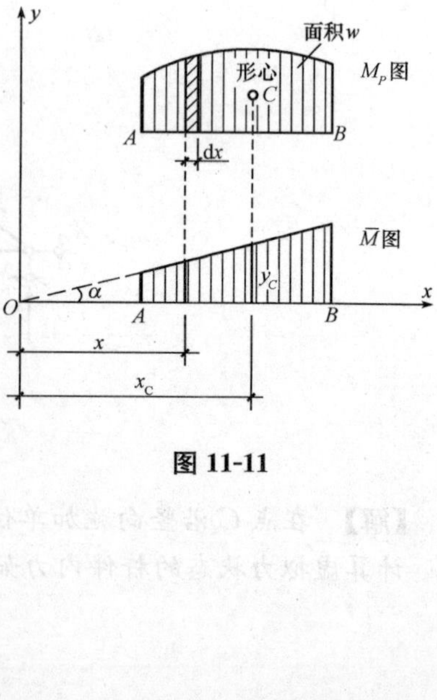

图 11-11

如图 11-11 所示，设结构上 AB 杆段为等截面直杆，EI 为常数，$\overline{M}$ 图为一段直线，而 M_P 图为任意形状。现以 $\overline{M}$ 图的基线为 x 轴，以 $\overline{M}$ 图的延长线与 x 轴的交点 O 为原点，建立 xOy 坐标系，则：

$$\Delta=\sum\int\frac{M_P\overline{M}}{EI}\mathrm{d}s=\frac{1}{EI}\int_A^B M_P\overline{M}\mathrm{d}s\qquad(11\text{-}6)$$

式中，$\overline{M}$ 因随直线变化，故有：

$$\overline{M}=x\cdot\tan\alpha$$

用 dx 代替 ds，EI 为常量，故式(11-6)可写成：

$$\frac{1}{EI}\int_A^B M_P\overline{M}ds=\frac{1}{EI}\int_A^B x\tan\alpha M_P dx=\frac{\tan\alpha}{EI}\int_A^B xM_P dx=\frac{\tan\alpha}{EI}\int_A^B x dw \tag{11-7}$$

式中，$dw=M_P dx$ 为 M_P 图中阴影线的微面积。故 xdw 是这个微面积 dw 对 y 轴的一次矩。因而，$\int_A^B x dw$ 为整个 M_P 图的面积对 y 轴的一次矩。根据面积矩定理，它应等于 M_P 图的面积 w 乘以其形心 C 到 y 轴的距离 x_C，即

$$\int_A^B x dw=wx_C$$

代入式(11-7)，则有：

$$\int_A^B\frac{\overline{M}M_P}{EI}ds=\frac{1}{EI}w\cdot x_C\cdot\tan\alpha \tag{11-8}$$

但 $x_C\tan\alpha=y_C$，这里 y_C 为 M_P 图的形心 C 处所对应的 $\overline{M}$ 图的竖标(纵坐标)，故式(11-8)又可写成：

$$\int_A^B\frac{\overline{M}M_P}{EI}ds=\frac{1}{EI}w\cdot y_C \tag{11-9}$$

由此可知，计算位移的积分就等于一个弯矩图的面积 w 乘以其形心所对应的另一个直线弯矩图上的竖标 y_C，再除以 EI，于是积分运算转化为数值乘除运算，此法即称图乘法。

如果结构上各杆段均可图乘，则位移计算式(11-6)可写成：

$$\Delta=\sum\int\frac{\overline{M}M_P}{EI}ds=\sum\frac{wy_C}{EI} \tag{11-10}$$

式(11-10)就是图乘法所使用的公式。它将积分运算问题简化为求图形的面积、形心和标距的问题。

应用图乘法计算时应注意下列几点：

(1)杆件应是等截面直杆，且 EI 为常数。

(2)M_P 图和 $\overline{M}$ 图中，至少有一个直线图形，标距 y_C 应取自直线图中。

(3)正负号规则：面积 w 与标距 y_C 在杆件同侧时取正号，异侧时取负号。

为了图乘方便，必须熟记几种常见几何图形的面积公式及形心位置，如图 11-12 所示。值得注意的是：抛物线的顶点处的切线与基线平行时此抛物线才是标准抛物线，才能应用式(11-10)计算，否则不能应用。

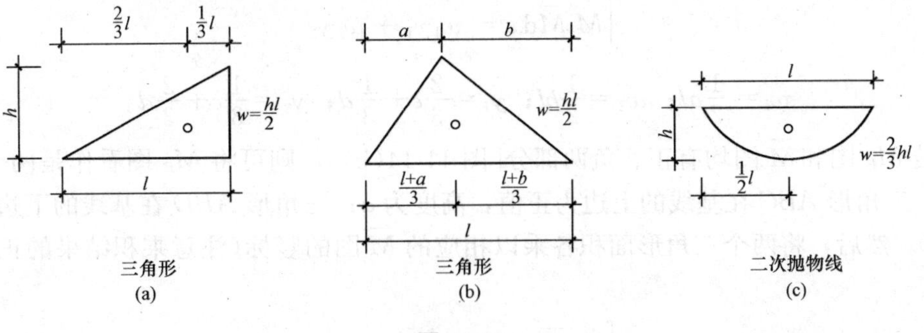

图 11-12

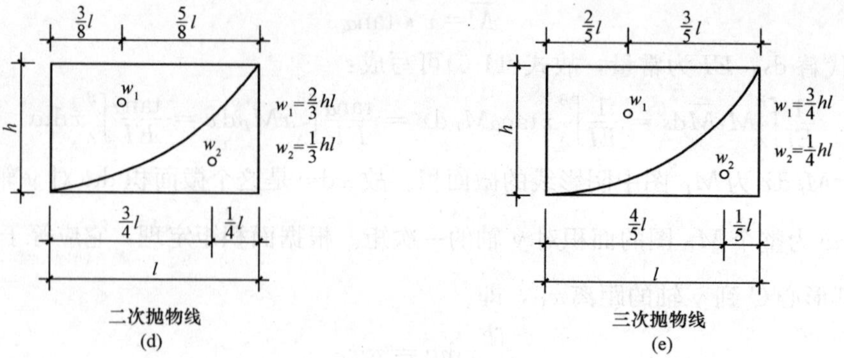

图 11-12(续)

11.3.2 图乘法使用技巧

(1)图中标准抛物线图形顶点位置的确定。顶点是指该点的切线平行于基线的点，即顶点处截面的剪力应等于零。图 11-13 所示的在集中力及均布荷载作用下悬臂梁的弯矩图，其形状虽与图 11-12(c)相似，但不能采用其面积和形心位置公式，因为 B 处的剪力不为零。这时应采用图形叠加的方法解决。

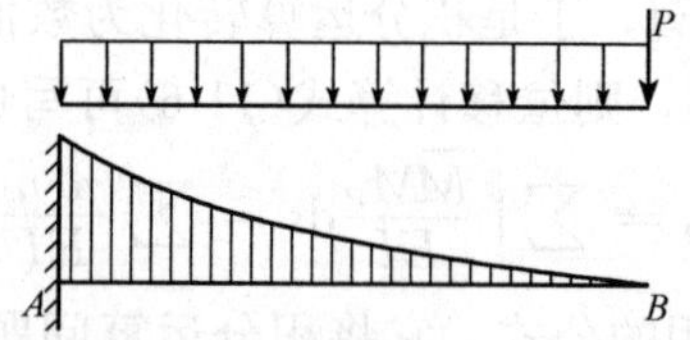

图 11-13

(2)若遇较复杂的图形不便确定形心位置，则应运用叠加原理，把图形分解后分别图乘，然后求其结果的代数和。存在以下几种具体情况：

1)如果两个图形都是直线，则标距 y_C 可取自其中任一图形。

2)如果两个图形中，一个是曲线，一个是直线，曲线图形只能取面积，直线图形取 y_C。

3)如果两个都是梯形[图 11-14(a)]，则可以将它分解成两个三角形，分别图乘后再叠加，即

$$\int M_P\overline{M}\mathrm{d}x = w_1y_1 + w_2y_2$$

式中，$w_1=\frac{1}{2}al$；$w_2=\frac{1}{2}bl$；$y_1=\frac{2}{3}c+\frac{1}{3}d$；$y_2=\frac{1}{3}c+\frac{2}{3}d$。

4)若 M_P 图和 $\overline{M}$ 图均有正、负两部分[图 11-14(b)]，则可将 M_P 图看作是两个三角形的叠加，三角形 ABC 在基线的上边为正值，高度为 a；三角形 ABD 在基线的下边为负值，高度为 b。然后，将两个三角形面积各乘以相应的 $\overline{M}$ 图的竖标(注意乘积结果的正负)再叠加。即

$$\int M_P\overline{M}\mathrm{d}x = w_1y_1 + w_2y_2$$

式中，$w_1=\frac{1}{2}al$；$w_2=\frac{1}{2}bl$；$y_1=\frac{2}{3}c-\frac{1}{3}d$；$y_2=\frac{2}{3}d-\frac{1}{3}c$；$w_1y_1=-\frac{1}{2}al\left(\frac{2}{3}c-\frac{1}{3}d\right)$（$w_1$ 与 y_1 是异侧，故为负）；$w_2y_2=-\frac{1}{2}bl\left(\frac{2}{3}d-\frac{1}{3}c\right)$（负号与上同理）。

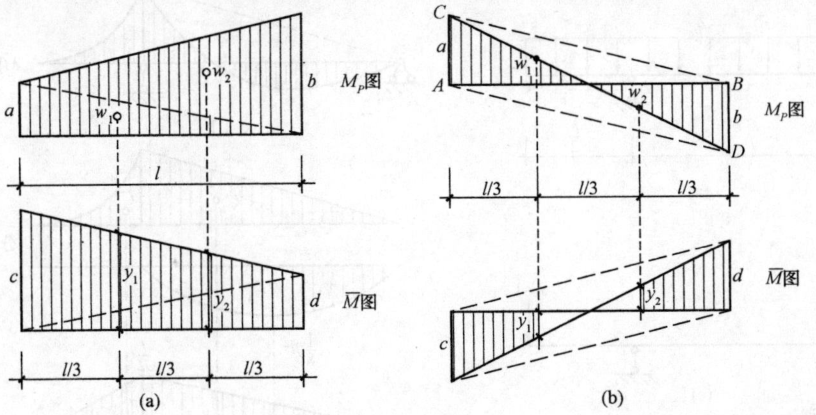

图 11-14

5)如果一个图形是曲线，另一个图形是由几段直线组成的折线，如图 11-15(a)所示，或者各杆段的 EI 不相等时，则应分段考虑，如图 11-15(b)所示。即

$$\int M_P\overline{M}\mathrm{d}x=w_1y_1+w_2y_2+w_3y_3$$

6)对于图 11-16 所示由于均布荷载 q 所引起的 M_P 图，可以把它看作是两端弯矩竖标所连成的梯形 $ABCD$ 与相应简支梁在均布荷载作用下的弯矩图叠加而成，后者即为虚线 CD 与曲线之间所围部分。将 M_P 图分解成上述两个简单图形后，分别与 $\overline{M}$ 图作图乘运算，再相叠加，即得所求结果。

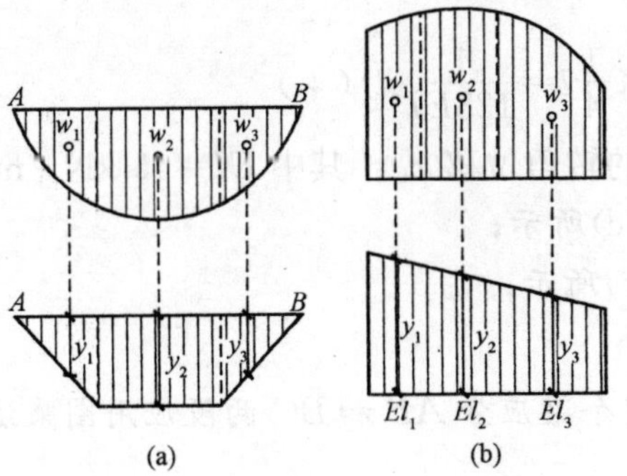

图 11-15

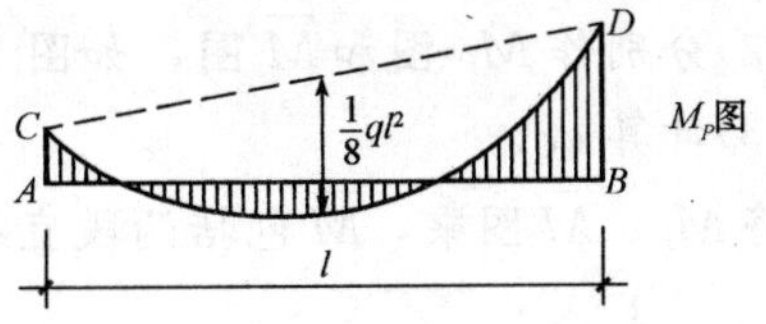

图 11-16

11.3.3 应用图乘法计算静定结构的位移

图乘法计算位移的解题步骤如下：

(1)画出结构在实际荷载作用下的弯矩图 M_P。

(2)据所求位移选定相应的虚拟状态，画出单位弯矩图 $\overline{M}$。

(3)分段计算一个弯矩图形的面积 w 及其形心所对应的另一个弯矩图形的竖标 y_C。

(4)将 w、y_C 代入图乘法公式计算所求位移。

【例 11-4】 利用图乘法计算图 11-17(a)中外伸梁 C 截面的竖向位移 Δ_{CY}。

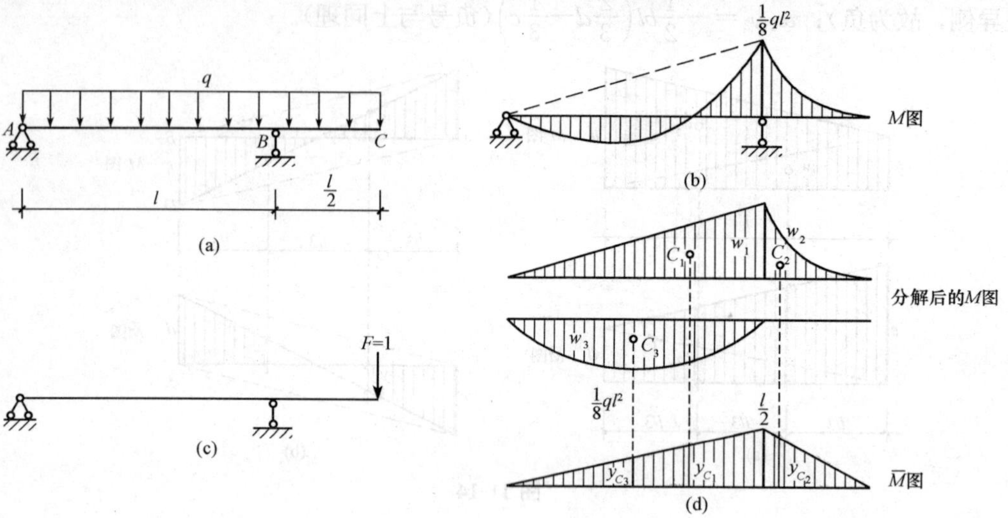

图 11-17

【解】 (1)作出实际状态的弯矩图，如图 11-17(b)所示，将其分解为三个简单图形。

(2)作出虚设单位荷载 $F=1$，如图 11-17(c)所示，并作出弯矩图，如图 11-17(d)所示。

(3)利用式(11-10)计算位移。

经过计算可知：$w_1=\dfrac{1}{2}l\times\dfrac{1}{8}ql^2=\dfrac{1}{16}ql^3$，$y_{C_1}=\dfrac{1}{3}l$；$w_2=\dfrac{1}{3}\times\dfrac{1}{2}l\times\dfrac{1}{8}ql^2=\dfrac{1}{48}ql^3$，$y_{C_2}=\dfrac{3}{4}\times\dfrac{1}{2}l=\dfrac{3}{8}l$；$w_3=\dfrac{2}{3}l\times\dfrac{1}{8}ql^2=\dfrac{1}{12}ql^3$，$y_{C_3}=\dfrac{1}{4}l$。

则 $\Delta_{CY}=\dfrac{1}{16}ql^3\times\dfrac{1}{3}l+\dfrac{1}{48}ql^3\times\dfrac{3}{8}l-\dfrac{1}{12}ql^3\times\dfrac{1}{4}l=\dfrac{1}{128EI}ql^4(\downarrow)$

【例 11-5】 试求图 11-18(a)所示伸臂梁 C 端的转角位移 φ_C，其中 $EI=45\ \mathrm{kN\cdot m^2}$。

【解】 (1)在 C 端加一单位力偶，如图 11-18(c)所示；

(2)分别作 M_P 图和 $\overline{M}$ 图，如图 11-18(b)、(c)所示；

(3)计算 φ_C。

将 M_P、$\overline{M}$ 图乘，$\overline{M}$ 包括两段直线，所以，整个梁应分 AB 和 BC 两段应用图乘法。

$$
\begin{aligned}
\varphi_C &=\frac{1}{EI}\sum w y_C\\
&=\frac{1}{EI}(w_1y_1-w_2y_2+w_3y_3)\\
&=\frac{1}{EI}\left(\frac{1}{2}\times4\times2\times\frac{2}{3}\times1-\frac{2}{3}\times4\times6\times\frac{1}{2}\times1+\frac{1}{2}\times1\times2+1\right)\\
&=\frac{1}{45}\times\left(4\times\frac{2}{3}-16\times\frac{1}{2}+1\right)\\
&=-0.096(\mathrm{rad})(\curvearrowleft)
\end{aligned}
$$

负号表示 C 端转角的方向与所假设单位力偶的方向相反。

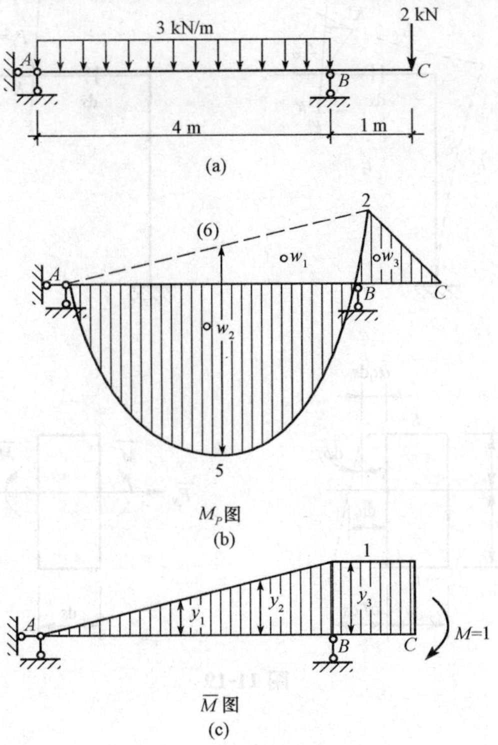

图 11-18

任务 11-4　支座移动与温度改变时静定结构的位移计算

11. 4. 1　静定结构在温度变化时的位移计算

当结构环境温度发生变化时，由于材料的热胀冷缩性能，杆件将发生变形和位移。当杆件两侧温度同步变化时，杆件将沿其轴线方向均匀伸长或缩短，即只发生轴线方向的线位移；而当杆件两侧温度不同步变化时，杆件除轴向位移外，还同时产生弯曲变形，杆件截面发生转角，即同时发生线位移和角位移。

另外，同样的温度变化对静定结构和超静定结构的反应是不同的。由于静定结构没有多余约束，在温度变化时杆件可自由变形，杆件内部不会产生任何内力；而超静定结构在温度变化时，由于受到多余约束的限制，不能自由变形，导致杆件内部产生相应的附加内力。

下面我们讨论静定结构在温度变化时的位移计算问题。

如图 11-19 所示，当结构外侧温度升高 t_1 度，内侧温度升高 t_2 度时，计算结构任一点任一方向的位移，如 K 点沿 $k-k$ 方向的位移 Δ_{Kt}。

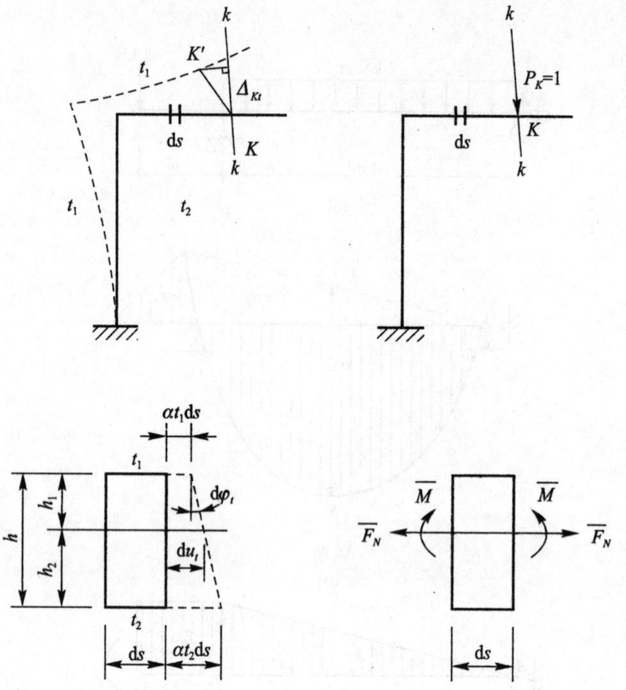

图 11-19

此时由于不考虑支座位移的影响，位移计算一般公式为

$$\Delta_{Kt}=\sum\int\overline{F}_N\mathrm{d}u_t+\sum\int\overline{F}_Q\gamma_t\mathrm{d}s+\sum\int\overline{M}\mathrm{d}\varphi_t \tag{a}$$

设实际状态为位移状态，在 K 点沿 k—k 方向加一单位荷载 $p_K=1$ 作为虚拟状态，也就是力状态。从实际状态中任一取出微段 ds 研究。为简化计算，可假设温度沿截面高度成直线变化，这样，在温度变化时杆件截面保持平面。当温度变化时，微段上、下边缘纤维的伸长量分别为 $\alpha t_1\mathrm{d}s$ 和 $\alpha t_2\mathrm{d}s$，这里 α 是材料的线膨胀系数。由几何关系可得微段在杆件轴线处的伸长量为

$$\mathrm{d}u_t=\alpha t_1\mathrm{d}s+(\alpha t_2\mathrm{d}s-\alpha t_1\mathrm{d}s)\frac{h_1}{h}$$

$$=\alpha\left(\frac{h_2}{h}t_1+\frac{h_1}{h}t_2\right)\mathrm{d}s=\alpha t\mathrm{d}s \tag{b}$$

式中　$t=\frac{h_2}{h}t_1+\frac{h_1}{h}t_2$——杆件轴线处的温度变化。

若杆件截面对称于截面形心轴，即 $h_1=h_2=\frac{h}{2}$，则 $t=\frac{t_1+t_2}{2}$，而微段两端截面的相对转角为

$$\mathrm{d}\varphi_t\approx\tan\mathrm{d}\varphi_t=\frac{\alpha t_2\mathrm{d}s-\alpha t_1\mathrm{d}s}{h}=\frac{\alpha(t_2-t_1)\mathrm{d}s}{h}=\frac{\alpha\Delta t}{h}\mathrm{d}s \tag{c}$$

式中　$\Delta t=t_2-t_1$——杆件两侧温度变化之差。

另外，对于杆件结构，温度变化并不引起剪切变形，即 $\gamma_t=0$。将以上微段的温度变形 $\mathrm{d}u_t$ 及 $\mathrm{d}\varphi_t$ 代入式(a)可得

$$\Delta_{Kt} = \sum\int \overline{F}_N\alpha t\,ds + \sum\int \overline{M}\frac{\alpha\Delta t}{h}ds$$

$$= \sum \alpha t\int \overline{F}_N ds + \sum \alpha\Delta t\int \frac{\overline{M}}{h}ds \tag{11-11}$$

如果各杆沿其全长温度变化相同，且截面高度不变时，则有

$$\Delta_{Kt} = \sum \alpha t\int \overline{F}_N ds + \sum \frac{\alpha\Delta t}{h}\int \overline{M}ds$$

$$= \sum \alpha t w\,\overline{F}_N + \sum \frac{\alpha\Delta t}{h} w\overline{M} \tag{11-12}$$

式中 $w\overline{F}_N = \int \overline{F}_N ds$——$\overline{F}_N$ 图的面积；

$w\overline{M} = \int \overline{M}ds$——$\overline{M}$ 图的面积。

在应用式(11-11)和式(11-12)时，应注意正确确定右边各项的正负号。由于它们都是内力所做的变形虚功，因此，当虚拟状态的内力与实际状态的温度变形方向一致时，变形虚功为正，相反为负。对于温度变化，若规定以升温为正，降温为负，则轴力$\overline{F_N}$以拉力为正，压力为负；弯矩 $\overline{M}$ 则应以使 t_2 边受拉为正，反之为负。

对于梁和刚架，在计算温度变化所引起的结构位移时，一般不能略去轴向变形的影响。

对于桁架，在温度变化时，其位移计算公式可简化为

$$\Delta_{Kt} = \sum \overline{F}_N\alpha t l \tag{11-13}$$

当桁架的杆件长度因制造误差而与设计长度不符时，由于所引起的位移计算与温度变化时相类似。设各杆长度的误差为 Δl，则位移计算公式为

$$\Delta_K = \sum \overline{F}_N\Delta l \tag{11-14}$$

【例 11-6】 图 11-20(a)所示刚架施工时温度为 10 ℃，在冬季使用时的室外温度为 −20 ℃，室内温度为 20 ℃。试求 B 支座水平位移。已知 $\alpha=10^{-5}$，各杆均为矩形截面，截面高度 h=500 mm。

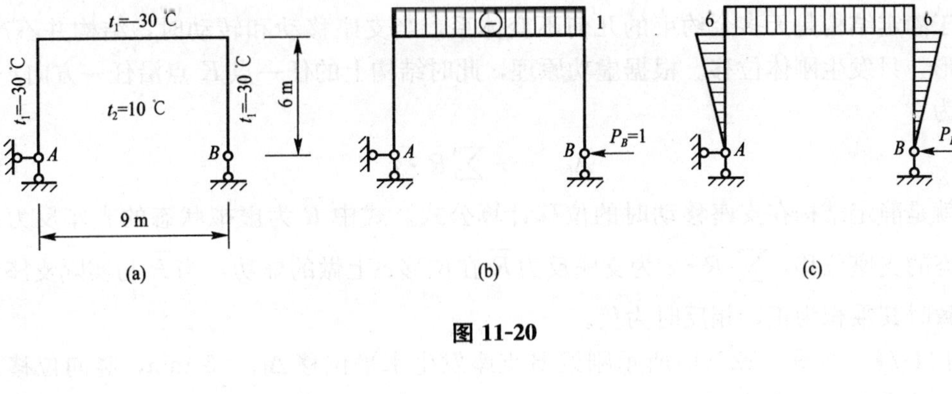

图 11-20

【解】 各杆件的温度变化值：

室外温度变化值 $t_1=-20-10=-30$(℃)

室内温度变化值 $t_2=20-10=10$(℃)

杆件轴线处的温度变化值 $t=\dfrac{t_1+t_2}{2}=\dfrac{-30+10}{2}=-10(℃)$

室内外温度变化差值 $\Delta t=t_2-t_1=10-(-30)=40(℃)$

画出单位荷载作用下的 $\overline{F}_N$ 图和 $\overline{M}$ 图，如图 11-20(b)、(c)所示，则支座 B 的水平位移为

$$\begin{aligned}\Delta_{Bx} &= \sum \alpha t w\, \overline{F}_N + \sum \frac{\alpha \Delta t}{h} w \overline{M} \\ &= \alpha(-10)\times(-1)\times 9+\frac{\alpha\times 40}{0.5}\left(-2\times\frac{1}{2}\times 6\times 6-6\times 9\right) \\ &= (-10)\times 10^{-5}\times(-1)\times 9+\frac{40\times 10^{-5}}{0.5}\left(-2\times\frac{1}{2}\times 6\times 6-6\times 9\right) \\ &= -0.0711(\mathrm{m})=-71.1\ \mathrm{mm}(\rightarrow)\end{aligned}$$

11.4.2 静定结构在支座移动时的位移计算

如图 11-21(a)所示的刚架结构，其支座发生了水平位移 c_1、竖向位移 c_2 和转角 c_3，引起结构发生相应的线位移和角位移。现要求结构上的任一点 K 点沿任一方向 k—k 上的位移 ΔK_c。

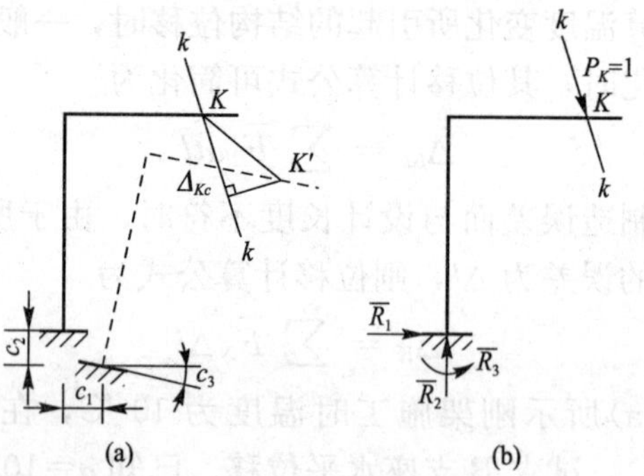

图 11-21　支座移动时结构位移计算状态

由于静定结构是无多余约束的几何不变体系，当支座移动和转动时，结构并不产生内力和变形，只发生刚体位移。根据虚功原理，此时结构上的任一点 K 点沿任一方向 k—k 上的位移为

$$\Delta_{Kc}=-\sum \overline{R}\cdot c \tag{11-15}$$

这就是静定结构在支座移动时的位移计算公式。式中 $\overline{R}$ 为虚拟状态的支座反力，c 为实际状态的支座位移，$\sum \overline{R}\cdot c$ 为支座反力 $\overline{R}$ 在位移 c 上做的虚功，当 $\overline{R}$ 与实际支座位移 c 方向一致时其乘积为正，相反时为负。

【例 11-7】　如图 11-22(a)所示刚架 B 支座发生水平位移 $\Delta_{Bx}=5$ mm，竖向位移 $\Delta_{By}=15$ mm，试求 D 点的线位移 Δ_D。

【解】　因 D 点位移 $\Delta_D=\sqrt{\Delta_{Dx}^2+\Delta_{Dy}^2}$，可先求出 D 点的水平位移 Δ_{Dx} 和竖向位移 Δ_{Dy}，再计算 D 点线位移 Δ_D 即可。因此在虚拟状态中，在 D 点处分别加一水平单位荷载和竖向单位荷载，单位荷载作用下的支座反力如图 11-22(b)、(c)所示，由式(11-15)得

$$\Delta_{Dx}=-\sum\overline{R}\cdot c=-(-1\times\Delta_{Bx}-1\times\Delta_{By})=-(-1\times5-1\times15)=20(\mathrm{mm})(\rightarrow)$$

$$\Delta_{Dy}=-\sum\overline{R}\cdot c=-(-1\times\Delta_{By})=-(-1\times15)=15(\mathrm{mm})(\downarrow)$$

$$\Delta_D=\sqrt{\Delta_{Dx}^2+\Delta_{Dy}^2}=\sqrt{15^2+15^2}=21.2(\mathrm{mm})$$

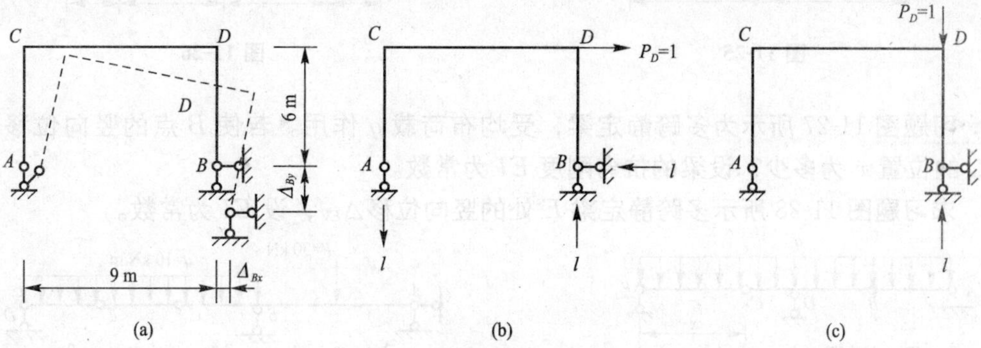

图 11-22

本章小结

本模块主要介绍了变形体的虚功原理、单位荷载法计算静定结构的位移、图乘法计算静定结构的位移等。通过本章的学习能熟练地用单位荷载法、图乘法计算静定结构的位移。

复习思考题

1. 什么是线位移？什么是角位移？
2. 结构位移的计算目的是什么？
3. 什么是功？什么是实功？什么是虚功？
4. 简述用虚功原理求结构位移的基本方法。
5. 图乘法使用条件有哪些？
6. 图乘法计算位移的解题步骤是什么？

复习思考题参考答案

习　　题

1. 求图 11-23 所示简支梁中点 C 处的竖向位移 Δ_{CV}，EI 为常数。

2. 求图 11-24 所示悬臂梁 B 端的竖向位移 Δ_{BV} 和转角 φ_B，EI 为常数。

习题参考答案

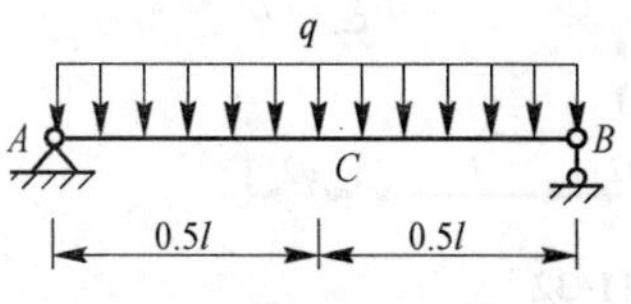

图 11-23

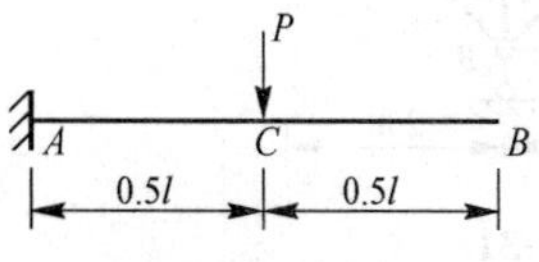

图 11-24

3. 试求图 11-25 所示外伸梁 C 端的竖向位移，设 $EI=1.5\times10^5\ \mathrm{kN\cdot m^2}$。

4. 试求图 11-26 所示外伸梁 A 端的竖向位移，已知 $EI=2\times10^8\ \text{kN}\cdot\text{cm}^2$。

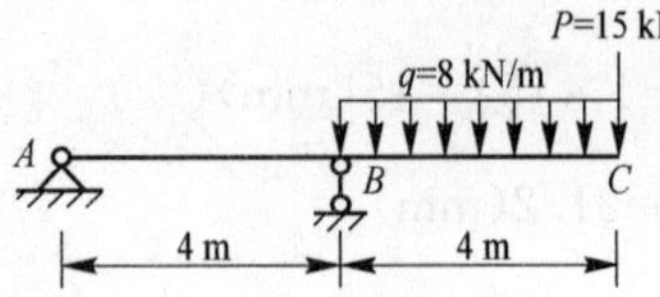

图 11-25

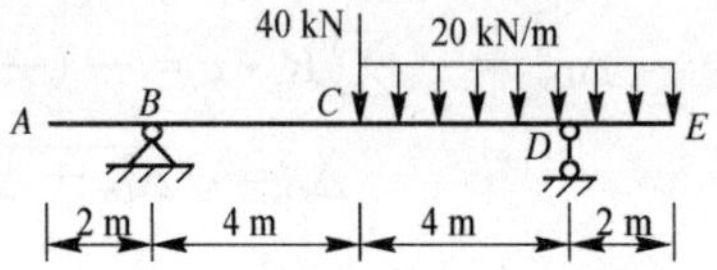

图 11-26

5. 习题图 11-27 所示为多跨静定梁，受均布荷载 q 作用。若使 B 点的竖向位移为零，试问 C 的位置 x 为多少？设梁的抗弯刚度 EI 为常数。

6. 求习题图 11-28 所示多跨静定梁 E 处的竖向位移 Δ_{EV}，设 EI 为常数。

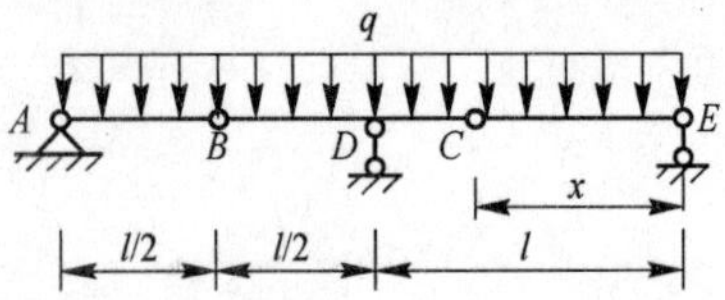

图 11-27

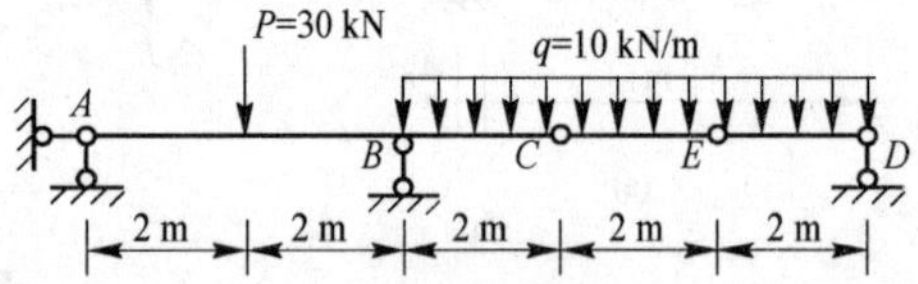

图 11-28

7. 求习题如图 11-29 所示刚架 A 处和 B 处的转角，各杆刚度如图 11-29 所示。

8. 求图 11-30 所示刚架中 C 左右两截面的相对转角 $\Delta\varphi_C$。各杆的刚度均为 EI，设 $EI=2.1\times10^8\ \text{kN}\cdot\text{cm}^2$。

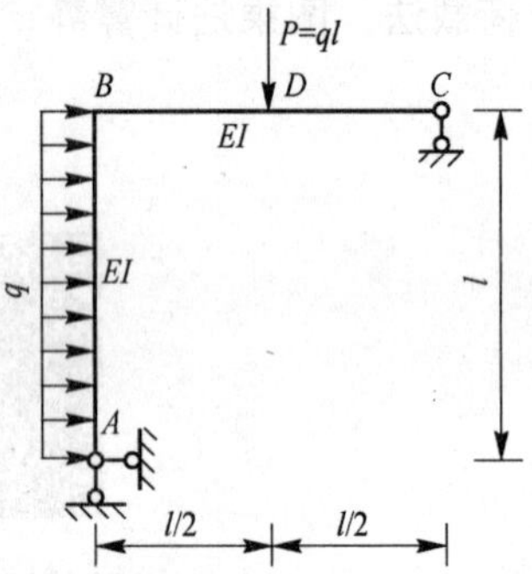

图 11-29

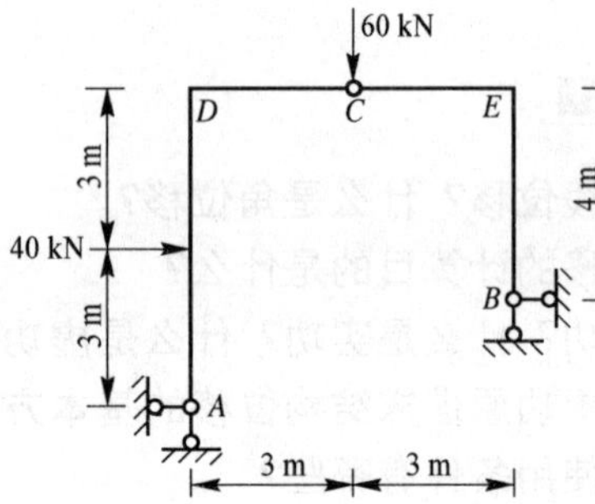

图 11-30

9. 求图 11-31 所示桁架 C 点的水平位移 Δ_{CH}，已知各杆刚度 EI 为常数。

10. 图 11-32 所示为多跨静定梁支座 B 下沉 a，试求截面 E 的竖向位移 Δ_{EV}。

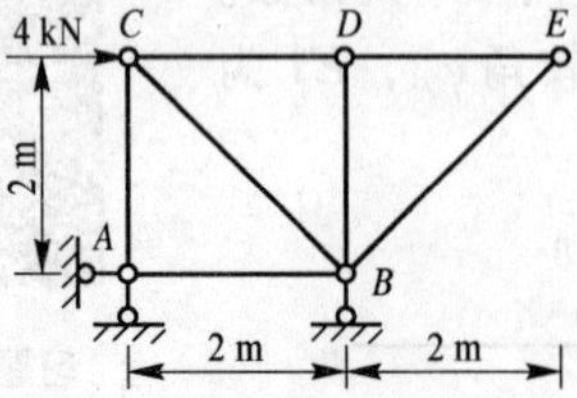

图 11-31

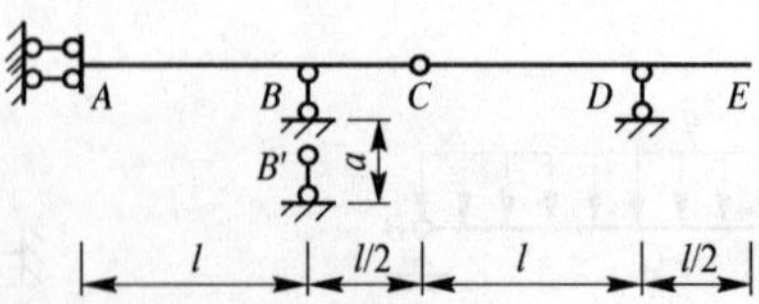

图 11-32

模块 12　超静定结构的内力计算

学习目标

(1)了解超静定结构的概念；熟悉超静定次数的确定；掌握力法的基本原理。

(2)了解位移法的基本思路、位移法的基本未知量的确定、位移法基本结构的确定；掌握等截面直杆的转角位移方程和用位移法计算连系梁和超静定钢架的步骤。

(3)了解力矩分配法的基本原理；熟悉转动刚度、分配系数、传递系数的概念；掌握单节点力矩分配法和多节点力矩分配法计算步骤。

学习任务

(1)能用力法熟练分析超静定结构的基本体系并能列出方程，能准确确定超静定结构的次数及基本结构。

(2)能熟练列出位移法典型方程，并求系数及自由项，能求解位移法典型方程以及绘制内力图。

(3)能灵活应用力矩分配法求解超静定结构的弯矩、弯矩图。

任务 12-1　力法求解超静定结构

12.1.1　超静定结构的概念

为了认识超静定结构的特性，我们把它与静定结构作对比。

一个结构，如果它的支座反力和各截面的内力都可以用静力平衡条件唯一确定，这种结构称为静定结构。如图 12-1 所示的刚架是静定结构的一个例子。如果一个结构的支座反力和各截面的内力不能完全由静力平衡条件唯一确定，则称为超静定结构。如图 12-2 所示的刚架是超静定结构的一个例子。

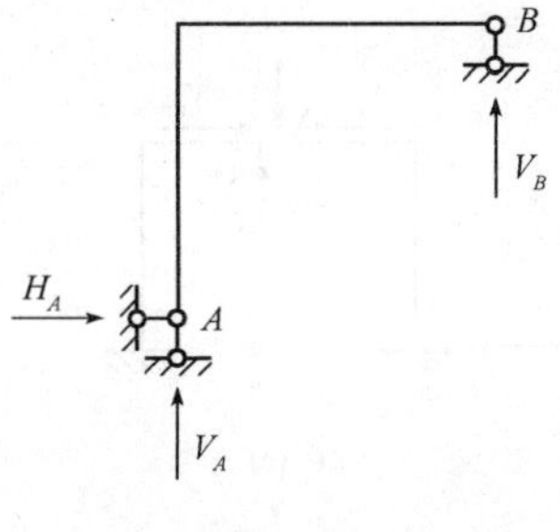

图 12-1

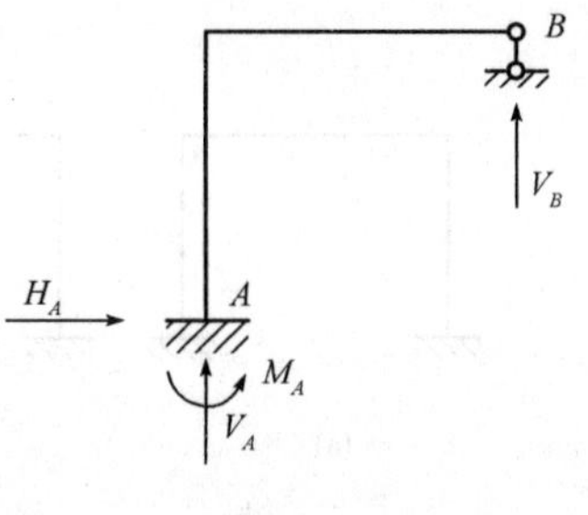

图 12-2

再从几何构造来看，如图 12-1 所示的刚架和如图 12-2 所示的刚架都是几何不变的。如果从图 12-1 所示刚架中去掉支杆 B，就变成几何可变体系。而从图 12-2 所示刚架中去掉支杆 B，则仍是几何不变的，从几何组成上支杆 B 是多余联系，并称为一次超静定。由此引出如下结论：静定结构是没有多余联系的几何不变体系；超静定结构为有多余联系的几何不变体系。

总之，有多余联系是超静定结构区别于静定结构的基本特性。

12.1.2 超静定次数的确定

超静定结构的多余联系的数目或多余未知力的数目称为超静定次数。如果一个超静定结构在去掉 n 个联系后变成静定结构，那么，这个结构就是 n 次超静定。因此，可用去掉多余联系使原来的超静定结构变成静定结构的方法来确定结构的超静定次数。

去掉多余联系的方式，通常有以下几种：

(1)去掉支座处的一根链杆或者切断一根链杆，相当于去掉一个约束，如图 12-3(a)、(b)所示的两个结构都多出来一个约束，都是一次超静定结构。

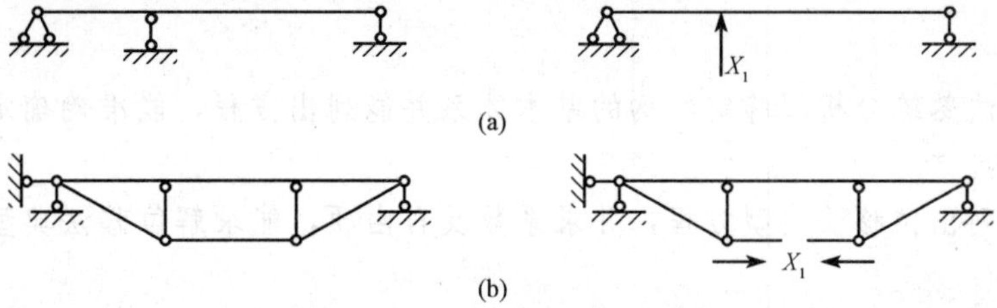

图 12-3

(2)去掉一个铰支座或内部的一个单铰，相当于去掉两个约束。图 12-4(a)、(b)所示的两个刚架都多出来两个约束，都是二次超静定结构。

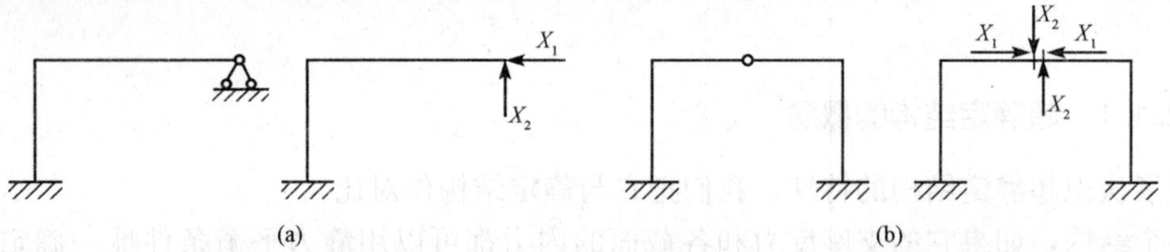

图 12-4

(3)去掉一个固定端支座或者切断一根梁式杆，相当于去掉三个约束，如图 12-5(a)、(b)、(c)所示。

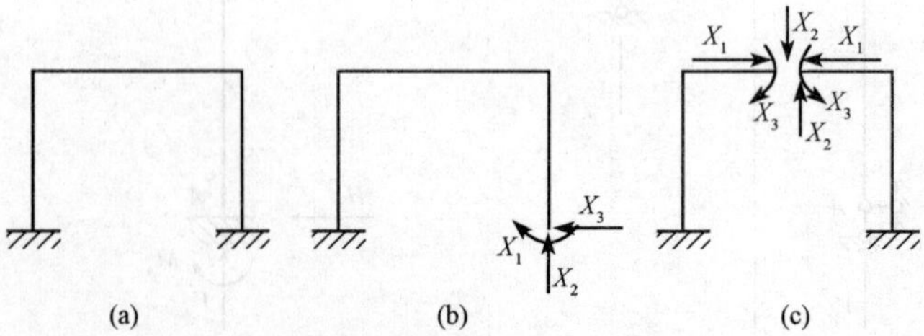

图 12-5

(4)将一个固定端支座改为铰支座或者将一刚性连接改为单铰连接，相当于去掉一个约束，如图 12-6(a)、(b)、(c)所示。

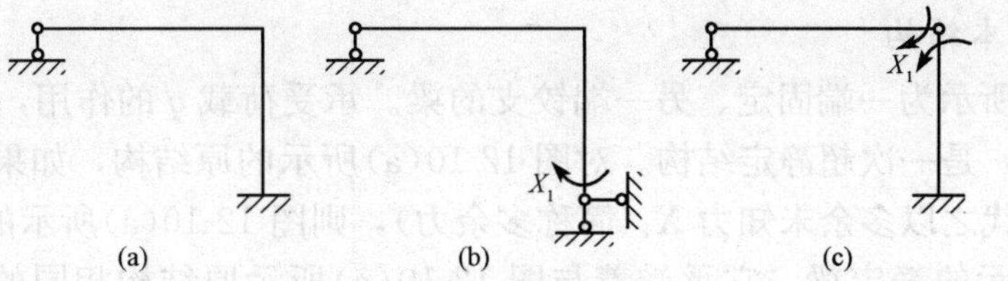

图 12-6

对于无铰封闭形结构，每一封闭框格都是三次超静定结构。实际工程中的单孔箱形结构、圆管都是三次超静定结构，如图 12-7(a)、(b)所示。

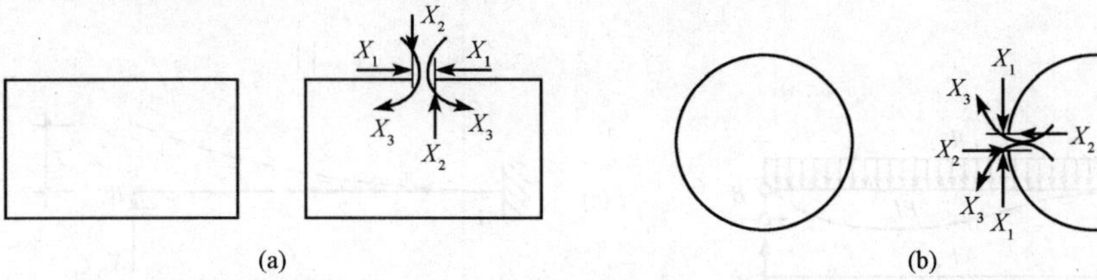

图 12-7

用去掉多余约束的方法可以确定任何超静定结构的次数，去掉多余约束后的静定结构，称为原超静定结构的基本结构。对于同一个超静定结构来说，去掉多余约束可以有多种方法，所以，基本结构也有多种形式，但不论是采用哪种形式，所去掉的多余约束的数目必然是相同的。如图 12-8(a)所示的单跨超静定梁可以变成图 12-8(b)所示的简支梁，也可以变成图 12-8(c)所示的悬臂梁，但超静定次数仍然是一次。

这里要强调的是，基本结构必须是几何不变的静定结构，如图 12-9(a)所示的刚架，如果去掉一个支座处的链杆，变成图 12-9(b)所示的瞬变体系，是不允许的。

超静定结构的计算方法较多，基本方法有力法和位移法。对连续梁和无侧移刚架，用比较简单的力矩分配法。

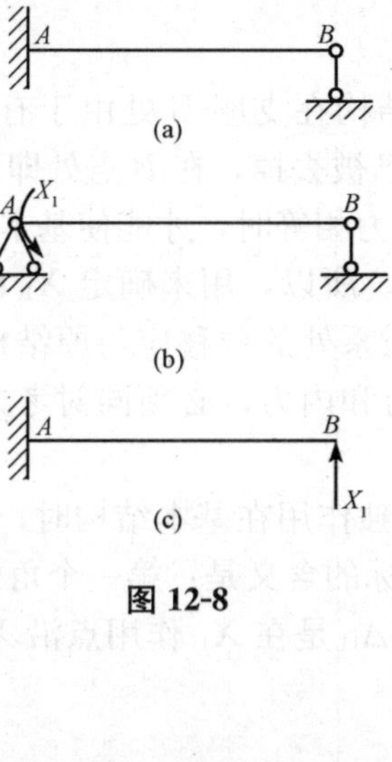

图 12-8

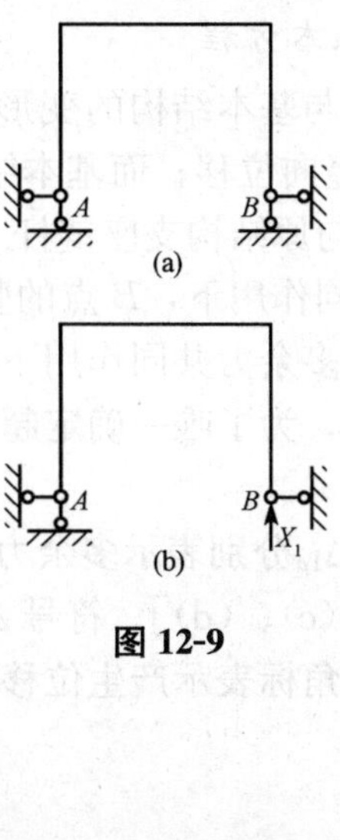

图 12-9

12.1.3 力法的基本原理

1. 力法的基本结构

图 12-10(a)所示为一端固定、另一端铰支的梁。承受荷载 q 的作用，EI 为常数，该梁有一个多余联系，是一次超静定结构。对图 12-10(a)所示的原结构，如果把支杆 B 作为多余联系去掉，并代之以多余未知力 X_1(简称多余力)，则图 12-10(a)所示的超静定梁就转化为图 12-10(b)所示的静定梁。它承受着与图 12-10(a)所示原结构相同的荷载 q 和多余力 X_1，这种去掉多余联系用多余未知力来代替后得到的静定结构称为按力法计算的基本结构。

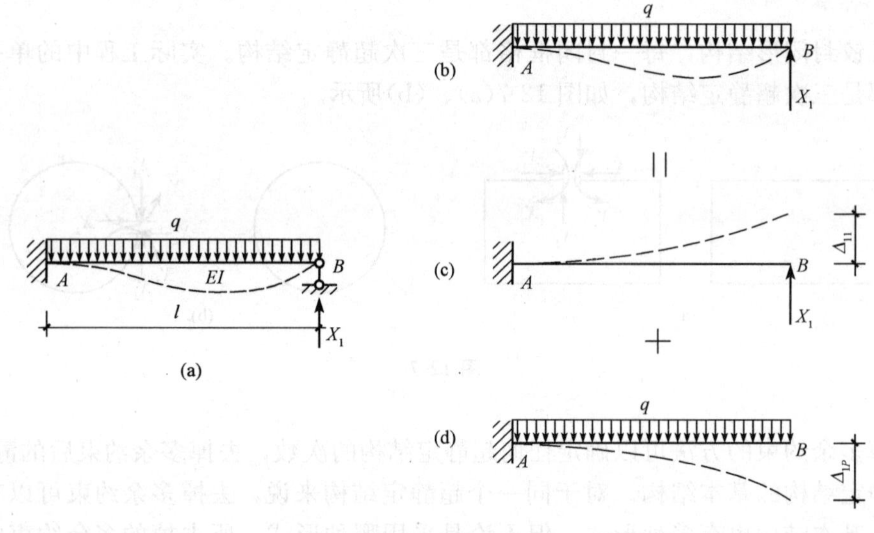

图 12-10

2. 力法的基本未知量

现在要设法解出基本结构的多余力 X_1，一旦求得多余力 X_1，就可在基本结构上用静力平衡条件求出原结构的所有反力和内力。因此，多余力是最基本的未知力，又可称为力法的基本未知量。但是这个基本未知量 X_1 不能用静力平衡条件求出，而必须根据基本结构的受力和变形与原结构相同的原则来确定。

3. 力法的基本方程

对比原结构与基本结构的变形情况可知，原结构在支座 B 处由于有多余联系(竖向支杆)而不可能有竖向位移；而基本结构则因该联系已被去掉，在 B 点处即可能产生位移；只有当 X_1 的数值与原结构支座链杆 B 实际发生的反力相等时，才能使基本结构在原有荷载 q 和多余力 X_1 共同作用下，B 点的竖向位移等于零。所以，用来确定 X_1 的条件是：基本结构在原有荷载和多余力共同作用下，在去掉多余联系处的位移应与原结构中相应的位移相等。由上述可见，为了唯一确定超静定结构的反力和内力，必须同时考虑静力平衡条件和变形协调条件。

设以 Δ_{11} 和 Δ_{1p} 分别表示多余力 X_1 和荷载 q 单独作用在基本结构时，B 点沿 X_1 方向上的位移[图 12-10(c)、(d)]。符号 Δ 右下方两个角标的含义是：第一个角标表示位移的位置和方向；第二个角标表示产生位移的原因。例如，Δ_{11} 是在 X_1 作用点沿 X_1 方向由 X_1 所产生的位移；Δ_{1P}是在 X_1 作用点沿 X_1 方向由外荷载 q 所产生的位移。为了求得 B 点总的竖向位移，根据叠加原理，应有

$$\Delta_1=\Delta_{11}+\Delta_{1P}-0$$

若以 δ_{11} 表示 X_1 为单位力(即 $\overline{X}_1=1$)时，基本结构在 X_1 作用点沿 X_1 方向产生的位移，则

有 $\Delta_{11}=\delta_{11}X_1$，于是上式可写成

$$\delta_{11}X_1+\Delta_{1P}=0 \tag{12-1a}$$

$$X_1=\frac{-\Delta_{1P}}{\delta_{11}} \tag{12-1b}$$

由于 δ_{11} 和 Δ_{1P} 都是已知力作用在静定结构上的相应位移，故均可用求静定结构位移的方法求得；从而多余未知力的大小和方向，即可由式(12-1b)确定。

式(12-1a)就是根据原结构的变形条件建立的用以确定 X_1 的变形协调方程，即为力法基本方程。

为了具体计算位移 δ_{11} 和 Δ_{1P}，可分别绘出基本结构的单位弯矩图$\overline{M}_1$(由单位力$\overline{X}_1=1$ 产生)和荷载弯矩图 M_P(由荷载 q 产生)，分别如图 12-11(a)、图 12-11(b)所示。用图乘法计算这些位移时，$\overline{M}_1$和 M_P 图分别是基本结构在$\overline{X}_1=1$ 和荷载 q 作用下的实际状态弯矩图，同时，$\overline{M}_1$图又可理解为求 B 点竖向线位移的虚设状态弯矩图。

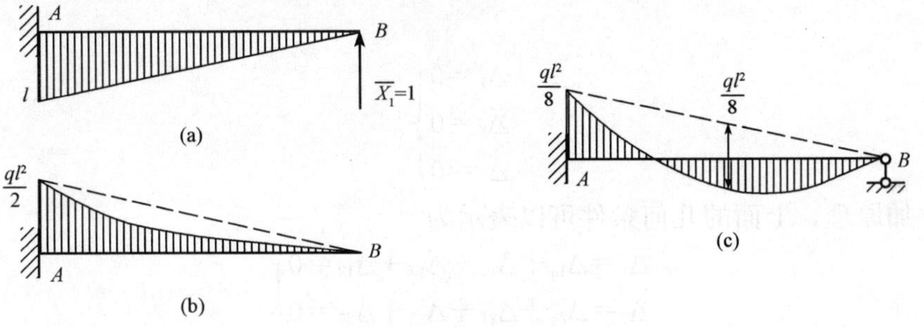

图 12-11

(a)$\overline{M}_1$ 图；(b)M 图；(c)M_P 图

故计算 δ_{11} 时可用$\overline{M}_1$图乘$\overline{M}_1$图，叫作$\overline{M}_1$图的“自乘”。即

$$\delta_{11}=\frac{1}{EI}\int\overline{M}_1^2\mathrm{d}x=\frac{1}{EI}\left(\frac{1}{2}l\times l\times\frac{2}{3}l\right)=\frac{l^3}{3EI}$$

同理可用$\overline{M}_1$图与 M_p 相图乘计算 Δ_{1p}

$$\Delta_{1p}=\sum\int\frac{\overline{M}_1M_P}{EI}\mathrm{d}x=\frac{1}{EI}\left(\frac{1}{3}\times l\times\frac{ql^2}{2}\times\frac{3l}{4}\right)=-\frac{ql^4}{8EI}$$

将 δ_{11} 和 Δ_{1p}之值代入式(12-1b)，即可解出多余力 X_1

$$X_1=-\frac{\Delta_{1p}}{\delta_{11}}=-\left(\frac{-ql^4}{8EI}\right)/\frac{l^3}{3EI}=\frac{3ql}{8}(\uparrow)$$

所得结果为正值，表明 X_1 的实际方向与基本结构中所假设的方向相同。

多余力 X_1 求出后，其余所有反力和内力都可用静力平衡条件确定。超静定结构的最后弯矩图 M，可利用已经绘出的$\overline{M}_1$和 M_p 图按叠加原理绘出，即

$$M=\overline{M_1}X_1+M_p$$

应用上式绘制弯矩图时，可将$\overline{M_1}$图的竖标乘以 X_1 倍，再与 M_P 图的相应竖标叠加，即可绘出 M 图如图 12-11(c)所示。也可不用叠加法绘制最后弯矩图，而将已求得的多余力 X_1 与荷载 q 共同作用在基本结构上，按求解静定结构弯矩图的方法即可作出原结构的最后弯矩图。

综上所述可知，力法是以多余力作为基本未知量，取去掉多余联系后的静定结构为基本结构，并根据去掉多余联系处的已知位移条件建立基本方程，将多余力首先求出，而以后的计算即与静定结构无异。它可用来分析任何类型的超静定结构。

4. 力法的典型方程

由力法基本原理可知，用力法计算超静定结构的关键在于根据位移条件建立力法的基本方程，求解多余力。对于多次超静定结构，其计算原理与一次超静定结构完全相同。下面以一个三次超静定结构来说明力法解超静定结构的典型方程。

图 12-12(a)所示为一个三次超静定刚架，荷载作用下结构的变形如图中虚线所示。这里取基本结构如图 12-12(b)所示，去掉固定支座 C 处的多余约束，用基本未知量 X_1、X_2、X_3 代替。

由于原结构 C 为固定支座，其线位移和转角位移都为零。所以，基本结构在荷载及 X_1、X_2、X_3 共同作用下，C 点沿 X_1、X_2、X_3 方向的位移都等于零，即基本结构的几何位移条件为

$$\left.\begin{aligned}\Delta_1=0\\\Delta_2=0\\\Delta_3=0\end{aligned}\right\}$$

根据叠加原理，上面的几何条件可以表示为

$$\left.\begin{aligned}\Delta_1=\Delta_{1q}+\Delta_{11}+\Delta_{12}+\Delta_{13}=0\\\Delta_2=\Delta_{2q}+\Delta_{21}+\Delta_{22}+\Delta_{23}=0\\\Delta_3=\Delta_{3q}+\Delta_{31}+\Delta_{32}+\Delta_{33}=0\end{aligned}\right\}\tag{12-2}$$

第一式中 Δ_{1q}、Δ_{11}、Δ_{12}、Δ_{13}分别为荷载 q 及多余未知力 X_1、X_2、X_3 分别作用在基本结构上沿 X_1 方向产生的位移，如果用δ_{11}、δ_{12}、δ_{13}表示单位力 $X_1=1$、$X_2=1$、$X_3=1$ 分别作用于基本结构上产生的沿 X_1 方向的相应位移，如图 12-12(c)、(d)、(e)、(f)所示。则 Δ_{11}、Δ_{12}、Δ_{13}可以表示为 $\Delta_{11}=\delta_{11}X_1$、$\Delta_{12}=\delta_{12}X_2$、$\Delta_{13}=\delta_{13}X_3$，上面几何条件(12-2)中的第一式可以写为

$$\Delta_1=\Delta_{1q}+\delta_{11}X_1+\delta_{12}X_2+\delta_{13}X_3=0$$

另外，两式以此类推，则可以由式(12-2)得到以下求解多余未知力 X_1、X_2、X_3 的力法方程为

$$\left.\begin{aligned}\Delta_1=\Delta_{1q}+\delta_{11}X_1+\delta_{12}X_2+\delta_{13}X_3=0\\\Delta_2=\Delta_{2q}+\delta_{21}X_1+\delta_{22}X_2+\delta_{23}X_3=0\\\Delta_3=\Delta_{3q}+\delta_{31}X_1+\delta_{32}X_2+\delta_{33}X_3=0\end{aligned}\right\}\tag{12-3}$$

对于 n 次超静定结构有 n 个多余约束，也就是有 n 个多余未知力 X_1，X_2，…，X_n，且在 n 个多余约束处有 n 个已知的位移条件，故可建立 n 个方程，我们称之为力法典型方程，

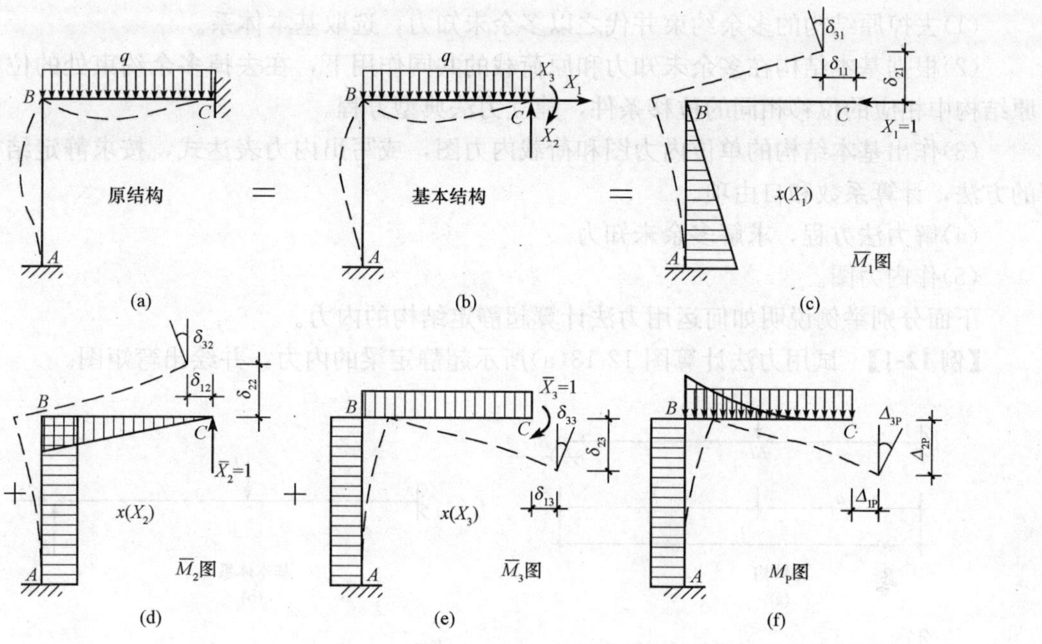

图 12-12

具体形式如下：

$$
\left.\begin{aligned}
\Delta_1 &= \Delta_{1q} + \delta_{11}X_1 + \delta_{12}X_2 + \delta_{13}X_3 + \cdots + \delta_{1n}X_n = 0 \\
\Delta_2 &= \Delta_{2q} + \delta_{21}X_1 + \delta_{22}X_2 + \delta_{23}X_3 + \cdots + \delta_{2n}X_n = 0 \\
&\vdots \\
\Delta_n &= \Delta_{nq} + \delta_{n1}X_1 + \delta_{n2}X_2 + \delta_{n3}X_3 + \cdots + \delta_{nn}X_n = 0
\end{aligned}\right\} \tag{12-4}
$$

力法典型方程的物理意义是：基本结构在全部多余未知力和已知荷载作用下，沿着每个多余未知力方向的位移，应与原结构相应的位移相等。

力法典型方程中，Δ_{iq}项不包含未知量，称为自由项，是基本结构在荷载单独作用下沿X_i方向产生的位移。从左上方的δ_{11}到右下方δ_{nn}主对角线上的系数项δ_{ii}，称为主系数(由于主系数δ_{ii}代表由于单位力$X_i=1$单独作用于基本结构时，在其本身方向引起的位移，它必然与单位力X_i方向一致，故其值恒为正)。其余系数δ_{ii}称为副系数，是基本结构在$X_i=1$作用下沿X_i方向的位移，其值可能为正，可能为负，也可能为零。

根据位移互等定理有：

$$\delta_{ij}=\delta_{ji}$$

它表明，力法方程中位于主对角线两侧对称位置上的两个副系数相等。

由力法方程解出多余未知力X_1，X_2，…，X_n后，即可按照静定结构的分析方法求得原结构的反力和内力，或按下述叠加公式求出弯矩：

$$M=M_q+\overline{M}_1X_1+\overline{M}_2X_2+\cdots+\overline{M}_nX_n \tag{12-5}$$

再根据平衡条件即可求其剪力和轴力。

5. 力法计算超静定梁的步骤

根据上述力法原理，用力法计算超静定结构内力的计算步骤如下：

(1)去掉原结构的多余约束并代之以多余未知力，选取基本体系。

(2)根据基本结构在多余未知力和原荷载的共同作用下，在去掉多余约束处的位移应与原结构中相应的位移相同的位移条件，建立力法典型方程。

(3)作出基本结构的单位内力图和荷载内力图，或写出内力表达式，按求静定结构位移的方法，计算系数和自由项。

(4)解力法方程，求解多余未知力。

(5)作内力图。

下面分别举例说明如何运用力法计算超静定结构的内力。

【例 12-1】 试用力法计算图 12-13(a)所示超静定梁的内力，并绘出弯矩图。

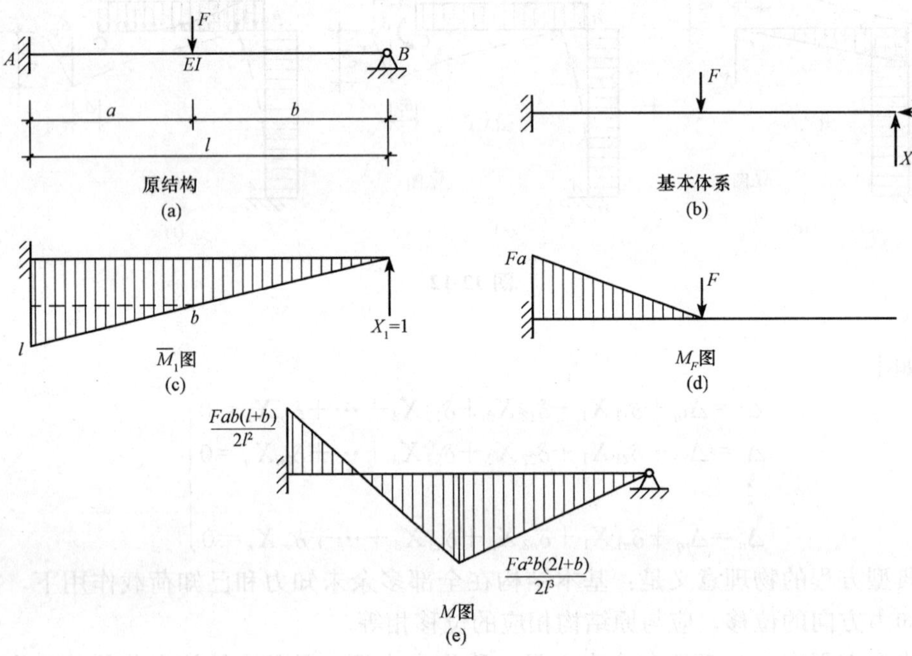

图 12-13

【解】 (1)选取基本体系。此梁为二次超静定结构，现去掉 B 端的固定铰支座，代之以多余未知力 X_1、X_2，得到一悬臂梁基本体系，如图 12-13(b)所示。在竖向荷载作用下，当不计梁中轴向变形时，$X_2=0$(对于其他支承形式的单跨梁，同样可认为轴向约束力为零)。故只需计算多余未知力 X_1。

(2)建立力法方程。由基本体系在多余未知力 X_1 及荷载的共同作用下，B 点处沿 X_1 方向上的位移等于零的变形条件，建立力法方程为

$$\delta_{11}X_1+\Delta_{1F}=0$$

(3)计算方程中的系数和自由项。分别绘出基本体系在单位多余未知力 $X_1=1$ 作用下的弯矩图$\overline{M_1}$，如图 12-13(c)所示，及荷载作用下的弯矩图 M_F，如图 12-13(d)所示。由图乘法有：

$$\delta_{11}=\frac{1}{EI}\times\frac{1}{2}\times l\times l\times\frac{2}{3}l=\frac{l^3}{3EI}$$

$$\Delta_{1F}=\frac{1}{EI}\left[\frac{1}{2}\times F\times a\times a\times\left(b+\frac{2}{3}a\right)\right]=-\frac{Fa^3(2l+b)}{6EI}$$

(4)解方程求多余未知力。将求得的系数和自由项代入力法方程，有：

$$l^3X_1-\frac{Fa^2(2l+b)}{2}=0$$

解得
$$X_1=\frac{Fa^2(2l+b)}{2l^3}$$

(5)绘制弯矩图。由 $M=\overline{M_1}X_1+M_F$ 绘出的弯矩图如图 12-13(e)所示。

由以上计算可知，由于超静定梁受多余约束限制，在固定端不能产生转角位移而使梁上侧纤维受拉。因此，它的弯矩图与同跨度、同荷载的简支梁相比较，最大弯矩峰值较小，使整个梁上内力分布得以改善。

【例 12-2】 试用力法计算如图 12-14(a)所示刚架的内力，并绘制内力图。

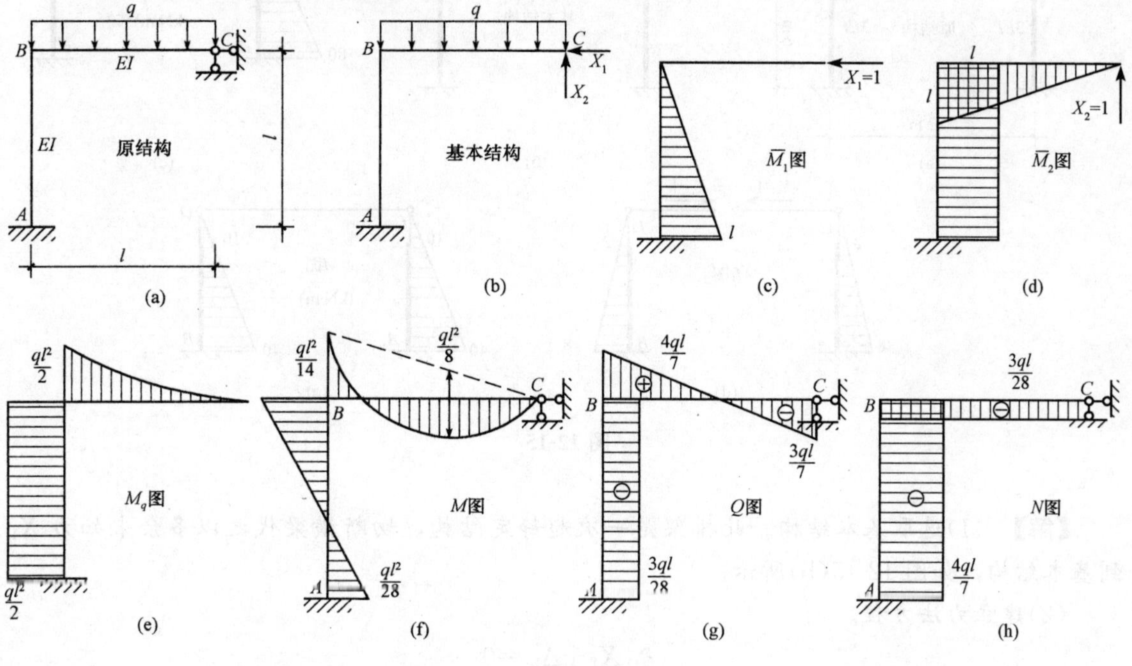

图 12-14

【解】 (1)选取基本结构。本题为二次超静定结构，去掉 C 处的两个多余约束，得基本结构，如图 12-14(b)所示。

(2)建立力法典型方程。

$$\begin{cases}\delta_{11}X_1+\delta_{12}X_2+\Delta_{1q}=0\\\delta_{21}X_1+\delta_{22}X_2+\Delta_{2q}=0\end{cases}$$

(3)绘制 $\overline{M_i}$ 和 M_q 图，如图 12-14(c)、(d)、(e)所示，计算系数和自由项。

$$\delta_{11}=\frac{1}{EI}\left(\frac{1}{2}\times l\times l\times\frac{2}{3}l\right)=\frac{l^3}{3EI}$$

$$\delta_{22}=\frac{1}{EI}\left(\frac{1}{2}\times l\times l\times\frac{2}{3}l+l^3\right)=\frac{4l^3}{3EI}$$

$$\Delta_{1q}=-\frac{1}{EI}\left(\frac{1}{2}\times l\times l\times\frac{ql^2}{2}\right)=-\frac{ql^4}{4EI}$$

$$\Delta_{2q}=-\frac{1}{EI}\left(\frac{l}{3}\times\frac{ql^2}{2}\times\frac{3l}{4}+\frac{ql^2}{2}\times l^2\right)=\frac{-5ql^4}{8EI}$$

(4)求解多余未知力。

$$X_1=\frac{3}{28}ql,\ X_2=\frac{3}{7}ql$$

(5)根据叠加原理绘制 M 图，如图 12-14(f)所示。

(6)根据静力平衡条件绘制 Q 图和 N 图，分别如图 12-14(g)、(h)所示。

【例 12-3】 计算图 12-15(a)所示排架柱的内力，并作出弯矩图。

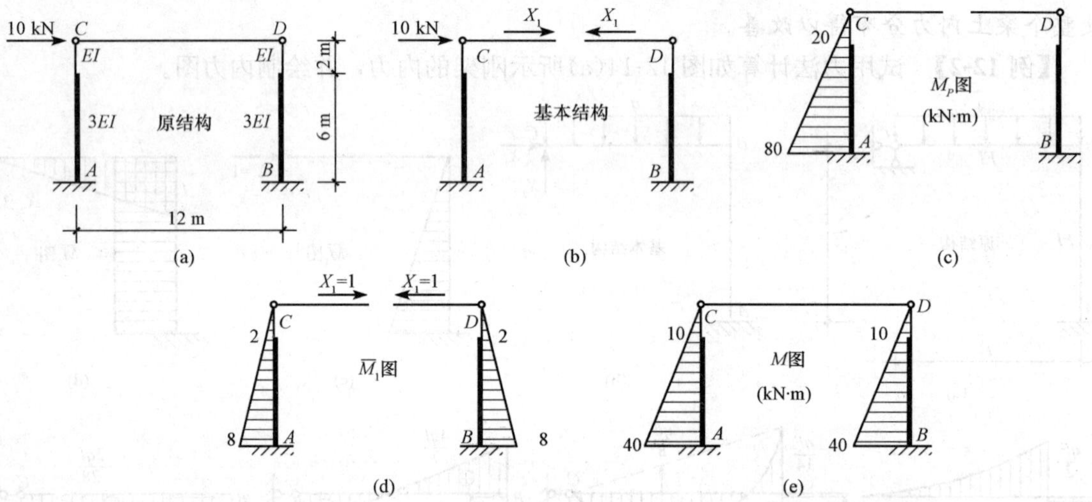

图 12-15

【解】 (1)选取基本结构。此排架是一次超静定结构，切断横梁代之以多余未知力 X_1 到基本结构，如图 12-15(b)所示。

(2)建立力法方程。

$$\delta_{11}X_1+\Delta_{1q}=0$$

(3)计算系数和自由项。分别作基本结构的荷载弯矩图 M_p 图和单位弯矩图 $\overline{M}_1$ 图，如图 12-15(c)、(d)所示。

利用图乘法计算系数和自由项分别如下：

$$\delta_{11}=\frac{2}{EI}\left(\frac{1}{2}\times2\times2\times\frac{2}{3}\times2\right)+\frac{2}{3EI}\times\frac{6}{6}\times(2\times2\times2+2\times8\times8+2\times8+2\times8)$$

$$=\frac{16}{3EI}+\frac{336}{3EI}=\frac{352}{3EI}$$

$$\Delta_{1P}=\frac{1}{EI}\left(\frac{1}{2}\times2\times20\times\frac{2}{3}\times2\right)+\frac{1}{3EI}\times\frac{6}{6}\times(2\times20\times2+2\times80\times8+20\times8+80\times2)$$

$$=\frac{80}{3EI}+\frac{1\,680}{3EI}=\frac{1\,760}{3EI}$$

(4)计算多余未知力。将系数和自由项代入力法方程，得

$$\frac{352}{3EI}X_1+\frac{1760}{3EI}=0$$

解得

$$X_1=-5(\text{kN})$$

(5)作弯矩图。按公式 $M=\overline{M_1}X_1+M_p$ 即可作出排架最后的弯矩图，如图 12-15(e)所示。

任务 12-2 位移法求解超静定结构的内力

12.2.1 位移法的基本原理

12.2.1.1 位移法的基本思路

位移法的基本思路是：以结构的独立节点角位移和节点线位移作为基本未知量，以原结构节点的静力平衡条件建立位移法方程，求解节点线位移和角位移，进而利用节点位移和杆端力之间的关系，求出全部结构内力。该方法由于采用了位移作为未知量，故取名为位移法。在建立方程的时候，位移法是根据静力平衡条件来建立的，而力法则是根据位移几何条件来建立的，这是两个方法的相互对应之处。

这里主要分析由等截面直杆组成的刚架和连续梁。在位移法中，为了使计算得到简化并且不会引起太大的误差，通常作如下假设：

(1)结构的变形是微小的。

(2)忽略杆件的轴向变形和剪切变形，各杆端之间的轴向长度尺寸在变形后保持不变。

(3)节点线位移的弧线可用垂直于杆件的切线来代替。

同时，在位移法中，为了计算上的方便，对杆端力和杆端位移的正、负号作出了统一规定，如图 12-16(a)所示刚架结构在荷载作用下，截取杆件 AB 如图 12-16(b)所示，用 M_{AB} 和 M_{BA} 表示杆端弯矩，Q_{AB} 和 Q_{BA} 表示杆端剪力。杆端弯矩正、负号规定为：对杆端而言，杆端弯矩以顺时针转向为正；对节点或支座而言，则以逆时针转向为正[图 12-16(c)]。图中所画的杆端弯矩都是正的。应特别注意的是：这种对弯矩正、负号的规定，只适用于杆端弯矩，对于杆件间任一截面仍不需要标明正、负号，只是画弯矩图时应将弯矩画在杆件受拉一侧。杆端剪力的符号规定则与一般剪力的符号规定相同，即绕截离体内部截面附近一点有顺时针转动趋势的杆端剪力为正。

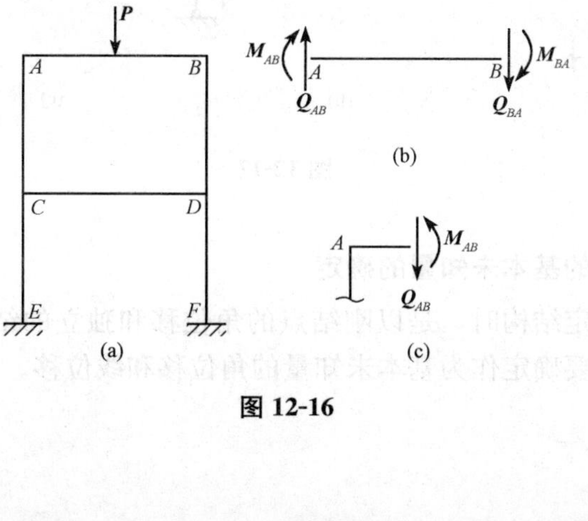

图 12-16

为了区别杆端位移产生的杆端力，我们把荷载在梁上产生的杆端弯矩、杆端剪力称为固端弯矩、固端剪力，并用 M^F、Q^F 表示。

为了说明位移法的基本思路，下面用位移法分析图 12-17(a)所示的简单刚架。在荷载作用下，结构产生图中虚线所示的变形。由于节点 B 是刚节点，交于节点的两杆的杆端应有相同的转角 θ_B，以此转角作为基本未知量。考察 AB、BC 杆的变形情况，它们分别相当于两端固定和一端固定一端铰支的单跨超静定梁在 B 端处发生了 θ_B 的转角，如图 12-17(b)所示。分析这两个单跨超静定梁，建立其杆端转角和杆端内力的函数关系。用力法不难得到这些关系式：

$$M_{BA}=4i\theta_B-\frac{Pl}{8},\ M_{AB}=2i\theta_B+\frac{Pl}{8},\ M_{BC}=3i\theta_B,\ M_{CB}=0$$

式中，$i=\frac{EI}{l}$ 称为杆件的线刚度；符号 M_{BA} 表示杆端弯矩，其第一个下标表示此杆端弯矩所在的杆端，第二个下标表示此杆的远端。

利用结构节点 B 的力矩平衡条件，如图 12-17(c)所示，建立位移法方程：

$$M_{BA}+M_{BC}=0$$

即

$$4i\theta_B-\frac{Pl}{8}+3i\theta_B=0 \tag{12-6}$$

由此解得 $\theta_B=\frac{pl^2}{56EI}$，代入上面的式子，求出各杆杆端弯矩，作弯矩图，如图 12-17(d)所示。

由位移法的解题思路可见，位移法分析要解决以下几个问题：

(1)确定结构的独立节点位移，即位移法的基本未知量。

(2)确定杆件的杆端力和杆端位移间的函数关系。

(3)根据平衡条件建立求解基本未知量的方程式。

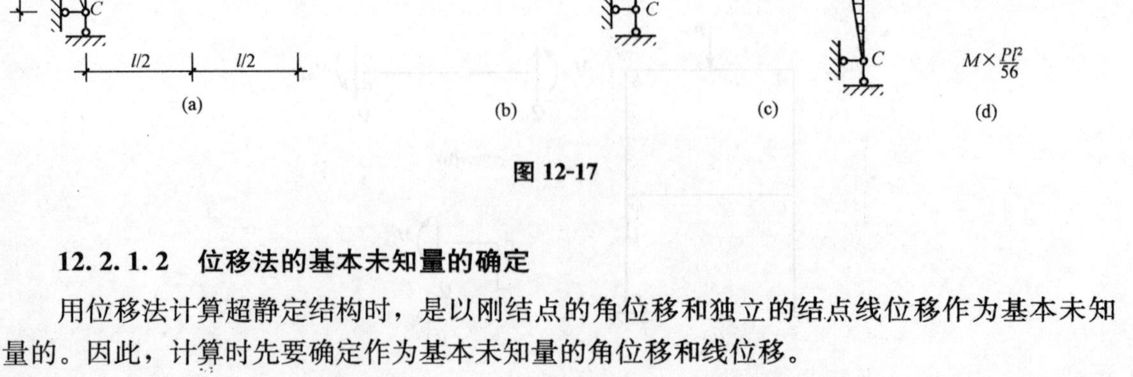

图 12-17

12.2.1.2 位移法的基本未知量的确定

用位移法计算超静定结构时，是以刚结点的角位移和独立的结点线位移作为基本未知量的。因此，计算时先要确定作为基本未知量的角位移和线位移。

1. 结点角位移

确定独立的结点角位移数目比较容易。由于在同一刚结点处的各杆端的转角都相等，即每一个刚结点只有一个独立的角位移。因此，结构有几个刚结点就有几个角位移。图 12-18(a)有 6 个角位移，图 12-18(b)有 3 个角位移。这是因为图 12-18(b)中组合结点 A 处有 2 个刚结点，A 处有 2 个角位移，B 点有 1 个角位移，共 3 个角位移。至于铰结点或铰支座处各杆端的转角，它们不是独立的，在确定一端固定另一端铰支的等截面直杆的杆端弯矩时，可不需要它们的数值，一般不取为基本未知量。这样，结点角位移未知量的数目就等于结构刚结点的数目。

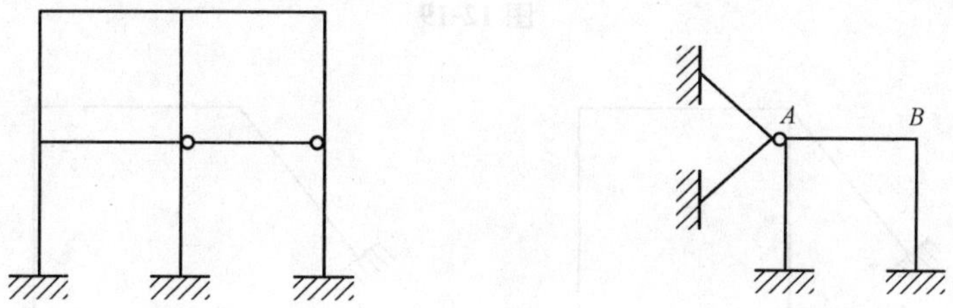

图 12-18

2. 独立的结点线位移

由于位移法中变形前后杆端连线的长度保持不变，结点的线位移可以用垂直于杆件的直线来代替。如图 12-19(a)所示结点 A 只能产生水平位移，设其为 Δ，向右与 AC 垂直，由于 AB 长度不变，B 点也产生向右位移 Δ，且与 BD 垂直。因此，这个刚架只有 1 个线位移 Δ。Δ 也是横梁 AB 产生的刚体平移位移，它对横梁 AB 本身的内力无影响。由以上分析可知图 12-19(a)所示刚架自由结点位移只有 2 个，即刚结点的角位移 θ 和结点 A、结点 B 的线位移 Δ。分别用 Z_1 和 Z_2 来表示作为位移法基本未知量。

对于简单刚架的结点线位移，可通过观察判断确定。对于复杂刚架结点线位移数目的确定，有一种简便的方法：在确定独立的结点线位移数目时，首先可把原结构的所有刚结点和固定支座假设改为铰，这就得到一个铰接图形。若此铰接图形是几何不变体系，则可以知道原结构所有结点均无线位移。如果这个铰接图形是几何可变或瞬变的，则可以通过添加链杆使其成为几何不变，所需添加的最少链杆数目就是原结构独立的结点线位移数目。如图 12-19(b)所示的刚架，把所有的刚结点及固定支座都换为铰后，它变成了一个几何可变的铰接体系，然后再加 2 根支座链杆，这时体系就变为几何不变的，如图 12-19(c)所示。因此，原结构有 2 个独立的结点线位移，即 C 点和 D 点水平线位移 Δ_1，E 点和 F 点水平线位移 Δ_2。再如图 12-20(a)、(b)所示的刚架，用上述方法很容易确定出结点线位移数目分别为 0 和 1。

12.2.1.3 位移法基本结构的确定

用位移法解算超静定结构时，是把超静定结构看成由若干个单跨梁组成的，如图 12-17 所示。因此，位移法的基本结构是把刚架取为一组单跨梁，单跨梁多数是超静定的，个别的可以是静定的，例如，悬臂梁。

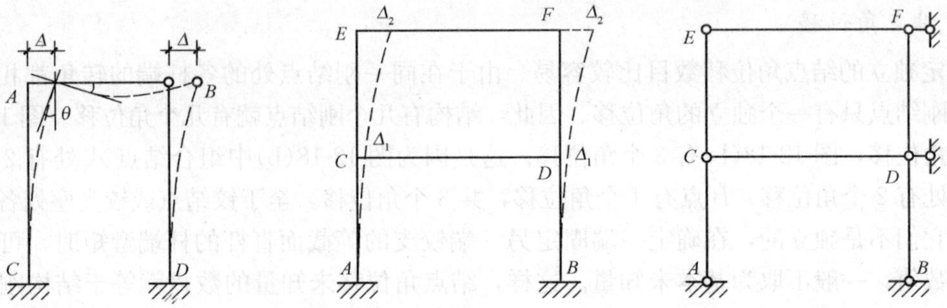

(a)　(b)　(c)

图 12-19

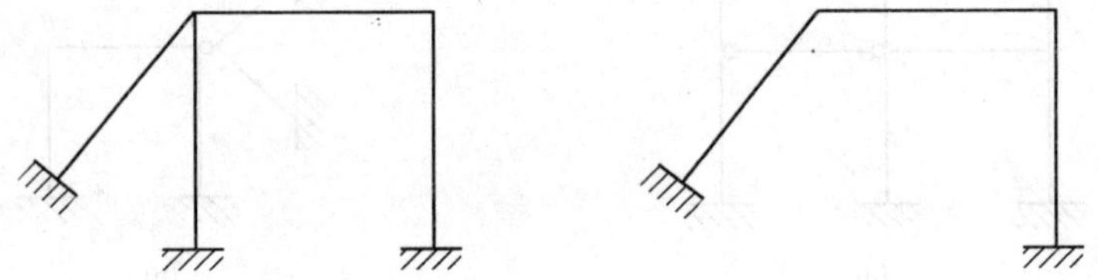

(a)　(b)

图 12-20

建立位移法的基本结构，可在刚架的每个刚性结点上假想地加上一个附加刚臂，以阻止刚结点的转动，但不能阻止刚结点的移动；对产生线位移的结点加上附加链杆，以阻止其线位移，而不阻止结点的转动。这样，就得到了单跨梁的组合体。这就是位移法的基本结构。

图 12-21(a)所示为一超静定刚架，它有两个刚结点 D、E，两结点有相同的线位移，其个数为 1。如在刚结点 D、E 处分别加两个刚臂，在 E 点加一根水平支座链杆，就得到如图 12-21(b)所示的基本结构，这个基本结构由 5 根单跨超静定梁组成。

位移法的基本结构是通过增加刚臂和链杆得到的，一般情况下，只有一种形式的基本结构。这与力法不同，力法的基本结构是通过减少约束，用多余未知力来代替多余约束，采用静定结构作为基本结构，因此，它的基本结构可有多种形式。

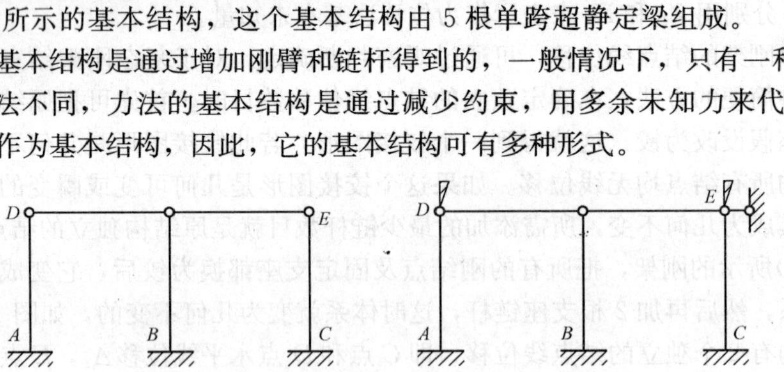

(a)　(b)

图 12-21

12.2.2　等截面直杆的转角位移方程

位移法在确定基本未知量和基本结构以后，就可以将各杆段单独隔离出来分析，找出基本未知量和杆上的荷载与杆端内力的关系式，这样的关系式就是转角位移方程。

1. 两端固定杆件的转角位移方程

如图 12-22(a)所示杆件，两端固定，A 发生转角 θ_A，B 发生转角 θ_B，两端还发生有相对线位移 Δ，同时杆上作用有荷载。

根据叠加原理，其杆端弯矩可分为图 12-22(b)、(c)、(d)、(e)所示四种情况叠加。

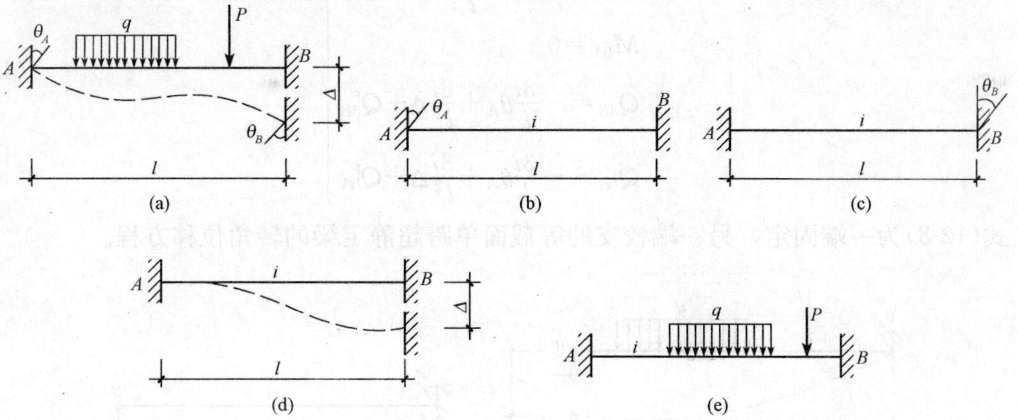

图 12-22

(1)由于 A 端转角 θ_A 引起的杆端力为

$$M'_{AB}=4i\theta_A；\ M'_{BA}=2i\theta_A$$

$$Q'_{AB}=-\frac{6i}{l}\theta_A；\ Q'_{BA}=-\frac{6i}{l}\theta_A$$

(2)由于 B 端转角 θ_B 引起的杆端力为

$$M''_{AB}=2i\theta_B；\ M''_{BA}=4i\theta_B$$

$$Q''_{AB}=-\frac{6i}{l}\theta_B；\ Q''_{BA}=-\frac{6i}{l}\theta_B$$

(3)由于两端相对侧移 Δ 引起的杆端力为

$$M'''_{AB}=-\frac{6i}{l}\Delta；\ M'''_{BA}=-\frac{6i}{l}\Delta$$

$$Q'''_{AB}=\frac{12i}{l^2}\Delta；\ Q'''_{BA}=\frac{12i}{l^2}\Delta$$

(4)如果有荷载作用，其固端弯矩、固端剪力为 M^F_{AB}、M^F_{BA} 和 Q^F_{AB}、Q^F_{BA}，根据叠加原理，将以上所得叠加有：

$$\left.\begin{aligned}
M_{AB}&=4i\theta_A+2i\theta_B-\frac{6i}{l}\Delta+M^F_{AB}\\
M_{BA}&=2i\theta_A+4i\theta_B-\frac{6i}{l}\Delta+M^F_{BA}\\
Q_{AB}&=-\frac{6i}{l}\theta_A-\frac{6i}{l}\theta_B+\frac{12i}{l^2}\Delta+Q^F_{AB}\\
Q_{BA}&=-\frac{6i}{l}\theta_A-\frac{6i}{l}\theta_B+\frac{12i}{l^2}\Delta+Q^F_{AB}
\end{aligned}\right\}\tag{12-7}$$

式(12-6)就是两端固定的等截面单跨超静定梁的转角位移方程。

2. 一端固定另一端铰支杆件的转角位移方程

图 12-23(a)所示的杆件，一端固定，另一端铰支，A 发生转角 θ_A，两端有相对线位移 Δ，同时杆上作用有荷载。可以把杆件分为图 12-23(b)、(c)、(d)所示三种情况叠加。

$$\left.\begin{aligned} M_{AB}&=3i\theta_A-\frac{3i}{l}\Delta+M_{AB}^F \\ M_{BA}&=0 \\ Q_{AB}&=-\frac{3i}{l}\theta_A+\frac{3i}{l^2}\Delta+Q_{AB}^F \\ Q_{BA}&=-\frac{3i}{l}\theta_A+\frac{3i}{l^2}\Delta+Q_{BA}^F \end{aligned}\right\} \tag{12-8}$$

式(12-8)为一端固定，另一端铰支的等截面单跨超静定梁的转角位移方程。

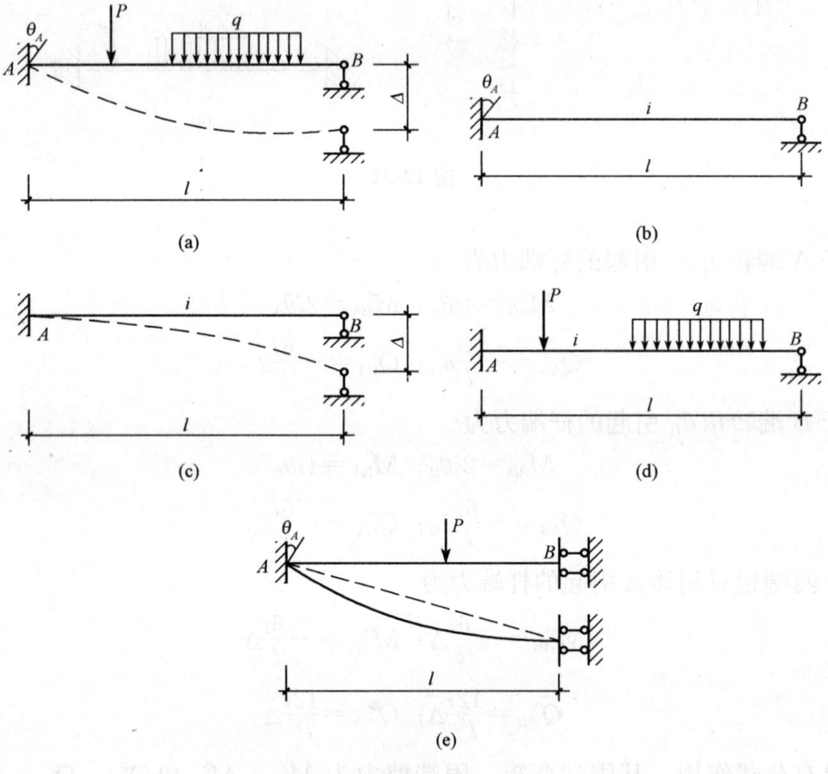

图 12-23

3. 一端固定另一端定向支承杆件的转角位移方程

对于一端固定另一端滑动的杆件[图 12-23(e)]，参考以上方法可以写出其转角位移方程为

$$\left.\begin{aligned} M_{AB}&=i\theta_A+M_{AB}^F \\ M_{BA}&=-i\theta_A+M_{BA}^F \end{aligned}\right\} \tag{12-9}$$

其他情况端力与杆端位移之间的关系可由表 12-1 得到。

表 12-1　等截面直杆杆端弯矩和剪力

序号	梁的简图	杆端弯矩		杆端剪力	
		M_{AB}	M_{BA}	Q_{AB}	Q_{BA}
1	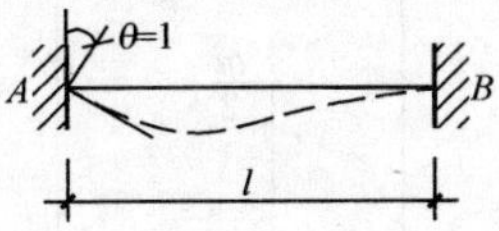	$4i$ $i=\frac{EI}{l}$（下同）	$2i$	$-\frac{6i}{l}$	$-\frac{6i}{l}$
2	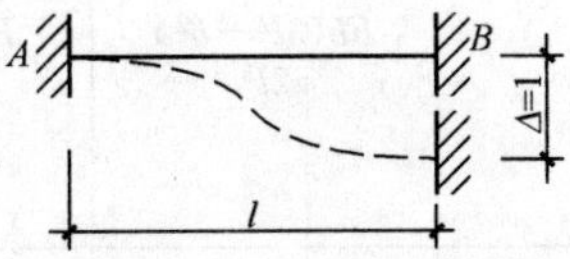	$-\frac{6i}{l}$	$-\frac{6i}{l}$	$\frac{12i}{l^2}$	$\frac{12i}{l^2}$
3	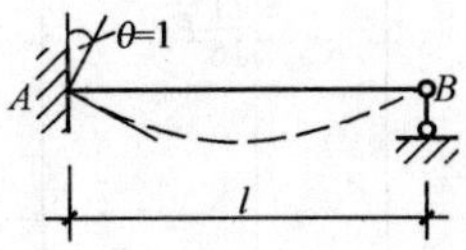	$3i$	0	$-\frac{3i}{l}$	$-\frac{3i}{l}$
4	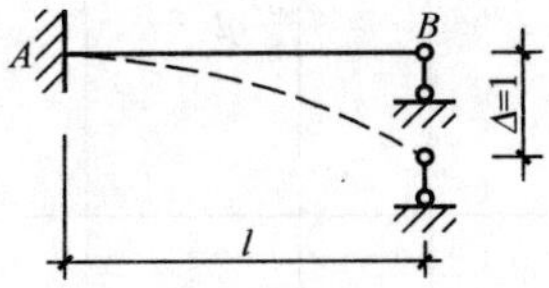	$-\frac{3i}{l}$	0	$\frac{3i}{l^2}$	$\frac{3i}{l^2}$
5	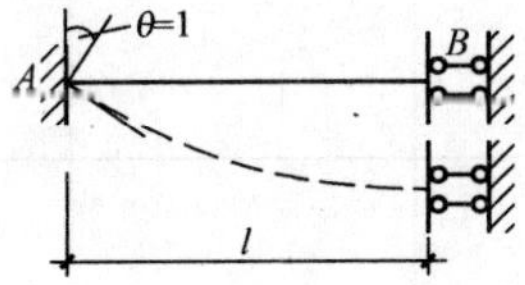	i	$-i$	0	0
6	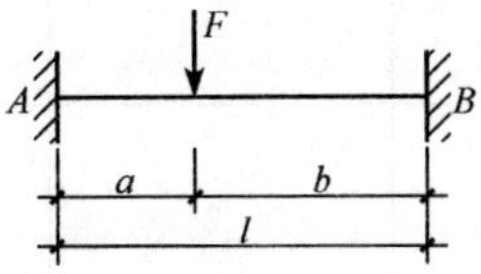	$-\frac{Fab^2}{l^2}$	$\frac{Fa^2b}{l^2}$	$\frac{Fb^2}{l^2}\left(1+\frac{2a}{l}\right)$	$-\frac{Fa^2}{l^2}\left(1+\frac{2b}{l}\right)$
7	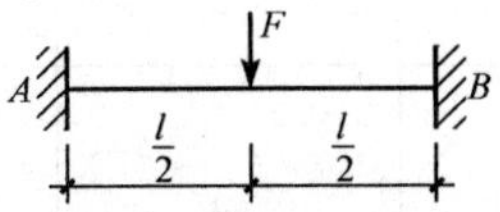	$-\frac{1}{8}Fl$	$\frac{1}{8}Fl$	$\frac{F}{2}$	$-\frac{F}{2}$

续表

序号	梁的简图	杆端弯矩		杆端剪力	
		M_{AB}	M_{BA}	Q_{AB}	Q_{BA}
8	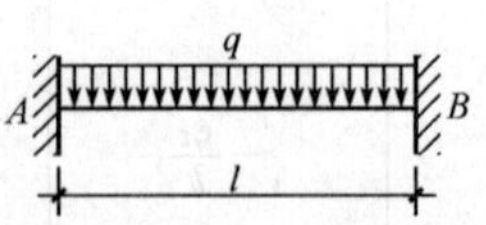	$-\frac{1}{12}ql^2$	$\frac{1}{12}ql^2$	$\frac{ql}{2}$	$-\frac{ql}{2}$
9	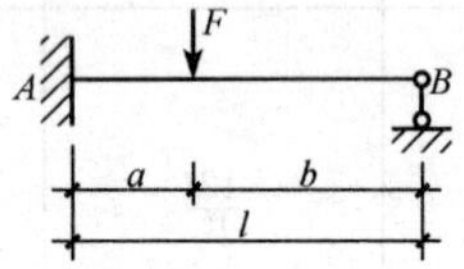	$-\frac{Fab(l+b)}{2l^2}$	0	$\frac{Fb(3l^2-b^2)}{2l^3}$	$-\frac{Fa^2(2l+b)}{2l^3}$
10	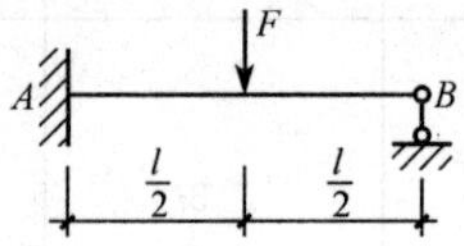	$-\frac{3Fl}{16}$	0	$\frac{11}{16}F$	$-\frac{5}{16}F$
11	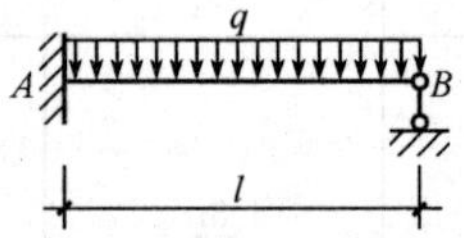	$-\frac{ql^2}{8}$	0	$\frac{5}{8}ql$	$-\frac{3}{8}ql$
12	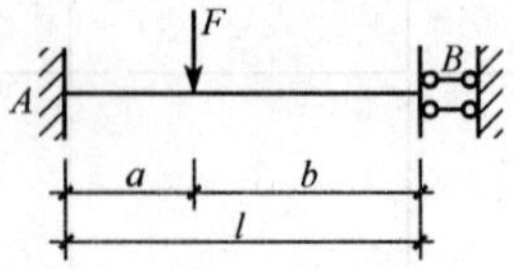	$-\frac{Fa(l+b)}{2l}$	$-\frac{Fa^2}{2l}$	F	0
13	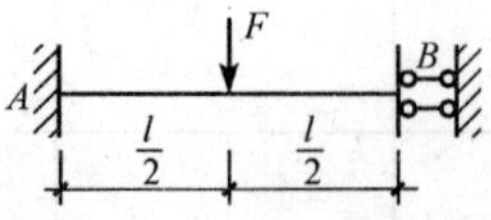	$-\frac{3}{8}Fl$	$-\frac{1}{8}Fl$	F	0
14	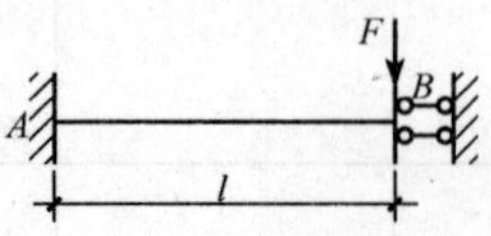	$-\frac{Fl}{2}$	$-\frac{Fl}{2}$	F	0
15	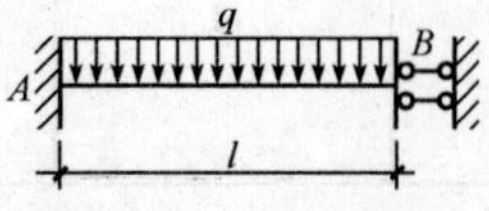	$-\frac{ql^2}{3}$	$-\frac{1}{6}ql^2$	ql	0

12.2.3 用位移法计算连续梁和超静定刚架

12.2.3.1 位移法计算连续梁和超静定刚架的计算步骤

位移法计算连续梁及超静定刚架一般步骤如下：

(1)确定基本未知量和基本结构。

(2)列出各杆端转角位移方程。

(3)根据平衡条件建立位移法基本方程(一般对有转角位移的刚节点取力矩平衡方程，有节点线位移时则考虑线位移方向的静力平衡方程)。

(4)解出未知量。

(5)求出杆端内力。

(6)作出内力图。

12.2.3.2 无节点线位移结构的计算

如果结构的各节点只有转角而没有线位移，则为无节点线位移结构。用位移法计算时，只有节点转角基本未知量，故仅需建立刚节点处的力矩平衡方程，就可求解出全部未知量进而计算杆端弯矩，绘出内力图。下面举例说明具体计算过程。

【例 12-4】 用位移法计算图 12-24(a)所示的连续梁，作出内力图，$P=\frac{3}{2}ql$(刚度 EI 为常数)。

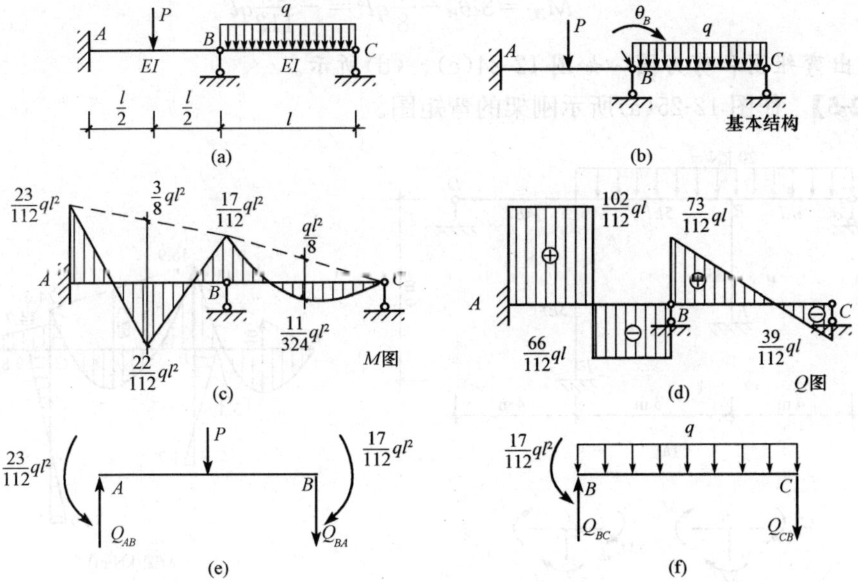

图 12-24

【解】 (1)确定基本未知量。此连续梁只有一个刚节点 B 的转角位移 θ_B，如图 12-24(b)所示。

(2)写出转角位移方程：

$$M_{AB}=2i\theta_B-\frac{1}{8}Pl$$

$$M_{BA}=4i\theta_B+\frac{1}{8}Pl$$

$$M_{BC}=3i\theta_B-\frac{1}{8}ql^2$$

$$M_{CB}=0$$

(3)对刚节点 B 取力矩平衡：

$$\sum M_B=0$$

$$M_{BA}+M_{BC}=0$$

$$4i\theta_B+3i\theta_B+\frac{1}{8}Pl-\frac{1}{8}ql^2=0$$

(4)解得：$\theta_B=-\frac{1}{56i}(Pl-ql^2)=-\frac{1}{112i}ql^2$(负号说明 θ_B 逆时针转)

(5)将 $\theta_B=-\frac{ql^2}{112i}$ 代入回转角位移方程求出各杆端弯矩[图 12-24(d)、(e)]：

$$M_{AB}=2i\theta_B-\frac{1}{8}Pl=-\frac{23}{112}ql^2$$

$$M_{BA}=4i\theta_B+\frac{1}{8}Pl=\frac{17}{112}ql^2$$

$$M_{BC}=3i\theta_B-\frac{1}{8}ql^2=-\frac{17}{112}ql^2$$

(6)作出弯矩图和剪力图，如图 12-24(c)、(d)所示。

【例 12-5】 作图 12-25(a)所示刚架的弯矩图。

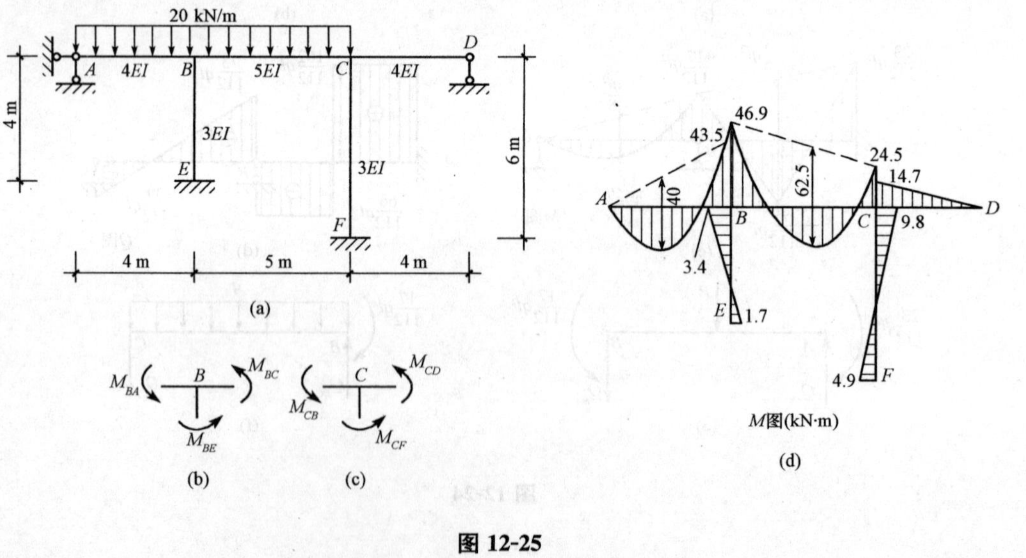

图 12-25

【解】 (1)基本未知量为刚节点 B、C 的转角 θ_B、θ_C。

(2)列各杆杆端弯矩计算式。设 $EI=1$，各杆线刚度为

$$i_{BA}=\frac{4EI}{4}=1,\ i_{BC}=\frac{5EI}{5}=1,\ i_{CD}=\frac{4EI}{4}=1,\ i_{BE}=\frac{3EI}{4}=\frac{3}{4},\ i_{CF}=\frac{3EI}{6}=\frac{1}{2}$$

则

$$M_{BA}=3i_{BA}\theta_B+\frac{20\times4^2}{8}=3\theta_B+40$$

$$M_{BC}=4i_{BC}\theta_B+2i_{BC}\theta_C-\frac{20\times5^2}{12}=4\theta_B+2\theta_C-41.7$$

$$M_{CB}=2i_{BC}\theta_B+4i_{BC}\theta_C+\frac{20\times5^2}{12}=2\theta_B+4\theta_C+41.7$$

$$M_{CD}=3i_{CD}\theta_C=3\theta_C$$

$$M_{BE}=3i_{BE}\theta_B=3\theta_B;\ M_{EB}=2i_{BE}\theta_B=1.5\theta_B$$

$$M_{CF}=4i_{CF}\theta_C=2\theta_C;\ M_{FC}=2i_{CF}\theta_C=\theta_C$$

(3)建立位移法基本方程求解基本未知量。

节点 B，如图 12-25(b)所示：

$$\sum M_B=0\qquad M_{BA}+M_{BE}+M_{BC}=0$$

节点 C，如图 12-25(c)所示：

$$\sum M_C=0\qquad M_{CB}+M_{CF}+M_{CD}=0$$

杆端弯矩代入后：

$$10\theta_B+2\theta_C-1.7=0$$

$$2\theta_B+9\theta_C+41.7=0$$

联立求解得：

$$\theta_B=1.15\qquad \theta_C=-4.89$$

(4)计算杆端弯矩：

$$M_{BA}=3\times1.15+40=43.5(\text{kN}\cdot\text{m})$$

$$M_{BC}=4\times1.15+2\times(-4.89)-41.7=-46.9(\text{kN}\cdot\text{m})$$

$$M_{CB}=2\times1.15+4\times(-4.89)+41.7=24.5(\text{kN}\cdot\text{m})$$

$$M_{CD}=3\times(-4.89)=-14.7(\text{kN}\cdot\text{m})$$

$$M_{BE}=3\times1.15=3.5(\text{kN}\cdot\text{m})$$

$$M_{EB}=1.5\times1.15=1.7(\text{kN}\cdot\text{m})$$

$$M_{CF}=2\times(-4.89)=-9.8\ (\text{kN}\cdot\text{m})$$

$$M_{FC}=-4.9(\text{kN}\cdot\text{m})$$

(5)作弯矩图如图 12-25(d)所示。

12.2.3.3 有节点线位移结构的计算

如果结构的节点有线位移，则此结构称为有节点线位移结构。对于有节点线位移的刚架来说，一般要考虑杆端剪力，建立线位移方向的静力平衡方程和刚节点处的力矩平衡方程，才能解出未知量，下面举例说明。

【例 12-6】 用位移法计算图 12-26(a)所示的超静定刚架，作出弯矩图。

【解】 (1)确定基本未知量。此刚架有一个刚节点 C 转角位移 θ，一个线位移 Δ，如图 12-26(b)所示。

(2)列出转角位移方程。

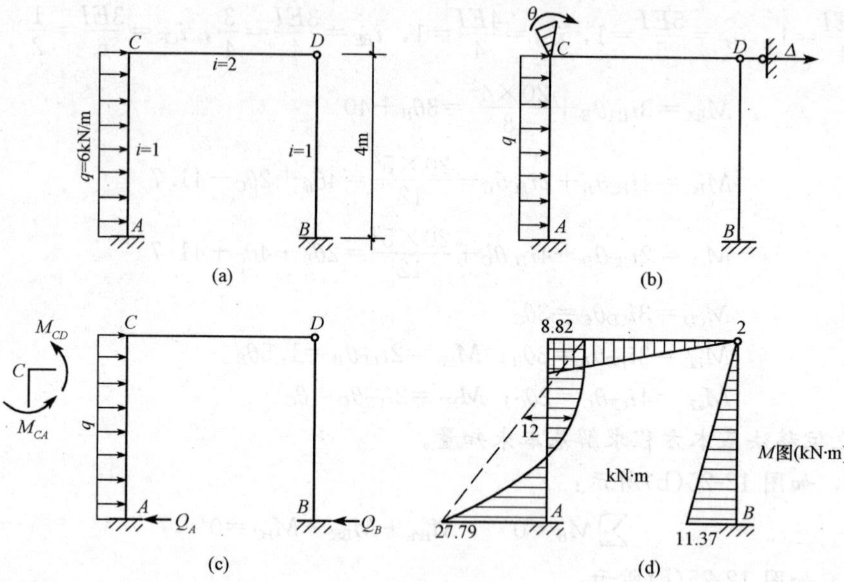

图 12-26

$$M_{AC}=2i\theta-\frac{6i}{l}\Delta-\frac{1}{12}ql^2=2\theta-\frac{6}{4}\Delta-\frac{1}{12}\times6\times4^2=2\theta-\frac{3}{2}\Delta-8$$

$$M_{CA}=4i\theta-\frac{6i}{l}\Delta+\frac{1}{12}ql^2=4\theta-\frac{3}{2}\Delta+8$$

$$M_{CD}=3i\theta=3\times2\times\theta=6\theta$$

$$M_{BD}=-\frac{3i}{l}\Delta=-\frac{3}{4}\Delta$$

$$Q_{CA}=-\frac{6i}{l}\theta+\frac{12i}{l^2}\Delta-\frac{ql}{2}=-\frac{3}{2}\theta+\frac{3}{4}\Delta-12$$

$$Q_{AC}=-\frac{6i}{l}\theta+\frac{12i}{l^2}\Delta+\frac{ql}{2}=-\frac{3}{2}\theta+\frac{3}{4}\Delta+12$$

$$Q_{DB}=\frac{3i}{l^2}\Delta=\frac{3}{16}\Delta$$

$$Q_{BD}=\frac{3i}{l^2}\Delta=\frac{3}{16}\Delta$$

(3)对刚节点C取力矩平衡，如图 12-26(c)所示：

$$\sum M_C=0 \qquad M_{CA}+M_{CD}=0$$

取整体结构水平合力投影方程，如图 12-26(c)所示：

$$\sum F_x=0 \qquad ql-Q_{AC}-Q_{BD}=0$$

代入杆端转角位移方程化简得：

$$10\theta-\frac{3}{2}\Delta+8=0$$

$$\frac{3}{2}\theta-\frac{15}{16}\Delta+12=0$$

(4)联立解得：$\theta=1.47$，$\Delta=15.16$

(5)将θ、Δ代入回转角位移方程求出各杆端弯矩：

$$M_{AC}=2\theta-\frac{3}{2}\Delta-8=2\times1.47-\frac{3}{2}\times15.16-8=-27.8(\text{kN}\cdot\text{m})$$

$$M_{CA}=4\theta-\frac{3}{2}\Delta+8=4\times1.47-\frac{3}{2}\times15.16+8=-8.86(\text{kN}\cdot\text{m})$$

$$M_{CD}=6\theta=6\times1.47=8.82(\text{kN}\cdot\text{m})$$

$$M_{BD}=-\frac{3}{4}\Delta=-\frac{3}{4}\times15.16=-11.37(\text{kN}\cdot\text{m})$$

(6)作出弯矩图如图 12-26(d)所示。

任务 12-3　力矩分配法求解超静定结构的内力

12.3.1　力矩分配法的基本原理

力矩分配法是计算连续梁和无侧移钢架的一种实用计算方法，其不需要建立和求解基本方程，可用逐次渐进的方法来计算端杆弯矩，运算简单，便于掌握，适合手算。

下面举例说明力矩分配法的基本思路。图 12-27(a)所示为只有一个刚结点的两跨连续梁，在荷载作用下梁的变形如虚线所示，刚结点 B 转动了一个转角 θ_B，在结点 B 处，AB 杆的 B 端产生弯矩 M_{BA}，BC 杆的 B 端产生弯矩 M_{BC}。取结点 B 为分离体，如图 12-27(b)所示，可知杆端弯矩 M_{BA} 和 M_{BC} 组成平衡力系。

用力矩分配法计算时，可分为以下 3 步：

(1)固定结点，求固端弯矩。在结点 B 附加控制转动的刚臂将结点 B 固定起来，如图 12-27(c)所示。此时，连续梁变成了两个相互被隔离的单跨超静定梁，在荷载作用下，其固端弯矩 M_{BA}^F 和 M_{BC}^F 量可由表 12-1 查得。此时，在刚臂中产生了约束刚结点转动的约束力矩，用 M_B^F 表示，如图 12-27(d)所示，约束力矩顺时针转动为正。取结点 B 为分离体，由 $M_B=0$ 得

$$M_B^F=M_{BA}^F+M_{BC}^F$$

此式表明，约束力矩等于汇交于该结点各杆端固端弯矩的代数和，即等于各固端弯矩所不能平衡的差额，又称为不平衡力矩。

(2)放松结点，求分配弯矩和传递弯矩。附加刚臂后结点被固定，这时各杆的固端弯矩并不等于原结构各杆的杆端弯矩。为了使结构还原为原结构，必须消除附加刚臂对刚结点的约束，即放松约束使刚结点 B 转动角度 θ_B，相当于在刚结点 B 处施加了一个与 M_B^F 大小相等、方向相反的力矩，即($-M_B^F$)，于是不平衡力矩被消除而结点获得平衡，如图 12-27(e)所示。

可见，原结构正好等于用刚臂固定结点和放松结点两个过程的叠加。因此，要计算原连续梁的杆端弯矩只要计算出固定结点情况下的固端弯矩，再和放松结点时候产生的杆端弯矩叠加即可。

当刚结点在$(-M_B^F)$作用下产生转角时，杆 BC 和 BA 的近端弯矩即为前述分配弯矩。即

$$M_{BA}^r = \mu_{BA}(-M_B^F)$$
$$M_{BC}^r = \mu_{BC}(-M_B^F)$$

求得各杆近端的分配弯矩后，可按传递系数求出各杆远端的传递弯矩：

$$M_{AB}^C = C_{BA} M_{BA}^r$$
$$M_{CB}^C = C_{BC} M_{BC}^r$$

图 12-27(f)所示为分配和传递弯矩。

(3)利用叠加原理，汇总杆端弯矩。将结构在固定状态的固端弯矩与在放松状态下的分配弯矩和传递弯矩进行叠加，就得杆端的最后弯矩。绘制弯矩图如图 12-27(g)所示。

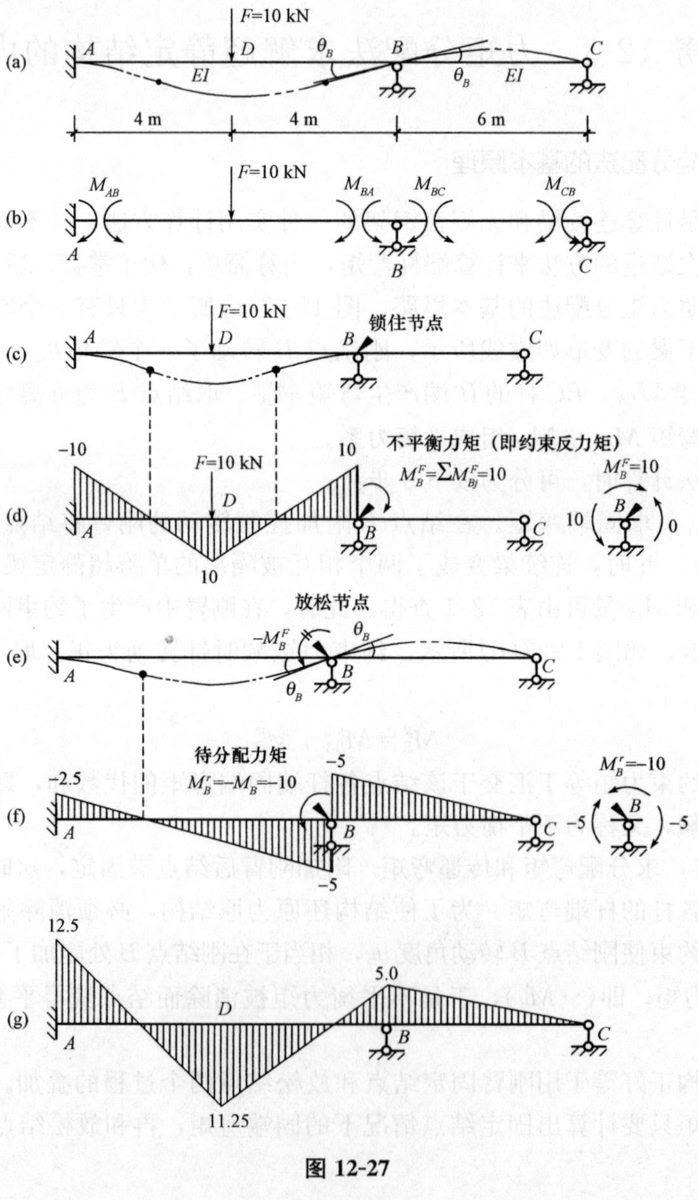

图 12-27

12.3.2 力矩分配法中的几个基本概念

1. 转动刚度

转动刚度表示杆端抵抗转动的能力，它在数值上等于使杆端产生单位转角(其他位移分量为零)时所需要施加的力矩，杆端的转动刚度用 S 表示。任一杆件 AB，假定杆件各截面 EI 相同，且为常数，忽略轴向变形，其 A 端转动刚度为 S_{AB}，A 端是截面被转动的施力端，称为近端，B 端为远端，当远端支撑情况不同时，S_{AB} 的数值就不同。图 12-28 中绘出等截面杆在 A 端的转动刚度 S_{AB} 的值，其中 $i=EI/l$，称为杆的线刚度。

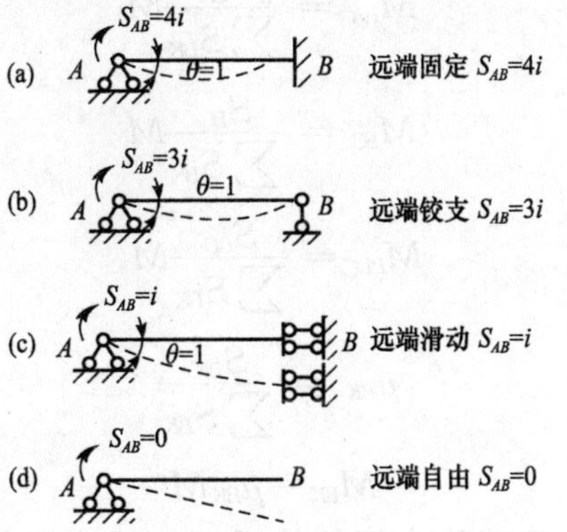

图 12-28

2. 分配系数

如图 12-29(a)所示的刚架为具有结点外力矩的单节点结构，A 端为固定支座，C 端为铰支座，D 端为滑动端支座。在结点 B 处作用一集中力偶 M，设各杆的线刚度分别为 i_{BA}、i_{BC}、i_{BD}。在结点力矩 M 作用下，各杆在汇交点 B 处将产生相同的转角使杆端产生转角 θ_B，各杆发生的变形如图中双点画线所示。

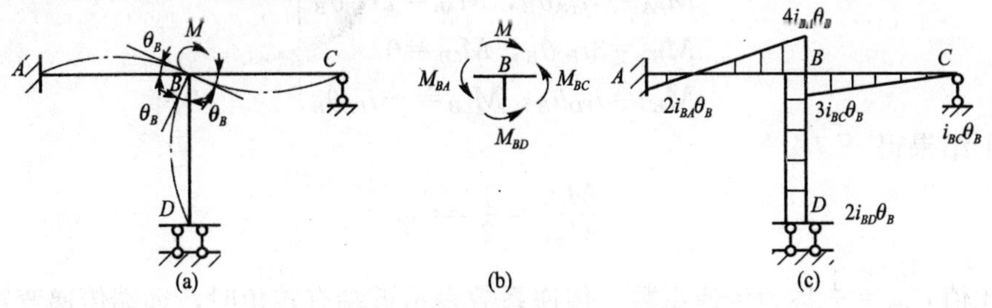

图 12-29

由转动刚度的定义可得到各杆分配弯矩为

$$\left.\begin{aligned} M_{BA}&=S_{BA}\theta_B=4i_{BA}\theta_B \\ M_{BC}&=S_{BC}\theta_B=3i_{BC}\theta_B \\ M_{BD}&=S_{BD}\theta_B=i_{BD}\theta_B \end{aligned}\right\} \tag{12-10}$$

截取结点 B 为研究对象，由于这时各杆分配弯矩的方向未知，故假定作用于结点 B 上的所有分配力矩为正号(与位移法一致，杆端弯矩顺时针为正)，则作用于 B 结点上的各杆分配弯矩应为逆时针方向(与杆端弯矩等值反向)，由结点 B 的力矩平衡方程得

$$\sum M_B(F)=0,\quad -M+M_{BA}+M_{BC}+M_{BD}=0 \tag{12-11}$$

即

$$M=S_{BA}\theta_B+S_{BC}\theta_B+S_{BD}\theta_B \tag{12-12}$$

故

$$\theta_B=\frac{M}{S_{BA}+S_{BC}+S_{BD}}=\frac{M}{\sum S_{BK}} \tag{12-13}$$

式中　$\sum S_{BK}$——B 结点各杆端转动刚度之和，将 θ_B 代入式(12-10)得

$$M_{BA}=\frac{S_{BA}}{\sum S_{BK}}M$$

$$M_{BC}=\frac{S_{BC}}{\sum S_{BK}}M$$

$$M_{BD}=\frac{S_{BD}}{\sum S_{BK}}M \tag{12-14}$$

若令

$$\mu_{BK}=\frac{S_{BK}}{\sum S_{BK}} \tag{12-15}$$

则

$$M_{BK}=\mu_{BK}M \tag{12-16}$$

这里 μ_{BK} 称为分配系数，B 端称为杆件的近端，K 表示杆件的远端，式(12-15)表明，任一杆 BK 在结点 B 的分配系数 μ_{BK} 等于杆件 BK 的转动刚度与汇交于 B 结点各杆转动刚度之和的比值。同一结点各杆分配系数之间存在式(12-17)所示的关系：

$$\mu_{BA}+\mu_{BD}+\mu_{BC}=1 \tag{12-17}$$

3. 传递系数

如图 12-29(b)所示，集中力偶作用于结点 B，结点 B(近端)产生转角 θ_B，使各杆近端产生分配弯矩，同时各杆远端也将产生弯矩，由位移法可得

$$\left.\begin{aligned}M_{BA}=4i_{BA}\theta_B,\ M_{AB}=2i_{AB}\theta_B\\ M_{BC}=3i_{BC}\theta_B,\ M_{CB}=0\\ M_{BD}=i_{BD}\theta_B,\ M_{DB}=-i_{DB}\theta_B\end{aligned}\right\} \tag{12-18}$$

由以上结果得

$$\frac{M_{AB}}{M_{BA}}=\frac{1}{2}=C_{BA} \tag{12-19}$$

这个比值 $C_{BA}=\frac{1}{2}$ 称为传递系数。传递系数表示近端有转角时，远端传递弯矩与近端分配弯矩的比值。传递系数 C 随远端的支承情况不同而不同，具体如下：

远端固定：　$C=\frac{1}{2}$

远端铰支：　$C=0$

远端滑动：　$C=-1$

传递弯矩的计算，可用文字表达如下：

传递弯矩=分配弯矩×传递系数

12.3.3 力矩分配法的计算步骤

1. 单节点力矩分配法计算步骤

单节点力矩分配法的计算步骤如下：

(1)确定刚节点处各杆的分配系数，并用 $\sum\mu_{ij}=1$ 验算。

(2)以附加刚臂固定刚节点，得到固定状态，查表 12-2 得到各杆端的固端弯矩 MF。

(3)计算各杆近端分配弯矩。

(4)计算各杆远端传递弯矩。

(5)叠加计算出最后的各杆端弯矩。对于近端，用固端弯矩叠加分配弯矩；对于远端，用固端弯矩叠加传递弯矩。

现结合具体例子加以说明。

【例 12-7】 用力矩分配法分析图 12-30(a)所示连续梁，作出弯矩图。

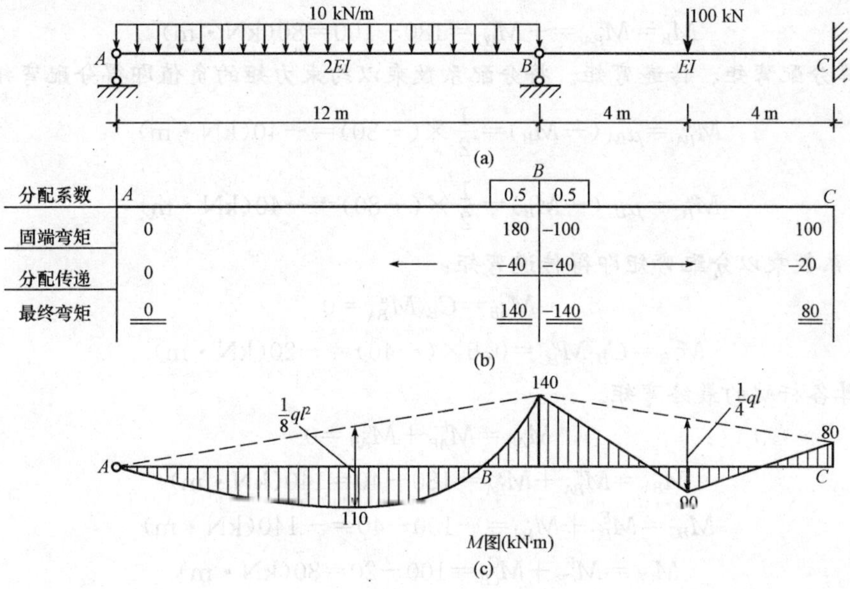

图 12-30

【解】 (1)计算分配系数。两杆在节点 B 刚性连接，A 端为链杆支座，C 端为固定，两杆转动刚度分别为

$$S_{BA}=3i_{BA}=3\times\frac{2EI}{12}=\frac{1}{2}EI$$

$$S_{BC}=4i_{BC}=4\times\frac{EI}{8}=\frac{1}{2}EI$$

因此可得

$$\mu_{BA}=\frac{S_{BA}}{S_{BA}+S_{BC}}=\frac{\frac{1}{2}EI}{\frac{1}{2}EI+\frac{1}{2}EI}=\frac{1}{2}$$

$$\mu_{BC}=\frac{S_{BC}}{S_{BA}+S_{BC}}=\frac{\frac{1}{2}EI}{\frac{1}{2}EI+\frac{1}{2}EI}=\frac{1}{2}$$

$$\sum\mu=1$$

证明计算无误。

(2)计算固端弯矩和约束力矩。由表 12-1 查得各固端弯矩为

$$M_{AB}^{F}=0$$

$$M_{BA}^{F}=\frac{ql^2}{8}=\frac{1}{8}\times10\times12^2=180(\text{kN}\cdot\text{m})$$

$$M_{BC}^{F}=-\frac{Pl}{8}=-\frac{1}{8}\times100\times8=-100(\text{kN}\cdot\text{m})$$

$$M_{CB}^{F}=\frac{Pl}{8}=\frac{1}{8}\times100\times8=100(\text{kN}\cdot\text{m})$$

连接于节点 B 的各固端弯矩之和等于约束力矩 M_B：

$$M_B=M_{BA}^{F}=+M_{BC}^{F}=180-100=80(\text{kN}\cdot\text{m})$$

(3)计算分配弯矩、传递弯矩。将分配系数乘以约束力矩的负值即得分配弯矩：

$$M_{BA}^{\mu}=\mu_{BA}(-M_B)=\frac{1}{2}\times(-80)=-40(\text{kN}\cdot\text{m})$$

$$M_{BC}^{\mu}=\mu_{BC}(-M_B)=\frac{1}{2}\times(-80)=-40(\text{kN}\cdot\text{m})$$

将传递系数乘以分配弯矩即得传递弯矩：

$$M_{AB}^{C}=C_{BA}M_{BA}^{\mu}=0$$

$$M_{CB}^{C}=C_{BC}M_{BC}^{\mu}=0.5\times(-40)=-20(\text{kN}\cdot\text{m})$$

(4)计算各杆端的最终弯矩。

$$M_{AB}=M_{AB}^{F}+M_{AB}^{C}=0$$

$$M_{BA}=M_{BA}^{F}+M_{BA}^{\mu}=180-40=140(\text{kN}\cdot\text{m})$$

$$M_{BC}=M_{BC}^{F}+M_{BC}^{\mu}=-100-40=-140(\text{kN}\cdot\text{m})$$

$$M_{CB}=M_{CB}^{F}+M_{CB}^{C}=100-20=80(\text{kN}\cdot\text{m})$$

(5)画弯矩图。根据各杆端的最终弯矩和已知荷载，用叠加法画弯矩图，如图 12-30(c)所示。

2. 多节点力矩分配法计算步骤

对于具有多个刚节点的连续梁和无侧移的刚架，只要逐次对每一个节点应用基本运算，就可求出各杆端弯矩。下面通过具体例题说明计算步骤和格式。

【例 12-8】 用力矩分配法计算图 12-31 所示的连续梁，并作出 M 图。

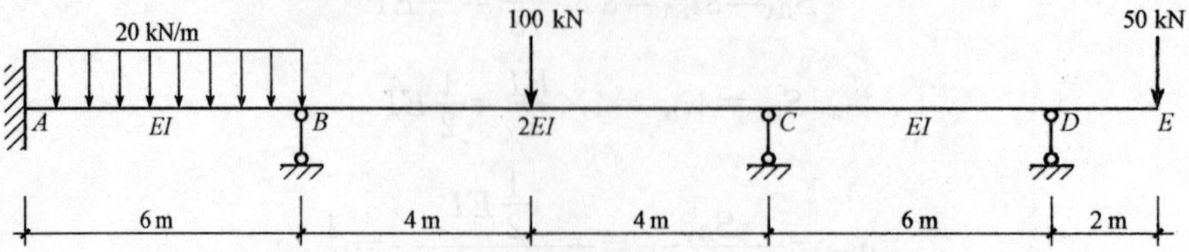

图 12-31

【解】 (1)计算分配系数。

$$S_{BA}=\frac{4EI}{6},\ S_{BC}=\frac{4\times2EI}{8},\ \sum S_B=S_{BA}+S_{BC}=\frac{5EI}{3}$$

$$S_{CB}=\frac{4\times2EI}{8},\ S_{CD}=\frac{3EI}{6},\ \sum S_C=S_{CB}+S_{CD}=\frac{3EI}{2}$$

$$\mu_{BA}=\frac{S_{BA}}{\sum S_B}=\frac{4}{6}\times\frac{3}{5}=\frac{2}{5};\ \mu_{BC}=\frac{S_{BC}}{\sum S_B}=\frac{3}{5}$$

$$\mu_{CB}=\frac{S_{CB}}{\sum S_C}=\frac{2}{3};\ \mu_{CD}=\frac{S_{CD}}{\sum S_C}=\frac{1}{3}$$

(2)计算固端弯矩。DE 相当于悬臂梁，截面 D 的弯矩作为固端弯矩作用于 CD 跨 D 端，并传递给 C 端作为固端弯矩。

$$M_{BA}^F=-M_{AB}^F=\frac{1}{12}\times20\times6^2=60(\text{kN}\cdot\text{m})$$

$$M_{BC}^F=-M_{CB}^F=-\frac{1}{8}\times100\times8=-100(\text{kN}\cdot\text{m})$$

$$M_{DC}^F=M_D=50\times2=100(\text{kN}\cdot\text{m})$$

$$M_{CD}^F=\frac{1}{2}\times M_{DC}^F=50(\text{kN}\cdot\text{m})$$

(3)列表分配传递弯矩，计算杆端弯矩，见表 12-2。

表 12-2 杆端弯矩计算表

	AB		*BA*	*BC*		*CB*	*CD*	*DC*	*DE*
分配系数 μ			2/5	3/5		2/3	1/3	1	0
固端弯矩 M^F	−60		+60	−100		+100	+50	+100	−100
分配与传递				−50	←	−100	−50		
	+18	←	+36	+54	→	+27			
				9	←	−18	−9		
	+1.8	←	+3.6	+5.4	→	+2.7			
				−0.9	←	−1.8	−0.9		
	+0.18	←	+0.36	+0.54	→	+0.27			
				−0.09	←	−0.18	−0.09		
	+0.018	←	+0.036	+0.054	→	+0.027			
						−0.018	−0.009		
杆端弯矩	−40		+100	−100		+10	−10	+100	−100

(4)作弯矩图，如图 12-32 所示。

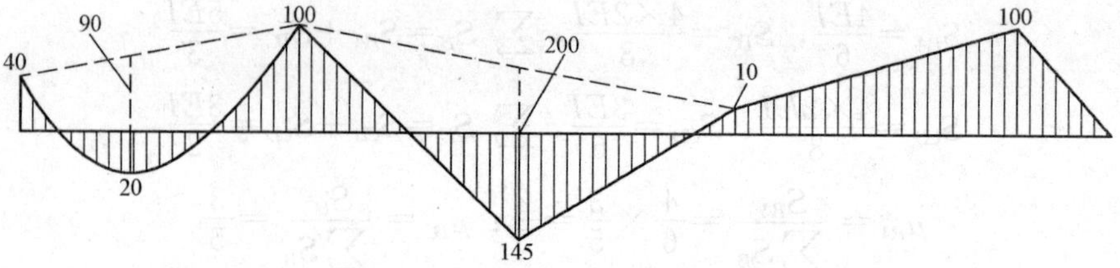

图 12-32

【例 12-9】 用力矩分配法计算图 12-33(a)所示的刚架，绘出弯矩图(EI 为常数)。

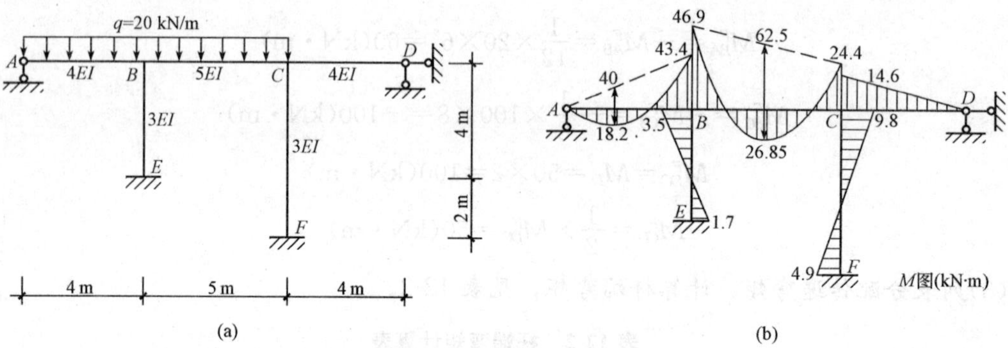

图 12-33

【解】 (1)确定刚节点处各杆的分配系数，为了计算简便，令 $EI=1$。

节点 B：$S_{BA}=3i_{BA}=3\times\dfrac{4EI}{4}=3$；$S_{BC}=4i_{BC}=4\times\dfrac{5EI}{5}=4$；$S_{BE}=4i_{BE}=4\times\dfrac{3EI}{4}=3$

$\mu_{BA}=\dfrac{3}{3+4+3}=0.3$；$\mu_{BC}=\dfrac{4}{3+4+3}=0.4$；$\mu_{BE}=\dfrac{3}{3+4+3}=0.3$

节点 C：$S_{CB}=4$；$S_{CD}=3i_{CD}=3\times\dfrac{4EI}{4}=3$；$S_{CF}=4i_{CF}=4\times\dfrac{3EI}{6}=2$

$\mu_{CB}=\dfrac{4}{4+3+2}=0.445$；$\mu_{CD}=\dfrac{3}{4+3+2}=0.333$；$\mu_{CF}=\dfrac{2}{4+3+2}=0.222$

(2)计算固端弯矩。

$$M_{BA}^{F}=\frac{ql^2}{8}=\frac{20\times4^2}{8}=40(\text{kN}\cdot\text{m})$$

$$M_{BC}^{F}=-\frac{ql^2}{12}=-\frac{20\times5^2}{12}=-41.7(\text{kN}\cdot\text{m})$$

$$M_{CB}^{F}=\frac{ql^2}{12}=\frac{20\times5^2}{12}=41.7(\text{kN}\cdot\text{m})$$

(3)分配弯矩、传递弯矩计算及最后弯矩的叠加，见表 12-3。

表 12-3　分配弯矩、传递弯矩计算及最后的弯矩

	AB		BA	BE	BC		CB	CF	CD		DC
分配系数 μ			0.3	0.3	0.4		0.445	0.222	0.333		
固端弯矩	0		40	0	−41.7		41.7	0	0		0
					−9.3	←	−18.5	−9.3	−13.9	→	0
	0	←	3.3	3.3	4.4	→	2.2				
分配传递					−0.5	←	−1.0	−0.5	−0.7	→	0
计算	0	←	0.15	0.15	0.2						
最后的弯矩	0		43.4	3.5	−46.9		24.4	−9.8	−14.6		0
				EB				FC			
固端弯矩				0				0			
分配传递				1.6				−4.7			
计算				0.1				−0.2			
最后的弯矩				1.7				−4.9			

显然，刚节点 B 满足节点平衡条件 $\sum M_B=0$，刚节点 C 满足节点平衡条件 $\sum M_C=0$。弯矩图如图 12-33(b)所示。

本章小结

本模块主要介绍了分别用力法、位移法、力矩分配法求解超静定结构的内力，通过本模块的学习应注意力法、位移法、力矩分配法的本质区别及各自特点，选择合适的方法求解超静定结构。

复习思考题

复习思考题参考答案

1. 什么是静定结构？什么是超静定结构？
2. 超静定结构次数如何确定？
3. 力法的基本方程是什么？
4. 用力法计算超静定结构内力的计算步骤是什么？
5. 位移法的基本思路是什么？
6. 什么是转动刚度？什么是分配系数？什么是传递系数？

习　题

习题参考答案

1. 试确定如图 12-34 所示各结构的超静定次数。

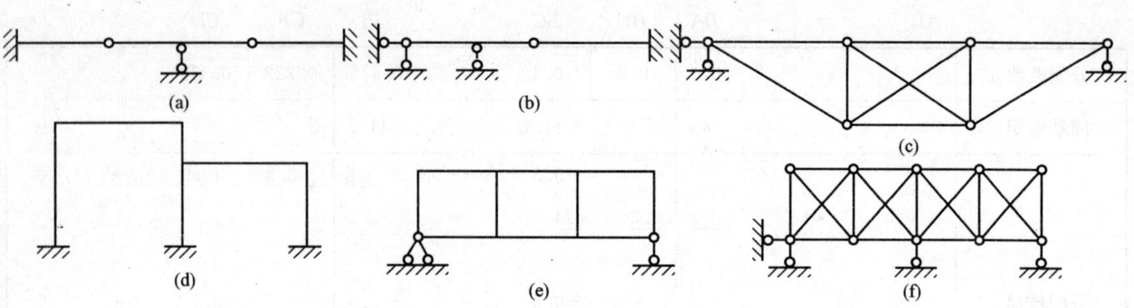

图 12-34

2. 试确定如图 12-35 所示结构在位移法计算时的基本未知量。

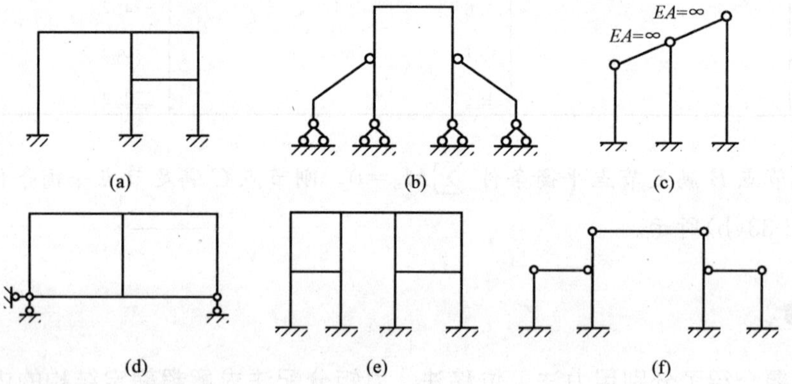

图 12-35

3. 如图 12-36 所示，试用力法解，并绘制内力图，EI 为常数。

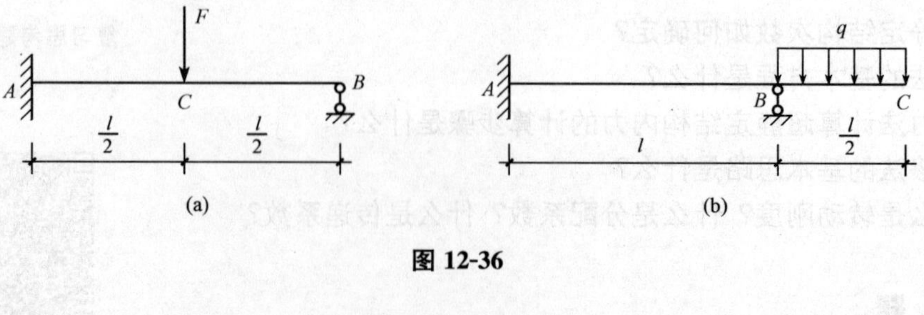

图 12-36

4. 如图 12-37 所示，试用力法解，并作 M 图。

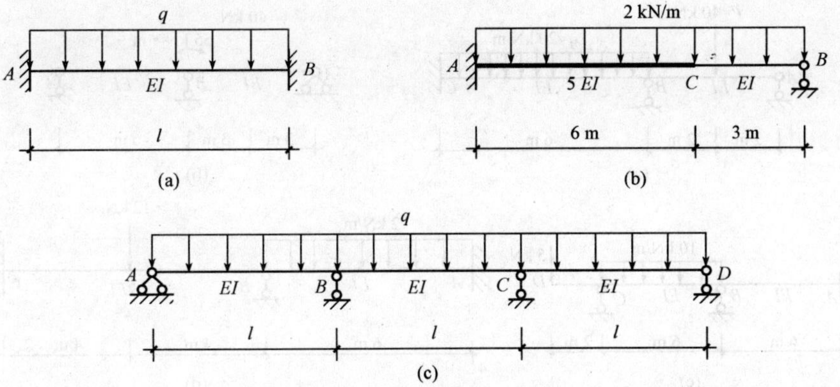

图 12-37

5. 如图 12-38 所示，用位移法对图示各刚架进行分析，并绘制弯矩图。

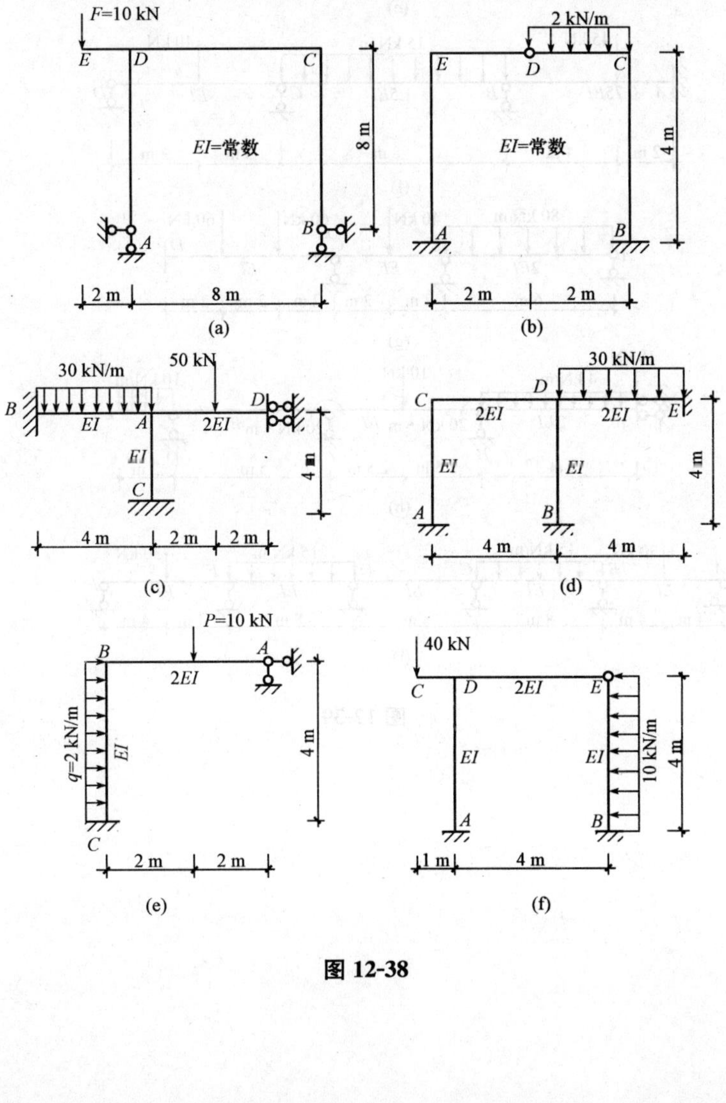

图 12-38

6. 如图 12-39 所示，试用力矩分配法计算图示各连续梁，并绘制其弯矩图。

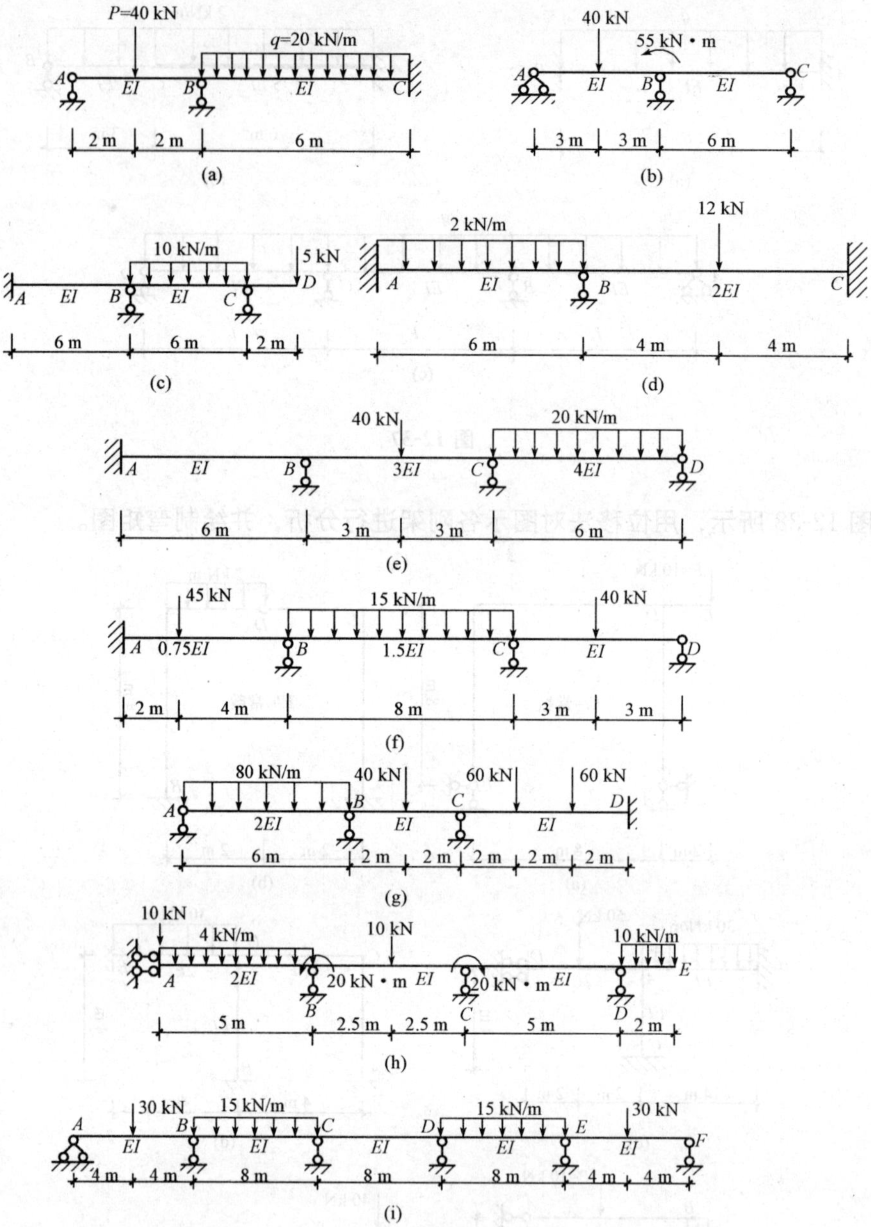

图 12-39

模块 13　影响线及其应用

学习目标

(1)了解影响线的概念。

(2)掌握单跨静定梁结构下支座反力影响线、弯矩影响线、剪力影响线的绘制。

(3)掌握集中荷载作用、分布荷载作用时某量值的影响线。

(4)掌握移动均布荷载作用时和移动集中荷载作用时确定最不利荷载位置。

学习任务

能绘制影响线，并利用影响线求荷载的影响值和荷载的最不利布置。

任务 13-1　影响线的概念

前几章讨论了在固定荷载作用下结构的内力计算问题。所谓固定荷载，是指荷载作用位置是固定不变的。但在工程实际中，有些结构除承受固定荷载外，还要承受移动荷载的作用。移动荷载在结构上的作用位置是变化的。如图 13-1 所示的工业厂房中，当小车起吊重物沿吊车桥架运行时，小车的轮压为移动荷载；当吊车桥架在吊车梁上沿厂房纵向移动时，吊车轮压为作用丁吊车梁上的移动荷载。另外，桥梁上行驶的火车、汽车等都是移动荷载的例子。

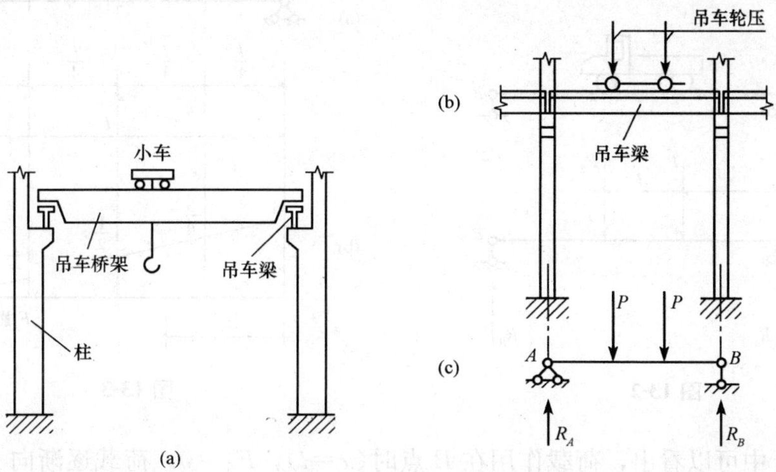

图 13-1

本章主要讨论在上述移动荷载作用下，静定结构的内力计算问题。当移动荷载作用于结构时，要着重分析如下两个问题：

(1)结构上某截面的内力和支座反力，将随移动荷载的位置而变化，首先要研究这些量值的变化规律。

(2)其次要研究产生最大量值(内力或支座反力)时的移动荷载作用位置，这一荷载位置称为该量值的最不利荷载位置。所求得的最大量值，可作为结构设计的依据。

如图 13-2 所示简支梁上，当汽车由左向右行驶时，反力 R_B，将逐渐增大，反力 R_A 则逐渐减小；另外，梁内不同截面的内力变化规律是各不相同的，即使在同一截面内，各种内力(弯矩、剪力)的变化规律也不相同。因此，我们每次只能研究一个反力或某一截面的某指定内力的变化规律。

在工程实际中，遇到的移动荷载通常是一系列间距保持不变的平行集中荷载。为了简便起见，可先研究一个单位集中荷载($P=1$)在结构上移动时，某一量值的变化规律，然后根据叠加原理就可进一步解决各种移动荷载作用下该量值的变化规律。同时，为了清晰和直观起见，可把某量值随荷载 $P=1$ 移动而变化的规律用图形表示出来，这种图形称为该量值的影响线。

如图 13-3(a)所示的简支梁，作用有一个移动集中荷载 $P=1$，取 A 为坐标原点，以 x 表示荷载作用点的横坐标，这里我们来分析支座反力 F_A 随荷载坐标 x 变化而变化的规律，假设支座反力向上为正。

根据平衡方程 $\sum M_B=0$，得

$$-F_A \cdot l+P(l-x)=0$$

$$F_A=\frac{l-x}{l} \tag{13-1}$$

式(13-1)表示出 F_A 与荷载位置坐标 x 的变化规律，是一个直线函数关系，称为 F_A 影响线方程。根据该方程我们可以作出图 13-3(b)所示的斜直线，就是 F_A 的影响线。

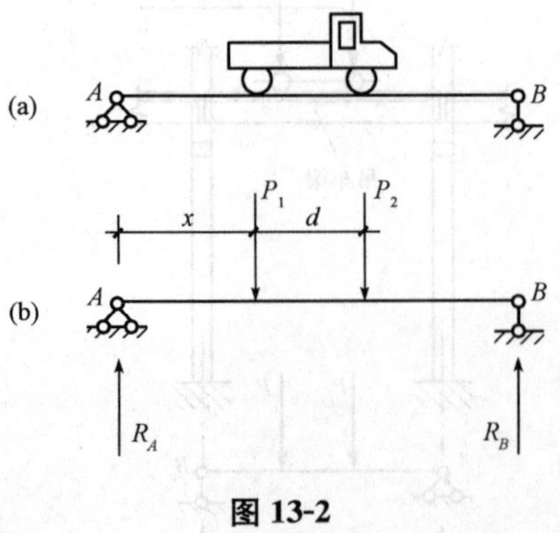

图 13-2

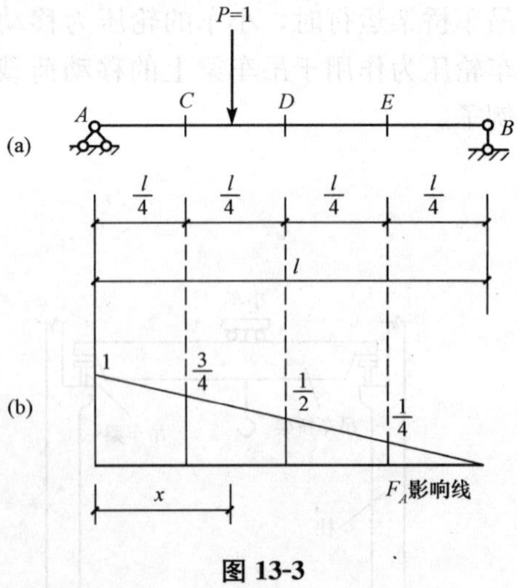

图 13-3

从图 13-3 中可以看出，荷载作用在 B 点时($x=l$)，$F_A=0$。荷载逐渐向 A 点移动，则 F_A 逐渐增加，当荷载作用在 A 点时($x=0$)，$F_A=1$ 达到最大。所以，单个竖直向下的集中

力作用在 A 点的时候，就是 F_A 的最不利位置。

通过以上所述可知，影响线的定义是：当一个方向不变的单位集中荷载 $P=1$ 沿结构移动时，表示某一指定量值(反力、内力或位移)变化规律的图形，称为该量值的影响线。

由于影响线是在单位荷载作用下来分析，如果荷载大小不是 1，在得知某量值的影响线时，可以从影响线查到相应的值，再乘以荷载大小而得到量值的大小，这个方法就是利用影响线求量值得方法。在图 13-3(a)所示简支梁中，假如有力 $P=200$ kN 作用在梁中点，我们可以查到 F_A 影响线中点的值 $y_1=0.5$，此时 $F_A=0.5\times200=100$(kN)。

对于多跨梁来说，用这个方法求量值有时比直接应用平衡方程要简便得多，这个问题将在后面阐述。

任务 13-2　单跨静定结构的影响线

13.2.1　静力法作单跨静定梁的影响线

静力法是应用静力平衡条件，求出某量值的影响线方程，再绘出影响线的方法。换而言之，就是以单位荷载位置坐标 x 为变量，根据静力平衡条件得出量值和坐标 x 之间的函数关系式，然后作出图线的方法，如图 13-4 所示的例子应用的就是静力法。根据同样的步骤来分析简支梁中支座反力、剪力、弯矩的影响线。

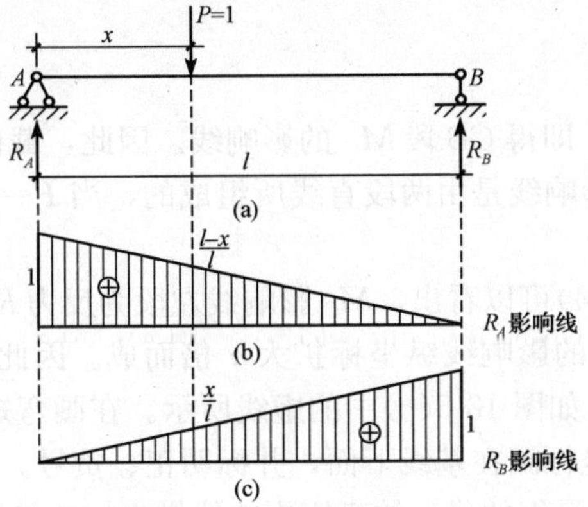

图 13-4

1. 支座反力影响线

支座 A 已经在上一节讨论过，现在来看 B 支座力影响线。

根据平衡方程 $\sum M_A=0$ 得

$$R_B\cdot l-P\cdot x=0$$

$$R_B=\frac{x}{l} \tag{13-2}$$

可以看出，R_B 与 x 的关系是一条斜直线，描两点连直线即可，如图 13-4(c)所示。

由图可知，当 $x=l$ 时，$R_B=1$；当 $x=0$ 时，$R_B=0$。

在作影响线时，通常假定单位荷载 $P=1$，由反力影响线的方程可知，反力影响线的竖坐标是无量纲的量。支座反力影响线上某一位置纵坐标的物理意义是：当单位移动荷载 $P=1$ 作用于该处时反力的大小。

2. 弯矩影响线

作弯矩的影响线时，应首先明确指定截面的位置。如图 13-5(a)所示，讨论截面 C 的弯矩影响线。

当荷载 $P=1$ 在截面 C 的左边移动时，为计算简便，取 CB 段为隔离体，由直接法可得

$$M_C=R_Bb=\frac{x}{l}b \qquad (0\leqslant x<a) \tag{13-3}$$

式(13-3)表明：M_C 的影响线在截面 C 以左为一直线。

$$\begin{cases}当\ x=0\ 时，M_C=0\\ 当\ x=a\ 时，M_C=\dfrac{ab}{l}\end{cases}$$

用直线连接两个控制截面的竖标，即得 AC 段 M_C 的影响线。

当 $P=1$ 在截面 C 的右边移动时，为使计算简便，取 AC 段为隔离体，由 $\sum M_C=0$ 即得

$$M_C=R_Aa=\frac{l-x}{l}a \qquad (a<x\leqslant l) \tag{13-4}$$

显然，M_C 的影响线在截面 C 以右也是一直线

$$\begin{cases}当\ x=a\ 时，M_C=\dfrac{ab}{l}\\ 当\ x=l\ 时，M_C=0\end{cases}$$

用直线连接两个竖标，即得 CB 段 M_C 的影响线。因此，截面 C 影响线如图 13-5(b)所示。由图 13-5 可知，M_C 影响线是由两段直线所组成的，当 $P=1$ 作用于 C 点时，M_C 是最大值。

分析式(13-3)和式(13-4)可以看出，M_C 影响线左段为反力 R_B 的影响线的纵坐标扩大 b 倍而成，而右段为反力 R_A 的影响线纵坐标扩大 a 倍而成。因此，可以利用 R_A 和 R_B 的影响线来绘制 M_C 的影响线，如图 13-5(b)中的虚线所示。在画弯矩影响线时，规定正的纵坐标画在基线上面，负的纵坐标画在基线下面，并标明正、负号。

由于已假定 $P=1$ 为无量纲的量，故弯矩影响线纵坐标的量纲为[长度]。

3. 剪力影响线

在研究剪力的影响线时，对剪力的正负规定和之前所述相同。

如图 13-5(a)所示梁，作截面 C 的剪力影响线。根据截面法可以得知，力 P 分别在 C 截面左侧和右侧作用时，C 截面的剪力是不同的。

当 P 作用在 C 左侧的 AC 段时：

$$Q_C=-R_B=-\frac{x}{l} \qquad (0\leqslant x<a) \tag{13-5}$$

当 P 作用在 C 右侧的 CB 段时：

$$Q_C=R_A=\frac{l-x}{l} \qquad (a<x\leqslant l) \tag{13-6}$$

可以看出，Q_C 影响线在 AC、CB 上都为斜直线。在 AC 上时，只要将 R_B 影响线反号即可，在 CB 上时，则与 R_A 的影响线相同，如图 13-5(c)所示。

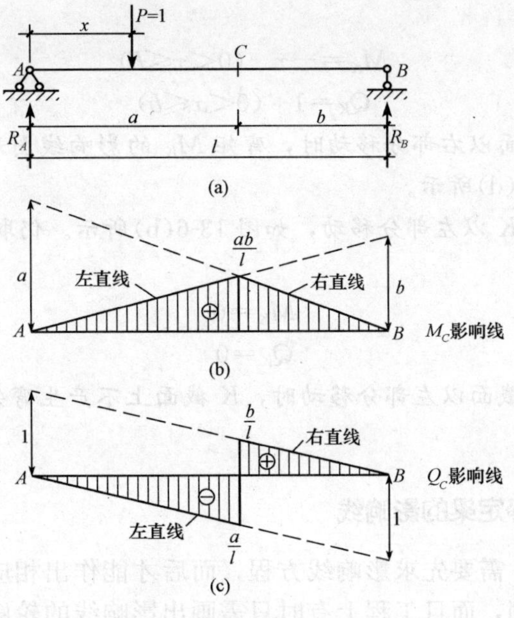

图 13-5

与画弯矩影响线一样，规定正的纵坐标画在基线上面，负的纵坐标画在基线下面，并标明正、负号。由式(13-5)、式(13-6)可知剪力影响线与支座反力影响线的纵坐标都是无量纲的。以后会看到，当利用影响线研究实际荷载对某量值的影响时，需将荷载的单位计入，方可得到该量值的实际单位。

【例 13-1】 作图 13-6 所示悬臂梁内力的影响线。

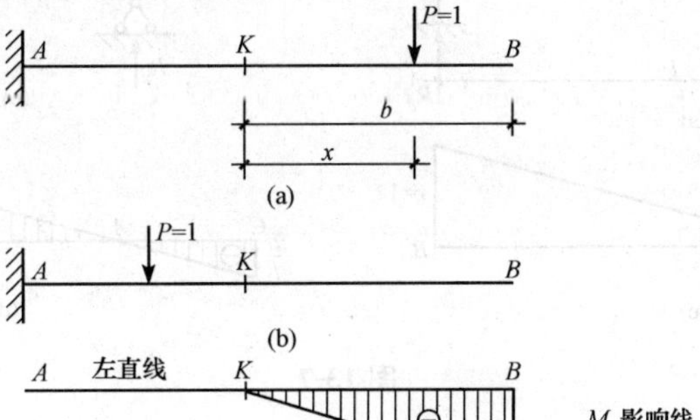

图 13-6

【解】 设 K 截面为悬臂梁上指定的一个截面，$P=1$ 沿整个梁移动，求作 K 截面的弯

矩 M_K 和剪力 Q_K 的影响线。

(1)设 $P=1$ 在 K 截面右方移动，如图 13-6(a)所示。取 K 截面以右部分为脱离体，由直接法得：

$$M_K=-x \quad (0<x\leqslant b)$$
$$Q_K=1 \quad (0<x\leqslant b)$$

说明当荷载在 K 截面以右部分移动时，弯矩 M_K 的影响线图形为一直线，剪力图为一水平线，如图 13-6(c)、(d)所示。

(2)设 $P=1$ 在截面 K 以左部分移动，如图 13-6(b)所示。仍取 K 截面以右部分为脱离体，由直接法得：

$$M_K=0$$
$$Q_K=0$$

显然，当荷载在 K 截面以左部分移动时，K 截面上不产生弯矩和剪力，如图 13-6(c)、(d)中的左直线所示。

12.2.2 机动法作静定梁的影响线

用静力法作影响线，需要先求影响线方程，而后才能作出相应的图形。当结构较复杂时，用静力法就更加烦琐，而且工程上有时只需画出影响线的轮廓即可，这时常采用机动法作影响线。机动法的理论基础是刚体的虚功原理。

1. 支座反力影响线

外伸臂梁如图 13-7(a)所示，为了作反力 R_B 的影响线，先解除 B 点约束，代以约束反力 R_B，如图 13-7(b)所示。其次，令梁 B 端沿反力正方向产生一个微小的单位虚位移 $\delta=1$，$P=1$ 作用点相应的虚位移为 δ，如图 13-7(c)所示。

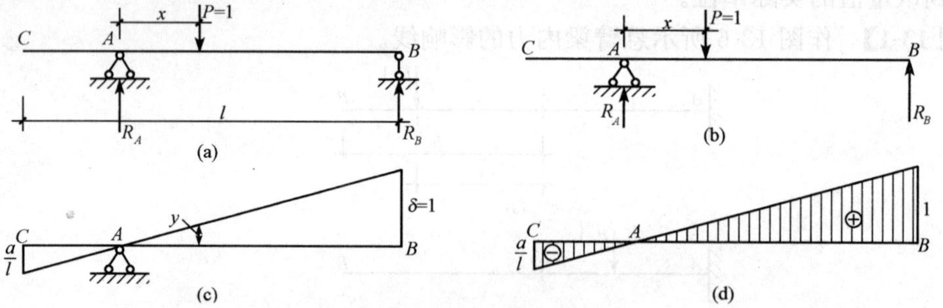

图 13-7

根据刚体的虚功原理，体系的外力虚功总和应等于零，即

$$R_B\delta-Py=0$$

于是
$$R_B=\frac{Py}{\delta}=\frac{y}{\delta} \tag{13-7}$$

当令 $\delta=1$ 时，y 将随 $P=1$ 的移动而改变，并与 R_B 相等，则式(13-7)变为

$$R_B=y$$

说明：位移 y 的变化情况反映出荷载 $P=1$ 移动时反力 R_B 的变化规律。虚位移图即代

表了 R_B 影响线的形状。如图 13-7(d)所示。

2. 弯矩影响线

作图 13-8(a)所示梁上截面 C 的弯矩影响线，首先解除 C 截面处与弯矩相应的约束，相当于在截面 C 处设置一个铰链，并以一对力 M_C 代替转动作用，如图 13-8(b)所示。使 AC、CB 沿 M_C 正向发生相对单位转角 1，得到图 13-8(c)所示的位移图，即为 M_C 的影响线。

由 $\delta_x=\alpha+\beta=1$，可以求出 A 点的值为 α，再根据几何比例可求得 C 点的值为 $\frac{ab}{l}$。

3. 剪力影响线

要绘制 C 截面剪力的影响线，则去掉相对应的约束，把 C 变成定向约束，用一对力 Q_C 代替剪切作用，如图 13-8(d)所示。使 C 沿 Q_C 正向发生相对单位位移 1，得到图 13-8(e)所示的位移图，即为 Q_C 的影响线。由于 C 点是定向约束，只能在竖向滑移，所以 C 左右两侧梁段的位移是保持平行的。C 点影响线的值可以根据这个条件，按几何比例求得。

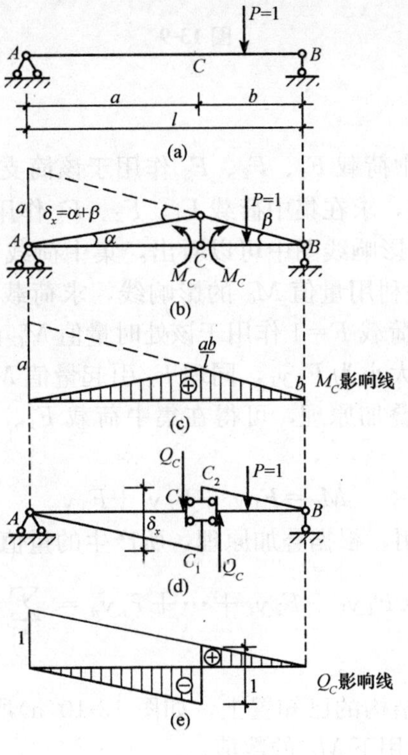

图 13-8

任务 13-3 影响线的应用

13.3.1 当荷载位置固定时求某量值

若已求得指定截面某量值的影响线，根据叠加原理，就可以求得固定荷载作用下该量值的大小。某简支梁截面 C 的弯矩影响线已求得，如图 13-9(b)所示，求固定荷载作用下的 M_C 值。

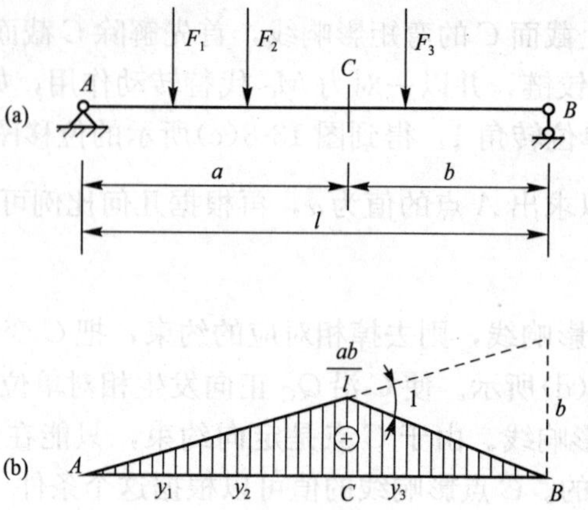

图 13-9

1. 集中荷载作用

现有一组位置固定的集中荷载 F_1、F_2、F_3 作用于该简支梁，如图 13-9(a)所示，利用图 13-9(b)所示的 M_C 影响线，求在集中荷载 F_1、F_2、F_3 作用下 M_C 的数值。

从图 13-9(b)所示的 M_C 影响线图中可以看出，集中荷载 F_1、F_2、F_3 作用点对应的纵坐标为 F_1、F_2、F_3，现要求利用量值 M_C 的影响线，求荷载作用下产生量值 M_C 的大小。由影响线的定义知，y_1 表示荷载 $F=1$ 作用于该处时量值 M_C 的大小，若荷载不是单位荷载而是 F_1，则引起量值 M_C 的大小为 F_1y_1，同理 F_2 引起量值 M_C 的大小为 F_2y_2，F_3 引起量值 M_C 的大小为 F_3y_3。根据叠加原理，可得在集中荷载 F_1、F_2、F_3 共同作用下 M_C 的数值为

$$M_C=F_1y_1+F_2y_2+F_3y_3$$

推广到 n 个荷载同时作用，根据叠加原理，所产生的量值 S 为

$$S=F_1y_1+F_2y_2+\cdots+F_ny_n=\sum_{i=1}^{n}F_iy_i \tag{13-8}$$

2. 分布荷载作用

现有均布荷载 q 作用于结构的已知置上，如图 13-10(a)所示，利用图 13-10(b)所示的 M_C 影响线求在均布荷载 q 作用下 M_C 的数值。

将均布荷载沿其长度方向划分为许多无穷小的微段 $\mathrm{d}x$，可将每一微段上的荷载 $q\mathrm{d}x$ 看成集中荷载，则其产生的量值 M_C 的大小为 $q\mathrm{d}x\cdot y$，则在 DE 段内分布荷载产生的量值 M_C 的大小为

$$M_C=\int_d^e q\mathrm{d}x\cdot y=q\int_d^e y\mathrm{d}x=q\int_d^e \mathrm{d}A=qA$$

一般情况下利用某量值的影响线求均布荷载作用下产生的量值 S 的计算公式为

$$S=qA \tag{13-9}$$

式中　A——均布荷载长度范围内影响线图形的面积。

若在该范围内影响线有正有负，则 A 应为正负面积的代数和。

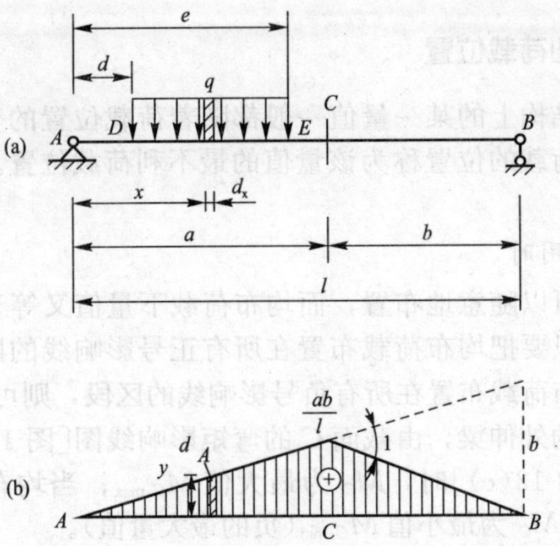

图 13-10

【例 13-2】 试利用影响线求图 13-11(a)所示悬臂梁在荷载作用下截面 E 的剪力和弯矩。

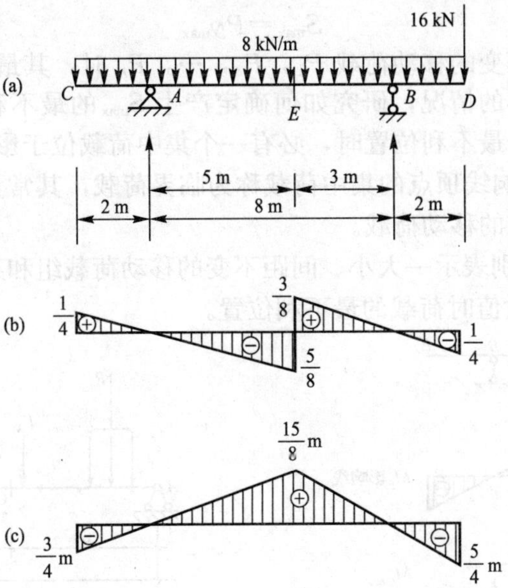

图 13-11

【解】 首先作出 F_{QE} 和 M_E 影响线，如图 13-11(b)、(c)所示；其次由叠加原理，利用式(13-8)和式(13-9)得

$$F_{QE}=8\times\left\{\left(\frac{1}{2}\times2\times\frac{1}{4}\right)+\left[\frac{1}{2}\times5\times\left(-\frac{5}{8}\right)\right]+\left(\frac{1}{2}\times3\times\frac{3}{8}\right)+\left[\frac{1}{2}\times2\times\left(-\frac{1}{4}\right)\right]\right\}+16\times\left(-\frac{1}{4}\right)=-12(\text{kN})$$

$$M_E=8\times\left\{\left[\frac{1}{2}\times2\times\left(-\frac{3}{4}\right)\right]+\left(\frac{1}{2}\times8\times\frac{15}{8}\right)+\left[\frac{1}{2}\times2\times\left(-\frac{5}{4}\right)\right]\right\}+16\times\left(-\frac{5}{4}\right)$$
$$=24(\text{kN}\cdot\text{m})$$

13.3.2 确定最不利荷载位置

在活荷载作用下，结构上的某一量值一般都随着荷载位置的变化而变化。使量值产生最大或最小值时，移动荷载的位置称为该量值的最不利荷载位置。下面对常见的情况进行讨论。

1. 移动均布荷载作用时

由于移动均布荷载可以随意地布置，而均布荷载下量值又等于荷载集度乘以其对应的影响线的面积，所以，只要把均布荷载布置在所有正号影响线的区段，就可以得到正的最大值；同样，只要把均布荷载布置在所有负号影响线的区段，则可以得到负的最大量值。

如图 13-12(a)所示的外伸梁，由截面 C 的弯矩影响线图[图 13-12(b)]可知，当均布荷载布满梁的 AB 段[图 13-12(c)]时，M_C 为最大值 $M_{C,\max}$；当均布荷载布满梁的 AD 段和 BE 段[图 13-12(d)]时，M_C 为最小值 $M_{C,\min}$(负的最大量值)。

2. 移动集中荷载作用时

单个移动荷载：当只有一个荷载 P 作用时，只要将力 P 移动到该量值 S 影响线的最大竖标即 $y_{\max}$处，即可得量值 $S_{\max}$，即

$$S_{\max}=Py_{\max} \tag{13-10}$$

若荷载为一组间距不变的移动荷载 P_1，P_2，…，P_n 时，其最不利荷载位置较难确定。下面仅就影响线为三角形的情况，研究如何确定产生 $S_{\max}$的最不利位置。首先给出一个有用的论断，即当荷载位于最不利位置时，必有一个集中荷载位于影响线的顶点位置(证明从略)，通常将这一位于影响线顶点的集中荷载称为临界荷载，其常为荷载密度集中数值最大并且靠近移动荷载的合力的移动荷载。

图 13-13(a)、(b)分别表示一大小、间距不变的移动荷载组和某一量值 S 的三角形影响线。现在来确定 S 有最大值时荷载的最不利位置。

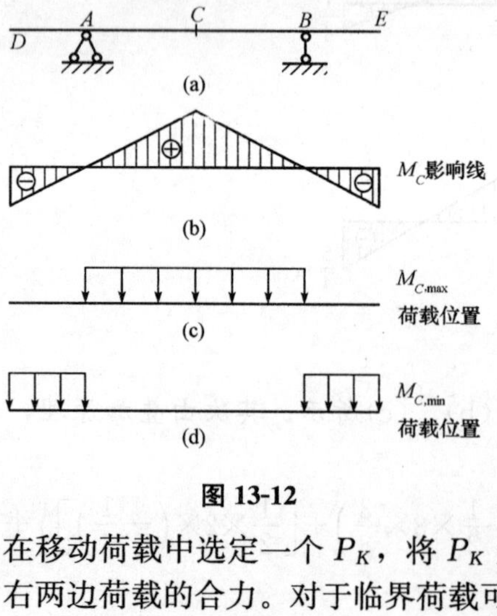

图 13-12

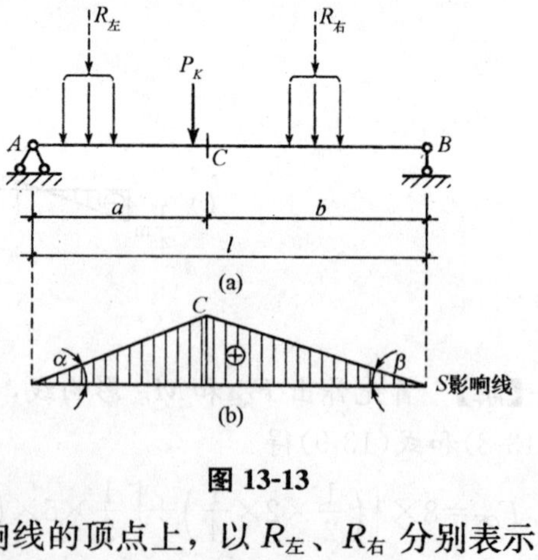

图 13-13

在移动荷载中选定一个 P_K，将 P_K 置于 S 影响线的顶点上，以 $R_左$、$R_右$ 分别表示 P_K 左、右两边荷载的合力。对于临界荷载可以用下面两个判别式来判定(推导从略)：

$$\left.\begin{aligned}\frac{R_左}{a}&<\frac{P_K+R_右}{b}\\ \frac{P_K+R_左}{a}&>\frac{R_右}{b}\end{aligned}\right\} \tag{13-11}$$

满足式(13-11)的 P_K 就是临界荷载。有时会出现多个满足式(13-11)的临界荷载，则分别求出每个临界荷载位于影响线顶点时的相应量值并进行比较，产生量值最大者的荷载位置就是最不利荷载位置。

【例 13-3】 图 13-14(a)所示为一跨度为 12 m 的简支式起重机梁，同时有两台起重机在其上工作。试求跨中截面 C 的最大弯矩 $M_{C,\max}$。

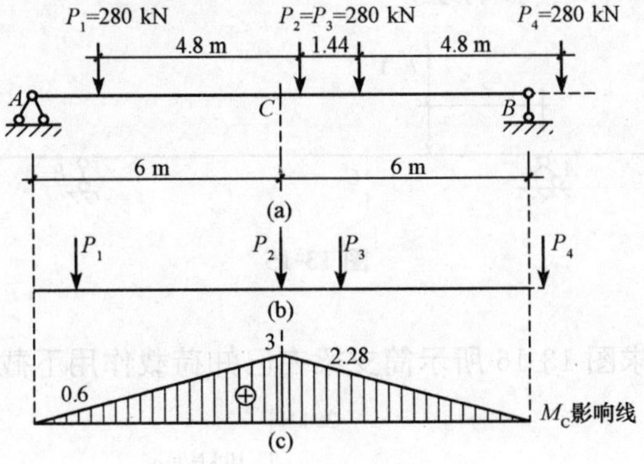

图 13-14

【解】 (1)作 M_C 影响线，如图 13-14(c)所示。

(2)判别临界荷载。由于当 P_2(或 P_3)位于影响线顶点[图 13-14(b)]时，有较多的荷载位于顶点附近和梁上(应注意 P_4 已不在 AB 梁上)，故可设 P_2(或 P_3)为临界荷载。由式(13-11)得：

$$\begin{cases} \dfrac{R_{左}}{a}=\dfrac{280}{6}<\dfrac{P_K+R_{右}}{b}=\dfrac{280+280}{6}=\dfrac{560}{6} \\ \dfrac{P_K+R_{左}}{a}=\dfrac{280+280}{6}=\dfrac{560}{6}>\dfrac{R_{右}}{b}=\dfrac{280}{6} \end{cases}$$

由计算结果可见，P_2 是临界荷载。

(3)计算 $M_{C,\max}$。P_1、P_2、P_3 作用点处所对应的 M_C 影响线上的竖标如图 13-14(c)所示。

$$M_{C,\max}=P_1y_1+P_2y_2+P_3y_3=280\times(0.6+3+2.28)=1\ 646.4(\text{kN}\cdot\text{m})$$

本章小结

本模块主要介绍了影响线的概念、单跨静定结构的影响线和影响线的应用，影响线可用于确定在多种载荷共同作用下的影响值，也可用于确定结构上移动载荷的最不利位置，所以，通过本模块的学习应学会绘制影响线，并通过影响线求量值和确定最不利荷载的位置。

复习思考题

1. 影响线的含义是什么？
2. 如何用静力法作单跨静定梁的影响线？

复习思考题参考答案

3. 如何用机动法作单跨静定梁的影响线？

习题

习题参考答案

1. 图 13-15 所示为伸臂梁。试作：(1)支座反为 R_A，R_B 的影响线；(2)跨内任一截面 C 的 M_C，V_C 影响线。

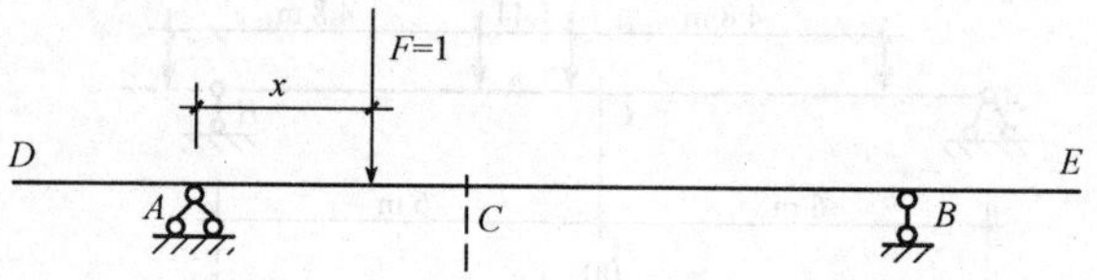

图 13-15

2. 试利用影响线，求图 13-16 所示简支梁在已知荷载作用下截面 C 的剪力 V_C 值。

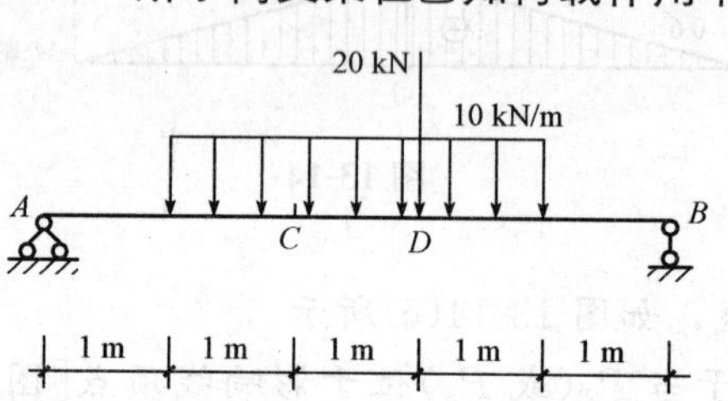

图 13-16

3. 利用影响线求图 13-17 所示的多跨静定梁的 K 点的弯矩 M_K。

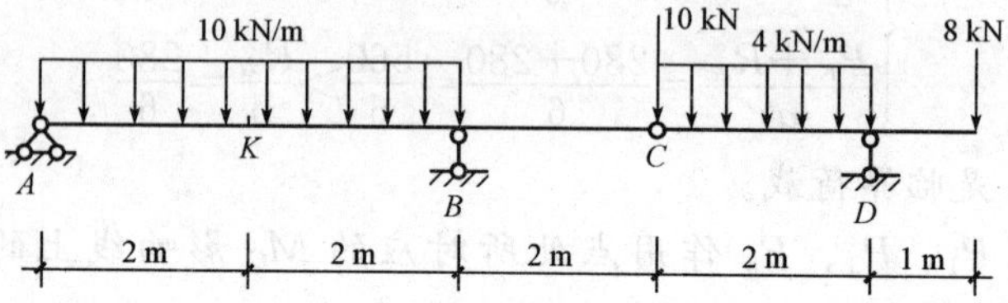

图 13-17

4. 求图 13-18 所示的简支梁在图示吊车梁作用下截面 K 的最大弯矩。

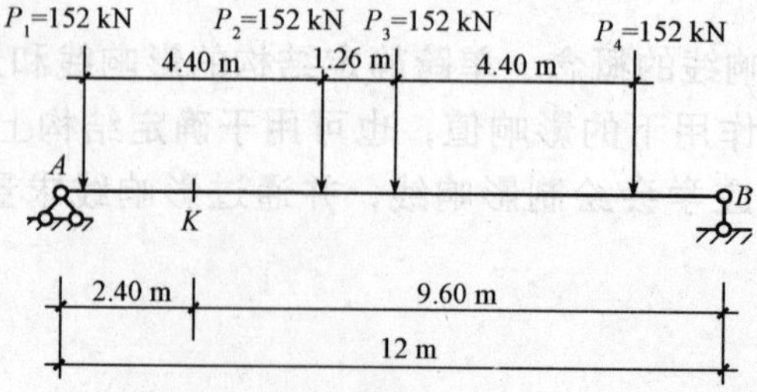

图 13-18

附录　热轧型钢常用参数表

附表 1　等边角钢截面尺寸、截面面积、理论质量及截面特性(GB/T 706—2016)

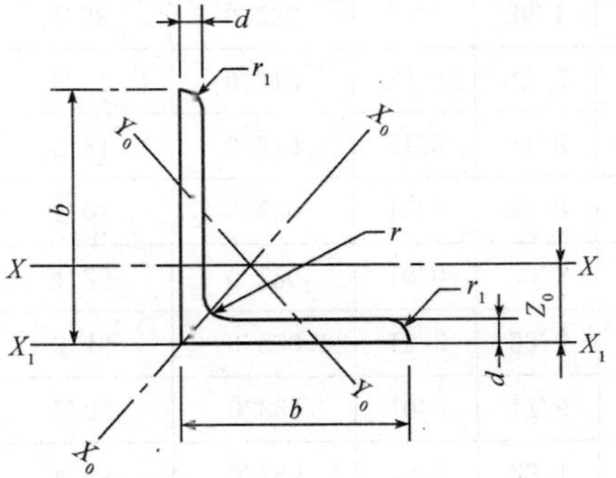

b——边宽度；
d——边厚度；
r——内圆弧半径；
r_1——边端圆弧半径；
Z_0——重心距离

等边角钢截面图

型号	截面尺寸/mm			截面面积/cm²	理论重量/(kg·m⁻¹)	外表面积/(m²·m⁻¹)	惯性矩/cm⁴				惯性半径/cm			截面模数/cm³			重心距离/cm
	b	d	r				x_z	I_{x1}	I_{x0}	I_{y0}	i_x	i_{x0}	i_{y0}	W_x	W_{x0}	W_{y0}	Z_0
2	20	3	3.5	1.132	0.89	0.078	0.40	0.81	0.63	0.17	0.59	0.75	0.39	0.29	0.45	0.20	0.60
		4		1.459	1.15	0.077	0.50	1.09	0.78	0.22	0.58	0.73	0.38	0.36	0.55	0.24	0.64
2.5	25	3		1.432	1.12	0.098	0.82	1.57	1.29	0.34	0.76	0.95	0.49	0.46	0.73	0.33	0.73
		4		1.859	1.46	0.097	1.03	2.11	1.62	0. 43	0.74	0, 93	0.48	0.59	0.92	0.40	0.76
3.0	30	3	4.5	1.749	1.37	0.117	1.46	2.71	2.31	0.61	0.91	1.15	0.59	0.68	1.09	0.51	0.85
		4		2.276	1.79	0.117	1.84	3.63	2.92	0.77	0.90	1.13	0.58	0.87	1.37	0.62	0.89
3.6	36	3		2.109	1.66	0.141	2.58	4.68	4.09	1.07	1.11	1.39	0.71	0.99	1.61	0.76	1.00
		4		2.756	2.16	0.141	3.29	6.25	5.22	1.37	1.09	1.38	0.70	1.28	2.05	0.93	1.04
		5		3.382	2.65	0.141	3.95	7.84	6.24	1.65	1.08	1.36	0.7	1.56	2.45	1.00	1.07

续表

型号	截面尺寸/mm			截面面积/cm²	理论重量/(kg·m⁻¹)	外表面积/(m²·m⁻¹)	惯性矩/cm⁴				惯性半径/cm			截面模数/cm³			重心距离/cm
	b	d	r				x_z	I_{x1}	I_{x0}	I_{y0}	i_x	i_{x0}	i_{y0}	W_x	W_{x0}	W_{y0}	Z_0
4	40	3	5	2.359	1.85	0.157	3.59	6.41	5.69	1.49	1.23	1.55	0.79	1.23	2.01	0.96	1.09
		4		3.086	2.42	0.157	4.60	8.56	7.29	1.91	1.22	1.54	0.79	1.60	2.58	1.19	1.13
		5		3.792	2.98	0.156	5.53	10.7	8.76	2.30	1.21	1.52	0.78	1.96	3.10	1.39	1.17
4.5	45	3		2.659	2.09	0.177	5.17	9.12	8.20	2.14	1.40	1.76	0.89	1.58	2.58	1.24	1.22
		4		3.486	2.74	0.177	6.65	12.2	10.6	2.75	1.38	1.74	0.89	2.05	3，32	1.54	1.26
		5		4.292	3.37	0.176	8.04	15.2	12.7	3.33	1.37	1.72	0.88	2.51	4.00	1.81	1.30
		6		5.077	3.99	0.176	9.33	18.4	14.8	3.89	1.36	1.70	0.80	2.95	4.64	2.06	1.33
5	50	3	5.5	2.971	2.33	0.197	7.18	12.5	11.4	2.98	1.55	1.96	1.00	1.96	3.22	1.57	1.34
		4		3.897	3.06	0.197	9.26	16.7	14.7	3.82	1.54	1.94	0.99	2.56	4.16	1.96	1.38
		5		4.803	3.77	0.196	11.2	20.9	17.8	4.64	1.53	1.92	0.98	3.13	5.03	2.31	1.42
		6		5.688	4.46	0.196	13.1	25.1	20.7	5.42	1.52	1.91	0.98	3.68	5.85	2.63	1.46
5.6	56	3	6	3.343	2.62	0.221	10.2	17.6	16.1	4.24	1.75	2.20	1.13	2.48	4.08	2.02	1.48
		4		4.39	3.45	0.220	13.2	23.4	20.9	5.46	1.73	2.18	1.11	3.24	5.28	2.52	1.53
		5		5.415	4.25	0.220	16.0	29.3	25.4	6.61	1.72	2.17	1.10	3.97	6.42	2.98	1.57
		6		6.42	5.04	0.220	18.7	35.3	29.7	7.73	1.71	2.15	1.10	4.68	7.49	3.40	1.61
		7		7.404	5.81	0.219	21.2	41.2	33.6	8.82	1.69	2.13	1.09	5.36	8.49	3.80	1.64
		8		8.367	6.57	0.219	23.6	47.2	37.4	9.89	1.68	2.11	1.09	6.03	9.44	4.16	1.68
6	60	5	6.5	5.829	4.58	0.236	19.9	36.1	31.6	8.21	1.85	2.33	1.19	4.59	7.44	3.48	1.67
		6		6.914	5.43	0.235	23.4	43.3	36.9	9.60	1.83	2.31	1.18	5.41	8.70	3.98	1.70
		7		7.977	6.26	0.235	26.4	50.1	41.9	11.0	1.82	2.29	1.17	6.21	9.88	4.45	1.74
		8		9.0Z	7.08	0.235	29.5	58.0	46.7	12.3	1.81	2.27	1.17	6.98	11.0	4.88	1.78

续表

型号	截面尺寸/mm			截面面积/cm²	理论重量/(kg·m⁻¹)	外表面积/(m²·m⁻¹)	惯性矩/cm⁴				惯性半径/cm			截面模数/cm³			重心距离/cm
	b	d	r				x_z	I_{x1}	I_{x0}	I_{y0}	i_x	i_{x0}	i_{y0}	W_x	W_{x0}	W_{y0}	Z_0
6.3	63	4	7	4.978	3.91	0.248	19.0	33.4	30.2	7.89	1.96	2.46	1.26	4.13	6.78	3.29	1.70
		5		6.143	4.82	0.248	23.2	41.7	36.8	9.57	1.94	2.45	1.25	5.08	8.25	3.90	1.74
		6		7.288	5.72	0.247	27.1	50.1	43.0	11.2	1.93	2.43	1.24	6.00	9.66	4.46	1.78
		7		8.412	6.60	0.247	30.9	58.6	49.0	12.8	1.92	2.41	1.23	6.88	11.0	4.98	1.82
		8		9.515	7.47	0.247	34.5	67.1	54.6	14.3	1.90	2.40	1.23	7.75	12.3	5.47	1.85
		10		11.66	9.15	0.246	41.1	84.3	64.9	17.3	1.88	2.36	1.22	9.39	14.6	6.36	1.93
7	70	4	8	5.570	4.37	0.275	26.4	45.7	41.8	11.0	2.18	2.74	1.40	5.14	8.44	4.17	1.86
		5		6.876	5.40	0.275	32.2	57.2	51.1	13.3	2.16	2.73	1.39	6.32	10.3	4.95	1.91
		6		8.160	6.41	0.275	37.8	68.7	59.9	15.6	2.15	2.71	1.38	7.48	12.1	5.67	1.95
		7		9.424	7.40	0.275	43.1	80.3	68.4	17.8	2.14	2.69	1.38	8.59	13.8	6.34	1.99
		8		10.67	8.37	0.274	48.2	91.9	76.4	20.0	2.12	2.68	1.37	9.68	15.4	6.98	2.03
7.5	75	5	9	7.412	5.82	0.295	40.0	70.6	63.3	16.6	2.33	2.92	1.50	7.32	11.9	5.77	2.04
		6		8.797	6.91	0.294	47.0	84.6	74.4	19.5	2.31	2.90	1.49	8.64	14.0	6.67	2.07
		7		10.16	7.98	0.294	53.6	98.7	85.0	22.2	2.30	2.89	1.48	9.93	16.0	7.44	2.11
		8		11.50	9.03	0.294	60.0	113	95.1	24.9	2.28	2.88	1.47	11.2	17.9	8.19	2.15
		9		12.83	10.1	0.294	66.1	127	105	27.5	2.27	2.86	1.46	12.4	19.8	8.89	2.18
		10		14.13	11.1	0.293	72.0	142	114	30.1	2.26	2.84	1.46	13.6	21.5	9.56	2.22
8	80	5		7.912	6.21	0.315	48.8	85.4	77.3	20.3	2.48	3.13	1.60	8.34	13.7	6.66	2.15
		6		9.397	7.38	0.314	57.4	103	91.0	23.7	2.47	3.11	1.59	9.87	16.1	7.65	2.19
		7		10.86	8.53	0.314	65.6	120	104	27.1	2.46	3.10	1.58	11.4	18.4	8.58	2.23
		8		12.30	9.66	0.314	73.5	137	117	30.4	2.44	3.08	1.57	12.8	20.6	9.46	2.27
		9		13.73	10.8	0.314	81.1	154	129	33.6	2.43	3.06	1.56	14.3	22.7	10.3	2.31
		10		15.13	11.9	0.313	88.4	172	140	36.8	2.42	3.04	1.56	15.6	24.8	11.1	2.35

续表

型号	截面尺寸/mm			截面面积/cm²	理论重量/(kg·m^{-1})	外表面积/(m²·m^{-1})	惯性矩/cm⁴				惯性半径/cm			截面模数/cm³			重心距离/cm
	b	d	r				x_z	I_{x1}	I_{x0}	I_{y0}	i_x	i_{x0}	i_{y0}	W_x	W_{x0}	W_{y0}	Z_0
9	90	6	10	10.64	8.35	0.354	82.8	146	131	34.3	2.79	3.51	1.80	12.6	20.6	9.95	2.44
		7		12.30	9.66	0.354	94.8	170	150	39.2	2.78	3.50	1.78	14.5	23.6	11.2	2.48
		8		13.94	10.9	0.353	106	195	169	44.0	2.76	3.48	1.78	16.4	26.6	12.4	2.52
		9		15.57	12.2	0.353	118	219	187	48.7	2.75	3.46	1.77	18.3	29.4	13.5	2.56
		10		17.17	13.5	0.353	129	244	204	53.3	2.74	3.45	1.76	20.1	32.0	14.5	2.59
		12		20.31	15.9	0.352	149	294	236	62.2	2.71	3.41	1.75	23.6	37.1	16.5	2.67
10	100	6	12	11.93	9.37	0.393	115	200	182	47.9	3.10	3.90	2.00	15.7	25.7	12.7	2.67
		7		13.80	10.8	0.393	132	234	209	54.7	3.09	3.89	1.99	18.1	29.6	14.3	2.71
		8		15.64	12.3	0.393	148	267	235	61.4	3.08	3.88	1.98	20.5	33.2	15.8	2.76
		9		17.46	13.7	0.392	164	300	260	68.0	3.07	3.86	1.97	22.8	36.8	17.2	2.80
		10		19.26	15.1	0.392	180	334	285	74.4	3.05	3.84	1.96	25.1	40.3	18.5	2.84
		12		22.80	17.9	0.391	209	402	331	86.8	3.03	3.81	1.95	29.5	46.8	21.1	2.91
		14		26.26	20.6	0.391	237	471	374	99.0	3.00	3.77	1.94	33.7	52.9	23.4	2.99
		16		29.63	23.3	0.390	263	540	414	111	2.98	3.74	1.94	37.8	58.6	25.6	3.06
11	110	7	12	15.20	11.9	0.433	177	311	281	73.4	3.41	4.30	2.20	22.1	36.1	17.5	2.96
		8		17.24	13.5	0.433	199	355	316	82.4	3.40	4.28	2.19	25.0	40.7	19.4	3.01
		10		21.26	16.7	0.432	242	445	384	100	3.38	4.25	2.17	30.6	49.4	22.9	3.09
		12		25.20	19.8	0.431	283	535	448	117	3.35	4.22	2.15	36.1	57.6	26.2	3.16
		14		29.06	22.8	0.431	321	625	508	133	3.32	4.18	2.14	41.3	65.3	29.1	3.24

续表

型号	截面尺寸/mm			截面面积/cm²	理论重量/(kg·m⁻¹)	外表面积/(m²·m⁻¹)	惯性矩/cm⁴				惯性半径/cm			截面模数/cm³			重心距离/cm
	b	d	r				x_z	I_{x1}	I_{x0}	I_{y0}	i_x	i_{x0}	i_{y0}	W_x	W_{x0}	W_{y0}	Z_0
12.5	125	8	14	19.75	15.5	0.492	297	521	471	123	3.88	4.88	2.50	32.5	53.3	25.9	3.37
		10		24.37	19.1	0.491	362	652	574	149	3.85	4.85	2.48	40.0	64.9	30.6	3.45
		12		28.91	22.7	0.491	4? .3	783	671	175	3.83	4.82	2.46	41.2	76.0	35.0	3.53
		14		33.37	26.2	0.490	482	916	764	200	3.80	4.78	2.45	54.2	86.4	39.1	3.61
		16		37.74	29.6	0.489	537	1 050	851	224	3.77	4.75	2.43	60.9	96.3	43.0	3.68
14	140	10		27.37	21.5	0.551	515	915	817	212	4.34	5.46	2.78	50.6	82.6	39.2	3.82
		12		32.51	25.5	0.551	604	1 100	959	249	4.31	5.43	2.76	59.8	96.9	45.0	3.90
		14		37.57	29.5	0.550	689	1 280	1 090	284	4.28	5.40	2.75	68.8	110	50.5	3.98
		16		42.54	33.4	0.549	770	1 470	1 220	319	4.26	5.36	2.74	77.5	123	55.6	4.06
15	150	8		23.75	18.6	0.592	521	900	827	215	4.69	5.90	3.01	47.4	78.0	38.1	3.99
		10		29.37	23.1	0.591	638	1 130	1 010	262	4.66	5.87	2.99	58.4	95.5	45.5	4.08
		12		34.91	27.4	0.591	749	1 350	1 190	308	4.63	5.84	2.97	69.0	112	52.4	4.15
		14		40.37	31.7	0.590	856	1 580	1 360	352	4.60	5.80	2.95	79.5	128	58.8	4.23
		15		43.06	33.8	0.590	907	1 690	1 440	374	4.59	5.78	2.95	84.6	136	61.9	4.27
		16		45.74	35.9	0.589	958	1 810	1 520	395	4.58	5.77	2.94	89.6	143	64.9	4.31
16	160	10	16	31.50	24.7	0.630	780	1 370	1 240	322	4.98	6.27	3.20	66.7	109	52.8	4.31
		12		37.44	29.4	0.630	917	1 640	1 460	377	4.95	6.24	3.18	79.0	129	60.7	4.39
		14		43.30	34.0	0.629	1 050	1 910	1 670	432	4.92	6.20	3.16	91.0	147	68.2	4.47
		16		49.07	38.5	0.629	1 180	2 190	1 870	485	4.89	6.17	3.14	103	165	75.3	4.55
18	180	12		42.24	33.2	0.710	1 320	2 330	2 100	543	5.59	7.05	3.58	101	165	78.4	4.89
		14		48.90	38.4	0.709	1 510	2 720	2 410	622	5.56	7.02	3.56	116	189	88.4	4.97
		16		55.47	43.5	0.709	1 700	3 120	2 700	699	5.54	6.98	3.55	131	212	97.8	5.05
		18		61.96	48.6	0.708	1 880	3 500	2 990	762	5.50	6.94	3.51	146	235	105	5.13

续表

型号	截面尺寸/mm			截面面积/cm²	理论重量/(kg·m⁻¹)	外表面积/(m²·m⁻¹)	惯性矩/cm⁴				惯性半径/cm			截面模数/cm³			重心距离/cm
	b	d	r				x_z	I_{x1}	I_{x0}	I_{y0}	i_x	i_{x0}	i_{y0}	W_x	W_{x0}	W_{y0}	Z_0
20	200	14	18	54.64	48.9	0.788	2 100	3 730	3 340	864	6.20	7.82	3.98	145	236	112	5.46
		16		62.01	48.7	0.788	2 370	4 270	3 760	971	6.18	7.79	3.96	164	266	124	5.54
		18		69.30	54.4	0.787	2 620	4 810	4 160	1 080	6.15	7.75	3.94	182	294	136	5.62
		20		76.51	60.1	0.787	2 870	5 350	4 550	1 180	6.12	7.72	3.93	200	322	147	5.69
		24		90.66	71.2	0.785	3 340	6 460	5 290	1 380	6.07	7.64	3.90	236	374	167	5.87
22	220	16	21	68.67	53.9	0.866	3 190	5 680	5 060	1 310	6.81	8.59	4.37	200	326	154	6.03
		18		76.75	60.3	0.866	3 540	6 400	5 620	1 450	6.79	8.55	4.35	223	361	168	6.11
		20		84.76	66.5	0.865	3 870	7 110	6 150	1 590	6.76	8.52	4.34	245	395	182	6.18
		22		92.68	72.8	0.865	4 200	7 830	6 670	1 730	6.73	8.48	4.32	267	429	195	6.26
		24		100.5	78.9	0.864	4 520	8 550	7 170	1 870	6.71	8.45	4.31	289	461	208	6.33
		26		108.3	85.0	0.864	4 830	9 280	7 690	2 000	6.68	8.41	4.30	310	492	221	6.41
25	250	18	24	87.84	69.0	0.985	5 270	9 380	8 370	2 170	7.75	9.76	4.97	290	473	224	6.84
		20		97.05	76.2	0.984	5 780	10 400	9 180	2 380	7.72	9.73	4.95	320	519	243	6.92
		22		106.2	83.3	0.983	6 280	11 500	9 970	2 580	7.69	9.69	4.93	349	564	261	7.00
		24		115.2	90.4	0.983	6 770	12 500	10 700	2 790	7.67	9.66	4.92	378	608	278	7.07
		26		124.2	97.5	0.982	7 240	13 600	11 500	2 980	7.64	9.62	4.90	406	650	295	7.15
		28		133.0	104	0.982	7 700	14 600	12 200	3 180	7.61	9.58	4.89	433	691	311	7.22
		30		141.8	111	0.981	8 160	15 700	12 900	3 380	7.58	9.55	4.88	461	731	327	7.30
		32		150.5	118	0.981	8 600	16 800	13 600	3 570	7.56	9.51	4.87	488	770	342	7.37
		35		163.4	128	0.980	9 240	18 400	14 600	3 850	7.52	9.46	4.86	527	827	364	7.48

注：截面图中的 $r_1=1/3d$ 及表中 r 的数据用于孔型设计，不做交货条件。

附表 2　不等边角钢截面尺寸、截面面积、理论重量及截面特性(GB/T 706—2016)

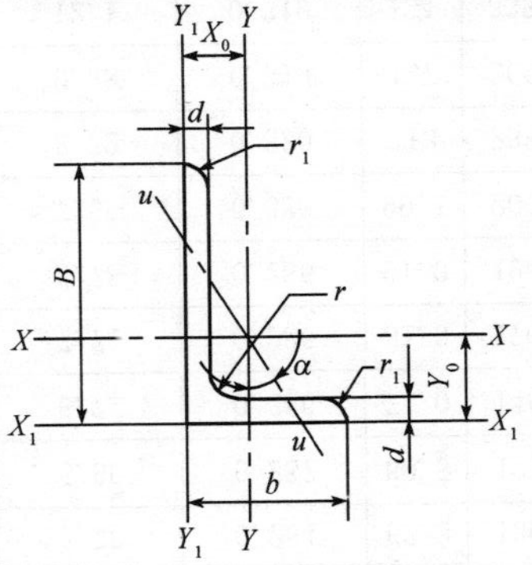

B——长边宽度；
b——短边宽度；
d——边厚度；
r——内圆弧半径；
r_1——边端圆弧半径；
X_0——重心距离；
Y_0——重心距离

不等边角钢截面图

型号	截面尺寸/mm				截面面积/cm²	理论重量/(kg·m⁻¹)	外表面积/(m²·m⁻¹)	惯性矩/cm⁴					惯性半径/cm			截面模数/cm³			tanα	重心距离/cm	
	B	b	d	r				I_x	I_{x1}	I_y	I_{y1}	I_u	i_x	i_y	i_u	W_x	W_y	W_u		X_0	Y_0
2.5/1.6	25	16	3	3.5	1.162	0.91	0.080	0.70	1.56	0.22	0.43	0.14	0.78	0.44	0.34	0.43	0.19	0.16	0.392	0.42	0.85
			4		1.499	1.18	0.079	0.88	2.09	0.27	0.59	0.17	0.77	0.43	0.34	0.55	0.24	0.20	0.381	0.46	0.90
3.2/2	32	20	3		1.492	1.17	0.102	1.53	3.27	0.46	0.82	0.28	1.01	0.55	0.43	0.72	0.30	0.25	0.382	0.43	1.08
			4		1.939	1.52	0.101	1.93	4.37	0.57	1.12	0.35	1.00	0.54	0.42	0.93	0.39	0.32	0.374	0.53	1.12
4/2.5	40	25	3	4	1.890	1.48	0.127	3.08	5.39	0.93	1.59	0.56	1.28	0.70	0.54	1.15	0.49	0.40	0.385	0.59	1.32
			4		2.467	1.94	0.127	3.93	8.53	1.18	2.14	0.71	1.36	0.69	0.54	1.49	0.63	0.52	0.381	0.63	1.37
4.5/2.8	45	28	3	5	2.149	1.69	0.143	4.45	9.10	1.34	2.23	0.80	1.44	0.79	0.61	1.47	0.62	0.51	0.383	0.64	1.47
			4		2.806	2.20	0.143	5.69	12.1	1.70	3.00	1.02	1.42	0.78	0.60	1.91	0.80	0.66	0.380	0.68	1.51
5/3.2	50	32	3	5.5	2.431	1.91	0.161	6.24	12.5	2.02	3.31	1.20	1.60	0.91	0.70	1.84	0.82	0.68	0.404	0.73	1.60
			4		3.177	2.49	0.160	8.02	16.7	2.58	4.45	1.53	1.59	0.90	0.69	2.39	1.06	0.87	0.402	0.77	1.65
5.6/3.6	56	36	3	6	2.743	2.15	0.181	8.88	17.5	2.92	4.7	1.73	1.80	1.03	0.79	2.32	1.05	0.87	0.408	0.80	1.78
			4		3.590	2.82	0.180	11.5	23.4	3.76	6.33	2.23	1.79	1.02	0.79	3.03	1.37	1.13	0.408	0.85	1.82
			5		4.415	3.47	0.180	13.9	29.3	4.49	7.94	2.67	1.77	1.01	0.78	3.71	1.65	1.36	0.404	0.88	1.87

续表

型号	截面尺寸/mm				截面面积/ cm^2	理论重量/ $(kg\cdot m^{-1})$	外表面积/ $(m^2\cdot m^{-1})$	惯性矩/cm^4					惯性半径/cm			截面模数/cm^3			tanα	重心距离/cm	
	B	b	d	r				I_x	I_{x1}	I_y	I_{y1}	I_u	i_x	i_y	i_u	W_x	W_y	W_u		X_0	Y_0
6.3/4	63	40	4	7	4.058	3.19	0.202	16.5	33.3	5.23	8.63	3.12	2.02	1.14	0.88	3.87	1.70	1.40	0.398	0.92	2.04
			5		4.993	3.92	0.202	20.0	41.6	6.31	10.9	3.76	2.00	1.12	0.87	4.74	2.07	1.71	0.396	0.95	2.08
			6		5.908	4.64	0.201	23.4	50.0	7.29	13.1	4.34	1.96	1.11	0.86	5.59	2.43	1.99	0.393	0.99	2.12
			7		6.802	5.34	0.201	26.5	58.1	8.24	15.5	4.97	1.98	1.10	0.86	6.40	2.78	2.29	0.389	1.03	2.15
7/4.5	70	45	4	7.5	4.553	3.57	0.226	23.2	45.9	7.55	12.3	4.40	2.26	1.29	0.98	4.86	2.17	1.77	0.410	1.02	2.24
			5		5.609	4.40	0.225	28.0	57.1	9.13	15.4	5.40	2.23	1.28	0.98	5.92	2.65	2.19	0.407	1.06	2.28
			6		6.644	5.22	0.225	32.5	68.4	10.6	18.6	6.35	2.21	1.26	0.98	6.95	3.12	2.59	0.404	1.09	2.32
			7		7.658	6.01	0.225	37.2	80.0	12.0	21.8	7.16	2.20	1.25	0.97	8.03	3.57	2.94	0.402	1.13	2.36
7.5/5	75	50	5	8	6.126	4.81	0.245	34.9	70.0	12.6	21.0	7.41	2.39	1.44	1.10	6.83	3.3	2.74	0.435	1.17	2.40
			6		7.260	5.70	0.245	41.1	84.3	14.7	25.4	8.54	2.38	1.42	1.08	8.12	3.88	3.19	0.435	1.21	2.44
			8		9.467	7.43	0.244	52.4	113	18.5	34.2	10.9	2.35	1.40	1.07	10.5	4.99	4.10	0.429	1.29	2.52
			10		11.59	9.10	0.244	62.7	141	22.0	43.4	13.1	2.33	1.38	1.06	12.8	6.04	4.99	0.423	1.36	2.60
8/5	80	50	5		6.376	5.00	0.255	42.0	85.2	12.8	21.1	7.66	2.56	1.42	1.10	7.78	3.32	2.74	0.388	1.14	2.60
			6		7.560	5.93	0.255	49.5	103	15.0	25.4	8.85	2.56	1.41	1.08	9.25	3.91	3.20	0.387	1.18	2.65
			7		8.724	6.85	0.255	56.2	119	17.0	29.8	10.2	2.54	1.39	1.08	10.6	4.48	3.70	0.384	1.21	2.69
			8		9.867	7.75	0.254	62.8	136	18.9	34.3	11.4	2.52	1.38	1.07	11.9	5.03	4.16	0.381	1.25	2.73
9/5.6	90	56	5	9	7.212	5.66	0.287	60.5	121	18.3	29.5	11.0	2.90	1.59	1.23	9.92	4.21	3.49	0.385	1.25	2.91
			6		8.557	6.72	0.286	71.0	146	21.4	35.6	12.9	2.88	1.58	1.23	11.7	4.96	4.13	0.384	1.29	2.95
			7		9.881	7.76	0.286	81.0	170	24.4	41.7	14.7	2.86	1.57	1.22	13.5	5.70	4.72	0.382	1.33	3.00
			8		11.18	8.78	0.286	91.0	194	27.2	47.9	16.3	2.85	1.56	1.21	15.3	6.41	5.29	0.380	1.36	3.04
10/6.3	100	63	6	10	9.618	7.55	0.320	99.1	200	30.9	50.5	18.4	3.21	1.79	1.38	14.6	6.35	5.25	0.394	1.43	3.24
			7		11.11	8.72	0.320	113	233	35.3	59.1	21.0	3.20	1.78	1.38	16.9	7.29	6.02	0.394	1.47	3.28
			8		12.58	9.88	0.319	127	266	39.4	67.9	23.5	3.18	1.77	1.37	19.1	8.21	6.78	0.391	1.50	3.32
			10		15.47	12.1	0.319	154	333	47.1	85.7	28.3	3.15	1.74	1.35	23.3	9.98	8.24	0.387	1.58	3.40

续表

型号	截面尺寸/mm				截面面积/cm²	理论重量/(kg·m⁻¹)	外表面积/(m²·m⁻¹)	惯性矩/cm⁴					惯性半径/cm			截面模数/cm³			tanα	重心距离/cm	
	B	b	d	r				I_x	I_{x1}	I_y	I_{y1}	I_u	i_x	i_y	i_u	W_x	W_y	W_u		X_0	Y_0
10/8	100	80	6	10	10.64	8.35	0.354	107	200	61.2	103	31.7	3.17	2.40	1.72	15.2	10.2	8.37	0.627	1.97	2.95
			7		12.30	9.66	0.354	123	233	70.1	120	36.2	3.16	2.39	1.72	17.5	11.7	9.60	0.626	2.01	3.00
			8		13.94	10.9	0.353	138	267	78.6	137	40.6	3.14	2.37	1.71	19.8	13.2	10.8	0.625	2.05	3.04
			10		17.17	13.5	0.353	167	334	94.7	172	49.1	3.12	2.35	1.69	24.2	16.1	13.1	0.622	2.13	3.12
11/7	110	70	6	10	10.64	8.35	0.354	133	266	42.9	69.1	25.4	3.54	2.01	1.54	17.9	7.90	6.53	0.403	1.57	3.53
			7		12.30	9.66	0.354	153	310	49.0	80.8	29.0	3.53	2.00	1.53	20.6	9.09	7.50	0.402	1.61	3.57
			8		13.94	10.9	0.353	172	354	54.9	92.7	32.5	3.51	1.98	1.53	23.3	10.3	8.45	0.401	1.65	3.62
			10		17.17	13.5	0.353	208	443	65.9	117	39.2	3.48	1.96	1.51	28.5	12.5	10.3	0.397	1.72	3.70
12.5/8	125	80	7	11	14.10	11.1	0.403	228	455	74.4	120	43.8	4.02	2.30	1.76	26.9	12.0	9.92	0.408	1.80	4.01
			8		15.99	12.6	0.403	257	520	83.5	138	49.2	4.01	2.28	1.75	30.4	13.6	11.2	0.407	1.84	4.06
			10		19.71	15.5	0.402	312	650	101	173	59.5	3.98	2.26	1.74	37.3	16.6	13.6	0.404	1.92	4.14
			12		23.35	18.3	0.402	364	780	117	210	69.4	3.95	2.24	1.72	44.0	19.4	16.0	0.400	2.00	4.22
14/9	140	90	8	12	18.04	14.2	0.453	366	731	121	196	70.8	4.50	2.59	1.98	38.5	17.3	14.3	0.411	2.04	4.50
			10		22.26	17.5	0.452	446	913	140	246	85.8	4.47	2.56	1.96	47.3	21.2	17.5	0.409	2.12	4.58
			12		26.40	20.7	0.451	522	1 100	170	297	100	4.44	2.54	1.95	55.9	25.0	20.5	0.406	2.19	4.66
			14		30.46	23.9	0.451	594	1 280	192	349	114	4.42	2.51	1.94	64.2	28.5	23.5	0.403	2.27	4.74
15/9	140	90	8	12	18.84	14.8	0.473	442	898	123	196	74.1	4.84	2.55	1.98	43.9	17.5	14.5	0.364	1.97	4.92
			10		23.26	18.3	0.472	539	1 120	149	246	89.9	4.81	2.53	1.97	54.0	21.4	17.7	0.362	2.05	5.01
			12		27.60	21.7	0.471	632	1 350	173	297	105	4.79	2.50	1.95	63.8	25.1	20.8	0.359	2.12	5.09
			14		31.86	25.0	0.471	721	1 570	196	350	120	4.76	2.48	1.94	73.3	28.8	23.8	0.356	2.20	5.17
			15		33.95	26.7	0.471	764	1 680	207	376	127	4.74	2.47	1.93	78.0	30.5	25.3	0.354	2.24	5.21
			16		36.03	28.3	0.470	806	1 800	217	403	134	4.73	2.45	1.93	82.6	32.3	26.8	0.352	2.27	5.25

续表

型号	截面尺寸/mm				截面面积/	理论重量/	外表面积/	惯性矩/cm^4					惯性半径/cm			截面模数/cm^3			tanα	重心距离/cm	
	B	b	d	r	cm^2	$(kg \cdot m^{-1})$	$(m^2 \cdot m^{-1})$	I_x	I_{x1}	I_y	I_{y1}	I_u	i_x	i_y	i_u	W_x	W_y	W_u		X_0	Y_0
16/10	160	100	10	13	25.32	19.9	0.512	669	1 360	205	337	122	5.14	2.85	2.19	62.1	26.6	21.9	0.390	2.28	5.24
			12		30.05	23.6	0.511	785	1 640	239	406	142	5.11	2.82	2.17	73.5	31.3	25.8	0.388	2.36	5.32
			14		34.71	27.2	0.510	896	1 910	271	476	162	5.08	2.80	2.16	84.6	35.8	29.6	0.385	2.43	5.40
			16		39.28	30.8	0.510	1 000	2 180	302	548	183	5.05	2.77	2.16	95.3	40.2	33.4	0.382	2.51	5.48
18/11	180	110	10	14	28.37	22.3	0.571	956	1 940	278	447	167	5.80	3.13	2.42	79.0	32.5	26.9	0.376	2.44	5.89
			12		33.71	26.5	0.571	1 120	2 330	325	539	195	5.78	3.10	2.40	93.5	38.3	31.7	0.374	2.52	5.98
			14		38.97	30.6	0.570	1 290	2 720	370	632	222	5.75	3.08	2.39	108	44.0	36.3	0.372	2.59	6.06
			16		44.14	34.6	0.569	1 440	3 110	412	726	249	5.72	3.06	2.38	122	49.4	40.9	0.369	2.67	6.14
20/12.5	200	125	12		37.91	29.8	0.641	1 570	3 190	483	788	286	6.44	3.57	2.74	117	50.0	41.2	0.392	2.83	6.54
			14		43.87	34.4	0.640	1 800	3 730	551	922	327	6.41	3.54	2.73	135	57.4	47.3	0.390	2.91	6.62
			16		49.74	39.0	0.639	2 020	4 260	615	1 060	366	6.38	3.52	2.71	152	64.9	53.3	0.388	2.99	6.70
			18		55.53	43.6	0.639	2 240	4 790	677	1 200	405	6.35	3.49	2.70	169	71.7	59.2	0.385	3.06	6.78

注：截面图中的 $r_1=1/3d$ 及表中 r 的数据用于孔型设计，不做交货条件。

附表 3　工字钢截面尺寸、截面面积、理论质量及截面特性(GB/T 706—2016)

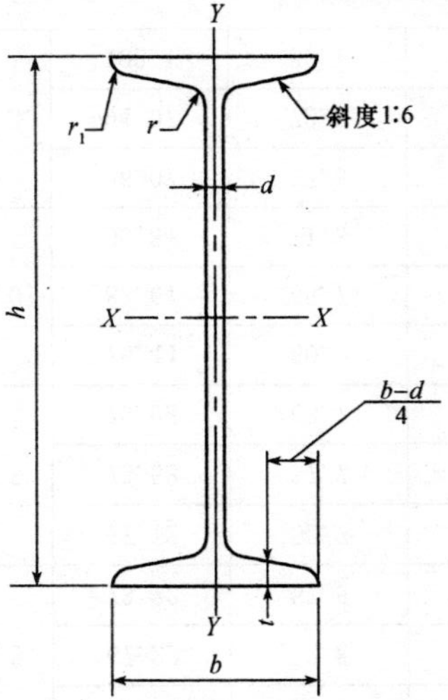

h——高度；
b——腿宽度；
d——腰厚度；
t——平均腿厚度；
r——内圆弧半径；
r_1——腿端圆弧半径

工字钢截面图

型号	截面尺寸/mm						截面面积/	理论重量/	外表面积/	惯性矩/cm^4		惯性半径/cm		截面模数/cm^3	
	h	b	d	t	r	r_1	cm^2	$(kg \cdot m^{-1})$	$(m^2 \cdot m^{-1})$	x_z	I_y	i_x	i_y	W_x	W_y
10	100	68	4.5	7.6	6.5	3.3	14.33	11.3	0.432	245	33.0	4.14	1.52	49.0	9.72
12	120	74	5.0	8.4	7.0	3.5	17.80	14.0	0.493	436	46.9	4.95	1.62	72.7	12.7
12.6	126	74	5.0	8.4	7.0	3.5	18.10	14.2	0.505	488	46.9	5.20	1.61	77.5	12.7
14	140	80	5.5	9.1	7.5	3.8	21.50	16.9	0.553	712	64.4	5.76	1.73	102	16.1
16	160	88	6.0	9.9	8.0	4.0	26.11	20.5	0.621	1 130	93.1	6.58	1.89	141	21.2
18	180	94	6.5	10.7	8.5	4.3	30.74	24.1	0.681	1 660	122	7.36	2.00	185	26.0
20a	200	100	7.0	11.4	9.0	4.5	35.55	27.9	0.742	2 370	158	8.15	2.12	237	31.5
20b		102	9.0				39.55	31.1	0.746	2 500	169	7.96	2.06	250	33.1

续表

型号	截面尺寸/mm						截面面积/cm²	理论重量/(kg·m⁻¹)	外表面积/(m²·m⁻¹)	惯性矩/cm⁴		惯性半径/cm		截面模数/cm³	
	h	b	d	t	r	r_1				x_z	I_y	i_x	i_y	W_x	W_y
22a	220	110	7.5	12.3	9.5	4.8	42.10	33.1	0.817	3 400	225	8.99	2.31	309	40.9
22b		112	9.5				46.50	36.5	0.821	3 570	239	8.78	2.27	325	42.7
24a	240	116	8.0	13.0	10.0	5.0	47.71	37.5	0.878	4 570	280	9.77	2.42	381	48.4
24b		118	10.0				52.51	41.2	0.882	4 800	297	9.57	2.38	400	50.4
25a	250	116	8.0				48.51	38.1	0.898	5 020	280	10.2	2.40	402	48.3
25b		118	10.0				53.51	42.0	0.902	5 280	309	9.94	2.40	423	52.4
27a	270	116	8.0	13.7	10.5	5.3	54.52	42.8	0.958	6 550	345	10.9	2.51	485	56.6
27b		118	10.0				59.92	47.0	0.962	6 870	366	10.7	2.47	509	58.9
28a	280	122	8.5				55.37	43.5	0.978	7 110	345	11.3	2.50	508	56.6
28b		124	10.5				60.97	47.9	0.982	7 480	379	11.1	2.49	534	61.2
30a	300	126	9.0	14.4	11.0	5.5	61.22	48.1	1.031	8 950	400	12.1	2.55	597	63.5
30b		128	11.0				67.22	52.8	1.035	9 400	422	11.8	2.50	627	65.9
30c		130	13.0				73.22	57.5	1.039	9 850	445	11.6	2.46	657	68.5
32a	320	130	9.5	15.0	11.5	5.8	67.12	52.7	1.084	11 100	460	12.8	2.62	692	70.8
32b		132	11.5				73.52	57.7	1.088	11 600	502	12.6	2.61	726	76.0
32c		134	13.5				79.92	62.7	1.092	12 200	544	12.3	2.61	760	81.2
36a	360	136	10.0	15.8	12.0	6.0	76.44	60.0	1.185	15 800	552	14.4	2.69	875	81.2
36b		138	12.0				83.64	65.7	1.189	16 500	582	14.1	2.64	919	84.3
36c		140	14.0				90.84	71.3	1.193	17 300	612	13.8	2.60	962	87.4
40a	400	142	10.5	16.5	12.5	6.3	86.07	67.6	1.285	21 700	660	15.9	2.77	1 090	93.2
40b		144	12.5				94.07	73.8	1.289	22 800	692	15.6	2.71	1 140	96.2
40c		146	14.5				102.1	80.1	1.293	23 900	727	15.2	2.65	1 190	99.6

续表

型号	截面尺寸/mm						截面面积/cm^2	理论重量/(kg·m^{-1})	外表面积/(m^2·m^{-1})	惯性矩/cm^4		惯性半径/cm		截面模数/cm^3	
	h	b	d	t	r	r_1				x_z	I_y	i_x	i_y	W_x	W_y
45a		150	11.5				102.4	80.4	1.411	32 200	855	17.7	2.89	1 430	114
45b	450	152	13.5	18.0	13.5	6.8	111.4	87.4	1.415	33 800	894	17.4	2.84	1 500	118
45c		154	15.5				120.4	94.5	1.419	35 300	938	17.1	2.79	1 570	122
50a		158	12.0				119.2	93.6	1.539	46 500	1 120	19.7	3.07	1 860	142
50b	500	160	14.0	20.0	14.0	7.0	129.2	101	1.543	48 600	1 170	19.4	3.01	1 940	146
50c		162	16.0				139.2	109	1.547	50 600	1 220	19.0	2.96	2 080	151
55a		166	12.5				134.1	105	1.667	62 900	1 370	21.6	3.19	2 290	164
55b	550	168	14.5				145.1	114	1.671	65 600	1 420	21.2	3.14	2 390	170
55c		170	16.5	21.0	14.5	7.3	156.1	123	1.675	68 400	1 480	20.9	3.08	2 490	175
56a		166	12.5				135.4	106	1.687	65 600	1 370	22.0	3.18	2 340	165
56b	560	168	14.5				146.6	115	1.691	68 500	1 490	21.6	3.16	2 450	174
56c		170	16.5				157.8	124	1.695	71 400	1 560	21.3	3.16	2 550	183
63a		176	13.0				154.6	121	1.862	93 900	1 700	24.5	3.31	2 980	193
63b	630	178	15.0	22.0	15.0	7.5	167.2	131	1.866	98 100	1 810	24.2	3.29	3 160	204
63c		180	17.0				179.8	141	1.870	102 000	1 920	23.8	3.27	3 300	214

注：表中 r、r_1 的数据用于孔型设计，不做交货条件。

附表 4　槽钢截面尺寸、截面面积、理论质量及截面特性

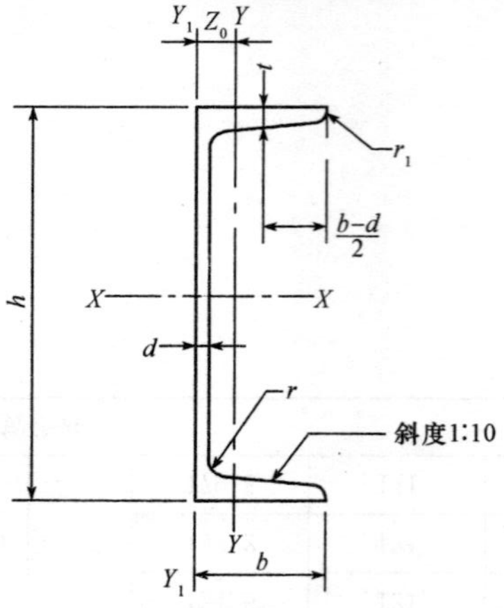

槽钢截面图

h——高度；
b——腿宽度；
d——腰厚度；
t——平均腿厚度；
r——内圆弧半径；
r_1——腿端圆弧半径；
Z_0——YY 轴与 Y_1Y_1 轴间距

型号	截面尺寸/mm						截面面积/	理论重量/	外表面积/	惯性矩/cm^4			惯性半径/cm		截面模数/cm^3		重心距离/cm
	h	b	d	t	r	r_1	cm^2	$(kg \cdot m^{-1}m)$	$(m^2 \cdot m^{-1})$	x_z	I_y	I_{y1}	i_x	i_y	W_x	W_y	Z_0
5	50	37	4.5	7.0	7.0	3.5	6.925	5.44	0.226	26.0	8.30	20.9	1.94	1.10	10.4	3.55	1.35
6.3	63	40	4.8	7.5	7.5	3.8	8.446	6.63	0.262	50.8	11.9	28.4	2.45	1.19	16.1	4.50	1.36
6.5	65	40	4.3	7.5	7.5	3.8	8.292	6.51	0.267	55.2	12.0	28.3	2.54	1.19	17.0	4.59	1.38
8	80	43	5.0	8.0	8.0	4.0	10.24	8.04	0.307	101	16.6	37.4	3.15	1.27	25.3	5.79	1.43
10	100	48	5.3	8.5	8.5	4.2	12.74	10.0	0.365	198	25.6	54.9	3.95	1.41	39.7	7.80	1.52
12	120	53	5.5	9.0	9.0	4.5	15.36	12.1	0.423	346	37.4	77.7	4.75	1.56	57.7	10.2	1.62
12.6	126	53	5.5	9.0	9.0	4.5	15.69	12.3	0.135	391	38.0	77.1	4.95	1.57	62.1	10.2	1.59
14a	140	58	6.0	9.5	9.5	4.8	18.51	14.5	0.480	564	53.2	107	5.52	1.70	80.5	13.0	1.71
14b		60	8.0				21.31	16.7	0.484	609	61.1	121	5.35	1.69	87.1	14.1	1.67
16a	160	63	6.5	10.0	10.0	5.0	21.95	17.2	0.538	866	73.3	144	6.28	1.83	108	16.3	1.80
16b		65	8.5				25.15	19.8	0.542	935	83.4	161	6.10	1.82	117	17.6	1.75
18a	180	68	7.0	10.5	10.5	5.2	25.69	20.2	0.596	1 270	98.6	190	7.04	1.96	141	20.0	1.88
18b		70	9.0				29.29	23.0	0.600	1 370	111	210	6.84	1.95	152	21.5	1.84

续表

型号	截面尺寸/mm						截面面积/	理论重量/	外表面积/	惯性矩/cm⁴			惯性半径/cm		截面模数/cm³		重心距离/cm
	h	b	d	t	r	r_1	cm^2	$(kg \cdot m^{-1}m)$	$(m^2 \cdot m^{-1})$	x_z	I_y	I_{y1}	i_x	i_y	W_x	W_y	Z_0
20a	200	73	7.0	11.0	11.0	5.5	28.83	22.6	0.654	1 780	128	244	7.86	2.11	178	24.2	2.01
20b		75	9.0				32.83	25.8	0.658	1 910	144	268	7.64	2.09	191	25.9	1.95
22a	220	77	7.0	11.5	11.5	5.8	31.83	25.0	0.709	2 390	158	298	8.67	2.23	218	28.2	2.10
22b		79	9.0				36.23	28.5	0.713	2 570	176	326	8.42	2.21	234	30.1	2.03
24a	240	78	7.0	12.0	12.0	6.0	34.21	26.9	0.752	3 050	174	325	9.45	2.25	254	30.5	2.10
24b		80	9.0				39.01	30.6	0.756	3 280	194	355	9.17	2.23	274	32.5	2.03
24c		82	11.0				43.81	34.4	0.760	3 510	213	388	8.96	2.21	293	34.4	2.00
25a	250	78	7.0				34.91	27.4	0.722	3 370	176	322	9.82	2.24	270	30.6	2.07
25b		80	9.0				39.91	31.3	0.776	3 530	196	353	9.41	2.22	282	32.7	1.98
25c		82	11.0				44.91	35.3	0.780	3 690	218	384	9.07	2.21	295	35.9	1.92
27a	270	82	7.5	12.5	12.5	6.2	39.27	30.8	0.826	4 360	216	393	10.5	2.34	323	35.5	2.13
27b		84	9.5				44.67	35.1	0.830	4 690	239	428	10.3	2.31	347	37.7	2.06
27c		86	11.5				50.07	39.3	0.834	5 020	261	467	10.1	2.28	372	39.8	2.03
28a	280	82	7.5				40.02	31.4	0.846	4 760	218	388	10.9	2.33	340	35.7	2.10
28b		84	9.5				45.62	35.8	0.850	5 130	242	428	10.6	2.30	366	37.9	2.02
28c		86	11.5				51.22	40.2	0.854	5 500	268	463	10.4	2.29	393	40.3	1.95
30a	300	85	7.5	13.5	13.5	6.8	43.89	34.5	0.897	6 050	260	467	11.7	2.43	403	41.1	2.17
30b		87	9.5				49.89	39.2	0.901	6 500	289	515	11.4	2.41	433	44.0	2.13
30c		89	11.5				55.89	43.9	0.905	6 950	316	560	11.2	2.38	463	46.4	2.09
32a	320	88	8.0	14.0	14.0	7.0	48.50	38.1	0.947	7 600	305	552	12.5	2.50	475	46.5	2.24
32b		90	10.0				54.90	43.1	0.951	8 140	336	593	12.2	2.47	509	49.2	2.16
32c		92	12.0				61.30	48.1	0.955	8 690	374	643	11.9	2.47	543	52.6	2.09
36a	360	96	9.0	16.0	16.0	8.0	60.89	47.8	1.053	11 900	455	818	14.0	2.73	660	63.5	2.44
36b		98	11.0				68.09	53.5	1.057	12 700	497	880	13.6	2.70	703	66.9	2.37
36c		100	13.0				75.29	59.1	1.061	13 400	536	948	13.4	2.67	746	70.0	2.34
40a	400	100	10.5	18.0	18.0	9.0	75.04	58.9	1.144	17 600	592	1 070	15.3	2.81	879	78.8	2.49
40b		102	12.5				83.04	65.2	1.148	18 600	640	1 140	15.0	2.78	932	82.5	2.44
40c		104	14.5				91.04	71.5	1.152	19 700	688	1 220	14.7	2.75	986	86.2	2.42

注：表中 r、r_1 的数据用于孔型设计，不做交货条件。

参考文献

[1] 刘昭培，张韫美．结构力学[M]. 4版．天津：天津大学出版社，2006.
[2] 李永光，牛少儒．建筑力学与结构[M]. 3版．北京：机械工业出版社，2014.
[3] 古滨．材料力学[M]. 北京：北京理工大学出版社，2012.
[4] 张春玲，苏德利．建筑力学[M]. 北京：北京邮电大学出版社，2013.
[5] 陈永龙．建筑力学[M]. 3版．北京：高等教育出版社，2011.
[6] 张来仪，王达诠．结构力学[M]. 武汉：武汉大学出版社，2013.
[7] 张庆霞，金舜卿．建筑力学[M]. 武汉：华中科技大学出版社，2010.
[8] 刘鸿文．材料力学[M]. 5版．北京：高等教育出版社，2011.